本书获西安电子科技大学研究生精品教材项目资助

电磁波时域计算方法

（下册）

——时域有限元法

葛德彪　魏兵　著

西安电子科技大学出版社

内 容 简 介

本书分为上下册，除引言外共三部分19章，分别讨论了时域积分方程(IETD)、时域有限差分(FDTD)和时域有限元(FETD)三种方法。对于IETD，首先导出势函数表述的电场磁场积分方程，经过试验过程和展开过程导出离散形式，再利用时间导数的差分近似获得时域步进公式，分析讨论了细导线、二维导体柱和三维导体的散射。对于FDTD，基于Yee元胞和中心差分近似直接将Maxwell旋度方程离散导出时域步进公式，讨论吸收边界、完全匹配层、总场边界和近场—远场外推公式，并用于散射计算；此外，还讨论了共形网格技术和色散介质的处理方法。对于FETD，从TM/TE标量波动方程或电场矢量波动方程及边界条件出发，应用Galerkin加权余量导出弱解积分形式；随后经过单元离散和结点或棱边基函数展开，导出单元矩阵方程，再运用组合获得时域矩阵微分方程，将时间导数应用Newmark方法离散后给出时域步进公式，讨论了激励源加入、总场边界和近场—远场外推公式并用于散射计算。三种方法都配有算例，附录中给出一维计算程序。上册和下册书末分别附有FDTD和FETD的电磁波近场分布彩图。

本书可作为无线电物理、电磁场与微波技术、电子科学与技术、电波传播等专业研究生的教材或教学参考书，也可供有关学科教师、科技工作者、研究生和高年级大学生阅读参考。

图书在版编目(CIP)数据

电磁波时域计算方法．下册，时域有限元法/葛德彪，魏兵著．
—西安：西安电子科技大学出版社，2014.11
ISBN 978-7-5606-3531-6

Ⅰ．①电…　Ⅱ．①葛…　②魏…　Ⅲ．①电磁波—时域分析—有限差分法　Ⅳ．①O441.4

中国版本图书馆CIP数据核字(2014)第263915号

策　　划　李惠萍　胡华霖
责任编辑　马晓娟　李惠萍
出版发行　西安电子科技大学出版社(西安市太白南路2号)
电　　话　(029)88242885　88201467　邮　　编　710071
网　　址　www.xduph.com　电子邮箱　xdupfxb001@163.com
经　　销　新华书店
印刷单位　陕西华沐印刷科技有限责任公司
版　　次　2014年11月第1版　2014年11月第1次印刷
开　　本　787毫米×1092毫米　1/16　印张14.5　彩页2
字　　数　336千字
印　　数　1～3000册
定　　价　28.00元
ISBN 978-7-5606-3531-6/O
XDUP　3823001-1

作 者 简 介

葛德彪，男，1961年毕业于武汉大学物理系。西安电子科技大学教授，博士生导师。中国电子学会会士，电磁科学院会士(Fellow of The Electromagnetics Academy)。1980～1982年为美国宾夕法尼亚大学(University of Pennsylvania)访问学者。1993年及1995年为美国德克萨斯大学达拉斯分校(University of Texas at Dallas)高级访问学者。被评为电子部优秀教师(1985年)，机械电子部有突出贡献专家(1991年)，政府特殊津贴专家(1992年)，陕西省学位委员会、陕西省教育委员会优秀博士生指导教师(1998年)。

主要研究领域为电磁散射、逆散射及电磁成像，计算电磁学，复杂介质中的电磁波传播等。已发表学术刊物及会议论文多篇。出版著作有《电磁逆散射原理》(1987年)，获机械电子部优秀教材一等奖(1992年)；《电磁波时域有限差分方法》(2002年)，被教育部推荐为研究生教学用书；《电磁波理论》(2011年)。

魏兵，男，1993年7月毕业于北京师范大学物理系。2004年7月获西安电子科技大学无线电物理专业博士学位。现为西安电子科技大学教授，博士生导师，2011计划"信息感知技术协同创新中心"目标与环境特性研究部副部长、西安电子科技大学物理与光电工程学院电波研究所副主任，中国物理学会计算物理学分会计算电磁学组理事，中国电子学会高级会员，陕西物理学会理事。近年来先后主持和参与了973项目、863项目、国家自然科学基金、国防预研项目、博士后基金等科研项目。发表论文100余篇，其中被SCI检索30余篇，EI检索50余篇。与葛德彪教授合著出版有专著《电磁波理论》(2011年，科学出版社)。

前　言

电磁波在现代科学技术和日常生活中的应用日益广泛。对于电磁波的研究包括理论分析、数值模拟和实验测试等途径。作为理论分析和数值计算基础的麦克斯韦(Maxwell)方程提出(1873 年)至今已近 150 年。随着计算机的发展，数值模拟结合理论分析与可视化技术凸显了电磁波辐射散射传播过程中的物理属性和量化特征；在此基础上发展的电磁仿真技术更是实验研究和工程设计的重要手段。电磁学数值计算可分为频域方法和时域方法。许多数值方法起源于频域计算，例如矩量法、有限元法和高频技术中的几何光学和物理光学方法等。时域计算发展的重要标志是时域有限差分方法的提出(Yee, 1966)和应用。随后许多频域方法都发展了其时域版本。本书讨论时域数值计算方法，不包含高频技术的时域方法。

本书共三部分，分别讨论时域积分方程(IETD)、时域有限差分(FDTD)和时域有限元(FETD)三种方法。全书分为上册和下册三部分(引言独立于三部分之外)，共 19 章。上册为引言和前两部分，共 9 章，下册为第三部分共 10 章。第 1 章为引言，着重讨论关联时域和频域分析的傅里叶(Fourier)变换。书中时谐场复数表示的时谐因子采用 $\exp(\mathrm{j}\omega t)$。第 2～4 章为 IETD 方法，根据电场和磁场积分方程，经过试验过程、展开过程和差分近似导出时域步进公式，分析细导线和二维与三维导体散射。第 5～9 章为 FDTD 方法，基于 Yee 元胞和中心差分将 Maxwell 旋度方程离散导出时域步进公式，讨论了吸收边界、总场边界和近场-远场外推公式并用于散射计算。第 10～19 章下册为 FETD 方法，第 10～15 章讨论基于结点基函数的二维 TM/TE 标量波动方程 FETD；第 16～19 章讨论基于棱边基函数的电场矢量波动方程 FETD。标量和矢量 FETD 都采用 Galerkin 加权余量分析途径。在导出波动方程边值问题弱解积分形式基础上，应用有限元离散、基函数展开以及组合过程得出矩阵方程，再运用 Newmark 方法获得时域步进公式，分析激励源加入、总场边界和近场-远场外推并用于散射计算。时域计算方法要将电磁波积分微分方程转换为代数方程(包括矩阵形式)，并且具有时域步进特点，从而可编程计算。为了理解和掌握几种方法，应当明了演绎的出发点、数学过程、条件、结论及计算步骤。本书注重推导明晰，概念清楚，论述简明。三种方法都配有算例，并附有简单程序。学习本书内容需要具备电磁场或电动力学的基本知识。

本书是在使用多年的研究生课程讲义基础上形成的，从讲义到书稿的形成经历了科研和教学过程，许多工作都有研究生的合作参与。参加 IETD 有关工作的有朱今松、李小勇、徐雨果、曹乐等；参加FETD有关工作的有宋刘虎、李林茜、杨谦等。关于FDTD的研究已持续多年，有许多过去和现在的研究生参与，他们中有闫玉波研究员、杨利霞教授、张玉强副教授、王飞副教授、胡晓娟副教授、吴跃丽副教授和杨谦、李林茜等，本书的完成和他们的工作密不可分。本书的准备和出版得到西安电子科技大学研究生精品教材项目资助和863项目“复杂电磁环境数值建模”(2012AA01A308)的支持，出版过程中西安电子科技大学出版社作了大量细致的编辑工作，在此一并表示感谢。

十分欢迎与感谢专家和读者对本书提出意见与建议。

葛德彪　魏兵

2014年4月于西安电子科技大学

目　录

第三部分　时域有限元(FETD)方法

第三部分

时域有限元(FETD)方法

有限元方法(FEM)是从支配方程和边界条件出发将计算区域划分为多个单元后导出矩阵方程并求解的方法。Turner 和 Clough(1956)在处理弹性力学问题时提出这一数值方法。Silvester(1969)首次将 FEM 应用于微波工程。有限元方程的推导有两种途径：其一是变分（或称 Ritz）方法，其二是加权余量（或称 Galerkin）方法。变分途径是寻找一个适当泛函，它的极小值对应于问题的支配方程和边界条件；通过泛函的基函数展开获得矩阵方程。加权余量途径是通过余量加权寻找支配方程和边界条件的相应弱解形式，运用基函数展开获得矩阵方程。20 世纪 80 年代发展了电磁学的时域有限元(FETD)方法。本部分讨论基于结点基函数的标量 FETD 和基于棱边基函数的矢量 FETD，两者都采用 Galerkin 加权余量分析途径，应用有限元进行空间离散，再采用 Newmark 方法进行时间离散获得时域步进公式，并讨论了平面波加入和近场-远场外推方法。

第 10 章

电磁场波动方程边值问题及其弱解形式

本章介绍非均匀介质中电磁场波动方程、边界条件和截断边界处的吸收边界条件，以及将微分方程边值问题转化为积分表述的弱解形式。

10.1　电磁场矢量波动方程

10.1.1　无耗介质情形

Maxwell 方程为

$$\begin{cases} \nabla \times \boldsymbol{E} + \dfrac{\partial \boldsymbol{B}}{\partial t} = \boldsymbol{0} \\ \nabla \times \boldsymbol{H} - \dfrac{\partial \boldsymbol{D}}{\partial t} = \boldsymbol{J} \end{cases} \tag{10-1}$$

无耗介质的本构关系为

$$\begin{cases} \boldsymbol{D} = \varepsilon \boldsymbol{E} = \varepsilon_0 \varepsilon_r \boldsymbol{E} \\ \boldsymbol{B} = \mu \boldsymbol{H} = \mu_0 \mu_r \boldsymbol{H} \end{cases} \tag{10-2}$$

将式(10-2)代入式(10-1)，得

$$\begin{cases} \nabla \times \boldsymbol{E} + \mu \dfrac{\partial \boldsymbol{H}}{\partial t} = \boldsymbol{0} \\ \nabla \times \boldsymbol{H} - \varepsilon \dfrac{\partial \boldsymbol{E}}{\partial t} = \boldsymbol{J} \end{cases} \tag{10-3}$$

设介质 ε，μ 为非均匀，由式(10-3)可得电场和磁场的波动方程为

$$\begin{cases} \nabla \times \left(\dfrac{1}{\mu} \nabla \times \boldsymbol{E}\right) + \varepsilon \dfrac{\partial^2 \boldsymbol{E}}{\partial t^2} = -\dfrac{\partial \boldsymbol{J}}{\partial t} \\ \nabla \times \left(\dfrac{1}{\varepsilon} \nabla \times \boldsymbol{H}\right) + \mu \dfrac{\partial^2 \boldsymbol{H}}{\partial t^2} = \nabla \times \left(\dfrac{1}{\varepsilon} \boldsymbol{J}\right) \end{cases} \tag{10-4}$$

其中，$\boldsymbol{J}$ 是外加电流。在无源区域，外加电流 $\boldsymbol{J} = \boldsymbol{0}$，式(10-4)变为

$$\begin{cases} \nabla \times \left(\dfrac{1}{\mu} \nabla \times \boldsymbol{E}\right) + \varepsilon \dfrac{\partial^2 \boldsymbol{E}}{\partial t^2} = \boldsymbol{0} \\ \nabla \times \left(\dfrac{1}{\varepsilon} \nabla \times \boldsymbol{H}\right) + \mu \dfrac{\partial^2 \boldsymbol{H}}{\partial t^2} = \boldsymbol{0} \end{cases} \tag{10-5}$$

可见对于无耗介质，电场和磁场波动方程式(10-4)和式(10-5)中无 $\boldsymbol{H}$ 和 $\boldsymbol{E}$ 之间的耦合。

10.1.2　有耗介质情形

对于导电(有耗)介质，令式(10-4)中电流 $\boldsymbol{J}\to\sigma\boldsymbol{E}+\boldsymbol{J}$，其中 $\sigma\boldsymbol{E}$ 是传导电流，$\boldsymbol{J}$ 代表外加电流，式(10-4)变为

$$\begin{cases}\nabla\times\left(\dfrac{1}{\mu}\nabla\times\boldsymbol{E}\right)+\varepsilon\dfrac{\partial^2\boldsymbol{E}}{\partial t^2}+\sigma\dfrac{\partial\boldsymbol{E}}{\partial t}=-\dfrac{\partial\boldsymbol{J}}{\partial t}\\ \nabla\times\left(\dfrac{1}{\varepsilon}\nabla\times\boldsymbol{H}\right)+\mu\dfrac{\partial^2\boldsymbol{H}}{\partial t^2}-\nabla\times\left(\dfrac{\sigma}{\varepsilon}\boldsymbol{E}\right)=\nabla\times\left(\dfrac{1}{\varepsilon}\boldsymbol{J}\right)\end{cases}\tag{10-6}$$

如果外加电流 $\boldsymbol{J}=\boldsymbol{0}$，上式变为

$$\begin{cases}\nabla\times\left(\dfrac{1}{\mu}\nabla\times\boldsymbol{E}\right)+\varepsilon\dfrac{\partial^2\boldsymbol{E}}{\partial t^2}=-\sigma\dfrac{\partial\boldsymbol{E}}{\partial t}\\ \nabla\times\left(\dfrac{1}{\varepsilon}\nabla\times\boldsymbol{H}\right)+\mu\dfrac{\partial^2\boldsymbol{H}}{\partial t^2}=\nabla\times\left(\dfrac{\sigma}{\varepsilon}\boldsymbol{E}\right)\end{cases}\tag{10-7}$$

式(10-6)和式(10-7)的第二式磁场方程中存在 $\boldsymbol{H}$ 和 $\boldsymbol{E}$ 的耦合。若要消除 $\boldsymbol{H}$ 和 $\boldsymbol{E}$ 的耦合，需要满足条件 σ/ε 为常数，这时式(10-7)第二式可写为

$$\frac{1}{\varepsilon}\nabla\times(\nabla\times\boldsymbol{H})+\mu\frac{\partial^2\boldsymbol{H}}{\partial t^2}=\frac{\sigma}{\varepsilon}\nabla\times\boldsymbol{E}=-\frac{\sigma\mu}{\varepsilon}\frac{\partial\boldsymbol{H}}{\partial t}\tag{10-8}$$

所以，对于有耗介质的有限元分析通常不用磁场波动方程，而采用电场波动方程求解。

10.2　二维标量波动方程

10.2.1　TM 波

二维 TM(E_z, H_x, H_y)情形，电场 $\boldsymbol{E}=\hat{z}E_z$，$\nabla\times\boldsymbol{E}=\nabla\times(\hat{z}E_z)=(\nabla E_z)\times\hat{\boldsymbol{z}}$。由于

$$\nabla\times(\boldsymbol{A}\times\boldsymbol{B})=\boldsymbol{A}(\nabla\cdot\boldsymbol{B})-\boldsymbol{B}(\nabla\cdot\boldsymbol{A})+(\boldsymbol{B}\cdot\nabla)\boldsymbol{A}-(\boldsymbol{A}\cdot\nabla)\boldsymbol{B}$$

所以，电场波动方程式(10-6)第一式中，

$$\begin{aligned}\nabla\times\left(\frac{1}{\mu}\nabla\times\boldsymbol{E}\right)&=\nabla\times\left[\frac{1}{\mu}(\nabla E_z)\times\hat{z}\right]\\&=-\hat{\boldsymbol{z}}\nabla\cdot\left[\frac{1}{\mu}(\nabla E_z)\right]+(\hat{\boldsymbol{z}}\cdot\nabla)\left[\frac{1}{\mu}(\nabla E_z)\right]\\&=-\hat{\boldsymbol{z}}\nabla\cdot\left[\frac{1}{\mu}\left(\hat{\boldsymbol{x}}\frac{\partial E_z}{\partial x}+\hat{\boldsymbol{y}}\frac{\partial E_z}{\partial y}\right)\right]\\&=-\hat{\boldsymbol{z}}\left[\frac{\partial}{\partial x}\frac{1}{\mu}\left(\frac{\partial E_z}{\partial x}\right)+\frac{\partial}{\partial y}\frac{1}{\mu}\left(\frac{\partial E_z}{\partial y}\right)\right]\end{aligned}$$

设外加电流 $\boldsymbol{J}=\hat{z}J_z$，代入式(10-6)第一式得二维 TM 的电场波动方程(有耗)为

$$\left\{\frac{\partial}{\partial x}\left[\frac{1}{\mu}\left(\frac{\partial E_z}{\partial x}\right)\right]+\frac{\partial}{\partial y}\left[\frac{1}{\mu}\left(\frac{\partial E_z}{\partial y}\right)\right]\right\}-\varepsilon\frac{\partial^2E_z}{\partial t^2}-\sigma\frac{\partial E_z}{\partial t}=\frac{\partial J_z}{\partial t}\tag{10-9}$$

若电导率为零(无耗介质)，上式变为

$$\left\{\frac{\partial}{\partial x}\left[\frac{1}{\mu}\left(\frac{\partial E_z}{\partial x}\right)\right]+\frac{\partial}{\partial y}\left[\frac{1}{\mu}\left(\frac{\partial E_z}{\partial y}\right)\right]\right\}-\varepsilon\frac{\partial^2 E_z}{\partial t^2}=\frac{\partial J_z}{\partial t} \tag{10-10}$$

若为无源情形，$\boldsymbol{J}=\boldsymbol{0}$，式(10－9)变为

$$\left\{\frac{\partial}{\partial x}\left[\frac{1}{\mu}\left(\frac{\partial E_z}{\partial x}\right)\right]+\frac{\partial}{\partial y}\left[\frac{1}{\mu}\left(\frac{\partial E_z}{\partial y}\right)\right]\right\}-\varepsilon\frac{\partial^2 E_z}{\partial t^2}-\sigma\frac{\partial E_z}{\partial t}=0 \tag{10-11}$$

10.2.2　TE 波

二维 TE(H_z，E_x，E_y)情形，磁场 $\boldsymbol{H}=\hat{\boldsymbol{z}}H_z$，$\nabla\times\boldsymbol{H}=\nabla\times(\hat{\boldsymbol{z}}H_z)=(\nabla H_z)\times\hat{\boldsymbol{z}}$。同样有

$$\begin{aligned}\nabla\times\left(\frac{1}{\varepsilon}\nabla\times\boldsymbol{H}\right)&=\nabla\times\left[\frac{1}{\varepsilon}(\nabla H_z)\times\hat{\boldsymbol{z}}\right]\\&=-\hat{\boldsymbol{z}}\left[\frac{\partial}{\partial x}\frac{1}{\varepsilon}\left(\frac{\partial H_z}{\partial x}\right)+\frac{\partial}{\partial y}\frac{1}{\varepsilon}\left(\frac{\partial H_z}{\partial y}\right)\right]\end{aligned}$$

设外加电流 $\boldsymbol{J}=\hat{\boldsymbol{x}}J_x+\hat{\boldsymbol{y}}J_y$，代入式(10－4)第二式右端，得

$$\nabla\times\left(\frac{\boldsymbol{J}}{\varepsilon}\right)=\begin{vmatrix}\hat{\boldsymbol{x}} & \hat{\boldsymbol{y}} & \hat{\boldsymbol{z}}\\ \dfrac{\partial}{\partial x} & \dfrac{\partial}{\partial y} & 0\\ \dfrac{J_x}{\varepsilon} & \dfrac{J_y}{\varepsilon} & 0\end{vmatrix}=-\hat{\boldsymbol{z}}\left[\frac{\partial}{\partial y}\left(\frac{J_x}{\varepsilon}\right)-\frac{\partial}{\partial x}\left(\frac{J_y}{\varepsilon}\right)\right]$$

再代入式(10－4)第二式(无耗介质)得到

$$\left\{\frac{\partial}{\partial x}\left[\frac{1}{\varepsilon}\left(\frac{\partial H_z}{\partial x}\right)\right]+\frac{\partial}{\partial y}\left[\frac{1}{\varepsilon}\left(\frac{\partial H_z}{\partial y}\right)\right]\right\}-\mu\frac{\partial^2 H_z}{\partial t^2}=\frac{\partial}{\partial y}\left(\frac{J_x}{\varepsilon}\right)-\frac{\partial}{\partial x}\left(\frac{J_y}{\varepsilon}\right) \tag{10-12}$$

如果在 TE 波情形采用磁流源，根据对偶关系，有

$$\boldsymbol{E}\to\boldsymbol{H},\ \boldsymbol{H}\to-\boldsymbol{E}$$
$$\varepsilon\to\mu,\ \mu\to\varepsilon$$
$$\boldsymbol{J}\to\boldsymbol{M},\ \boldsymbol{M}\to-\boldsymbol{J}$$

设外加磁流 $\boldsymbol{M}=\hat{\boldsymbol{z}}M_z$，于是和式(10－10)对偶的磁场波动方程为

$$\left\{\frac{\partial}{\partial x}\left[\frac{1}{\varepsilon}\left(\frac{\partial H_z}{\partial x}\right)\right]+\frac{\partial}{\partial y}\left[\frac{1}{\varepsilon}\left(\frac{\partial H_z}{\partial y}\right)\right]\right\}-\mu\frac{\partial^2 H_z}{\partial t^2}=\frac{\partial M_z}{\partial t} \tag{10-13}$$

以上式(10－12)和式(10－13)都只适用于无耗介质情形。

10.2.3　无耗介质 TM 和 TE 波动方程的统一形式

对于无耗介质电导率为零，设区域中只有电流源，二维方程式(10－10)和式(10－12)可以统一表示为

$$\frac{\partial}{\partial x}\left(\alpha_x\frac{\partial\phi}{\partial x}\right)+\frac{\partial}{\partial y}\left(\alpha_y\frac{\partial\phi}{\partial y}\right)-B\frac{\partial^2\phi}{\partial t^2}=-f \tag{10-14}$$

或

$$\nabla\cdot\left[\hat{\boldsymbol{x}}\left(\alpha_x\frac{\partial\phi}{\partial x}\right)+\hat{\boldsymbol{y}}\left(\alpha_y\frac{\partial\phi}{\partial y}\right)\right]-B\frac{\partial^2\phi}{\partial t^2}=-f \tag{10-15}$$

其中，ϕ 为待求函数，f 为激励源。上式中各量对于 TM 波和 TE 波分别为

$$\begin{cases} \text{TM}: \phi = E_z,\ \alpha_x = \alpha_y = \dfrac{1}{\mu},\ B = \varepsilon,\ f = -\dfrac{\partial J_z}{\partial t} \\ \text{TE}: \phi = H_z,\ \alpha_x = \alpha_y = \dfrac{1}{\varepsilon},\ B = \mu,\ f = \dfrac{\partial}{\partial x}\left(\dfrac{J_y}{\varepsilon}\right) - \dfrac{\partial}{\partial y}\left(\dfrac{J_x}{\varepsilon}\right) \end{cases} \tag{10-16}$$

或者，在 TE 波采用磁流，则式(10－16)改为

$$\begin{cases} \text{TM}: \phi = E_z,\ \alpha_x = \alpha_y = \dfrac{1}{\mu},\ B = \varepsilon,\ f = -\dfrac{\partial J_z}{\partial t} \\ \text{TE}: \phi = H_z,\ \alpha_x = \alpha_y = \dfrac{1}{\varepsilon},\ B = \mu,\ f = -\dfrac{\partial M_z}{\partial t} \end{cases} \tag{10-17}$$

上式中 TM 波和 TE 波具有对偶关系。

注意：只有当介质为无耗时，TM 波电场方程和 TE 波磁场方程二者具有统一形式。对于有耗介质，TM 波的电场方程为式(10－9)；而 TE 波的磁场方程变得复杂，不再和 TM 波的电场方程具有简单对偶形式。

10.3 边界条件

10.3.1 介质分界面边界条件

如果求解区域内有介质性质突变的分界面，则需要考虑分界面的边界条件。图 10－1 所示两种介质分界面处边界条件为

$$\begin{cases} \boldsymbol{n} \cdot (\boldsymbol{B}_1 - \boldsymbol{B}_2) = 0 \\ \boldsymbol{n} \cdot (\boldsymbol{D}_1 - \boldsymbol{D}_2) = \rho_s \\ \boldsymbol{n} \times (\boldsymbol{E}_1 - \boldsymbol{E}_2) = \boldsymbol{0} \\ \boldsymbol{n} \times (\boldsymbol{H}_1 - \boldsymbol{H}_2) = \boldsymbol{J}_s \end{cases} \tag{10-18}$$

上式右端为面电荷 ρ_s 和面电流 $\boldsymbol{J}_s$。通常，绝缘介质界面没有自由面电荷、面电流，于是上式变为

$$\begin{cases} \boldsymbol{n} \cdot (\boldsymbol{B}_1 - \boldsymbol{B}_2) = 0 \\ \boldsymbol{n} \cdot (\boldsymbol{D}_1 - \boldsymbol{D}_2) = 0 \\ \boldsymbol{n} \times (\boldsymbol{E}_1 - \boldsymbol{E}_2) = \boldsymbol{0} \\ \boldsymbol{n} \times (\boldsymbol{H}_1 - \boldsymbol{H}_2) = \boldsymbol{0} \end{cases} \tag{10-19}$$

在 FETD 中采用电场波动方程，基函数的选择已经考虑到满足电场切向分量连续的边界条件，所以无需在介质表面另外设置边界条件。

对于理想导体(PEC)，其内部没有场，表面具有面电荷和面电流，所以式(10－18)变为

$$\begin{cases} \boldsymbol{n} \cdot \boldsymbol{B}_1 \big|_{\text{PEC}} = 0 \\ \boldsymbol{n} \cdot \boldsymbol{D}_1 \big|_{\text{PEC}} = \rho_s \\ \boldsymbol{n} \times \boldsymbol{E}_1 \big|_{\text{PEC}} = \boldsymbol{0} \\ \boldsymbol{n} \times \boldsymbol{H}_1 \big|_{\text{PEC}} = \boldsymbol{J}_s \end{cases} \tag{10-20}$$

在 FETD 中，采用电场波动方程，在 PEC 表面需要设置电场切向分量为零的边界条件。

对于理想磁导体(PMC)表面，其内部没有场，具有表面磁荷和面磁流，所以式(10－18)变为

$$\begin{cases} \boldsymbol{n} \cdot \boldsymbol{B}_1 \big|_{\mathrm{PMC}} = \rho_s \\ \boldsymbol{n} \cdot \boldsymbol{D}_1 \big|_{\mathrm{PMC}} = 0 \\ \boldsymbol{n} \times \boldsymbol{E}_1 \big|_{\mathrm{PMC}} = -\boldsymbol{M}_s \\ \boldsymbol{n} \times \boldsymbol{H}_1 \big|_{\mathrm{PMC}} = \boldsymbol{0} \end{cases} \tag{10-21}$$

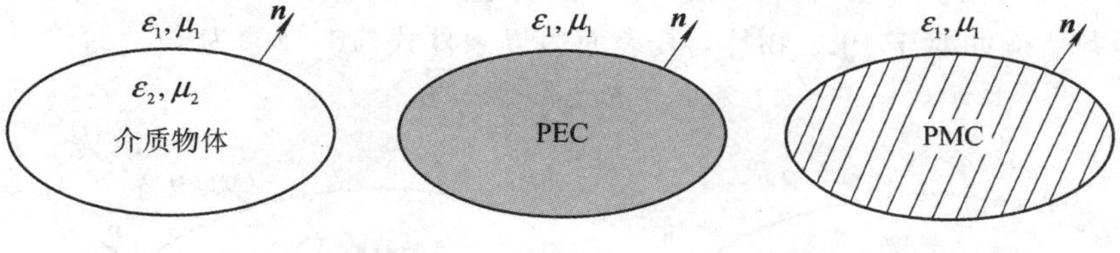

图 10－1　几种介质表面边界条件

10.3.2　标量波动方程的三类边界条件

考虑 10.2 节所述无耗介质二维 TM 波和 TE 波的标量方程，波函数的不同含义如式(10－16)，即 TM 波情形，$\phi = E_z$；TE 波情形，$\phi = H_z$。若物体为 PEC，则其表面边界条件为

$$\begin{cases} \mathrm{TM}:\ \phi \big|_{\mathrm{PEC}} = E_z \big|_{\mathrm{PEC}} = 0 \\ \mathrm{TE}:\ \dfrac{\partial \phi}{\partial n}\bigg|_{\mathrm{PEC}} = \boldsymbol{n} \cdot \nabla \phi \big|_{\mathrm{PEC}} = \dfrac{\partial H_z}{\partial n}\bigg|_{\mathrm{PEC}} = E_t \big|_{\mathrm{PEC}} = 0 \end{cases} \tag{10-22}$$

从数学角度，标量波动方程式(10－14)在求解区域 Ω 给定的边界条件一般可写为(金建铭，1998)

$$\begin{cases} \phi \big|_{\Gamma_1} = p \\ \left[\left(\hat{\boldsymbol{x}} \alpha_x \dfrac{\partial \phi}{\partial x} + \hat{\boldsymbol{y}} \alpha_y \dfrac{\partial \phi}{\partial y} \right) \cdot \boldsymbol{n} + \gamma \phi \right]_{\Gamma_3} = q \end{cases} \tag{10-23}$$

其中，$\Gamma = \Gamma_1 + \Gamma_3$，为区域 Ω 的边界，$\Gamma_1$ 和 Γ_3 是部分边界。式(10－23)第一式称为第一类(Dirichlet)边界条件，第二式称为第三类(Robin)边界条件。特别地，如果式(10－23)第二式中 $\gamma = 0$，即

$$\left[\left(\hat{\boldsymbol{x}} \alpha_x \frac{\partial \phi}{\partial x} + \hat{\boldsymbol{y}} \alpha_y \frac{\partial \phi}{\partial y} \right) \cdot \boldsymbol{n} \right]_{\Gamma_3} = q \tag{10-24}$$

则称为第二类(Neumann)边界条件。

由此可见，二维 TM 波的波函数 $\phi = E_z$ 在 PEC 表面属于第一类边界条件；而二维 TE 波的波函数 $\phi = H_z$ 在 PEC 表面属于第二类边界条件，且式(10－24)中 $\alpha_x = \alpha_y$，$q = 0$。

10.4　吸收边界条件

10.4.1　两类辐射散射问题

自由空间中的辐射散射属于开域问题。如果用有限区域模拟开域问题，就需要在截断

边界处设置吸收边界条件。吸收边界通常吸收外向行波，因此要求在截断边界附近的波具有外向行波特性。对于自由空间中的辐射散射问题，按照辐射源在计算域内或计算域外可分为两种情形，如图 10－2(a)和(b)所示。空间电磁场可以区分为由源直接辐射的入射波 $\boldsymbol{E}_{\mathrm{i}}$ 和物体上感应电荷电流再辐射的散射波 $\boldsymbol{E}_{\mathrm{s}}$，总场等于二者之和，即 $\boldsymbol{E}_{\mathrm{total}}=\boldsymbol{E}_{\mathrm{i}}+\boldsymbol{E}_{\mathrm{s}}$。从物理概念上，由于物体在计算域内，散射波 $\boldsymbol{E}_{\mathrm{s}}$ 在截断边界附近具有外向行波特性。在图(a)情形，入射波 $\boldsymbol{E}_{\mathrm{i}}$ 在截断边界附近也是外向行波，而对于图(b)情形，入射波 $\boldsymbol{E}_{\mathrm{i}}$ 在截断边界附近并不总是外向行波。注意到两种介质分界面的边界条件式(10－18)～式(10－21)中的电磁场都是总场。例如对于 PEC 物体，其表面边界条件式(10－20)为

$$\boldsymbol{n}\times\boldsymbol{E}_{\mathrm{total}}\big|_{\mathrm{PEC}}=\boldsymbol{0} \tag{10-25}$$

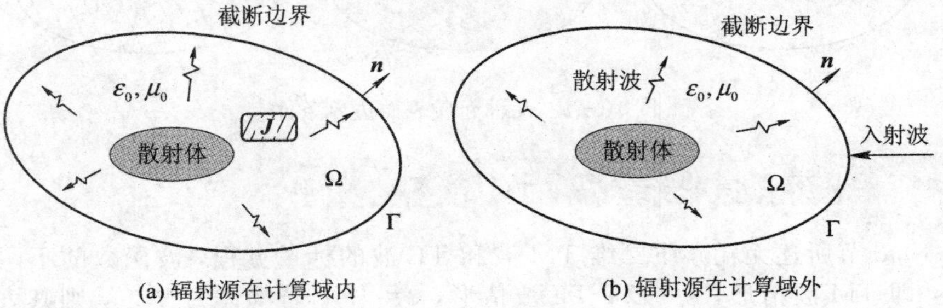

(a) 辐射源在计算域内　　　　　　　(b) 辐射源在计算域外

图 10－2 两类辐射散射问题和截断边界

基于以上两方面(截断边界和介质表面分界面)的考虑，在图(a)情形通常取计算域的场是总场，而在图(b)情形则需要将计算域划分为散射场区和总场区两部分，如图 10－3 所示，物体处于总场区内。总场边界 Γ_{total} 两侧，电磁场分别属于总场 $\boldsymbol{E}_{\mathrm{total}}$ 和散射场 $\boldsymbol{E}_{\mathrm{s}}$。关于总场－散射场区的概念和应用将在以后详细讨论。以下首先考虑散射体和辐射源都包含在计算域内的情形。

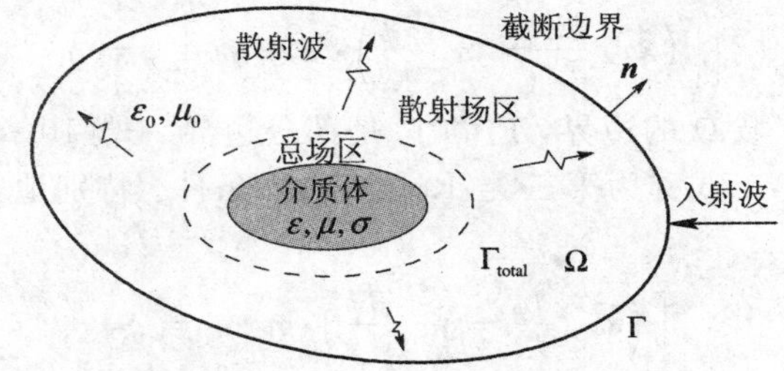

图 10－3 计算域划分为总场区和散射场区

10.4.2 一阶吸收边界条件的标量式

为了用有限域计算开域辐射散射问题，需要设置截断边界 S_∞，如图 10－4 所示。在截断边界处的附加边界条件要求对于波的传播为透明，即无反射。常用截断边界条件有三种：

(1) 基于单向行波算子的吸收边界条件(ABC)；

(2) 基于无反射条件的完全匹配层(PML)；

(3) 基于推迟势的边界积分方程(BEM)。

以下先考虑 ABC。关于 PML 将在矢量棱边有限元中讨论。关于 BEM 可参见有关文献。(金建铭，1998；Jin Jianming，2002)

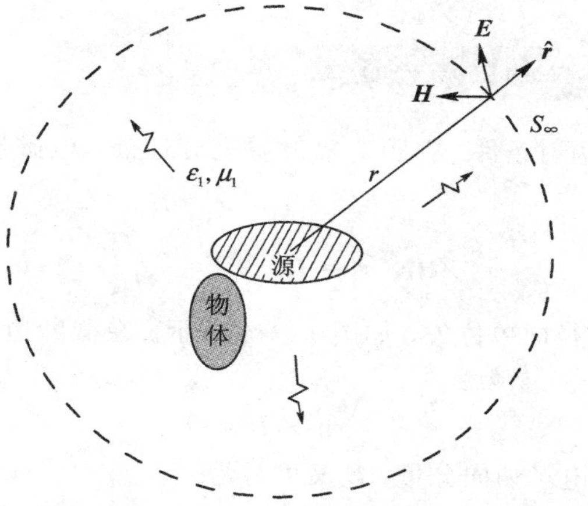

图 10-4　开域问题和截断边界

考虑标量波方程的一阶吸收边界。若计算域在 $x>0$ 处，截断边界为 $x=0$，如图 10-5 所示。频域一阶吸收边界条件为(金建铭，1998；葛德彪，闫玉波，2011)

$$\frac{\partial \phi}{\partial x} - \mathrm{j}k\phi = 0 \tag{10-26}$$

其中，$k=\dfrac{\omega}{c}$；$c=\dfrac{1}{\sqrt{\mu\varepsilon}}$，为截断边界附近介质中波速。按照频域到时域的转换关系 $\mathrm{j}\omega \rightarrow \dfrac{\partial}{\partial t}$，将式(10-26)过渡到时域得到

$$\frac{\partial \phi}{\partial x} - \frac{1}{c}\frac{\partial \phi}{\partial t} = 0 \tag{10-27}$$

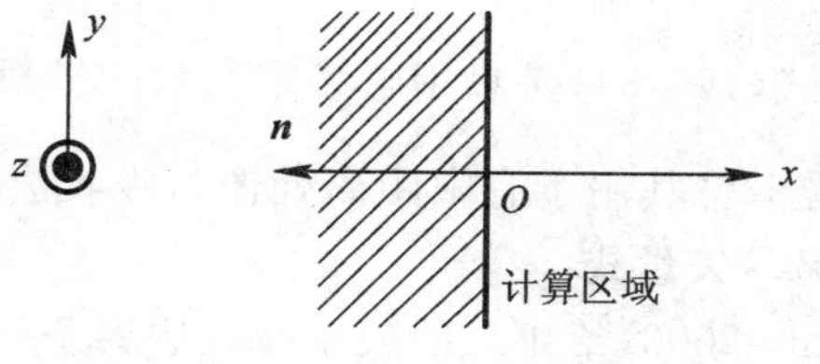

图 10-5　计算区域法向及截断边界

为了将上式改写为一般形式，令 $\boldsymbol{n}=-\hat{\boldsymbol{x}}$为计算区域外法向，如图 10-5 所示，则上式改写为

$$\begin{cases} \dfrac{\partial \phi}{\partial n} + \dfrac{1}{c}\dfrac{\partial \phi}{\partial t} = 0 \\ \boldsymbol{n} \cdot \nabla \phi \big|_{\mathrm{ABC}} + \dfrac{1}{c}\dfrac{\partial \phi}{\partial t} = 0 \end{cases} \tag{10-28}$$

令第三类边界条件式(10-23)中 $\alpha_x=\alpha_y=\alpha$，得到

$$\left[\boldsymbol{n} \cdot \nabla \phi + \frac{\gamma}{\alpha}\phi\right]_{\Gamma_3} = \frac{q}{\alpha} \tag{10-29}$$

比较式(10－28)和式(10－29)可见，截断边界处的一阶吸收边界相当于一种特殊的第三类边界条件，即式(10－29)中

$$q=0,\qquad \frac{\gamma}{\alpha}=\frac{1}{c}\frac{1}{\partial t}\Rightarrow \gamma=\frac{\alpha}{c}\frac{1}{\partial t} \tag{10-30}$$

10.4.3 吸收边界条件的电场矢量式

按照 Sommerfeld 辐射条件，在距离辐射源充分远处，电磁场具有向外辐射的球面波特性，即

$$Z\boldsymbol{H}\times\hat{\boldsymbol{r}}=\boldsymbol{E},\qquad Z=\sqrt{\frac{\mu}{\varepsilon}} \tag{10-31}$$

其中，Z 为波阻抗，$\hat{\boldsymbol{r}}$为径向单位矢，如图 10－4 所示。在截断边界不是充分远时，近似用边界外法向 $\boldsymbol{n}$ 代替$\hat{\boldsymbol{r}}$，上式变为

$$-Z\boldsymbol{n}\times\boldsymbol{H}=\boldsymbol{E}_t \tag{10-32}$$

其中，$\boldsymbol{E}_t$为截断边界面电场切向分量，$\boldsymbol{E}_t$又可写为

$$\begin{aligned}\boldsymbol{E}_t&=\boldsymbol{E}-\boldsymbol{n}(\boldsymbol{n}\cdot\boldsymbol{E})=\boldsymbol{E}(\boldsymbol{n}\cdot\boldsymbol{n})-\boldsymbol{n}(\boldsymbol{n}\cdot\boldsymbol{E})\\&=\boldsymbol{n}\times(\boldsymbol{E}\times\boldsymbol{n})=-\boldsymbol{n}\times(\boldsymbol{n}\times\boldsymbol{E})\end{aligned} \tag{10-33}$$

由 Maxwell 方程式(10－3)，$\boldsymbol{H}$ 可表示为

$$\frac{\partial\boldsymbol{H}}{\partial t}=-\frac{1}{\mu}\nabla\times\boldsymbol{E}$$

将式(10－32)对时间求导，得

$$Z\boldsymbol{n}\times\frac{\partial\boldsymbol{H}}{\partial t}=-\frac{\partial\boldsymbol{E}_t}{\partial t}$$

合并以上三式得到

$$\boldsymbol{n}\times\left(\frac{1}{\mu}\nabla\times\boldsymbol{E}\right)=\frac{1}{Z}\frac{\partial\boldsymbol{E}_t}{\partial t}=-\frac{1}{Z}\boldsymbol{n}\times\left(\boldsymbol{n}\times\frac{\partial\boldsymbol{E}}{\partial t}\right)=-Y\frac{\partial}{\partial t}\boldsymbol{n}\times(\boldsymbol{n}\times\boldsymbol{E}) \tag{10-34}$$

其中，导纳 $Y=\frac{1}{Z}=\sqrt{\frac{\varepsilon}{\mu}}$。式(10－34)是只用电场来表示的辐射条件。理论上，Sommerfeld 辐射条件只在无穷远处成立，将其用于有限距离处作为吸收边界条件只是一种近似，称为一阶近似吸收边界条件(ABC)矢量式。

文献(Caorsi and Cevini，2003)给出二阶矢量吸收边界条件的形式为

$$\begin{aligned}\boldsymbol{n}\times\nabla\times\boldsymbol{E}(r,t)=\frac{1}{c}\frac{\partial\boldsymbol{E}_t}{\partial t}+\chi\Big(\frac{c}{2}\int_0^t\exp\Big(-\frac{c\tau}{\rho}\Big)\{&\nabla\times[\boldsymbol{n}\times(\boldsymbol{n}\cdot\nabla\times\boldsymbol{E}(r,t-\tau))]\\&+\nabla_t[\nabla\cdot\boldsymbol{E}_t(r,t-\tau)]\}\mathrm{d}\tau\Big)\end{aligned} \tag{10-35}$$

其中，$c=\frac{1}{\sqrt{\mu\varepsilon}}$为截断边界附近介质中光速，$\rho$ 为截断边界表面曲率半径，$\boldsymbol{n}$ 为边界的外法向，$\boldsymbol{E}_t$为表面切向分量，∇_t为算子∇的表面切向分量，χ 为参变量。当 $\chi=0$ 时，上式退化为一阶矢量吸收边界条件式(10－34)。当 $\chi=1$ 时，式(10－35)就是文献(Komisarek 等，1999；Chatterjee 等，1993)提出的二阶 ABC。

讨论：一阶矢量吸收边界条件式(10－34)也可写为

$$\boldsymbol{n}\times(\nabla\times\boldsymbol{E})=\frac{1}{c}\frac{\partial\boldsymbol{E}_t}{\partial t}\tag{10-36}$$

其中，$c=1/\sqrt{\mu\varepsilon}$，$\boldsymbol{n}$ 为计算域的外法向。对于二维 TM 波，电场只有 E_z 分量，式(10-36)变为

$$\frac{\partial E_z}{\partial n}+\frac{1}{c}\frac{\partial E_z}{\partial t}=0\tag{10-37}$$

对于二维 TE 波，磁场只有 H_z 分量，式(10-37)的对偶关系式为

$$\frac{\partial H_z}{\partial n}+\frac{1}{c}\frac{\partial H_z}{\partial t}=0\tag{10-38}$$

以上二式就是标量形式一阶近似吸收边界条件式(10-28)。

10.4.4　阻抗边界条件

根据电磁波理论分析可知，电磁波只能透入到高有耗介质的表面薄层。为了避免计算高有耗介质内部的电磁场，可设置介质表面阻抗边界条件(或称 Leontovich 条件)用以截断计算区域，如图 10-6 所示。电磁波理论中已经导出高有耗介质表面的阻抗边界条件为

$$-Z\boldsymbol{n}\times\boldsymbol{H}=\boldsymbol{E}_t\tag{10-39}$$

其中，$\boldsymbol{H}$ 为磁场，$\boldsymbol{E}_t$ 为表面电场切向分量，如式(10-33)，$Z=\sqrt{\dfrac{\mu}{\varepsilon_{\text{complex}}}}\simeq\sqrt{\dfrac{\mathrm{j}\mu\omega}{\sigma}}$为有耗介质波阻抗，在频域为复数。另外，由式(10-3)，在频域 $\boldsymbol{H}$ 可以写为

$$\frac{\partial\boldsymbol{H}}{\partial t}=\mathrm{j}\omega\boldsymbol{H}=-\frac{1}{\mu}\nabla\times\boldsymbol{E}$$

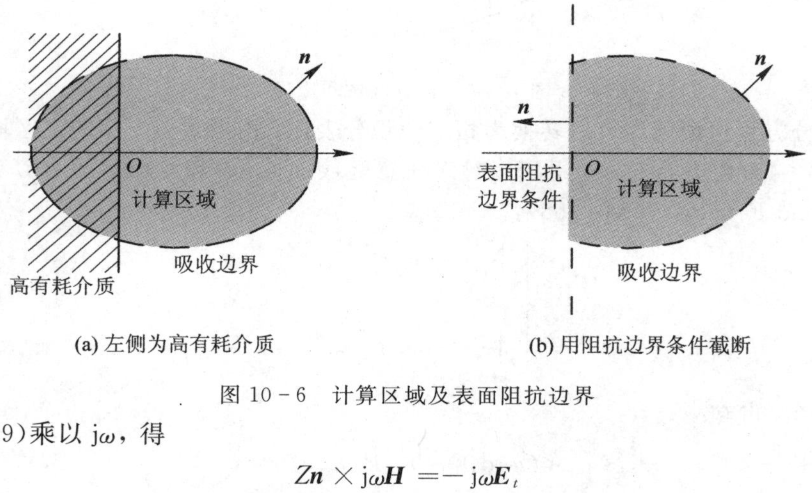

图 10-6　计算区域及表面阻抗边界

将式(10-39)乘以 jω，得

$$Z\boldsymbol{n}\times\mathrm{j}\omega\boldsymbol{H}=-\mathrm{j}\omega\boldsymbol{E}_t$$

合并以上三式得到用电场 $\boldsymbol{E}$ 表示的阻抗边界条件：

$$\boldsymbol{n}\times\left(\frac{1}{\mu}\nabla\times\boldsymbol{E}\right)=\frac{1}{Z}\mathrm{j}\omega\boldsymbol{E}_t=-\frac{\mathrm{j}\omega}{Z}\boldsymbol{n}\times(\boldsymbol{n}\times\boldsymbol{E})=-Y\boldsymbol{n}\times(\boldsymbol{n}\times\mathrm{j}\omega\boldsymbol{E})\tag{10-40}$$

其中，$Y=\dfrac{1}{Z}=\sqrt{\dfrac{\varepsilon_{\text{complex}}}{\mu}}$，是复数。上式过渡到时域将出现卷积，即

$$\boldsymbol{n}\times\left(\frac{1}{\mu}\nabla\times\boldsymbol{E}\right)=-Y(t)*\left[\frac{\partial}{\partial t}\boldsymbol{n}\times(\boldsymbol{n}\times\boldsymbol{E}(t))\right] \tag{10-41}$$

式中，$Y(t)$代表导纳的时域形式，详细讨论可参见相关文献(葛德彪，闫玉波，2011：305)。式(10-40)和式(10-41)分别为高有耗介质(例如良导体)表面阻抗边界条件的频域和时域形式。

10.5 微分方程边值问题的弱解形式

下面介绍如何将微分方程边值问题转化为等价的弱解形式(Zienkiewicz 等，2005；Silverster and Ferrari，1983)。设待求函数 $u(x, y)$在图 10-7 所示区域 Ω 中的支配微分方程为

$$A(u)=0,\quad u\in\Omega \tag{10-42}$$

在区域 Ω 的边界 Γ 满足边界条件为

$$B(u)=0,\quad u\in\Gamma \tag{10-43}$$

以上二式中 A 和 B 均为算子(可包含求导运算)。寻求方程式(10-42)满足边界条件式(10-43)的解称为微分方程边值问题。

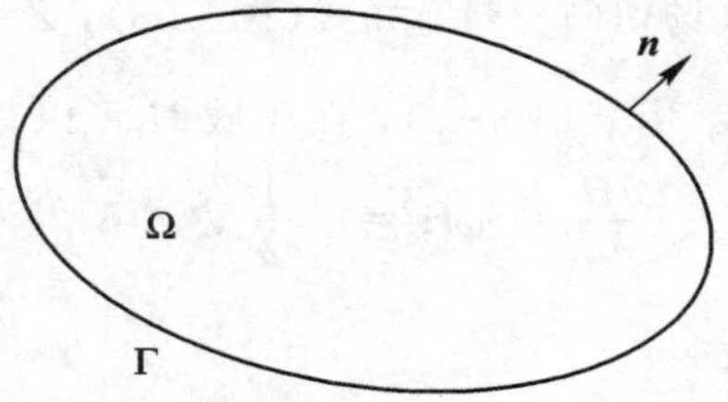

图 10-7 计算区域和边界

上述微分方程边值问题可以转换为相应的积分表述。由于式(10-42)在区域 Ω 内处处成立，式(10-43)在边界 Γ 成立，所以对于任意函数 $\nu(x, y)$和 $\nu_1(x, y)$有以下积分关系(Silverster and Ferrari，1983：168)：

$$\begin{cases}\displaystyle\iint_{\Omega}\nu A(u)\mathrm{d}\Omega=0\\ \displaystyle\oint_{\Gamma}\nu_1 B(u)\mathrm{d}\Gamma=0\end{cases} \tag{10-44}$$

合并以上二者，得到

$$\iint_{\Omega}\nu A(u)\mathrm{d}\Omega+\oint_{\Gamma}\nu_1 B(u)\mathrm{d}\Gamma=0 \tag{10-45}$$

上式是等价于支配方程和边界条件的积分表示形式。

设函数 ν 和 ν_1 具有一阶导数，对式(10-45)实施分部积分可得另一积分形式：

$$\iint_{\Omega}C(\nu)D(u)\mathrm{d}\Omega+\oint_{\Gamma}G(\nu_1)F(u)\mathrm{d}\Gamma=0 \tag{10-46}$$

式中，C、D、G 和 F 均为(微分)算子。由于分部积分的结果，算子 C、G 含有 ν 和 ν_1 的一阶导数，而算子 D、F 则比式(10-44)中算子 A、B 的求导次数要降低一阶，因而，积分形式

(10－46)对函数 u 求导的连续性要求比式(10－45)低一阶，但对函数 ν 和 ν_1 则要求具有一阶导数的连续性。积分形式(10－46)称为与微分方程式(10－42)和边界条件式(10－43)等价的弱解形式(weak form of solution)。

由于弱解形式是一个积分方程，为了寻求它的数值解，将计算区域划分为许多单元(或称子域)，并定义分布于单元内的基函数 $N_j(x, y)$，$j=1, 2, \cdots$，代表单元的结点或棱边编号。设待求函数 u 的基函数展开式为

$$u \simeq \tilde{u} = \sum_j N_j \tilde{u}_j \equiv N_j \tilde{u}_j \tag{10-47}$$

式中，为了书写简明采用 Einstein 求和记号，$\tilde{u}$ 代表 u 的近似函数(非严格解)，$\tilde{u}_j$ 代表 $\tilde{u}$ 在单元中的展开系数，为待求量。实际上非严格解 $\tilde{u}$ 并不能严格满足方程式(10－42)和边界条件式(10－43)，即

$$\begin{cases} A(\tilde{u}) = A(N_j \tilde{u}_j) \neq 0, & u \in \Omega \\ B(\tilde{u}) = B(N_j \tilde{u}_j) \neq 0, & u \in \Gamma \end{cases} \tag{10-48}$$

上式左端 $A(N_j\tilde{u}_j)$，$B(N_j\tilde{u}_j)$ 称为非严格解所导致的误差或余量。将非严格解 $\tilde{u}$ 代入式(10－45)、式(10－46)后，得到

$$\begin{cases} \iint\limits_{\Omega} \nu A(N_j \tilde{u}_j) \mathrm{d}\Omega + \oint\limits_{\Gamma} \nu_1 B(N_j \tilde{u}_j) \mathrm{d}\Gamma \neq 0 \\ \iint\limits_{\Omega} C(\nu) D(N_j \tilde{u}_j) \mathrm{d}\Omega + \oint\limits_{\Gamma} G(\nu_1) F(N_j \tilde{u}_j) \mathrm{d}\Gamma \neq 0 \end{cases} \tag{10-49}$$

上式左端称为加权余量。为了获得基函数展开式(10－47)中的待求系数 $\tilde{u}_j$，适当选择权函数 ν 和 ν_1 为某一局域函数 w_j，$\tilde{w}_j$，并令加权余量等于零即得到方程：

$$\begin{cases} \iint\limits_{\Omega} w_j A(N_j \tilde{u}_j) \mathrm{d}\Omega + \oint\limits_{\Gamma} \tilde{w}_j B(N_j \tilde{u}_j) \mathrm{d}\Gamma = 0 \\ \iint\limits_{\Omega} C(w_j) D(N_j \tilde{u}_j) \mathrm{d}\Omega + \oint\limits_{\Gamma} G(w_j, \tilde{w}_j) F(N_j \tilde{u}_j) \mathrm{d}\Gamma = 0 \end{cases} \tag{10-50}$$

在 FEM 中可以令 w_j，$\tilde{w}_j$ 为 δ 函数，$w_j=\delta(x-x_j, y-y_j)$，相当于假设在一系列样本点上余量等于零，称为点匹配方法；也可以令 w_j，$\tilde{w}_j$ 等于基函数，$w_j=N_j(x, y)$，称为 Galerkin 方法。上述加权余量方法使得微分方程边值问题由弱解形式转化为矩阵方程组。它是导出有限元矩阵方程的一种途径。有限元矩阵方程导出的另一种途径是变分原理(金建铭，1998)。

第 11 章

计算域空间单元和结点基函数

本章讨论几种常用的空间单元及其结点基函数，它们可用于二维 TM 波和 TE 波波动方程中标量函数的展开。

11.1　计算域空间单元的划分

11.1.1　结构单元和非结构单元

数值求解方法通常将计算域划分为许多单元(子域)。单元可区分为两类：结构单元和非结构单元。结构单元具有同一性，例如 FDTD 的二维矩形单元和三维长方体单元，便于分析处理。非结构单元具有灵活性，例如 IETD 的三角形面片单元，便于拟合外形复杂物体的表面。以二维情形为例，图 11-1(a)和(b)中外层单元为梯形或矩形，属于结构单元；图(a)和(b)的内层单元和图(c)的导体外部单元为三角形，属于非结构单元(Rylander and Jin，2004；Riley 等，2006)。

计算域单元的剖分可由商用软件实现。

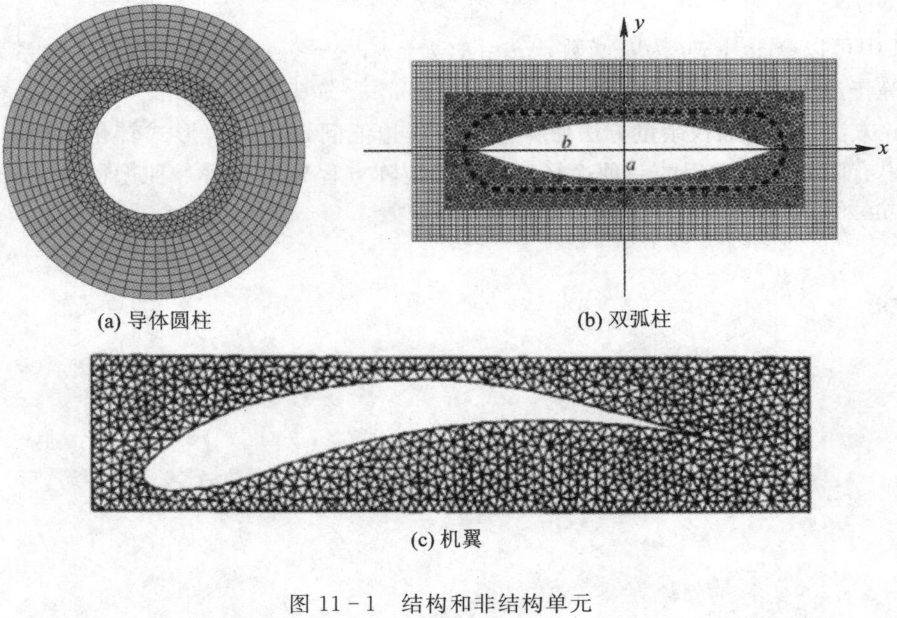

(a) 导体圆柱　(b) 双弧柱　(c) 机翼

图 11-1　结构和非结构单元

11.1.2　一维、二维和三维常用有限元单元

在 FEM 中，一维、二维和三维情形的常用单元如图 11－2 所示，其中图(a)为一维直线单元；图(b)为二维三角形和矩形单元；图(c)为三维四面体、三角形柱体和矩形块单元(金建铭，1998)。图 11－2 中几种基本单元所包含元素和术语有单元(element)、结点(node)、棱边(edge)和面元(facet)。其中：

(1) 一维直线单元：一个单元包含 2 个结点；

(2) 二维三角形单元：一个单元包含 3 个棱边，共有 3 个结点；

(3) 二维矩形单元：一个单元包含 4 个棱边，共有 4 个结点；

(4) 三维四面体单元：一个单元包含 4 个面元，6 个棱边，共有 4 个结点；

(5) 三维三棱柱单元：一个单元包含 5 个面元，9 个棱边，共有 6 个结点；

(6) 三维矩形块单元：一个单元包含 6 个面元，12 个棱边，共有 8 个结点。

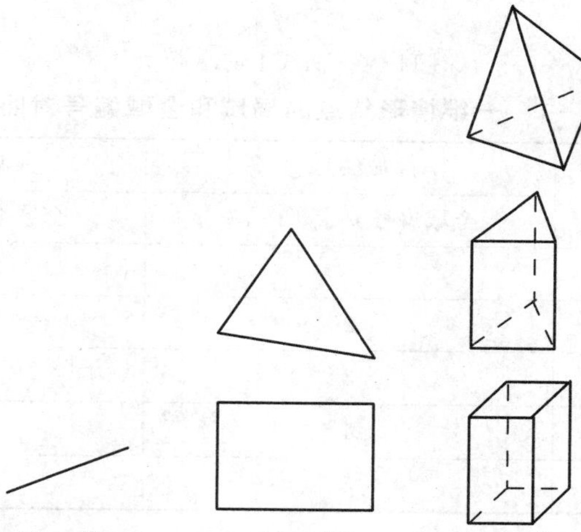

图 11－2　有限元中的常用基本单元

11.2　一维直线单元

11.2.1　结点基函数和长度坐标

对于曲线或曲面边缘通常可离散为许多直线单元，如图 11－3 所示。曲线上的离散结点同时具有两种编号：一种是所在单元两个端点的局域编号，如结点①和结点②；另一种是结点在整个区域的全域编号，如 1，2，…，N_{node}，这里 N_{node} 代表结点总数。局域和全域结点可以建立编号对照表。图 11－4 给出一段曲线划分为 5 个直线单元的例子，表 11－1 给出结点局域和全域编号的矩阵形式对照表(金建铭，1998：26)。例如，矩阵分量 $n_{global}(2,3)=4$ 代表单元(3)局域结点②的全域编号为 4。

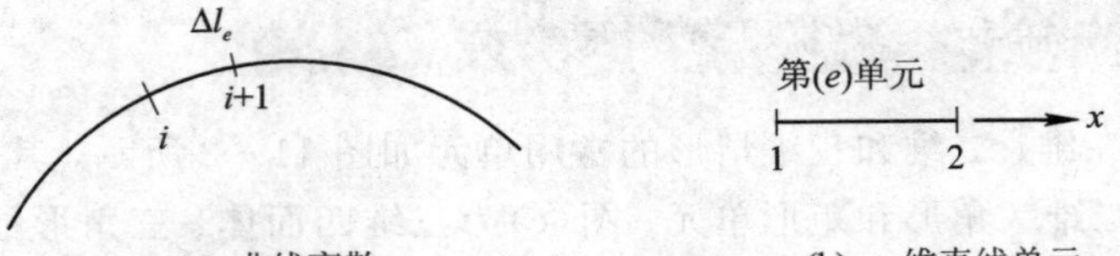

(a) 曲线离散　　(b) 一维直线单元

图 11-3　曲线的离散

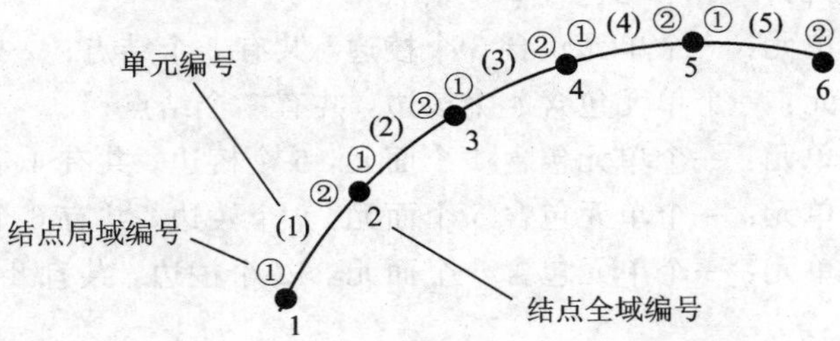

图 11-4　曲线上的结点

表 11-1　一维情形结点的局域和全域编号对照表

单元编号	局域编号①	局域编号②
	全域编号 $n_{\text{global}}(1, e)$	全域编号 $n_{\text{global}}(2, e)$
单元(1)	1	2
单元(2)	2	3
单元(3)	3	4
单元(4)	4	5
单元(5)	5	6

设函数 $\phi(x)$ 在单元 (e) 范围内可以近似表示为线性函数关系：

$$\phi^e(x) \simeq a^e + b^e x \tag{11-1}$$

式中，a^e，b^e 为待定系数(如果函数为 $\phi(x, y, t)$，则系数 a^e，b^e 都是时间 t 的函数)。该系数可以由单元 (e) 两个端点的函数值 ϕ_1^e，ϕ_2^e 来确定，即

$$\begin{cases} \phi_1^e = \phi^e(x_1) = a^e + b^e x_1 \\ \phi_2^e = \phi^e(x_2) = a^e + b^e x_2 \end{cases} \tag{11-2}$$

由此可解得 a^e，b^e 为

$$\begin{cases} a^e = \dfrac{\Delta_a}{\Delta} = \dfrac{x_2 \phi_1^e - x_1 \phi_2^e}{x_2 - x_1} \\ b^e = \dfrac{\Delta_b}{\Delta} = \dfrac{\phi_2^e - \phi_1^e}{x_2 - x_1} \end{cases} \tag{11-3}$$

其中，

$$\Delta = \begin{vmatrix} 1 & x_1 \\ 1 & x_2 \end{vmatrix} = x_2 - x_1$$

$$\Delta_a = \begin{vmatrix} \phi_1^e & x_1 \\ \phi_2^e & x_2 \end{vmatrix} = x_2\phi_1^e - x_1\phi_2^e, \quad \Delta_b = \begin{vmatrix} 1 & \phi_1^e \\ 1 & \phi_2^e \end{vmatrix} = \phi_2^e - \phi_1^e$$

代入式(11-1)整理得到

$$\phi^e(x) = \sum_{i=1}^{2} N_i^e(x)\phi_i^e \tag{11-4}$$

其中，

$$N_1^e(x) = \frac{x_2 - x}{l_e}, \quad N_2^e(x) = \frac{x - x_1}{l_e}, \quad l_e = x_2 - x_1 \tag{11-5}$$

$N_i^e(x)$称为属于结点ⓘ的基函数(插值函数)，l_e为单元长度。由上式可见基函数具有以下特性：

$$N_i^e(x_j) = \delta_{ij} = \begin{cases} 1, & i = j \\ 0, & i \neq j \end{cases} \tag{11-6}$$

其中用到 Kronecker 符号，定义为

$$\delta_{ij} = \begin{cases} 1, & i = j \\ 0, & i \neq j \end{cases}$$

上述基函数为线性函数，如图 11-5 所示。以属于结点①的基函数 $N_1^e(x)$为例，在结点①自身位置该基函数等于 1；在结点②处该基函数等于 0；其间为线性下降。简言之，结点基函数在自身结点处等于 1，在非自身结点处等于零。

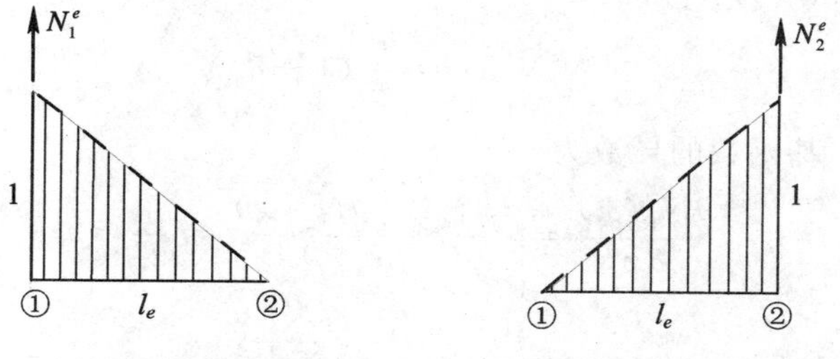

(a) 属于结点①的基函数　　(b) 属于结点② 的基函数

图 11-5　一维结点基函数的线性特性

由基函数定义式(11-5)可见，结点基函数等于直线的相对长度(无量钢)。属于结点①的基函数等于观察点 $P(x)$到结点②的相对距离；而属于结点②的基函数等于观察点$P(x)$到结点①的相对距离，如图 11-6 所示。这一相对距离也称为长度坐标(Webb，1999)。由此易于理解直线单元结点基函数的特性式(11-6)。

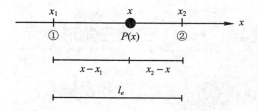

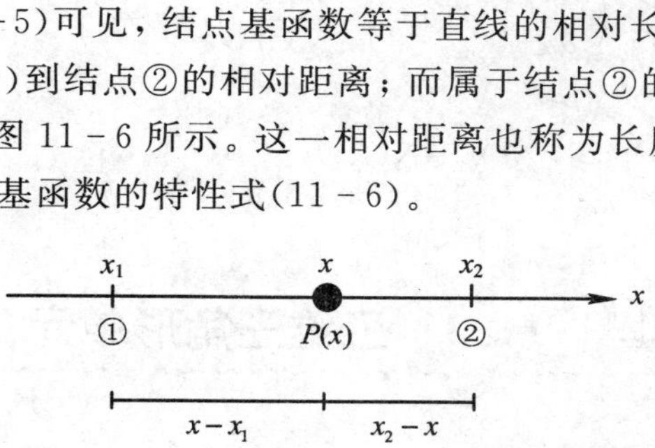

图 11-6　直线单元的长度坐标

11.2.2　基函数单元积分公式

有限元计算中常用到基函数在单元内的积分。由式(11-5)有

$$\int_{x_1}^{x_2} N_1^e(x)\mathrm{d}x = \int_{x_1}^{x_2} \frac{x_2 - x}{l_e}\mathrm{d}x = \int_0^{l_e} \frac{l_e - u}{l_e}\mathrm{d}u = l_e - \frac{l_e}{2} = \frac{l_e}{2} \tag{11-7}$$

其中，$u=x-x_1$。同样，$\int_{x_1}^{x_2} N_2^e(x)\mathrm{d}x = \frac{l_e}{2}$。基函数平方的积分为

$$\begin{aligned}\int_{x_1}^{x_2} (N_1^e)^2\mathrm{d}x &= \int_{x_1}^{x_2}\left(\frac{x_2 - x}{l_e}\right)^2\mathrm{d}x = \int_0^{l_e}\left(\frac{l_e - u}{l_e}\right)^2\mathrm{d}u \\ &= \int_0^{l_e}\left[1 - 2\frac{u}{l_e} + \left(\frac{u}{l_e}\right)^2\right]\mathrm{d}u \\ &= l_e - 2\times\frac{l_e}{2} + \frac{l_e}{3} = \frac{l_e}{3}\end{aligned} \tag{11-8}$$

同样，$\int_{x_1}^{x_2} (N_2^e)^2\mathrm{d}x = \frac{l_e}{3}$。又由式(11-5)，基函数乘积的积分为

$$\begin{aligned}\int_{x_1}^{x_2} N_1^e N_2^e\mathrm{d}x &= \int_{x_1}^{x_2} \frac{x_2 - x}{l_e}\cdot\frac{x - x_1}{l_e}\mathrm{d}x = \int_0^{l_e} \frac{l_e - u}{l_e}\cdot\frac{u}{l_e}\mathrm{d}u \\ &= \int_0^{l_e}\left[\frac{u}{l_e} - \left(\frac{u}{l_e}\right)^2\right]\mathrm{d}u = \frac{l_e}{2} - \frac{l_e}{3} = \frac{l_e}{6}\end{aligned} \tag{11-9}$$

合并式(11-8)、式(11-9)，可得

$$\int_{x_1}^{x_2} N_i^e N_j^e\mathrm{d}x = \frac{l_e}{6}(1 + \delta_{ij}) \tag{11-10}$$

又由式(11-5)，基函数的导数为

$$\frac{\partial N_1^e(x)}{\partial x} = \frac{-1}{l_e},\qquad \frac{\partial N_2^e(x)}{\partial x} = \frac{1}{l_e} \tag{11-11}$$

所以，

$$\begin{cases}\displaystyle\int_{x_1}^{x_2} \frac{\partial N_1^e}{\partial x}\frac{\partial N_2^e}{\partial x}\mathrm{d}x = -\frac{1}{(l_e)^2}\int_{x_1}^{x_2}\mathrm{d}x = -\frac{1}{l_e} \\ \displaystyle\int_{x_1}^{x_2}\left(\frac{\partial N_1^e}{\partial x}\right)^2\mathrm{d}x = \int_{x_1}^{x_2}\left(\frac{\partial N_2^e}{\partial x}\right)^2\mathrm{d}x = \frac{1}{l_e}\end{cases} \tag{11-12}$$

或者合并写为

$$\int_{x_1}^{x_2} \frac{\partial N_i^e}{\partial x}\frac{\partial N_j^e}{\partial x}\mathrm{d}x = (-1)^{i+j}\frac{1}{l_e} \tag{11-13}$$

11.3　二维三角形单元

11.3.1　三角形单元和结点基函数

二维平面或三维物体的表面(曲面)可离散为三角形单元，如图 11-2 所示。离散结点同时具有两种编号：一是所在单元内的局域编号，结点①、②、③，它们分别为三角形的三

个顶点，局域编号顺序和面积法向之间约定为右手螺旋关系(金建铭，1998：54)，即右手大拇指代表面积法向，其余四指代表结点局域编号顺序方向；另一种是结点在整个计算域的全域编号 1，2，…，N_{node}，这里 N_{node} 代表结点总数。两种编号之间可以建立编号对照表。图 11－7 给出区域中包含三个三角形单元的简单例子，表 11－2 给出该计算域中结点局域和全域编号的矩阵形式对照表。

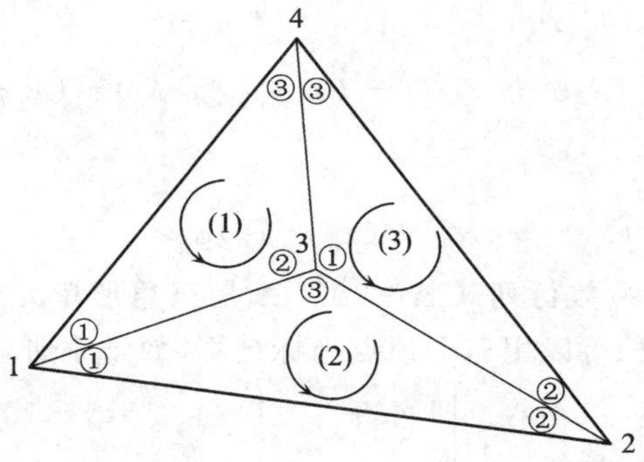

图 11－7　三角形单元和结点编号

表 11－2　三单元区域结点的局域和全域编号对照表

结点编号	局域编号①	局域编号②	局域编号③
	全域编号 $n_{global}(1, e)$	全域编号 $n_{global}(2, e)$	全域编号 $n_{global}(3, e)$
单元(1)	1	3	4
单元(2)	1	2	3
单元(3)	3	2	4

设函数 $\phi(x, y)$在单元(e)范围内可以近似表示为线性函数：

$$\phi^e(x, y) = a^e + b^e x + c^e y \tag{11-14}$$

式中，a^e，b^e，c^e为待定系数(如果函数为 $\phi(x, y, t)$，则系数 a^e，b^e，c^e都是时间 t 的函数)。该系数可以由单元(e)三个顶点的函数值 ϕ_1^e，ϕ_2^e，ϕ_3^e来确定，即

$$\begin{cases} \phi_1^e = \phi^e(x_1, y_1) = a^e + b^e x_1 + c^e y_1 \\ \phi_2^e = \phi^e(x_2, y_2) = a^e + b^e x_2 + c^e y_2 \\ \phi_3^e = \phi^e(x_3, y_3) = a^e + b^e x_3 + c^e y_3 \end{cases} \tag{11-15}$$

由以上线性代数方程组可解得 a^e，b^e，c^e。为此先计算系数行列式：

$$\Delta = \begin{vmatrix} 1 & x_1 & y_1 \\ 1 & x_2 & y_2 \\ 1 & x_3 & y_3 \end{vmatrix} = (x_2 y_3 - x_3 y_2) - (x_1 y_3 - x_3 y_1) + (x_1 y_2 - x_2 y_1) \tag{11-16a}$$

$$\Delta_a = \begin{vmatrix} \phi_1^e & x_1 & y_1 \\ \phi_2^e & x_2 & y_2 \\ \phi_3^e & x_3 & y_3 \end{vmatrix} = \phi_1^e(x_2 y_3 - x_3 y_2) - \phi_2^e(x_1 y_3 - x_3 y_1) + \phi_3^e(x_1 y_2 - x_2 y_1)$$

(11－16b)

$$\Delta_b = \begin{vmatrix} 1 & \phi_1^e & y_1 \\ 1 & \phi_2^e & y_2 \\ 1 & \phi_3^e & y_3 \end{vmatrix} = (\phi_2^e y_3 - \phi_3^e y_2) - (\phi_1^e y_3 - \phi_3^e y_1) + (\phi_1^e y_2 - \phi_2^e y_1)$$

$$= (y_2 - y_3)\phi_1^e - (y_3 - y_1)\phi_2^e + (y_1 - y_2)\phi_3^e \tag{11-16c}$$

$$\Delta_c = \begin{vmatrix} 1 & x_1 & \phi_1^e \\ 1 & x_2 & \phi_2^e \\ 1 & x_3 & \phi_3^e \end{vmatrix} = (x_2\phi_3^e - x_3\phi_2^e) - (x_1\phi_3^e - x_3\phi_1^e) + (x_1\phi_2^e - x_2\phi_1^e)$$

$$= (x_3 - x_2)\phi_1^e - (x_1 - x_3)\phi_2^e + (x_2 - x_1)\phi_3^e \tag{11-16d}$$

可以证明，上式第一式的系数行列式 $\Delta = 2\Delta_e$，Δ_e 是三角形单元(e)的面积。证明如下：图 11-7 中三角形 123 的面积可以用三个顶点坐标计算(数学手册，1979：331)，即

$$\Delta_e = \frac{1}{2}\begin{vmatrix} x_1 & y_1 & 1 \\ x_2 & y_2 & 1 \\ x_3 & y_3 & 1 \end{vmatrix} = \frac{1}{2}\begin{vmatrix} 1 & x_1 & y_1 \\ 1 & x_2 & y_2 \\ 1 & x_3 & y_3 \end{vmatrix}$$

$$= \frac{1}{2}[(x_2 y_3 - x_3 y_2) + x_1(y_2 - y_3) + y_1(x_3 - x_2)]$$

$$= \frac{1}{2}[y_3(x_2 - x_1) + y_2(x_1 - x_3) + y_1(x_3 - x_2)]$$

$$= \frac{1}{2}[(x_2 y_3 - x_3 y_2 + x_3 y_3 - x_3 y_3) + x_1(y_2 - y_3) + y_1(x_3 - x_2)]$$

$$= \frac{1}{2}[-x_3(y_2 - y_3) - y_3(x_3 - x_2) + x_1(y_2 - y_3) + y_1(x_3 - x_2)]$$

$$= \frac{1}{2}[(x_1 - x_3)(y_2 - y_3) + (y_1 - y_3)(x_3 - x_2)] \tag{11-17}$$

比较式(11-17)和式(11-16)第一式可得 $\Delta = 2\Delta_e$。证毕。

于是，方程组式(11-15)中 a^e、b^e、c^e 可用式(11-16)行列式表示为

$$\begin{cases} a^e = \dfrac{\Delta_a}{\Delta} = \dfrac{1}{2\Delta_e}[(x_2 y_3 - x_3 y_2)\phi_1^e + (x_3 y_1 - x_1 y_3)\phi_2^e + (x_1 y_2 - x_2 y_1)\phi_3^e] \\ \quad = \dfrac{1}{2\Delta_e}[a_1^e\phi_1^e + a_2^e\phi_2^e + a_3^e\phi_3^e] \\ b^e = \dfrac{\Delta_b}{\Delta} = \dfrac{1}{2\Delta_e}[(y_2 - y_3)\phi_1^e - (y_3 - y_1)\phi_2^e + (y_1 - y_2)\phi_3^e] \\ \quad = \dfrac{1}{2\Delta_e}[b_1^e\phi_1^e + b_2^e\phi_2^e + b_3^e\phi_3^e] \\ c^e = \dfrac{\Delta_c}{\Delta} = \dfrac{1}{2\Delta_e}[(x_3 - x_2)\phi_1^e - (x_1 - x_3)\phi_2^e + (x_2 - x_1)\phi_3^e] \\ \quad = \dfrac{1}{2\Delta_e}[c_1^e\phi_1^e + c_2^e\phi_2^e + c_3^e\phi_3^e] \end{cases} \tag{11-18}$$

上式中符号(注意区别符号 a_i^e，b_i^e，c_i^e 和 a^e，b^e，c^e)分别代表

$$\begin{cases} a_1^e = x_2y_3 - x_3y_2,\ a_2^e = x_3y_1 - x_1y_3,\ a_3^e = x_1y_2 - x_2y_1 \\ b_1^e = y_2 - y_3,\ b_2^e = y_3 - y_1,\ b_3^e = y_1 - y_2 \\ c_1^e = x_3 - x_2,\ c_2^e = x_1 - x_3,\ c_3^e = x_2 - x_1 \end{cases} \tag{11-19}$$

代入式(11-15)整理后得

$$\varphi^e(x,\ y) = a^e + b^e x + c^e y = \sum_{i=1}^{3} N_i^e(x,\ y)\phi_i^e \tag{11-20}$$

其中，

$$\begin{cases} N_1^e(x,\ y) = \dfrac{1}{2\Delta_e}(a_1^e + b_1^e x + c_1^e y) \\ N_2^e(x,\ y) = \dfrac{1}{2\Delta_e}(a_2^e + b_2^e x + c_2^e y) \\ N_3^e(x,\ y) = \dfrac{1}{2\Delta_e}(a_3^e + b_3^e x + c_3^e y) \end{cases} \tag{11-21}$$

$N_i^e(x,\ y)$称为属于结点ⓘ的基函数(插值函数)。以上定义的基函数具有面积坐标的几何意义，讨论见下节。

上述三角形单元基函数式(11-21)为线性函数。直接代入可得单元基函数式(11-21)在结点处具有以下特性：

$$N_i^e(x_j,\ y_j) = \delta_{ij} = \begin{cases} 1, & i = j \\ 0, & i \neq j \end{cases} \tag{11-22}$$

以属于结点①的基函数 $N_1^e(x,\ y)$为例，当观察点位于结点①自身时，基函数 N_1^e 等于 1；当观察点位于结点①的对边(即连接结点②和③的边)上时，基函数 N_1^e 等于零；其间为线性下降，如图 11-8 所示(金建铭，1998：56)。对于结点②和结点③的基函数有类似结果。简言之，三角形单元的结点基函数在自身结点处等于 1，在另外两个非自身结点，包括由非自身结点连接的相对棱边上基函数等于零，如图 11-8 所示。

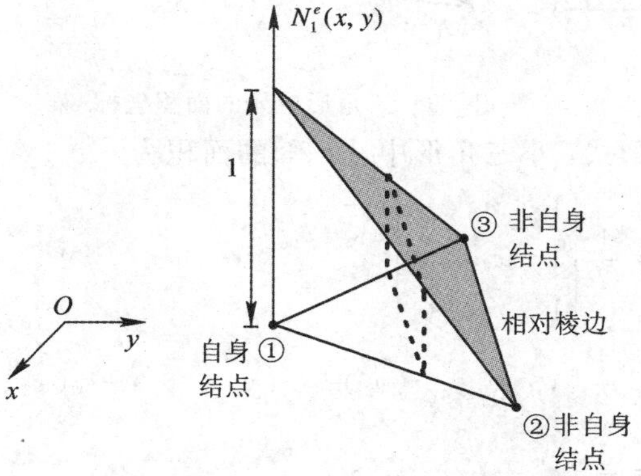

图 11-8　三角形单元结点基函数的线性特性

注意：三角形单元结点基函数在包含自身结点的棱边(如图 11-8 中连接结点①和②的棱边)上，在自身结点处等于 1，在另一端非自身结点处等于 0，其间呈线性下降。这一特性和 11.2.1 节所述直线单元基函数特性相同。

11.3.2　三角形单元的面积坐标

为了说明三角形单元基函数的几何意义，引入面积坐标的概念。设 $P(x, y)$ 为三角形单元内任一点，如图 11-9 所示。将 $P(x, y)$ 和三角形顶点连线构成三个小三角形，分别记为小三角形 1(即 $P23$)、2(即 $P31$)和 3(即 $P12$)。三角形 123(即三角形单元 e)的面积如式(11-17)，即

$$\begin{aligned}\Delta_e &= \frac{1}{2}\begin{vmatrix}1 & x_1 & y_1\\ 1 & x_2 & y_2\\ 1 & x_3 & y_3\end{vmatrix}\\ &= \frac{1}{2}[(x_1-x_3)(y_2-y_3)+(y_1-y_3)(x_3-x_2)]\\ &= \frac{1}{2}[y_2(x_1-x_3)-y_3(x_1-x_3)+y_1(x_3-x_2)-y_3(x_3-x_2)]\\ &= \frac{1}{2}[y_1(x_3-x_2)+y_2(x_1-x_3)+y_3(x_2-x_1)]\end{aligned}\tag{11-23}$$

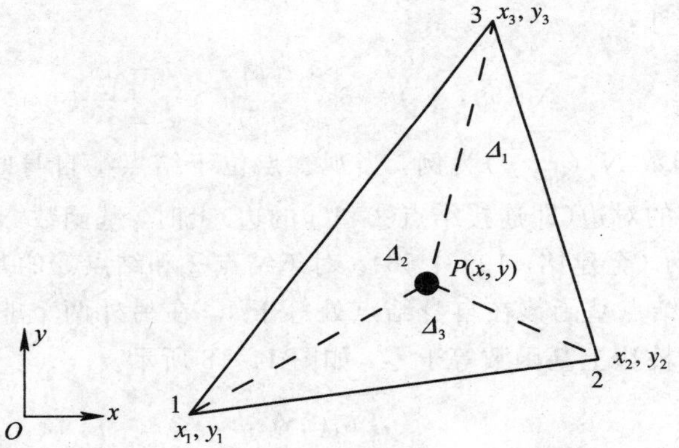

图 11-9　三角形单元的面积坐标

参照式(11-23)的形式，小三角形中$\triangle P23$ 的面积为

$$\begin{cases}\Delta_1 = \dfrac{1}{2}\begin{vmatrix}1 & x & y\\ 1 & x_2 & y_2\\ 1 & x_3 & y_3\end{vmatrix}\\ \quad = \dfrac{1}{2}[(x_2y_3-x_3y_2)+x(y_2-y_3)+y(x_3-x_2)]\\ \quad = \dfrac{1}{2}(a_1^e+b_1^e x+c_1^e y)\\ a_1^e = x_2y_3-x_3y_2;\quad b_1^e = y_2-y_3;\quad c_1^e = x_3-x_2\end{cases}\tag{11-24}$$

式(11-24)中用到式(11-19)所定义的符号 a_1^e，b_1^e，c_1^e。另外两个小三角形$\triangle P31$ 和$\triangle P12$ 的面积分别为

$$\begin{cases} \Delta_2 = \dfrac{1}{2}\begin{vmatrix} 1 & x & y \\ 1 & x_3 & y_3 \\ 1 & x_1 & y_1 \end{vmatrix} = \dfrac{1}{2}(a_2^e + b_2^e x + c_2^e y) \\ a_2^e = x_3 y_1 - x_1 y_3; \quad b_2^e = y_3 - y_1; \quad c_2^e = x_1 - x_3 \end{cases} \tag{11-25}$$

$$\begin{cases} \Delta_3 = \dfrac{1}{2}\begin{vmatrix} 1 & x & y \\ 1 & x_1 & y_1 \\ 1 & x_2 & y_2 \end{vmatrix} = \dfrac{1}{2}(a_3^e + b_3^e x + c_3^e y) \\ a_3^e = x_1 y_2 - x_2 y_1; \quad b_3^e = y_1 - y_2; \quad c_3^e = x_2 - x_1 \end{cases} \tag{11-26}$$

定义面积坐标为小三角形和整个三角形单元面积之比：

$$L_i^e(x, y) = \frac{\Delta_i}{\Delta_e} = \frac{1}{2\Delta_e}(a_i^e + b_i^e x + c_i^e y), \quad i = 1, 2, 3 \tag{11-27}$$

由此可见面积坐标具有以下特性：

$$\begin{cases} 0 \leqslant L_j^e(x, y) \leqslant 1 \\ L_1^e(x, y) + L_2^e(x, y) + L_3^e(x, y) = 1 \end{cases} \tag{11-28}$$

并且，比较式(11－21)和式(11－27)可见，结点基函数就等于面积坐标，即

$$N_j^e(x, y) = L_j^e(x, y) = \frac{1}{2\Delta_e}(a_j^e + b_j^e x + c_j^e y) \tag{11-29}$$

简言之，三角形单元的结点基函数就是图 11－9 中各小三角形和三角形单元的面积比。了解这一几何含义就易于理解式(11－55)所示的结点基函数性质。

11.3.3　基函数单元积分公式

可以证明，基函数在三角形单元区域内积分的一般公式为(金建铭，1998：98；证明见 Silvester and Ferrari，1983)

$$\iint_{\Delta_e} (N_1^e)^l (N_2^e)^m (N_3^e)^n \mathrm{d}S = 2\Delta_e \frac{l!m!n!}{(l+m+n+2)!} \tag{11-30}$$

常用的几种特殊情形如下。

情形一：$l=1$，$m=n=0$，式(11－30)变为

$$\iint_{\Delta_e} N_1^e \mathrm{d}S = 2\Delta_e \frac{1!0!0!}{(1+0+0+2)!} = 2\Delta_e \times \frac{1}{3!} = \frac{\Delta_e}{3} \tag{11-31}$$

情形二：$l=2$，$m=n=0$，式(11－30)变为

$$\iint_{\Delta_e} (N_1^e)^2 \mathrm{d}S = 2\Delta_e \frac{2!0!0!}{(2+0+0+2)!} = 2\Delta_e \times \frac{2}{4!} = \frac{\Delta_e}{6} \tag{11-32}$$

情形三：$l=m=1$，$n=0$，式(11－30)变为

$$\iint_{\Delta_e} N_1^e N_2^e \mathrm{d}S = 2\Delta_e \frac{1!1!0!}{(1+1+0+2)!} = 2\Delta_e \times \frac{1}{4!} = \frac{\Delta_e}{12} \tag{11-33}$$

合并式(11－32)和式(11－33)得到

$$\iint_{\Delta_e} N_i^e N_j^e \mathrm{d}S = \frac{\Delta_e}{12}(1+\delta_{ij}) \tag{11-34}$$

11.4　二维矩形单元

11.4.1　矩形单元和结点基函数

二维矩形单元如图 11－10 所示，结点的局域编号顺序和面积法向之间约定为右手螺旋关系；同样结点局域和全域编号之间也可建立矩阵形式对照表。设局域坐标原点取在矩形中心，矩形波长为 $2a$ 和 $2b$，则矩形单元的结点基函数为(张双文，2008：35)

$$\begin{cases} N_1^e(x,\ y) = \dfrac{1}{4}\left(1+\dfrac{x}{a}\right)\left(1+\dfrac{y}{b}\right) \\ N_2^e(x,\ y) = \dfrac{1}{4}\left(1-\dfrac{x}{a}\right)\left(1+\dfrac{y}{b}\right) \\ N_3^e(x,\ y) = \dfrac{1}{4}\left(1-\dfrac{x}{a}\right)\left(1-\dfrac{y}{b}\right) \\ N_4^e(x,\ y) = \dfrac{1}{4}\left(1+\dfrac{x}{a}\right)\left(1-\dfrac{y}{b}\right) \end{cases} \tag{11-35}$$

以上基函数是双线性的。考虑基函数的性质，以属于结点①的基函数 $N_1^e(x,\ y)$为例，由式(11－35)可见，在结点①(自身结点)处 $N_1^e(x=a,\ y=b)=1$；而在结点①相对的两个棱边上，即 $x=-a$ 和 $y=-b$ 上，基函数 $N_1^e(x=-a)=0$ 和 $N_1^e(y=-b)=0$。简言之，矩形单元的结点基函数在自身结点处等于 1，在另外三个非自身结点，包括由三个非自身结点形成的两个相对棱边上均等于零，如图 11－10 所示。这一特性和式(11－22)类似，即

$$N_i^e(x_j,\ y_j) = \delta_{ij} \tag{11-36}$$

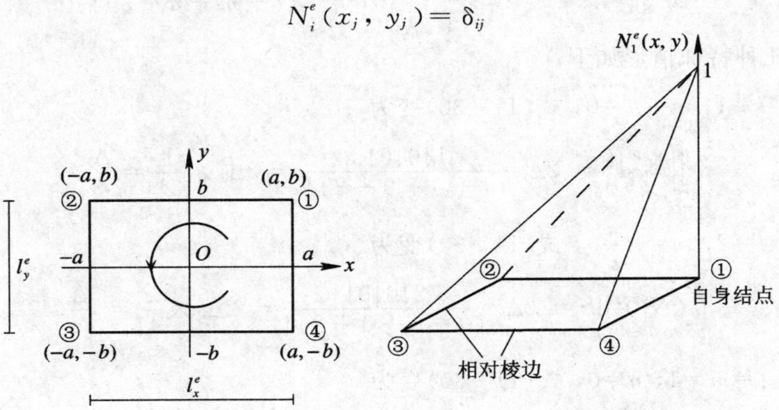

图 11－10　矩形单元

如果令 $a=\frac{l_x^e}{2}$，$b=\frac{l_y^e}{2}$，其中 l_x^e，l_y^e 代表矩形边长，则式(11-35)改写为

$$\begin{cases} N_1^e(x,\ y)=\frac{1}{4}\left(1+\frac{2x}{l_x^e}\right)\left(1+\frac{2y}{l_y^e}\right) \\ N_2^e(x,\ y)=\frac{1}{4}\left(1-\frac{2x}{l_x^e}\right)\left(1+\frac{2y}{l_y^e}\right) \\ N_3^e(x,\ y)=\frac{1}{4}\left(1-\frac{2x}{l_x^e}\right)\left(1-\frac{2y}{l_y^e}\right) \\ N_4^e(x,\ y)=\frac{1}{4}\left(1+\frac{2x}{l_x^e}\right)\left(1-\frac{2y}{l_y^e}\right) \end{cases} \tag{11-37}$$

若将图 11-10 所示矩形单元结点ⓘ坐标记为$(x_i,\ y_i)$，也可以将式(11-35)写为

$$N_i^e(x,\ y)=\frac{1}{4}\left(1+\frac{x}{x_i}\right)\left(1+\frac{y}{y_i}\right) \tag{11-38}$$

利用上述定义基函数，函数 $\phi(x,\ y)$在单元(e)范围内可以近似表示为双线性函数：

$$\phi^e(x,\ y)\simeq(a^e+b^e x)(c^e+d^e y)=\sum_{i=1}^{4}N_i^e(x,\ y)\phi_i^e \tag{11-39}$$

由上式及式(11-38)可得到系数 a^e，b^e，c^e，d^e 和 x_i，y_i，ϕ_i^e 的关系。

11.4.2　基函数单元积分公式

基函数乘积的积分中用到

$$\begin{cases} \int_{-a}^{a}\left(1\pm\frac{x}{a}\right)\mathrm{d}x=\frac{1}{a}\int_{-a}^{a}(a\pm x)\mathrm{d}x=2a \\ \int_{-a}^{a}\left(1\pm\frac{x}{a}\right)^2\mathrm{d}x=\frac{1}{a^2}\int_{-a}^{a}(a\pm x)^2\mathrm{d}x=\frac{8a}{3} \\ \int_{-a}^{a}\left[1-\left(\frac{x}{a}\right)^2\right]\mathrm{d}x=2a-\frac{2a}{3}=\frac{4a}{3} \end{cases} \tag{11-40}$$

由此可得基函数的单元积分结果为

$$\iint_{\Delta_e}N_i^e\mathrm{d}S=ab,\ i=1,\ 2,\ 3,\ 4 \tag{11-41}$$

$$\iint_{\Delta_e}(N_i^e)^2\mathrm{d}S=\frac{1}{9}ab,\ i=1,\ 2,\ 3,\ 4 \tag{11-42}$$

但是，

$$\begin{cases} \iint_{\Delta_e}N_1^e N_2^e\,\mathrm{d}S=\iint_{\Delta_e}N_1^e N_4^e\mathrm{d}S=\iint_{\Delta_e}N_2^e N_3^e\mathrm{d}S=\frac{32}{16}\times\frac{a}{3}\times\frac{b}{3}=\frac{2}{9}ab \\ \iint_{\Delta_e}N_1^e N_3^e\mathrm{d}S=\iint_{\Delta_e}N_2^e N_4^e\mathrm{d}S=\frac{1}{16}\times\frac{4a}{3}\times\frac{4b}{3}=\frac{1}{9}ab \end{cases} \tag{11-43}$$

以上各式中，ab 等于矩形单元面积的 1/4。

11.5 三维四面体单元

11.5.1 四面体单元和结点基函数

三维空间区域通常离散为四面体单元(Tetrahedral element)，如图 11－2 所示。离散结点既有单元中的局域编号 $i=1, 2, 3, 4$(分别为四面体的四个顶点)，也有全域编号 $J=1, 2, \cdots, N_{\text{node}}$，这里 N_{node} 为区域中结点总数。二者之间可以建立矩阵形式对照表。结点的局域编号顺序 1，2，3 和结点 4 之间规定为右手螺旋关系，如图 11－11 所示(金建铭，1998：98)。

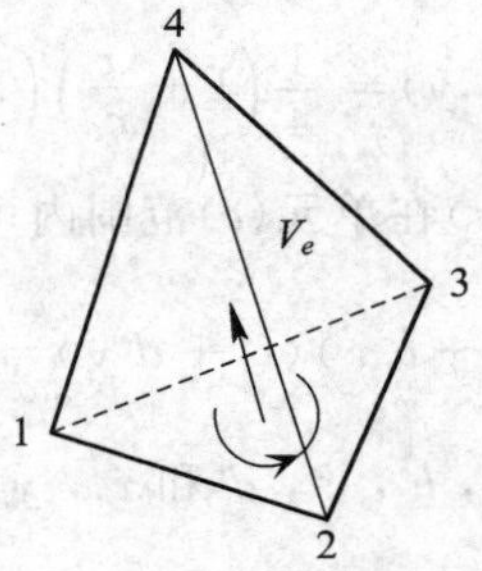

图 11－11 四面体单元

设函数 $\phi(x, y, z)$在单元 e 范围内可以近似表示为线性函数关系：

$$\phi^e(x, y, z) = a^e + b^e x + c^e y + d^e z \tag{11-44}$$

式中，a^e，b^e，c^e，d^e为待定系数。该系数可以由单元四个顶点的函数值 ϕ_1^e，ϕ_2^e，ϕ_3^e，ϕ_4^e确定：

$$\begin{cases} \phi_1^e = \phi^e(x_1, y_1, z_1) = a^e + b^e x_1 + c^e y_1 + d^e z_1 \\ \phi_2^e = \phi^e(x_2, y_2, z_2) = a^e + b^e x_2 + c^e y_2 + d^e z_2 \\ \phi_3^e = \phi^e(x_3, y_3, z_3) = a^e + b^e x_3 + c^e y_3 + d^e z_3 \\ \phi_4^e = \phi^e(x_4, y_4, z_4) = a^e + b^e x_4 + c^e y_4 + d^e z_4 \end{cases} \tag{11-45}$$

求解上述联立方程组可得 a^e，b^e，c^e，d^e 分别为

$$a^e = \frac{\Delta_a}{\Delta}, \quad b^e = \frac{\Delta_b}{\Delta}, \quad c^e = \frac{\Delta_c}{\Delta}, \quad d^e = \frac{\Delta_d}{\Delta} \tag{11-46}$$

其中系数行列式为

$$\Delta = \begin{vmatrix} 1 & x_1 & y_1 & z_1 \\ 1 & x_2 & y_2 & z_2 \\ 1 & x_3 & y_3 & z_3 \\ 1 & x_4 & y_4 & z_4 \end{vmatrix} = (x_2 y_3 - x_3 y_2) - (x_1 y_3 - x_3 y_1) + (x_1 y_2 - x_2 y_1) = 6V_e \tag{11-47}$$

上式中，$\Delta = 6V_e$，V_e是四面体单元体积。证明如下：四面体的体积可以用它的四个顶点坐标计算：(数学手册，1979：332；Jin and Riley，2009)

$$V_e=\frac{1}{6}\begin{vmatrix}x_4 & y_4 & z_4 & 1\\x_1 & y_1 & z_1 & 1\\x_2 & y_2 & z_2 & 1\\x_3 & y_3 & z_3 & 1\end{vmatrix}=\frac{1}{6}\begin{vmatrix}1 & x_1 & y_1 & z_1\\1 & x_2 & y_2 & z_2\\1 & x_3 & y_3 & z_3\\1 & x_4 & y_4 & z_4\end{vmatrix}\tag{11-48}$$

比较式(11－47)和式(11－48)，可得 $\Delta=6V_e$。证毕。

式(11－46)中，其它系数行列式为

$$\Delta_a=\begin{vmatrix}\phi_1^e & x_1 & y_1 & z_1\\\phi_2^e & x_2 & y_2 & z_2\\\phi_3^e & x_3 & y_3 & z_3\\\phi_4^e & x_4 & y_4 & z_4\end{vmatrix}$$

$$=\phi_1^e\begin{vmatrix}x_2 & y_2 & z_2\\x_3 & y_3 & z_3\\x_4 & y_4 & z_4\end{vmatrix}-\phi_2^e\begin{vmatrix}x_1 & y_1 & z_1\\x_3 & y_3 & z_3\\x_4 & y_4 & z_4\end{vmatrix}+\phi_3^e\begin{vmatrix}x_1 & y_1 & z_1\\x_2 & y_2 & z_2\\x_4 & y_4 & z_4\end{vmatrix}-\phi_4^e\begin{vmatrix}x_1 & y_1 & z_1\\x_2 & y_2 & z_2\\x_3 & y_3 & z_3\end{vmatrix}$$

$$=a_1^e\phi_1^e+a_2^e\phi_2^e+a_3^e\phi_3^e+a_4^e\phi_4^e$$

其中，(注意区别符号 a_i^e，b_i^e，c_i^e，d_i^e 和 a^e，b^e，c^e，d^e)，

$$\left\{\begin{aligned}a_1^e&=\begin{vmatrix}x_2 & y_2 & z_2\\x_3 & y_3 & z_3\\x_4 & y_4 & z_4\end{vmatrix}=x_2\begin{vmatrix}y_3 & z_3\\y_4 & z_4\end{vmatrix}-x_3\begin{vmatrix}y_2 & z_2\\y_4 & z_4\end{vmatrix}+x_4\begin{vmatrix}y_2 & z_2\\y_3 & z_3\end{vmatrix}\\&=x_2(y_3z_4-z_3y_4)-x_3(y_2z_4-z_2y_4)+x_4(y_2z_3-z_2y_3)\\a_2^e&=-\begin{vmatrix}x_1 & y_1 & z_1\\x_3 & y_3 & z_3\\x_4 & y_4 & z_4\end{vmatrix}=-x_1(y_3z_4-z_3y_4)+x_3(y_1z_4-z_1y_4)-x_4(y_1z_3-z_1y_3)\\a_3^e&=\begin{vmatrix}x_1 & y_1 & z_1\\x_2 & y_2 & z_2\\x_4 & y_4 & z_4\end{vmatrix}=x_1(y_2z_4-z_2y_4)-x_2(y_1z_4-z_1y_4)+x_4(y_1z_2-z_1y_2)\\a_4^e&=-\begin{vmatrix}x_1 & y_1 & z_1\\x_2 & y_2 & z_2\\x_3 & y_3 & z_3\end{vmatrix}=-x_1(y_2z_3-z_2y_3)+x_2(y_1z_3-z_1y_3)-x_3(y_1z_2-z_1y_2)\end{aligned}\right.\tag{11-49}$$

以及

$$\Delta_b=\begin{vmatrix}1 & \phi_1^e & y_1 & z_1\\1 & \phi_2^e & y_2 & z_2\\1 & \phi_3^e & y_3 & z_3\\1 & \phi_4^e & y_4 & z_4\end{vmatrix}$$

$$=-\phi_1^e\begin{vmatrix}1 & y_2 & z_2\\1 & y_3 & z_3\\1 & y_4 & z_4\end{vmatrix}+\phi_2^e\begin{vmatrix}1 & y_1 & z_1\\1 & y_3 & z_3\\1 & y_4 & z_4\end{vmatrix}-\phi_3^e\begin{vmatrix}1 & y_1 & z_1\\1 & y_2 & z_2\\1 & y_4 & z_4\end{vmatrix}+\phi_4^e\begin{vmatrix}1 & y_1 & z_1\\1 & y_2 & z_2\\1 & y_3 & z_3\end{vmatrix}$$

$$=b_1^e\phi_1^e+b_2^e\phi_2^e+b_3^e\phi_3^e+b_4^e\phi_4^e$$

其中，

$$\begin{cases} b_1^e = -\begin{vmatrix} 1 & y_2 & z_2 \\ 1 & y_3 & z_3 \\ 1 & y_4 & z_4 \end{vmatrix} = -\begin{vmatrix} y_3 & z_3 \\ y_4 & z_4 \end{vmatrix} + \begin{vmatrix} y_2 & z_2 \\ y_4 & z_4 \end{vmatrix} - \begin{vmatrix} y_2 & z_2 \\ y_3 & z_3 \end{vmatrix} \\ \quad = -(y_3 z_4 - z_3 y_4) + (y_2 z_4 - z_2 y_4) - (y_2 z_3 - z_2 y_3) \\ b_2^e = \begin{vmatrix} 1 & y_1 & z_1 \\ 1 & y_3 & z_3 \\ 1 & y_4 & z_4 \end{vmatrix} = (y_3 z_4 - z_3 y_4) - (y_1 z_4 - z_1 y_4) + (y_1 z_3 - z_1 y_3) \\ b_3^e = -\begin{vmatrix} 1 & y_1 & z_1 \\ 1 & y_2 & z_2 \\ 1 & y_4 & z_4 \end{vmatrix} = -(y_2 z_4 - z_2 y_4) + (y_1 z_4 - z_1 y_4) - (y_1 z_2 - z_1 y_2) \\ b_4^e = \begin{vmatrix} 1 & y_1 & z_1 \\ 1 & y_2 & z_2 \\ 1 & y_3 & z_3 \end{vmatrix} = (y_2 z_3 - z_2 y_3) - (y_1 z_3 - z_1 y_3) + (y_1 z_2 - z_1 y_2) \end{cases} \tag{11-50}$$

以及

$$\begin{aligned} \Delta_c &= \begin{vmatrix} 1 & x_1 & \phi_1^e & z_1 \\ 1 & x_2 & \phi_2^e & z_2 \\ 1 & x_3 & \phi_3^e & z_3 \\ 1 & x_4 & \phi_4^e & z_4 \end{vmatrix} \\ &= \phi_1^e \begin{vmatrix} 1 & x_2 & z_2 \\ 1 & x_3 & z_3 \\ 1 & x_4 & z_4 \end{vmatrix} - \phi_2^e \begin{vmatrix} 1 & x_1 & z_1 \\ 1 & x_3 & z_3 \\ 1 & x_4 & z_4 \end{vmatrix} + \phi_3^e \begin{vmatrix} 1 & x_1 & z_1 \\ 1 & x_2 & z_2 \\ 1 & x_4 & z_4 \end{vmatrix} - \phi_4^e \begin{vmatrix} 1 & x_1 & z_1 \\ 1 & x_2 & z_2 \\ 1 & x_3 & z_3 \end{vmatrix} \\ &= c_1^e \phi_1^e + c_2^e \phi_2^e + c_3^e \phi_3^e + c_4^e \phi_4^e \end{aligned}$$

其中，

$$\begin{cases} c_1^e = \begin{vmatrix} 1 & x_2 & z_2 \\ 1 & x_3 & z_3 \\ 1 & x_4 & z_4 \end{vmatrix} = \begin{vmatrix} x_3 & z_3 \\ x_4 & z_4 \end{vmatrix} - \begin{vmatrix} x_2 & z_2 \\ x_4 & z_4 \end{vmatrix} + \begin{vmatrix} x_2 & z_2 \\ x_3 & z_3 \end{vmatrix} \\ \quad = (x_3 z_4 - z_3 x_4) - (x_2 z_4 - z_2 x_4) + (x_2 z_3 - z_2 x_3) \\ c_2^e = -\begin{vmatrix} 1 & x_1 & z_1 \\ 1 & x_3 & z_3 \\ 1 & x_4 & z_4 \end{vmatrix} = -(x_3 z_4 - z_3 x_4) + (x_1 z_4 - z_1 x_4) - (x_1 z_3 - z_1 x_3) \\ c_3^e = \begin{vmatrix} 1 & x_1 & z_1 \\ 1 & x_2 & z_2 \\ 1 & x_4 & z_4 \end{vmatrix} = (x_2 z_4 - z_2 x_4) - (x_1 z_4 - z_1 x_4) + (x_1 z_2 - z_1 x_2) \\ c_4^e = -\begin{vmatrix} 1 & x_1 & z_1 \\ 1 & x_2 & z_2 \\ 1 & x_3 & z_3 \end{vmatrix} = -(x_2 z_3 - z_2 x_3) + (x_1 z_3 - z_1 x_3) - (x_1 z_2 - z_1 x_2) \end{cases} \tag{11-51}$$

以及

$$\Delta_d = \begin{vmatrix} 1 & x_1 & y_1 & \phi_1^e \\ 1 & x_2 & y_2 & \phi_2^e \\ 1 & x_3 & y_3 & \phi_3^e \\ 1 & x_4 & y_4 & \phi_4^e \end{vmatrix}$$

$$= -\phi_1^e \begin{vmatrix} 1 & x_2 & y_2 \\ 1 & x_3 & y_3 \\ 1 & x_4 & y_4 \end{vmatrix} + \phi_2^e \begin{vmatrix} 1 & x_1 & y_1 \\ 1 & x_3 & y_3 \\ 1 & x_4 & y_4 \end{vmatrix} - \phi_3^e \begin{vmatrix} 1 & x_1 & y_1 \\ 1 & x_2 & y_2 \\ 1 & x_4 & y_4 \end{vmatrix} + \phi_4^e \begin{vmatrix} 1 & x_1 & y_1 \\ 1 & x_2 & y_2 \\ 1 & x_3 & y_3 \end{vmatrix}$$

$$= d_1^e \phi_1^e + d_2^e \phi_2^e + d_3^e \phi_3^e + d_4^e \phi_4^e$$

其中，

$$\left\{\begin{aligned} d_1^e &= -\begin{vmatrix} 1 & x_2 & y_2 \\ 1 & x_3 & y_3 \\ 1 & x_4 & y_4 \end{vmatrix} = -\begin{vmatrix} x_3 & y_3 \\ x_4 & y_4 \end{vmatrix} + \begin{vmatrix} x_2 & y_2 \\ x_4 & y_4 \end{vmatrix} - \begin{vmatrix} x_2 & y_2 \\ x_3 & y_3 \end{vmatrix} \\ &= -(x_3 y_4 - y_3 x_4) + (x_2 y_4 - y_2 x_4) - (x_2 y_3 - y_2 x_3) \\ d_2^e &= \begin{vmatrix} 1 & x_1 & y_1 \\ 1 & x_3 & y_3 \\ 1 & x_4 & y_4 \end{vmatrix} = (x_3 y_4 - y_3 x_4) - (x_1 y_4 - y_1 x_4) + (x_1 y_3 - y_1 x_3) \\ d_3^e &= -\begin{vmatrix} 1 & x_1 & y_1 \\ 1 & x_2 & y_2 \\ 1 & x_4 & y_4 \end{vmatrix} = -(x_2 y_4 - y_2 x_4) + (x_1 y_4 - y_1 x_4) - (x_1 y_2 - y_1 x_2) \\ d_4^e &= \begin{vmatrix} 1 & x_1 & y_1 \\ 1 & x_2 & y_2 \\ 1 & x_3 & y_3 \end{vmatrix} = (x_2 y_3 - y_2 x_3) - (x_1 y_3 - y_1 x_3) + (x_1 y_2 - y_1 x_2) \end{aligned}\right.$$

(11 - 52)

以上系数代入式(11 - 44)整理，得

$$\phi^e(x, y, z) = a^e + b^e x + c^e y + d^e z = \sum_{i=1}^{4} N_i^e(x, y, z)\phi_i^e \qquad (11-53)$$

其中，

$$N_i^e(x, y, z) = \frac{1}{6V_e}(a_i^e + b_i^e x + c_i^e y + d_i^e z) \qquad (11-54)$$

称为属于结点 i 的基函数(插值函数)。直接代入可得结点基函数具有以下特性：

$$N_i^e(x_j^e, y_j^e, z_j^e) = \delta_{ij} \qquad (11-55)$$

上述四面体基函数为线性函数，如图 11 - 12 所示。以属于结点 4 的基函数 $N_4^e(x, y, z)$为例，当观察点位于结点 4(自身结点)时，基函数 N_4^e 等于 1；当观察点位于和结点 4 相对的三角形(即连接结点 1、2 和 3 的三角形)上时，基函数等于零；其间为线性下降，如图 11 - 12 所示，图中 h 代表单元内一点(x, y, z)到底面△123 的垂直距离(高度)，

而 H 是结点 4 到底面△123 的垂直距离(高度)。简言之，四面体的结点基函数在自身结点处等于 1，在另外三个非自身结点，以及由三个非自身结点形成的相对三角形(面元)上，均等于零。

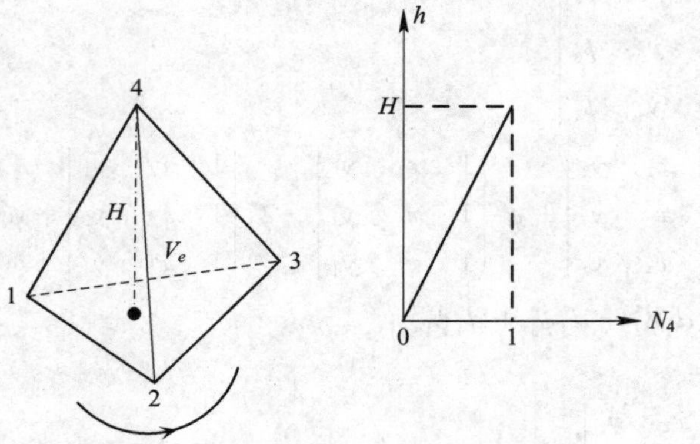

图 11-12　四面体单元线性插值函数

11.5.2　四面体单元的体积坐标

为了说明四面体单元基函数的几何意义，引入体积坐标的概念(Lipinskii，2006)。设 $P(x, y, z)$ 为四面体单元内任一点，如图 11-13 所示。将 P 和四面体顶点连线构成四个小四面体，分别记为小四面体 $P234$，体积为 V_1；$P341$，体积为 V_2；$P124$，体积为 V_3；$P123$，体积为 V_4。四面体单元 4123 的体积如式(11-47)所示，重写为

$$V_e = \frac{1}{6}\begin{vmatrix} 1 & x_1 & y_1 & z_1 \\ 1 & x_2 & y_2 & z_2 \\ 1 & x_3 & y_3 & z_3 \\ 1 & x_4 & y_4 & z_4 \end{vmatrix}$$

$$= \frac{1}{6}\left\{\begin{vmatrix} x_1 & y_1 & z_1 \\ x_2 & y_2 & z_2 \\ x_3 & y_3 & z_3 \end{vmatrix} - \begin{vmatrix} 1 & y_1 & z_1 \\ 1 & y_2 & z_2 \\ 1 & y_3 & z_3 \end{vmatrix} x_4 + \begin{vmatrix} 1 & x_1 & z_1 \\ 1 & x_2 & z_2 \\ 1 & x_3 & z_3 \end{vmatrix} y_4 - \begin{vmatrix} 1 & x_1 & y_1 \\ 1 & x_2 & y_2 \\ 1 & x_3 & y_3 \end{vmatrix} z_4\right\}$$

$$= \frac{1}{6}(a_0^e + b_0^e x_4 + c_0^e y_4 + d_0^e z_4) \tag{11-56}$$

其中，x_4，y_4，z_4 是图 11-12 中四面体单元 4123 中上方顶点 4 的坐标，系数 a_0^e，b_0^e，c_0^e，d_0^e 为

$$a_0^e = \begin{vmatrix} x_1 & y_1 & z_1 \\ x_2 & y_2 & z_2 \\ x_3 & y_3 & z_3 \end{vmatrix},\ b_0^e = -\begin{vmatrix} 1 & y_1 & z_1 \\ 1 & y_2 & z_2 \\ 1 & y_3 & z_3 \end{vmatrix}$$

$$c_0^e = \begin{vmatrix} 1 & x_1 & z_1 \\ 1 & x_2 & z_2 \\ 1 & x_3 & z_3 \end{vmatrix},\ d_0^e = -\begin{vmatrix} 1 & x_1 & y_1 \\ 1 & x_2 & y_2 \\ 1 & x_3 & y_3 \end{vmatrix} \tag{11-57}$$

按照四面体 4123 体积计算式(11－56)的相同方式，注意到四个小四面体 $P234$，$P341$，$P124$ 和 $P123$ 都以 $P(x, y, z)$ 为上方顶点，底部三角形有所不同。所以它们的体积可表示为

$$V_i(x, y, z)=\frac{1}{6}(a_i^e+b_i^e x+c_i^e y+d_i^e z) \tag{11-58}$$

式中，$i=1, 2, 3, 4$。对于小四面体 $P234$，$P341$，$P124$ 和 $P123$，上式中系数分别为

$$\begin{cases}
a_1^e=\begin{vmatrix} x_2 & y_2 & z_2 \\ x_3 & y_3 & z_3 \\ x_4 & y_4 & z_4 \end{vmatrix}, b_1^e=-\begin{vmatrix} 1 & y_2 & z_2 \\ 1 & y_3 & z_3 \\ 1 & y_4 & z_4 \end{vmatrix}, c_1^e=\begin{vmatrix} 1 & x_2 & z_2 \\ 1 & x_3 & z_3 \\ 1 & x_4 & z_4 \end{vmatrix}, d_1^e=-\begin{vmatrix} 1 & x_2 & y_2 \\ 1 & x_3 & y_3 \\ 1 & x_4 & y_4 \end{vmatrix} \\
a_2^e=\begin{vmatrix} x_3 & y_3 & z_3 \\ x_4 & y_4 & z_4 \\ x_1 & y_1 & z_1 \end{vmatrix}, b_2^e=-\begin{vmatrix} 1 & y_3 & z_3 \\ 1 & y_4 & z_4 \\ 1 & y_1 & z_1 \end{vmatrix}, c_2^e=\begin{vmatrix} 1 & x_3 & z_3 \\ 1 & x_4 & z_4 \\ 1 & x_1 & z_1 \end{vmatrix}, d_2^e=-\begin{vmatrix} 1 & x_3 & y_3 \\ 1 & x_4 & y_4 \\ 1 & x_1 & y_1 \end{vmatrix} \\
a_3^e=\begin{vmatrix} x_1 & y_1 & z_1 \\ x_2 & y_2 & z_2 \\ x_4 & y_4 & z_4 \end{vmatrix}, b_3^e=-\begin{vmatrix} 1 & y_1 & z_1 \\ 1 & y_2 & z_2 \\ 1 & y_4 & z_4 \end{vmatrix}, c_3^e=\begin{vmatrix} 1 & x_1 & z_1 \\ 1 & x_2 & z_2 \\ 1 & x_4 & z_4 \end{vmatrix}, d_3^e=-\begin{vmatrix} 1 & x_1 & y_1 \\ 1 & x_2 & y_2 \\ 1 & x_4 & y_4 \end{vmatrix} \\
a_4^e=\begin{vmatrix} x_1 & y_1 & z_1 \\ x_2 & y_2 & z_2 \\ x_3 & y_3 & z_3 \end{vmatrix}, b_4^e=-\begin{vmatrix} 1 & y_1 & z_1 \\ 1 & y_2 & z_2 \\ 1 & y_3 & z_3 \end{vmatrix}, c_4^e=\begin{vmatrix} 1 & x_1 & z_1 \\ 1 & x_2 & z_2 \\ 1 & x_3 & z_3 \end{vmatrix}, d_4^e=-\begin{vmatrix} 1 & x_1 & y_1 \\ 1 & x_2 & y_2 \\ 1 & x_3 & y_3 \end{vmatrix}
\end{cases} \tag{11-59}$$

上式中用到式(11－49)～式(11－52)中的符号。

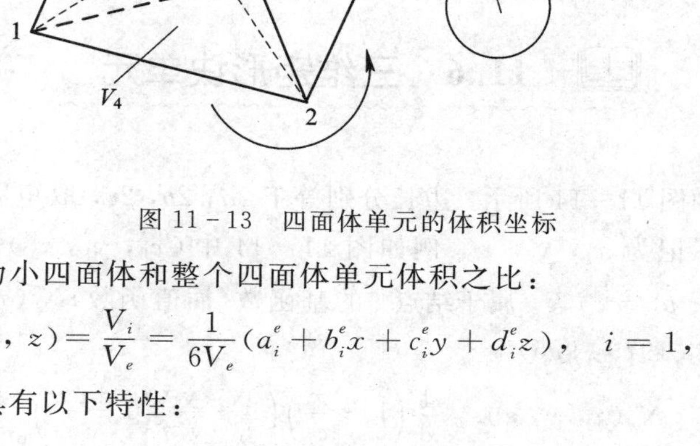

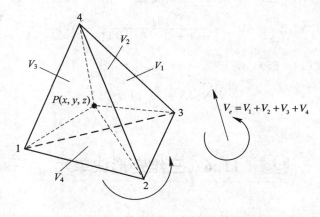

图 11－13　四面体单元的体积坐标

定义体积坐标为小四面体和整个四面体单元体积之比：

$$L_i^e(x, y, z)=\frac{V_i}{V_e}=\frac{1}{6V_e}(a_i^e+b_i^e x+c_i^e y+d_i^e z), \quad i=1, 2, 3, 4 \tag{11-60}$$

由此可见体积坐标具有以下特性：

$$\begin{cases} 0 \leqslant L_i^e(x, y, z) \leqslant 1 \\ L_1^e(x, y, z) + L_2^e(x, y, z) + L_3^e(x, y, z) + L_4^e(x, y, z) = 1 \end{cases} \tag{11-61}$$

因此，式(11－54)所定义的结点基函数也可以表示为体积坐标形式：

$$N_i^e(x, y, z) = L_i^e(x, y, z) = \frac{V_i(x, y, z)}{V_e} \tag{11-62}$$

即各个小四面体和四面体单元的体积比。了解这一几何意义就易于理解式(11－55)所示的结点基函数性质。

11.5.3 基函数单元积分公式

四面体单元内基函数积分的一般公式为(Jin，2002：170；证明见 Silvester and Ferrari，1983)

$$\iiint_{V_e} (N_1^e)^k (N_2^e)^l (N_3^e)^m (N_4^e)^n \mathrm{d}x\mathrm{d}y\mathrm{d}z = 6V_e \frac{k!l!m!n!}{(k+l+m+n+3)!} \tag{11-63}$$

常用的几种特殊情形如下。

情形一：$k=1$，$l=m=n=0$，式(11－63)变为

$$\iiint_{V_e} N_1^e \mathrm{d}V = 6V_e \frac{1!0!0!0!}{(1+0+0+0+3)!} = 6V_e \times \frac{1}{4!} = \frac{V_e}{4} \tag{11-64}$$

情形二：$k=2$，$l=m=n=0$，式(11－63)变为

$$\iiint_{V_e} (N_1^e)^2 \mathrm{d}V = 6V_e \frac{2!0!0!0!}{(2+0+0+0+3)!} = 6V_e \times \frac{2}{5!} = \frac{V_e}{10} \tag{11-65}$$

情形三：$k=l=1$，$m=n=0$，式(11－63)变为

$$\iiint_{V_e} N_1^e N_2^e \mathrm{d}V = 6V_e \frac{1!1!0!0!}{(1+1+0+0+3)!} = 6V_e \times \frac{1}{5!} = \frac{V_e}{20} \tag{11-66}$$

合并式(11－65)、式(11－66)，得

$$\iint_{V_e} N_i^e N_j^e \mathrm{d}S = \frac{V_e}{20}(1+\delta_{ij}) \tag{11-67}$$

11.6 三维矩形块单元

设矩形块单元如图 11－14 所示，边长分别等于 $2a$，$2b$，$2c$，取矩形块中心点为局域坐标原点，各结点坐标记为 x_i，y_i，z_i，例如图 11－14 中 $(x_1, y_1, z_1) = (-a, -b, -c)$，$(x_2, y_2, z_2) = (a, -b, -c)$ 等。属于结点 i 的基函数(插值函数) $N_i^e(x, y, z)$ 为(Sakiyama 等，1990；数学手册，1979：995)

$$N_i^e(x, y, z) = \frac{1}{8}\left(1+\frac{x}{x_i}\right)\left(1+\frac{y}{y_i}\right)\left(1+\frac{z}{z_i}\right) \tag{11-68}$$

它是三线性(沿 x，y，z 均为线性)函数，具体可写为

$$\begin{cases} N_1^e(x, y) = \frac{1}{8}\left(1-\frac{x}{a}\right)\left(1-\frac{y}{b}\right)\left(1-\frac{z}{c}\right) \\ N_2^e(x, y) = \frac{1}{8}\left(1+\frac{x}{a}\right)\left(1-\frac{y}{b}\right)\left(1-\frac{z}{c}\right) \\ N_3^e(x, y) = \frac{1}{8}\left(1+\frac{x}{a}\right)\left(1+\frac{y}{b}\right)\left(1-\frac{z}{c}\right) \\ N_4^e(x, y) = \frac{1}{8}\left(1-\frac{x}{a}\right)\left(1+\frac{y}{b}\right)\left(1-\frac{z}{c}\right) \\ N_5^e(x, y) = \frac{1}{8}\left(1-\frac{x}{a}\right)\left(1-\frac{y}{b}\right)\left(1+\frac{z}{c}\right) \\ N_6^e(x, y) = \frac{1}{8}\left(1+\frac{x}{a}\right)\left(1-\frac{y}{b}\right)\left(1+\frac{z}{c}\right) \\ N_7^e(x, y) = \frac{1}{8}\left(1+\frac{x}{a}\right)\left(1+\frac{y}{b}\right)\left(1+\frac{z}{c}\right) \\ N_8^e(x, y) = \frac{1}{8}\left(1-\frac{x}{a}\right)\left(1+\frac{y}{b}\right)\left(1+\frac{z}{c}\right) \end{cases} \tag{11-69}$$

上述基函数在自身结点处等于 1，在其它非自身结点处均等于零。

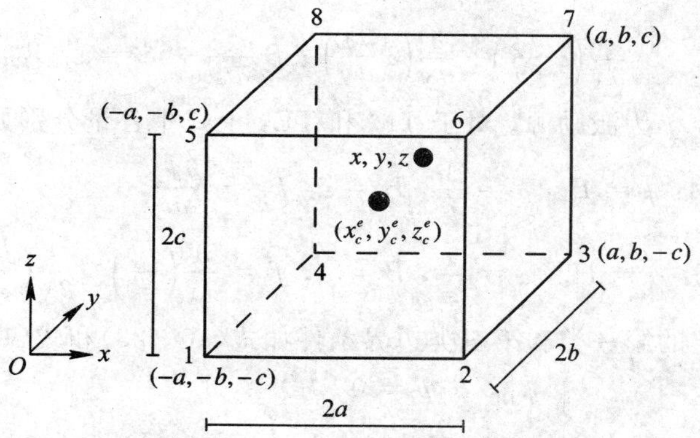

图 11 - 14　矩形块单元

三维矩形块基函数单元积分结果可参见文献(金建铭，1998：105)。

第 12 章

基于结点基函数的二维波动方程 Galerkin 有限元解

本章讨论无耗介质 TM 和 TE 二维标量波动方程边值问题的弱解形式，应用 Galerkin 加权余量法获得有限元矩阵方程，分析说明组合概念和实现方法。另外还导出有耗介质 TM 波动方程的有限元矩阵方程。

12.1　无耗介质二维波动方程边值问题及其弱解形式

如前所述，无耗介质中二维 TM 波动方程和 TE 波动方程可以统一表示为式(10-14)，即

$$\frac{\partial}{\partial x}\left(\alpha\frac{\partial\phi}{\partial x}\right)+\frac{\partial}{\partial y}\left(\alpha\frac{\partial\phi}{\partial y}\right)-B\frac{\partial^2\phi}{\partial t^2}+f=0 \tag{12-1}$$

其中，ϕ 为待求函数，f 为激励源。对于 TM 和 TE，上式中各量分别如式(10-16)：

$$\begin{cases}\text{TM：}\phi=E_z,\ \alpha=\dfrac{1}{\mu},\ B=\varepsilon,\ f=-\dfrac{\partial J_z}{\partial t}\\[2ex]\text{TE：}\phi=H_z,\ \alpha=\dfrac{1}{\varepsilon},\ B=\mu,\ f=\dfrac{\partial}{\partial x}\left(\dfrac{J_y}{\varepsilon}\right)-\dfrac{\partial}{\partial y}\left(\dfrac{J_x}{\varepsilon}\right)\end{cases} \tag{12-2}$$

求解区域 Ω 给定的第一类和第三类边界条件如式(10-23)和式(10-24)：

$$\begin{cases}\phi|_{\Gamma_1}-p=0\\[1ex][\alpha\boldsymbol{n}\cdot\nabla\phi+\gamma\phi]_{\Gamma_3}-q=0\end{cases} \tag{12-3}$$

上式中 $q=0$ 称为第二类边界条件；上式中 $\Gamma=\Gamma_1+\Gamma_3$ 是求解区域 Ω 的边界，Γ_1，Γ_3 分别对应于第一类和第三类边界，如图 12-1 所示。由于第二类边界是第三类边界的特殊情形，以下推导中将只考虑第一类和第三类边界。

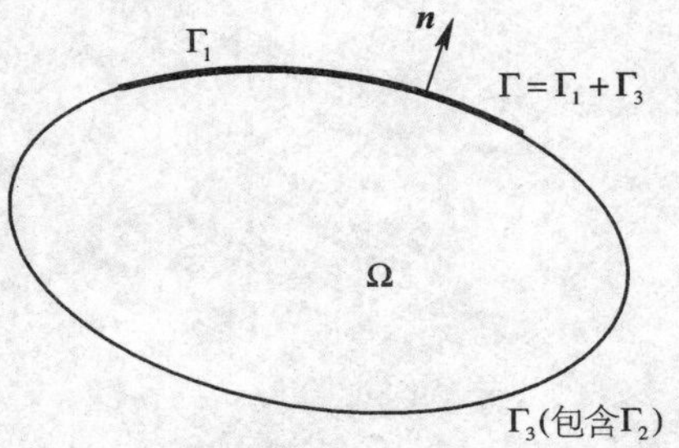

图 12-1　计算区域及其边界

根据 10.5 节 Garlerkin 加权余量方法，当函数 ϕ 为非严格解时，将其代入式(12-1)和

式(12-3)左端，所得结果将不等于零，相应余量为

$$\begin{cases} r = \dfrac{\partial}{\partial x}\left(\alpha \dfrac{\partial \phi}{\partial x}\right) + \dfrac{\partial}{\partial y}\left(\alpha \dfrac{\partial \phi}{\partial y}\right) - B\dfrac{\partial^2 \phi}{\partial t^2} + f \\ r_1 = \phi|_{\Gamma_1} - p \\ r_3 = [\alpha \boldsymbol{n} \cdot \nabla \phi + \gamma\phi]_{\Gamma_3} - q \end{cases} \tag{12-4}$$

用函数 ν，ν_1，ν_3 分别乘上述余量并沿计算域和边界积分然后相加得到加权余量为(Silvester and Ferrari，1983：168)

$$R = \iint_{\Omega} \nu \left[\frac{\partial}{\partial x}\left(\alpha \frac{\partial \phi}{\partial x}\right) + \frac{\partial}{\partial y}\left(\alpha \frac{\partial \phi}{\partial y}\right) - B\frac{\partial^2 \phi}{\partial t^2} + f\right] \mathrm{d}\Omega$$

$$+ \int_{\Gamma_1} \nu_1 (\phi - p) \mathrm{d}\Gamma + \int_{\Gamma_3} \nu_3 (\alpha \boldsymbol{n} \cdot \nabla \phi + \gamma\phi - q) \mathrm{d}\Gamma \tag{12-5}$$

以下适当选择 ν_1，ν_3 以使弱解形式的最后表示式更为简明。利用函数乘积的分部积分公式：

$$\begin{cases} \displaystyle\iint_{\Omega} \nu \frac{\partial \psi}{\partial x} \mathrm{d}x\mathrm{d}y = -\iint_{\Omega} \frac{\partial \nu}{\partial x} \psi \mathrm{d}x\mathrm{d}y + \oint_{\Gamma} \nu\psi n_x \mathrm{d}\Gamma \\ \displaystyle\iint_{\Omega} \nu \frac{\partial \psi}{\partial y} \mathrm{d}x\mathrm{d}y = -\iint_{\Omega} \frac{\partial \nu}{\partial y} \psi \mathrm{d}x\mathrm{d}y + \oint_{\Gamma} \nu\psi n_y \mathrm{d}\Gamma \end{cases}$$

式(12-5)右端第一项中区域积分可写为

$$\begin{cases} \displaystyle\iint_{\Omega} \nu \frac{\partial}{\partial x}\left(\alpha \frac{\partial \phi}{\partial x}\right) \mathrm{d}x\mathrm{d}y = -\iint_{\Omega} \frac{\partial \nu}{\partial x}\left(\alpha \frac{\partial \phi}{\partial x}\right) \mathrm{d}x\mathrm{d}y + \oint_{\Gamma} \nu\left(\alpha \frac{\partial \phi}{\partial x}\right) n_x \mathrm{d}\Gamma \\ \displaystyle\iint_{\Omega} \nu \frac{\partial}{\partial y}\left(\alpha \frac{\partial \phi}{\partial y}\right) \mathrm{d}x\mathrm{d}y = -\iint_{\Omega} \frac{\partial \nu}{\partial y}\left(\alpha \frac{\partial \phi}{\partial y}\right) \mathrm{d}x\mathrm{d}y + \oint_{\Gamma} \nu\left(\alpha \frac{\partial \phi}{\partial y}\right) n_y \mathrm{d}\Gamma \end{cases} \tag{12-6}$$

其中 Γ 为区域边界。将式(12-6)代入式(12-5)左端第一项区域积分可得

$$\begin{aligned} I_{\Omega} &= \iint_{\Omega} \nu \left[\frac{\partial}{\partial x}\left(\alpha \frac{\partial \phi}{\partial x}\right) + \frac{\partial}{\partial y}\left(\alpha \frac{\partial \phi}{\partial y}\right) - B\frac{\partial^2 \phi}{\partial t^2} + f\right] \mathrm{d}\Omega \\ &= -\iint_{\Omega} \frac{\partial \nu}{\partial x}\left(\alpha \frac{\partial \phi}{\partial x}\right) \mathrm{d}x\mathrm{d}y + \oint_{\Gamma} \nu\alpha \frac{\partial \phi}{\partial x} n_x \mathrm{d}\Gamma - \iint_{\Omega} \frac{\partial \nu}{\partial y}\left(\alpha \frac{\partial \phi}{\partial y}\right) \mathrm{d}x\mathrm{d}y \\ &\quad + \oint_{\Gamma} \nu\alpha \frac{\partial \phi}{\partial y} n_y \mathrm{d}\Gamma - \iint_{\Omega} \nu B \frac{\partial^2 \phi}{\partial t^2} \mathrm{d}\Omega + \iint_{\Omega} \nu f \mathrm{d}\Omega \\ &= -\iint_{\Omega} \left(\alpha \frac{\partial \nu}{\partial x}\frac{\partial \phi}{\partial x} + \alpha \frac{\partial \nu}{\partial y}\frac{\partial \phi}{\partial y}\right) \mathrm{d}\Omega \\ &\quad - \iint_{\Omega} \nu B \frac{\partial^2 \phi}{\partial t^2} \mathrm{d}\Omega + \iint_{\Omega} \nu f \mathrm{d}\Omega + \oint_{\Gamma} \nu\alpha \boldsymbol{n} \cdot \nabla \phi \mathrm{d}\Gamma \end{aligned} \tag{12-7}$$

再代入式(12-5)得到

$$\begin{aligned} R &= -\iint_{\Omega} \left[\frac{\partial \nu}{\partial x}\left(\alpha \frac{\partial \phi}{\partial x}\right) + \frac{\partial \nu}{\partial y}\left(\alpha \frac{\partial \phi}{\partial y}\right)\right] \mathrm{d}\Omega \\ &\quad - \iint_{\Omega} \nu B \frac{\partial^2 \phi}{\partial t^2} \mathrm{d}\Omega + \iint_{\Omega} \nu f \mathrm{d}\Omega + \oint_{\Gamma} \nu\alpha \boldsymbol{n} \cdot \nabla \phi \mathrm{d}\Gamma \\ &\quad + \int_{\Gamma_1} \nu_1 (\phi - p) \mathrm{d}\Gamma + \int_{\Gamma_3} \nu_3 (\alpha \boldsymbol{n} \cdot \nabla \phi + \gamma\phi + q) \mathrm{d}\Gamma \end{aligned} \tag{12-8}$$

考察上式中区域边界积分项，将边界 Γ 积分划分为两段 $\Gamma=\Gamma_1+\Gamma_3$：

$$\begin{aligned} I_\Gamma &= \oint_\Gamma \nu\alpha\boldsymbol{n}\cdot\nabla\phi\,\mathrm{d}\Gamma+\int_{\Gamma_1}\nu_1(\phi-p)\,\mathrm{d}\Gamma+\int_{\Gamma_3}\nu_3(\alpha\boldsymbol{n}\cdot\nabla\phi+\gamma\phi-q_3)\,\mathrm{d}\Gamma \\ &= \int_{\Gamma_1}\nu\alpha\boldsymbol{n}\cdot\nabla\phi\,\mathrm{d}\Gamma+\int_{\Gamma_1}\nu_1(\phi-p)\,\mathrm{d}\Gamma \\ &\quad+\int_{\Gamma_3}(\nu+\nu_3)\alpha\boldsymbol{n}\cdot\nabla\phi\,\mathrm{d}\Gamma+\int_{\Gamma_3}\nu_3(\gamma\phi-q)\,\mathrm{d}\Gamma \end{aligned} \tag{12-9}$$

选择 $\nu_3=-\nu$，则上式变为

$$I_\Gamma=\int_{\Gamma_1}\nu\alpha\boldsymbol{n}\cdot\nabla\phi\,\mathrm{d}\Gamma+\int_{\Gamma_1}\nu_1(\phi-p)\,\mathrm{d}\Gamma-\int_{\Gamma_3}\nu(\gamma\phi-q)\,\mathrm{d}\Gamma \tag{12-10}$$

其中，沿 Γ_3 积分中 γ，q 为已知量。在有限元离散后，位于区域表面边界 Γ_1 上的结点将强制设置满足边界条件 $\phi=p$(见 12.6 节)，所以式(12－10)中 $\int_{\Gamma_1}\nu_1(\phi-p)\,\mathrm{d}\Gamma=0$。由于 Γ_1 边界上已设置了边界条件 $\phi=p$，Γ_1 边界上就不需要再设置边界条件，因而通常令(12－10)中 $\int_{\Gamma_1}\nu_i\alpha\boldsymbol{n}\cdot\nabla\phi\,\mathrm{d}\Gamma=0$，以避免重复设置边界条件。于是式(12－10)变为

$$I_\Gamma=-\int_{\Gamma_3}\nu(\gamma\phi-q)\,\mathrm{d}\Gamma \tag{12-11}$$

将式(12－11)代入式(12－8)得到

$$\begin{aligned} R=&-\iint_\Omega\left(\alpha\frac{\partial\nu}{\partial x}\frac{\partial\phi}{\partial x}+\alpha\frac{\partial\nu}{\partial y}\frac{\partial\phi}{\partial y}\right)\mathrm{d}\Omega-\iint_\Omega\nu B\frac{\partial^2\phi}{\partial t^2}\mathrm{d}\Omega \\ &+\iint_\Omega\nu f\,\mathrm{d}\Omega-\int_{\Gamma_3}\nu(\gamma\phi-q)\,\mathrm{d}\Gamma \end{aligned} \tag{12-12}$$

令上述加权余量等于零，得到

$$\iint_\Omega\left(\alpha\frac{\partial\nu}{\partial x}\frac{\partial\phi}{\partial x}+\alpha\frac{\partial\nu}{\partial y}\frac{\partial\phi}{\partial y}\right)\mathrm{d}\Omega+\iint_\Omega\nu B\frac{\partial^2\phi}{\partial t^2}\mathrm{d}\Omega-\iint_\Omega\nu f\,\mathrm{d}\Omega-\int_{\Gamma_3}\nu q\,\mathrm{d}\Gamma+\int_{\Gamma_3}\nu\gamma\phi\,\mathrm{d}\Gamma=0 \tag{12-13}$$

上式称为方程和边界条件的弱解形式，其中待求函数 ϕ 在积分号下，所以式(12－13)仍是一个积分微分方程，以下给出它的有限元解。

12.2 弱解形式的有限元离散

12.2.1 区域的单元划分和结点编号

应用 MATLAB 或其它软件可以将区域划分成三角形单元，如图 12－2 所示，图中给出三角形单元和结点及棱边的全域编号(图中为了避免混淆采用不同记号，如①，1＊等)。设计算域为 0.4 m×0.4 m，坐标原点位于中心；表 12－1 给出全域结点的坐标；表 12－2 给出单元和全域结点编号的对应关系；表 12－3 为计算域边界棱边及其两端全域结点编号。表 12－1、表 12－2 和表 12－3 对应的数据文件是有限元计算的重要前提数据，由此可以获得以下信息：

——单元总数和结点总数；

——计算域的边界结点和内部结点，边界棱边和内部棱边；

——棱边总数，各条棱边两端结点和棱边长度；

——棱边的局域方向(三角形单元为右手法则)和全域方向(规定为从全域编号小的结点指向编号大的结点)。

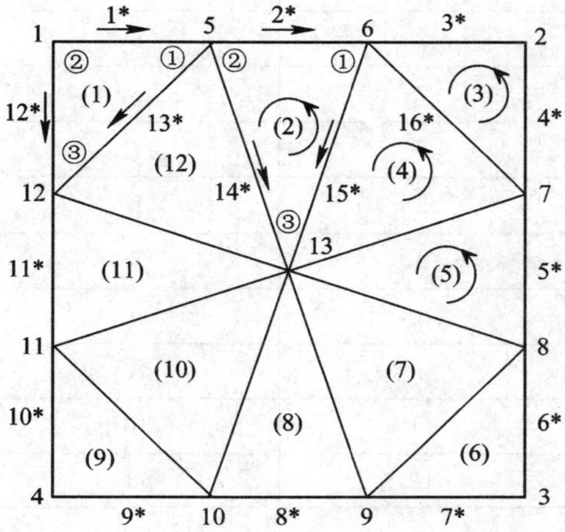

图 12－2　计算区域划分为三角形单元

表 12－1　全域结点的坐标

结点全域编号	坐标/m	
	x	y
1	$-0.200\ 000$	$0.200\ 000$
2	$0.200\ 000$	$0.200\ 000$
3	$0.200\ 000$	$-0.200\ 000$
4	$-0.200\ 000$	$-0.200\ 000$
5	$-6.666\ 67\times10^{-2}$	$0.200\ 00$
6	$6.666\ 67\times10^{-2}$	$0.200\ 00$
7	$0.200\ 00$	$6.666\ 67\times10^{-2}$
8	$0.200\ 00$	$-6.666\ 67\times10^{-2}$
9	$6.666\ 67\times10^{-2}$	$-0.200\ 00$
10	$-6.666\ 67\times10^{-2}$	$-0.200\ 00$
11	$-0.200\ 00$	$-6.666\ 67\times10^{-2}$
12	$-0.200\ 00$	$6.666\ 67\times10^{-2}$
13	$0.000\ 00$	$-3.469\ 45\times10^{-18}$

表 12-2 三角形单元结点局域编号和全域编号的对应表

三角形单元编号	结点①	结点②	结点③
	全域编号 $n_{global}(1, e)$	全域编号 $n_{global}(2, e)$	全域编号 $n_{global}(3, e)$
(1)	5	1	12
(2)	6	5	13
(3)	2	6	7
(4)	7	6	13
(5)	8	7	13
(6)	3	8	9
(7)	9	8	13
(8)	10	9	13
(9)	4	10	11
(10)	11	10	13
(11)	12	11	13
(12)	5	12	13

表 12-3 区域边界棱边两端结点的全域编号

边界棱边编号	边界棱边两端结点的全域编号	
	端点①	端点②
1 *	1	5
2 *	5	6
3 *	6	2
4 *	2	7
5 *	7	8
6 *	8	3
7 *	3	9
8 *	9	10
9 *	10	4
10 *	4	11
11 *	11	12
12 *	12	1

12.2.2 有限元矩阵方程

将计算域划分为多个单元 $e=1, 2, \cdots, N_{element}$，如图 12-3(a)所示，于是式(12-13)中的积分可以写为各个单元积分之和：

$$\sum_{e=1}^{N_{\text{element}}} \iint_{\Omega^e} \left[\frac{\partial \nu}{\partial x} \left(\alpha \frac{\partial \phi}{\partial x} \right) + \frac{\partial \nu}{\partial y} \left(\alpha \frac{\partial \phi}{\partial y} \right) \right] \mathrm{d}\Omega + \sum_{e=1}^{N_{\text{element}}} \iint_{\Omega^e} \nu B \frac{\partial^2 \phi}{\partial t^2} \mathrm{d}\Omega$$

$$- \sum_{e=1}^{N_{\text{element}}} \iint_{\Omega^e} \nu f \mathrm{d}\Omega - \sum_{e=1}^{N_{\text{element}}} \int_{\Gamma_3^e} \nu q \mathrm{d}\Gamma + \sum_{e=1}^{N_{\text{element}}} \int_{\Gamma_3^e} \nu \gamma \phi \mathrm{d}\Gamma = 0 \qquad (12-14)$$

式中，积分 $\sum_e \int_{\Gamma_3^e} \nu q \mathrm{d}\Gamma$，$\sum_e \int_{\Gamma_3^e} \nu \gamma \phi \mathrm{d}\Gamma$ 表示只有边界上的单元棱边有贡献，如图 12-3(b) 所示。

(a) 相邻单元的共同结点　　　　　　　(b) 位于边界的单元

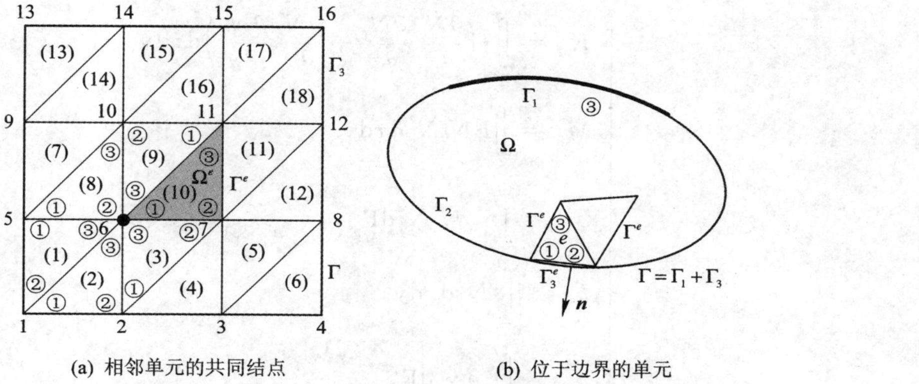

图 12-3　计算区域划分为三角形单元

函数 ϕ 在单元中的基函数展开式如式(11-20)，即

$$\phi^e(x, y, t) = \sum_{j=1}^{3} N_j^e(x, y) \phi_j^e(t)$$

以下为符号简明，省略了时间参变量 t。将上式代入式(12-14)得到

$$\sum_{e=1}^{N_{\text{element}}} \sum_{j=1}^{3} \phi_j^e \iint_{\Omega^e} \left(\alpha \frac{\partial \nu}{\partial x} \frac{\partial N_j^e}{\partial x} + \alpha \frac{\partial \nu}{\partial y} \frac{\partial N_j^e}{\partial y} \right) \mathrm{d}\Omega + \sum_{e=1}^{N_{\text{element}}} \sum_{j=1}^{3} \frac{d^2 \phi_j^e}{dt^2} \iint_{\Omega^e} \nu B N_j^e \mathrm{d}\Omega$$

$$- \sum_{e=1}^{N_{\text{element}}} \iint_{\Omega^e} \nu f \mathrm{d}\Omega - \sum_{e=1}^{N_{\text{element}}} \int_{\Gamma_3^e} \nu q \mathrm{d}\Gamma + \sum_{e=1}^{N_{\text{element}}} \sum_{j=1}^{2} \phi_j^e \int_{\Gamma_3^e} \nu \gamma N_j^e \mathrm{d}\Gamma = 0 \qquad (12-15)$$

注意：边界上的单元棱边只有 2 个结点。在计算域内部相邻单元具有共同结点，如图 12-3(a)中环绕全域结点 6 共有六个单元，这六个单元在该结点的函数值实际上是同一个，即 $\phi_3^1 = \phi_3^2 = \phi_3^3 = \phi_2^8 = \phi_3^9 = \phi_1^{10} = \phi_6$，这里 ϕ_6 代表全域结点 6 的函数值。这种对应关系一般可写为

$$\phi_j^e = \phi_J \qquad (12-16)$$

一般而言，设区域中结点总数为 N_{node}，则式(12-15)共有 N_{node} 个待求量 ϕ_J。为了建立足够数目的代数方程，可取式(12-15)中权函数为基函数(Galerkin 方法)，即 $\nu = N_i^q$，得到

$$\sum_{e=1}^{N_{\text{element}}} \sum_{j=1}^{3} \phi_j^e \iint_{\Omega^e} \alpha \left(\frac{\partial N_i^q}{\partial x} \frac{\partial N_j^e}{\partial x} + \frac{\partial N_i^q}{\partial y} \frac{\partial N_j^e}{\partial y} \right) \mathrm{d}\Omega + \sum_{e=1}^{N_{\text{element}}} \sum_{j=1}^{3} \frac{d^2 \phi_j^e}{dt^2} \iint_{\Omega^e} B N_i^q N_j^e \mathrm{d}\Omega$$

$$- \sum_{e=1}^{N_{\text{element}}} \iint_{\Omega^e} N_i^q f \mathrm{d}\Omega - \sum_{e=1}^{N_{\text{element}}} \int_{\Gamma_3^e} N_i^q q \mathrm{d}\Gamma + \sum_{e=1}^{N_{\text{element}}} \sum_{j=1}^{2} \phi_j^e \int_{\Gamma_3^e} \gamma N_i^q N_j^e \mathrm{d}\Gamma = 0 \qquad (12-17)$$

由于结点基函数只在自身单元中不为零，所以式(12-17)中对 e 的求和只有 $e=q$ 的一项不为零，上式即为

$$\sum_{j=1}^{3}\phi_j^q\iint_{\Omega^q}\alpha\left(\frac{\partial N_i^q}{\partial x}\frac{\partial N_j^q}{\partial x}+\frac{\partial N_i^q}{\partial y}\frac{\partial N_j^q}{\partial y}\right)\mathrm{d}\Omega+\sum_{j=1}^{3}\frac{\mathrm{d}^2\phi_j^q}{\mathrm{d}t^2}\iint_{\Omega^q}BN_i^qN_j^q\mathrm{d}\Omega$$

$$-\iint_{\Omega^q}N_i^qf\mathrm{d}\Omega-\int_{\Gamma_3^q}N_i^qq\mathrm{d}\Gamma+\sum_{j=1}^{2}\phi_j^q\int_{\Gamma_3^q}\gamma N_i^qN_j^q\mathrm{d}\Gamma=0 \tag{12-18}$$

将式(12-18)中单元符号 q 改为 e，并将其中各单元积分分别记为

$$\begin{cases} K_{ij}^e=\iint_{\Omega^e}\alpha\left(\frac{\partial N_i^e}{\partial x}\frac{\partial N_j^e}{\partial x}+\frac{\partial N_i^e}{\partial y}\frac{\partial N_j^e}{\partial y}\right)\mathrm{d}x\mathrm{d}y \\ M_{ij}^e=\iint_{\Omega^e}BN_i^eN_j^e\mathrm{d}x\mathrm{d}y \\ G_{ij}^e=\int_{\Gamma_3^e}\gamma N_i^eN_j^e\mathrm{d}\Gamma \\ h_i^e=\iint_{\Omega^e}fN_i^e\mathrm{d}x\mathrm{d}y \\ w_i^e=\int_{\Gamma_3^e}qN_i^e\mathrm{d}\Gamma \end{cases} \tag{12-19}$$

其中，i，$j=1$，2，3。将式(12-19)代入式(12-18)得到

$$\sum_{j=1}^{3}M_{ij}^e\frac{\mathrm{d}^2\phi_j^e}{\mathrm{d}t^2}+\sum_{j=1}^{3}K_{ij}^e\phi_j^e+\sum_{j=1}^{2}G_{ij}^e\phi_j^e-h_i^e-w_i^e=0 \tag{12-20}$$

以上为单元矩阵方程。由于上式中 $e=1$，2，…，N_{element}；$i=1$，2，3，所以式(12-20)实际上是一个 $3\times N_{\mathrm{element}}$ 的代数方程组，但只有 N_{node} 个待求函数结点值 ϕ_J。方程总数 $3\times N_{\mathrm{element}}>N_{\mathrm{node}}$，是一个冗余方程组，其中各个方程之间并不相互矛盾。

为了除去方程组式(12-20)的冗余性，同时又保留它所包含的信息，可以将方程组中若干个方程实施组合来减少方程数目。将单元和全域结点的对应关系记为$(i,e)=I$ 和 $(j,e)=J$。通常一个全域结点 I 可以对应于若干个局域结点(i,e)，如图 12-3(a)所示，对于结点函数则有

$$\phi_i^e=\phi_I \tag{12-21}$$

将 I 相同但(i,e)不同的几个方程相加成为一个方程，并按照结点全域编号重新排列方程后，式(12-20)变为

$$\sum_{(e,i)=I}\left[\sum_{j=1}^{3}M_{ij}^e\frac{\mathrm{d}^2\phi_j^e}{\mathrm{d}t^2}+\sum_{j=1}^{3}K_{ij}^e\phi_j^e+\sum_{j=1}^{2}G_{ij}^e\phi_j^e-h_i^e-w_i^e\right]=0,\ I=1,\cdots,N_{\mathrm{node}} \tag{12-22}$$

其中，求和号下标表示将所有 I 相同但(i,e)不同的方程相加，再按照全域结点编号顺序排列方程。实际上该求和只涉及环绕全域结点 I 的周边几个单元。将方程组中 $3\times N_{\mathrm{element}}$ 个方程按照上述方式组合以后，方程总数将减少到 N_{node} 个，成为具有确定解的方程组。

根据单元和全域结点函数值的对应关系式(12-16)，$\phi_j^e=\phi_J$，将相同项 ϕ_J 合并后，式(12-22)可改写为

$$\sum_{J=1}^{N_{\text{node}}}\sum_{(i,e)=I}\sum_{(j,e)=J}\left(\sum_{j=1}^{3}M_{ij}^{e}\frac{\mathrm{d}^2\phi_J}{\mathrm{d}t^2}+\sum_{j=1}^{3}K_{ij}^{e}\phi_J+\sum_{j=1}^{2}G_{ij}^{e}\phi_J\right)-\sum_{(i,e)=I}(h_i^e+w_i^e)=0 \tag{12-23}$$

记全域矩阵和全域矢量为

$$\begin{cases} M_{IJ}=\sum\limits_{(i,e)=I}\sum\limits_{(j,e)=J}\sum\limits_{j=1}^{3}M_{ij}^{e} \\ K_{IJ}=\sum\limits_{(i,e)=I}\sum\limits_{(j,e)=J}\sum\limits_{j=1}^{3}K_{ij}^{e} \\ G_{IJ}=\sum\limits_{(i,e)=I}\sum\limits_{(j,e)=J}\sum\limits_{j=1}^{2}G_{ij}^{e} \\ h_I=\sum\limits_{(i,e)=I}h_i^e,\quad w_I=\sum\limits_{(i,e)=I}w_i^e \end{cases} \tag{12-24}$$

它们由单元矩阵和单元矢量组合(Assembly)而成。于是式(12-23)可写为全域矩阵方程组形式：

$$\sum_{J=1}^{N_{\text{node}}}\left(M_{IJ}\frac{\mathrm{d}^2\phi_J}{\mathrm{d}t^2}+K_{IJ}\phi_J+G_{IJ}\phi_J\right)-h_I-w_I=0,\quad I=1,2,\cdots,N_{\text{node}} \tag{12-25}$$

或者

$$[M]\frac{\mathrm{d}^2}{\mathrm{d}t^2}\{\phi\}+[K]\{\phi\}+[G]\{\phi\}-\{f\}=0 \tag{12-26}$$

式中，N_{node}维矢量$\{\phi\}$是函数结点值，N_{node}维矢量$\{f\}=\{h\}+\{w\}$称为激励源矢量，$\{h\}$，$\{w\}$分别位于区域内和区域边界上，由单元矢量$\{h^e\}$，$\{w^e\}$组合而成。$N_{\text{node}}\times N_{\text{node}}$的全域矩阵$[K]$，$[M]$，$[G]$则是在单元矩阵$[K^e]$，$[M^e]$，$[G^e]$基础上组合而成的。下面节次将讨论单元矩阵分量的计算和从单元矩阵到全域矩阵的组合过程。

在有限元用于力学问题分析时，式(12-26)中$\{\phi\}$代表位移，$[M]$称为质量矩阵，$[K]+[G]$称为刚度矩阵。这些名称也保留在有限元的电磁学应用中。

通常假设单元内介质参数近似为均匀，于是式(12-19)变为

$$\begin{cases} K_{ij}^{e}\simeq\alpha_e\iint\limits_{\Omega^e}\left(\dfrac{\partial N_i^e}{\partial x}\dfrac{\partial N_j^e}{\partial x}+\dfrac{\partial N_i^e}{\partial y}\dfrac{\partial N_j^e}{\partial y}\right)\mathrm{d}x\mathrm{d}y \\ M_{ij}^{e}\simeq B_e\iint\limits_{\Omega^e}N_i^eN_j^e\mathrm{d}x\mathrm{d}y \\ G_{ij}^{e}\simeq\gamma_e\int_{\Gamma_3^e}N_i^eN_j^e\mathrm{d}\Gamma \\ h_i^e\simeq f_e\iint\limits_{\Omega^e}N_i^e\mathrm{d}x\mathrm{d}y \\ w_i^e\simeq q_{3e}\int_{\Gamma_3^e}N_i^e\mathrm{d}\Gamma \end{cases} \tag{12-27}$$

式中，基函数的单元积分结果见 11.3 和 11.2 节。

12.2.3　一阶吸收边界条件的加入

根据式(10－30)，截断边界可以看作一种特殊的第三类边界。一阶吸收边界相当于第三类边界条件中

$$q|_{\mathrm{ABC}}=0,\ \gamma|_{\mathrm{ABC}}=\frac{\alpha}{c}\frac{\partial}{\partial t} \tag{12－28}$$

因此，有截断边界时可将第三类边界扩充改记为 $\Gamma_3 \to \Gamma_3+\Gamma_{\mathrm{ABC}}$。例如图 12－4 中，设物体 2 表面为第三类边界 Γ_3，而截断边界为 Γ_{ABC}。由于截断边界处一阶吸收边界的加入，弱解形式式(12－13)修改为

$$\iint\limits_{\Omega}\left[\frac{\partial \nu}{\partial x}\left(\alpha\frac{\partial \phi}{\partial x}\right)+\frac{\partial \nu}{\partial y}\left(\alpha\frac{\partial \phi}{\partial y}\right)\right]\mathrm{d}\Omega+\iint\limits_{\Omega}\nu B\frac{\partial^2\phi}{\partial t^2}\mathrm{d}\Omega-\iint\limits_{\Omega}\nu f\,\mathrm{d}\Omega$$

$$-\int_{\Gamma_3}\nu q\,\mathrm{d}\Gamma-\int_{\Gamma_{\mathrm{ABC}}}\nu q|_{\mathrm{ABC}}\mathrm{d}\Gamma+\int_{\Gamma_3}\nu\gamma\phi\,\mathrm{d}\Gamma+\int_{\Gamma_{\mathrm{ABC}}}\nu\gamma|_{\mathrm{ABC}}\phi\,\mathrm{d}\Gamma=0$$

根据式(12－28)，上式变为

$$\iint\limits_{\Omega}\left(\alpha\frac{\partial \nu}{\partial x}\frac{\partial \phi}{\partial x}+\alpha\frac{\partial \nu}{\partial y}\frac{\partial \phi}{\partial y}\right)\mathrm{d}\Omega+\iint\limits_{\Omega}\nu B\frac{\partial^2\phi}{\partial t^2}\,\mathrm{d}\Omega$$

$$-\iint\limits_{\Omega}\nu f\,\mathrm{d}\Omega-\int_{\Gamma_3}\nu q\,\mathrm{d}\Gamma+\int_{\Gamma_3}\nu\gamma\phi\,\mathrm{d}\Gamma+\int_{\Gamma_{\mathrm{ABC}}}\nu\frac{\alpha}{c}\frac{\partial\phi}{\partial t}\,\mathrm{d}\Gamma=0 \tag{12－29}$$

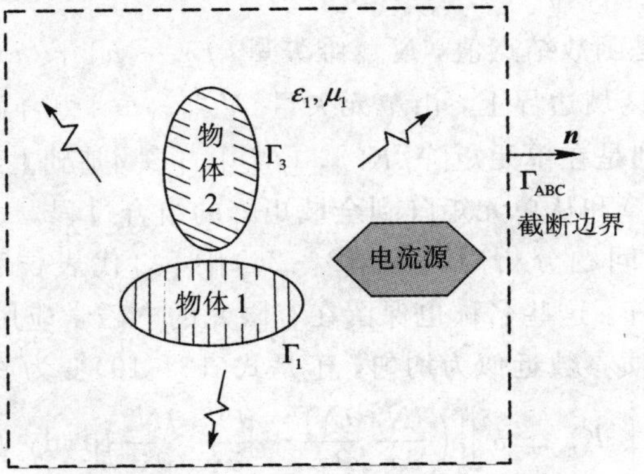

图 12－4　在截断边界加入一阶吸收边界

将计算域划分为多个单元，并将上式中函数用基函数展开，选择权函数为基函数后可得到离散式：

$$\sum_{j=1}^{3}\phi_j^e\iint\limits_{\Omega^e}\alpha\left(\frac{\partial N_i^e}{\partial x}\frac{\partial N_j^e}{\partial x}+\frac{\partial N_i^e}{\partial y}\frac{\partial N_j^e}{\partial y}\right)\mathrm{d}\Omega+\sum_{j=1}^{3}\frac{\mathrm{d}^2\phi_j^e}{\mathrm{d}t^2}\iint\limits_{\Omega^e}BN_i^eN_j^e\mathrm{d}\Omega$$

$$-\iint\limits_{\Omega^e}N_i^ef\,\mathrm{d}\Omega-\int_{\Gamma_3^e}N_i^eq\,\mathrm{d}\Gamma+\sum_{j=1}^{2}\phi_j^e\int_{\Gamma_3^e}\gamma N_i^eN_j^e\mathrm{d}\Gamma+\sum_{j=1}^{2}\frac{\mathrm{d}\phi_j^e}{\mathrm{d}t}\int_{\Gamma_{\mathrm{ABC}}^e}\frac{\alpha}{c}N_i^eN_j^e\mathrm{d}\Gamma=0 \tag{12－30}$$

这一离散式也可直接从式(12－18)修改后得到。上式中单元积分除式(12－19)外还有一项：

$$C_{ij}^e = \int_{\Gamma_{\mathrm{ABC}}^e} \frac{\alpha}{c} N_i^e N_j^e \mathrm{d}\Gamma \simeq \frac{\alpha_e}{c} \int_{\Gamma_{\mathrm{ABC}}^e} N_i^e N_j^e \mathrm{d}\Gamma \tag{12-31}$$

式中后一等式假设截断边界单元内介质参数为均匀。

同样，式(12-30)经过组合并改用全域结点编号后可得全域矩阵方程。换言之，一阶吸收边界加入后全域矩阵方程式(12-26)修改为

$$[M]\frac{\mathrm{d}^2}{\mathrm{d}t^2}\{\phi\}+[C]\frac{\mathrm{d}}{\mathrm{d}t}\{\phi\}+([K]+[G])\{\phi\}-\{h\}-\{w\}=0 \tag{12-32}$$

或

$$[M]\frac{\mathrm{d}^2}{\mathrm{d}t^2}\{\phi\}+[C]\frac{\mathrm{d}}{\mathrm{d}t}\{\phi\}+([K]+[G])\{\varphi\}-\{f\}=0 \tag{12-33}$$

这一矩阵方程比式(12-26)多了一阶导数项，$[C]$称为通量矩阵。

12.3　单元矩阵分量的计算

假设单元足够小，其中介质参数近似为均匀。首先考虑式(12-19)中 h_j^e，M_{ij}^e 的积分计算。对于三角形单元，根据式(11-30)～式(11-34)可得

$$\begin{cases} h_j^e = \iint\limits_{\Omega_e} N_j^e f \mathrm{d}x\mathrm{d}y \simeq f_e \iint\limits_{\Omega_e} N_j^e \mathrm{d}x\mathrm{d}y = f_e \dfrac{\Delta_e}{3} \\ M_{ij}^e = B_e \iint\limits_{\Omega_e} N_j^e N_i^e \mathrm{d}x\mathrm{d}y = B_e \dfrac{\Delta_e}{12}(1+\delta_{ij}) \end{cases} \tag{12-34}$$

其次考虑式(12-19)中 K_{ij}^e 的积分计算，其中三角形单元中的积分

$$I_{ij}^e = \iint\limits_{\Omega_e} \left(\frac{\partial N_j^e}{\partial x} \frac{\partial N_i^e}{\partial x} + \frac{\partial N_j^e}{\partial y} \frac{\partial N_i^e}{\partial y} \right) \mathrm{d}x\mathrm{d}y \tag{12-35}$$

由式(11-21)，有

$$N_i^e(x, y) = \frac{1}{2\Delta_e}(a_i^e + b_i^e x + c_i^e y), \quad i = 1, 2, 3 \tag{12-36}$$

所以

$$\frac{\partial N_i^e(x, y)}{\partial x} = \frac{b_i^e}{2\Delta_e}, \quad \frac{\partial N_i^e(x, y)}{\partial y} = \frac{c_i^e}{2\Delta_e}$$

代入式(12-35)得

$$I_{ij}^e = \iint\limits_{\Omega_e} \left(\frac{\partial N_j^e}{\partial x} \frac{\partial N_i^e}{\partial x} + \frac{\partial N_j^e}{\partial y} \frac{\partial N_i^e}{\partial y} \right) \mathrm{d}x\mathrm{d}y = \frac{b_j^e b_i^e + c_j^e c_i^e}{(2\Delta_e)^2} \iint\limits_{\Omega_e} \mathrm{d}x\mathrm{d}y = \frac{b_j^e b_i^e + c_j^e c_i^e}{4\Delta_e} \tag{12-37}$$

代入式(12-19)中得到 K_{ij}^e 为

$$K_{ij}^e = \alpha_e \iint\limits_{\Omega_e} \left(\frac{\partial N_j^e}{\partial x} \frac{\partial N_i^e}{\partial x} + \frac{\partial N_j^e}{\partial y} \frac{\partial N_i^e}{\partial y} \right) \mathrm{d}x\mathrm{d}y = \alpha_e \frac{b_j^e b_i^e + c_j^e c_i^e}{4\Delta_e} \tag{12-38}$$

其中，b_j^e，c_i^e 由三角形单元的顶点坐标确定：

$$\begin{cases} b_1^e = y_2 - y_3,\ b_2^e = y_3 - y_1,\ b_3^e = y_1 - y_2 \\ c_1^e = x_3 - x_2,\ c_2^e = x_1 - x_3,\ c_3^e = x_2 - x_1 \end{cases}$$

最后考虑式(12-19)中 G_{ij}^e，w_i^e的积分计算，令

$$\begin{cases} Ig_{ij}^e = \int_{\Gamma_3^e} N_i^e N_j^e \mathrm{d}\Gamma \\ Iw_i^e = \int_{\Gamma_3^e} N_i^e \mathrm{d}\Gamma \end{cases} \tag{12-39}$$

它们涉及沿边界棱边的积分。参照图 12-3(b)，设单元 e 的结点 1 和 2 位于边界上，结点 3 不在边界上，如图 12-5 所示。根据基函数性质，结点基函数在自身结点的对边上等于零，即$N_3^e|_{\Gamma_3^e}=0$；所以式(12-39)下标 i 或 j 等于 3 时积分均等于零。由式(11-22)及图 11-8，N_1^e，N_2^e沿单元 e 的 Γ_3^e边上由 1 线性下降到 0，和一维直线单元基函数相同。于是参照式(11-7)～式(11-9)可得积分结果为

$$\begin{gathered} Iw_1^e = Iw_2^e = \int_{\Gamma_3^e} N_1^e \mathrm{d}\Gamma = \frac{l_\Gamma^e}{2} \\ Ig_{11}^e = Ig_{22}^e = \int_{\Gamma_3^e} (N_1^e)^2 \mathrm{d}\Gamma = \int_{\Gamma_3^e} (N_2^e)^2 \mathrm{d}\Gamma = \frac{l_\Gamma^e}{3} \\ Ig_{12}^e = Ig_{21}^e = \int_{\Gamma_3^e} N_1^e N_2^e \mathrm{d}\Gamma = \frac{l_\Gamma^e}{6} \end{gathered} \tag{12-40}$$

其中，l_Γ^e为单元 e 在边界 Γ_3上棱边的长度。

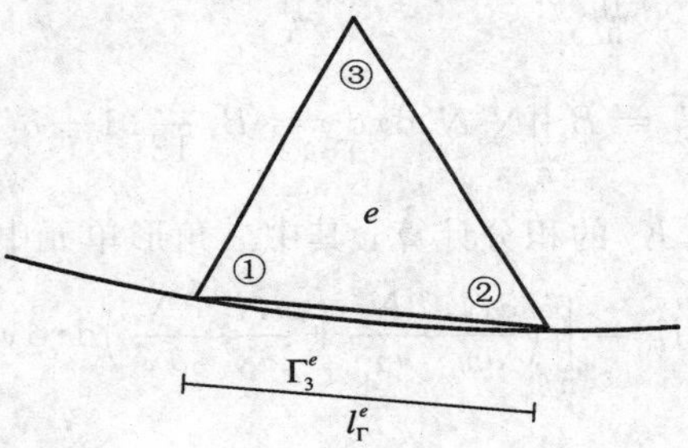

图 12-5 截断边界处的单元及其棱边

关于截断边界式(12-31)中积分的计算。该积分和式(12-39)相同，结果就是式(12-40)，只是 l_Γ^e代表单元 e 在边界 Γ_{ABC}上棱边的长度。

12.4 全域矩阵和全域矢量的组合

12.4.1 二单元区域的简单例子

如 12.2 节所述，式(12-26)中的全域矢量和全域矩阵是由式(12-19)所示单元矢量和单元矩阵经过组合而得到的。式(12-24)所示组合是有限元中的重要概念。下面通过一个简单的二单元区域例子说明从单元矩阵到全域矩阵的组合。考虑区域只包含两个单元的最简单情形(Silvester and Ferrari，1983)。组合前后结点的局域和全域编号如图 12-6 所示，组合前两个单元共有 6 个单元结点，组合后区域有 4 个全域结点。它们的对照关系如表 12-4 所示。不失一般性，重写方程式(12-20)为

$$\sum_{j=1}^{3}\phi_j^e K_{ij}^e - h_i^e = 0,\quad e = 1, 2, \cdots, N_{\text{element}};\ i = 1, 2, 3 \tag{12-41}$$

为了形式简洁，上式中仅写出了式(12-20)中的两项。

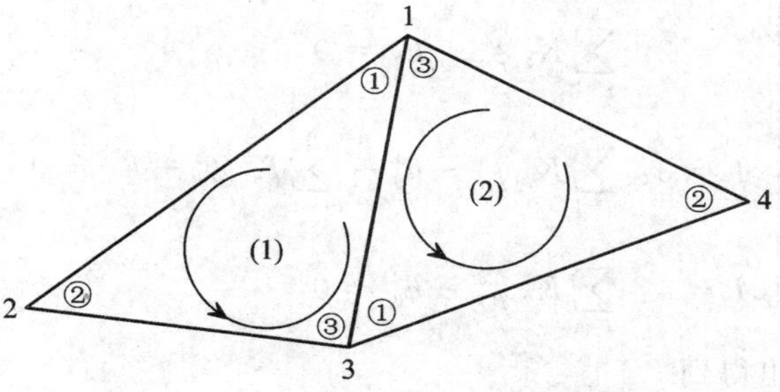

图 12-6　区域包含两个三角形单元的简单情形

表 12-4　二单元区域结点的局域和全域编号对照表

单元号 e	结点局域编号①	结点局域编号②	结点局域编号③
	结点全域编号 $n_{\text{global}}(1, e)$	结点全域编号 $n_{\text{global}}(2, e)$	结点全域编号 $n_{\text{global}}(3, e)$
单元(1)	1	2	3
单元(2)	3	4	1

对于二单元区域，式(12-41)中 $e=1, 2$；$i=1, 2, 3$，共包含 6 个方程：

$$\begin{cases}\sum\limits_{j=1}^{3}K_{1j}^1\phi_j^1 - h_1^1 = 0\\ \sum\limits_{j=1}^{3}K_{2j}^1\phi_j^1 - h_2^1 = 0\\ \sum\limits_{j=1}^{3}K_{3j}^1\phi_j^1 - h_3^1 = 0\\ \sum\limits_{j=1}^{3}K_{1j}^2\phi_j^2 - h_1^2 = 0\\ \sum\limits_{j=1}^{3}K_{2j}^2\phi_j^2 - h_2^2 = 0\\ \sum\limits_{j=1}^{3}K_{3j}^2\varphi_j^2 - h_3^2 = 0\end{cases} \tag{12-42}$$

按照表 12-4，局域和全域结点的函数值之间有以下关系：

$$\phi_1 = \phi_1^1 = \phi_3^2,\ \phi_2 = \phi_2^1,\ \phi_3 = \phi_3^1 = \phi_1^2,\ \phi_4 = \phi_2^2 \tag{12-43}$$

根据图 12-6，环绕全域结点 $I=1$ 有两个单元，对应局域结点为 $e=1$，$i=1$ 和 $e=2$，$i=3$；环绕全域结点 $I=2$ 只有一个单元，对应局域结点为 $e=1$，$i=2$；环绕全域结点 $I=3$ 有两个单元，对应局域结点为 $e=1$，$i=3$ 和 $e=2$，$i=1$；环绕全域结点 $I=4$ 只有一个单元，对应局域结点为 $e=2$，$i=2$。将式(12-42)中 $e=1$，$i=1$ 和 $e=2$，$i=3$ 的方程相加；将 $e=1$，$i=3$ 和 $e=2$，$i=1$ 的方程相加。这样组合以后，式(12-42)的 6 个方程变为 4 个方程，按

照全域结点 I 顺序排列后得到

$$\begin{cases} I=1: \sum_{j=1}^{3} K_{1j}^{1}\phi_{j}^{1}-h_{1}^{1}+\sum_{j=1}^{3} K_{3j}^{2}\phi_{j}^{2}-h_{3}^{2}=0 \\ I=2: \sum_{j=1}^{3} K_{2j}^{1}\phi_{j}^{1}-h_{2}^{1}=0 \\ I=3: \sum_{j=1}^{3} K_{3j}^{1}\phi_{j}^{1}-h_{3}^{1}+\sum_{j=1}^{3} K_{1j}^{2}\phi_{j}^{2}-h_{1}^{2}=0 \\ I=4: \sum_{j=1}^{3} K_{2j}^{2}\phi_{j}^{2}-h_{2}^{2}=0 \end{cases} \tag{12-44}$$

将上式中求和具体写出得到

$$\begin{cases} K_{11}^{1}\phi_{1}^{1}+K_{12}^{1}\phi_{2}^{1}+K_{13}^{1}\phi_{3}^{1}-h_{1}^{1}+K_{31}^{2}\phi_{1}^{2}+K_{32}^{2}\phi_{2}^{2}+K_{33}^{2}\phi_{3}^{2}-h_{3}^{2}=0 \\ K_{21}^{1}\phi_{1}^{1}+K_{22}^{1}\phi_{2}^{1}+K_{23}^{1}\phi_{3}^{1}-h_{2}^{1}=0 \\ K_{31}^{1}\phi_{1}^{1}+K_{32}^{1}\phi_{2}^{1}+K_{33}^{1}\phi_{3}^{1}-h_{3}^{1}+K_{11}^{2}\phi_{1}^{2}+K_{12}^{2}\phi_{2}^{2}+K_{13}^{2}\phi_{3}^{2}-h_{1}^{2}=0 \\ K_{21}^{2}\phi_{1}^{2}+K_{22}^{2}\phi_{2}^{2}+K_{23}^{2}\phi_{3}^{2}-h_{2}^{2}=0 \end{cases}$$

再将函数全域值式(12-43)代入上式得到

$$\begin{cases} K_{11}^{1}\phi_{1}+K_{12}^{1}\phi_{2}+K_{13}^{1}\phi_{3}-h_{1}^{1}+K_{31}^{2}\phi_{3}+K_{32}^{2}\phi_{4}+K_{33}^{2}\phi_{1}-h_{3}^{2}=0 \\ K_{21}^{1}\phi_{1}+K_{22}^{1}\phi_{2}+K_{23}^{1}\phi_{3}-h_{2}^{1}=0 \\ K_{31}^{1}\phi_{1}+K_{32}^{1}\phi_{2}+K_{33}^{1}\phi_{3}-h_{3}^{1}+K_{11}^{2}\phi_{3}+K_{12}^{2}\phi_{4}+K_{13}^{2}\phi_{1}-h_{1}^{2}=0 \\ K_{21}^{2}\phi_{3}+K_{22}^{2}\phi_{4}+K_{23}^{2}\phi_{1}-h_{2}^{2}=0 \end{cases}$$

整理后即为

$$\begin{cases} (K_{11}^{1}+K_{33}^{2})\phi_{1}+K_{12}^{1}\phi_{2}+(K_{13}^{1}+K_{31}^{2})\phi_{3}+K_{32}^{2}\phi_{4}-(h_{1}^{1}+h_{3}^{2})=0 \\ K_{21}^{1}\phi_{1}+K_{22}^{1}\phi_{2}+K_{23}^{1}\phi_{3}-h_{2}^{1}=0 \\ (K_{31}^{1}+K_{13}^{2})\phi_{1}+K_{32}^{1}\phi_{2}+(K_{33}^{1}+K_{11}^{2})\phi_{3}+K_{12}^{2}\phi_{4}-(h_{3}^{1}+h_{1}^{2})=0 \\ K_{23}^{2}\phi_{1}+K_{21}^{2}\phi_{3}+K_{22}^{2}\phi_{4}-h_{2}^{2}=0 \end{cases} \tag{12-45}$$

另一方面，区域的全域矩阵方程为

$$[K]\{\phi\}-\{h\}=0 \tag{12-46}$$

其中，全域矩阵和全域矢量为

$$\begin{cases} \{\phi\}=\{\phi_{1}\quad \phi_{2}\quad \phi_{3}\quad \phi_{4}\}^{\mathrm{T}} \\ [K]=\begin{bmatrix} K_{11} & K_{12} & K_{13} & K_{14} \\ K_{21} & K_{22} & K_{23} & K_{24} \\ K_{31} & K_{32} & K_{33} & K_{34} \\ K_{41} & K_{42} & K_{43} & K_{44} \end{bmatrix} \\ \{h\}=\{h_{1}\quad h_{2}\quad h_{3}\quad h_{4}\}^{\mathrm{T}} \end{cases}$$

比较式(12-45)和式(12-46)可见：

$$
\begin{cases}
\begin{bmatrix} K_{11} & K_{12} & K_{13} & K_{14} \\ K_{21} & K_{22} & K_{23} & K_{24} \\ K_{31} & K_{32} & K_{33} & K_{34} \\ K_{41} & K_{42} & K_{43} & K_{44} \end{bmatrix} = \begin{bmatrix} K_{11}^1 + K_{33}^2 & K_{12}^1 & K_{13}^1 + K_{31}^2 & K_{32}^2 \\ K_{21}^1 & K_{22}^1 & K_{23}^1 & 0 \\ K_{31}^1 + K_{13}^2 & K_{32}^1 & K_{33}^1 + K_{11}^2 & K_{12}^2 \\ K_{23}^2 & 0 & K_{21}^2 & K_{22}^2 \end{bmatrix} \\
\begin{Bmatrix} h_1 \\ h_2 \\ h_3 \\ h_4 \end{Bmatrix} = \begin{bmatrix} h_1^1 + h_3^2 \\ h_2^1 \\ h_3^1 + h_1^2 \\ h_2^2 \end{bmatrix}
\end{cases} \tag{12-47}
$$

由此可见，式(12-24)所示构造全域矩阵和全域矢量的组合概念来源于将 Galerkin 方法所得方程组从 $3\times N_{\text{element}}$ 个方程通过组合减少为 N_{node} 个方程的处理。

12.4.2　单元矩阵组合为全域矩阵的对号入座累加方法

当区域包含多个单元时，需要将以上简单例子的结果归结为便于理解和实施的方法。考察上述二单元例子。设 $I=1$，$J=3$，代表全域结点 1 和 3 之间的耦合。由式(12-47)可得

$$K_{13} = K_{13}^1 + K_{31}^2 \tag{12-48}$$

由图 12-6 和表 12-4，单元(1)的结点①和③分别对应于全域结点 1 和 3，所以 K_{13}^1 应当填充到全域矩阵分量 K_{13}。同时，单元(2)的结点③和①分别对应于全域结点 1 和 3，所以 K_{31}^2 也应当填充到 K_{13}。由此可见，式(12-48)的含义是单元矩阵经过“对号入座”累加填充到全域矩阵相应分量。

又设 $I=1$，$J=1$，代表自身结点的耦合。由式(12-47)可得

$$K_{11} = K_{11}^1 + K_{33}^2 \tag{12-49}$$

其中单元(1)的结点①对应于全域结点 1，所以 K_{11}^1 应当填充到全域矩阵分量 K_{11}。同时，单元(2)的结点③也对应于全域结点 1，因而 K_{33}^2 也累加填充到 K_{11}。于是得到式(12-49)的结果。

由此可以将单元矩阵到全域矩阵的组合归结为以下对号入座累加填充步骤：

(1) 令所有 $K_{IJ}=0$。

(2) 计算 K_{ij}^e，$(i, j=1, 2, 3)$。按照单元结点和全域结点对应关系，$(i, e)=I$ 和 $(j, e)=J$，将 K_{ij}^e 累加填充到 K_{IJ}，即 $K_{IJ}=K_{IJ}+K_{ij}^e$。

(3) 对单元 e 循环。

再看另一个三单元区域的例子。设计算域划分为 3 个三角形单元，共 4 个全域结点，如图 12-7 所示。结点的局域和全域编号，以及边界单元编号如表 12-5 所示。按照上述对号入座组合方法获得全域矩阵[K]的累加填充步骤如下：首先将全域矩阵[K]置零，即

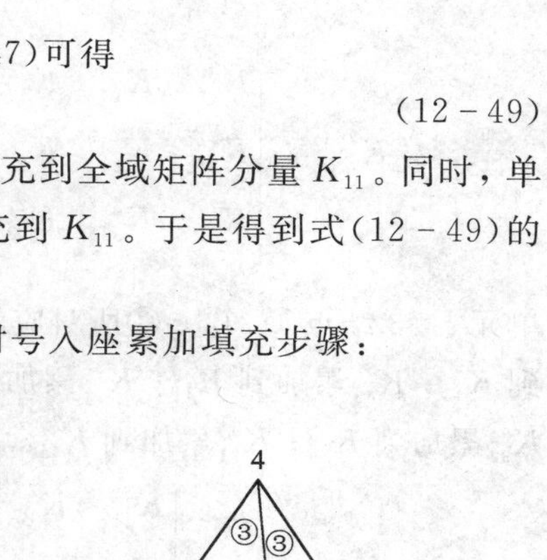

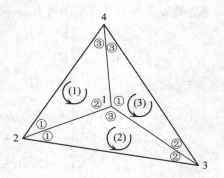

图 12-7　包含三个单元的计算域

$$[K]=\begin{bmatrix}0&0&0&0\\0&0&0&0\\0&0&0&0\\0&0&0&0\end{bmatrix}$$

表 12-5 三单元区域中单元结点的局域和全域编号对照表

单元号 e	结点局域编号①	结点局域编号②	结点局域编号③
	结点全域编号 $n_{\text{global}}(1, e)$	结点全域编号 $n_{\text{global}}(2, e)$	结点全域编号 $n_{\text{global}}(3, e)$
单元(1)	2	1	4
单元(2)	2	3	1
单元(3)	1	3	4

然后，依次考察各个单元。由表 12-5，单元 $e=1$ 结点①、②、③所对应的全域结点分别为 2、1、4。所以 K_{11}^1 填充到 K_{22}；K_{12}^1 填充到 K_{21}；K_{13}^1 填充到 K_{24}；K_{21}^1 填充到 K_{12}；K_{22}^1 填充到 K_{11}；K_{23}^1 填充到 K_{14}；K_{31}^1 填充到 K_{42}；K_{32}^1 填充到 K_{41}；K_{33}^1 填充到 K_{44}。填充后矩阵$[K]$变为

$$[K^1]=\begin{bmatrix}K_{11}^1&K_{12}^1&K_{13}^1\\K_{21}^1&K_{22}^1&K_{23}^1\\K_{31}^1&K_{32}^1&K_{33}^1\end{bmatrix}\Rightarrow[K]=\begin{bmatrix}K_{22}^1&K_{21}^1&0&K_{23}^1\\K_{12}^1&K_{11}^1&0&K_{13}^1\\0&0&0&0\\K_{32}^1&K_{31}^1&0&K_{33}^1\end{bmatrix}$$

单元 $e=2$ 结点①、②、③所对应的全域结点分别为 2、3、1。所以 K_{11}^2 累加到 K_{22}；K_{12}^2 累加到 K_{23}；K_{13}^2 累加到 K_{21}；K_{21}^2 累加到 K_{32}；K_{22}^2 累加到 K_{33}；K_{23}^2 累加到 K_{31}；K_{31}^2 累加到 K_{12}；K_{32}^2 累加到 K_{13}；K_{33}^2 累加到 K_{11}。将 $e=2$ 单元矩阵累加填充后$[K]$变为

$$[K^2]=\begin{bmatrix}K_{11}^2&K_{12}^2&K_{13}^2\\K_{21}^2&K_{22}^2&K_{23}^2\\K_{31}^2&K_{32}^2&K_{33}^2\end{bmatrix}\Rightarrow[K]=\begin{bmatrix}K_{22}^1+K_{33}^2&K_{21}^1+K_{31}^2&K_{32}^2&K_{23}^1\\K_{12}^1+K_{13}^2&K_{11}^1+K_{11}^2&K_{12}^2&K_{13}^1\\K_{23}^2&K_{21}^2&K_{22}^2&0\\K_{32}^1&K_{31}^1&0&K_{33}^1\end{bmatrix}$$

单元 $e=3$ 结点①、②、③所对应的全域结点分别为 1、3、4。所以 K_{11}^3 累加到 K_{11}；K_{12}^3 累加到 K_{13}；K_{13}^3 累加到 K_{14}；K_{21}^3 累加到 K_{31}；K_{22}^3 累加到 K_{33}；K_{23}^3 累加到 K_{34}；K_{31}^3 累加到 K_{41}；K_{32}^3 累加到 K_{43}；K_{33}^3 累加到 K_{44}。将 $e=3$ 单元矩阵累加后$[K]$变为

$$[K^3]=\begin{bmatrix}K_{11}^3&K_{12}^3&K_{13}^3\\K_{21}^3&K_{22}^3&K_{23}^3\\K_{31}^3&K_{32}^3&K_{33}^3\end{bmatrix}\Rightarrow[K]$$

$$=\begin{bmatrix}K_{22}^1+K_{33}^2+K_{11}^3&K_{21}^1+K_{31}^2&K_{32}^2+K_{12}^3&K_{23}^1+K_{13}^3\\K_{12}^1+K_{13}^2&K_{11}^1+K_{11}^2&K_{12}^2&K_{13}^1\\K_{23}^2+K_{21}^3&K_{21}^2&K_{22}^2+K_{22}^3&K_{23}^3\\K_{32}^1+K_{31}^3&K_{31}^1&K_{32}^3&K_{33}^1+K_{33}^3\end{bmatrix}\tag{12-50}$$

由于 K_{ij}^e 具有对称性，即 $K_{ij}^e = K_{ji}^e$，所以全域矩阵[K]也是对称矩阵。

由以上对号入座累加填充步骤可见，全域矩阵[K]的分量 K_{IJ} 中只有当下标所示全域结点 I 和 J 属于同一个单元(e)时才会被填充。而当 I 和 J 不属于同一个单元时，该分量 $K_{IJ}=0$。因此，全域矩阵[K]是一个稀疏矩阵。

12.4.3　单元矢量组合为全域矢量的对号入座累加填充

根据基函数展开式，激励源 f 也可以用基函数展开：

$$f(x, y) = \sum_{j=1}^{3} f_j^e N_j^e(x, y) \tag{12-51}$$

其中，f_j^e 是单元 e 结点 j 的激励源结点值。该单元矢量记为

$$\{f^e\} = \begin{bmatrix} f_1^e \\ f_2^e \\ f_3^e \end{bmatrix} \tag{12-52}$$

以图 12-6 的二单元区域为例。如果在单元(1)和(2)中都分布有激励源 J_1、J_2，如图 12-8 所示。两个激励源在各自单元内展开后得

$$\{f^1\} = \begin{bmatrix} f_1^1 \\ f_2^1 \\ f_3^1 \end{bmatrix}, \quad \{f^2\} = \begin{bmatrix} f_1^2 \\ f_2^2 \\ f_3^2 \end{bmatrix} \tag{12-53}$$

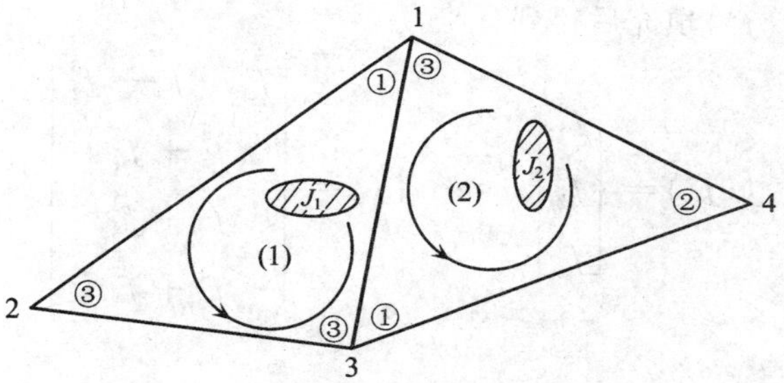

图 12-8　区域的两个单元中分别有电流源 J_1 和 J_2

和式(12-43)不同，虽然单元(1)结点①和单元(2)结点③在组合后都对应于全域结点 1，但是式(12-53)中 $f_1^1 \neq f_3^2$，因为它们分别代表单元(1)和单元(2)中的激励源用基函数展开的系数。所以组合后的全域激励源矢量为

$$\{f\} = \begin{bmatrix} f_1 \\ f_2 \\ f_3 \\ f_4 \end{bmatrix} = \begin{bmatrix} f_1^1 + f_3^2 \\ f_2^1 \\ f_3^1 + f_1^2 \\ f_2^2 \end{bmatrix} \tag{12-54}$$

由此可以归结其它函数全域矢量$\{f\}$的对号入座累加填充步骤如下：

(1) 令全域矢量$\{f\}$所有分量 $f_I = 0$。

(2) 计算 f_i^e，$(i=1, 2, 3)$。按照单元结点和全域结点对应关系 $(i, e) = I$，将 f_i^e 累加

填充到 f_I，即 $f_I = f_I + f_i^e$。

(3) 对单元 e 循环。

同样，再看图 12-7 所示三单元例子，共 4 个全域结点。结点的局域编号和全域编号如表 12-5 所示。按照上述对号入座累加填充步骤，首先将全域矢量各分量置零，即

$$\{f\} = \begin{bmatrix} f_1 \\ f_2 \\ f_3 \\ f_4 \end{bmatrix} = \begin{bmatrix} 0 \\ 0 \\ 0 \\ 0 \end{bmatrix}$$

根据表 12-5 所示对应关系，单元(1)的矢量 $\{f^1\}$ 填充后得到

$$\{f^1\} = \begin{bmatrix} f_1^1 \\ f_2^1 \\ f_3^1 \end{bmatrix} \quad \Rightarrow \quad \{f\} = \begin{bmatrix} f_2^1 \\ f_1^1 \\ 0 \\ f_3^1 \end{bmatrix}$$

单元(2)的矢量 $\{f^2\}$ 填充后得到

$$\{f^2\} = \begin{bmatrix} f_1^2 \\ f_2^2 \\ f_3^2 \end{bmatrix} \quad \Rightarrow \quad \{f\} = \begin{bmatrix} f_2^1 + f_3^2 \\ f_1^1 + f_1^2 \\ f_2^2 \\ f_3^1 \end{bmatrix}$$

最后，单元(3)的矢量 $\{f^3\}$ 填充后得到

$$\{f^3\} = \begin{bmatrix} f_1^3 \\ f_2^3 \\ f_3^3 \end{bmatrix} \quad \Rightarrow \quad \{f\} = \begin{bmatrix} f_2^1 + f_3^2 + f_1^3 \\ f_1^1 + f_1^2 \\ f_2^2 + f_2^3 \\ f_3^1 + f_3^3 \end{bmatrix} \tag{12-55}$$

12.5　有耗介质二维 TM 波电场的矩阵方程

考虑二维 TM 波，设计算域中既有 PEC 物体，又有有耗介质物体，如图 12-9 所示。

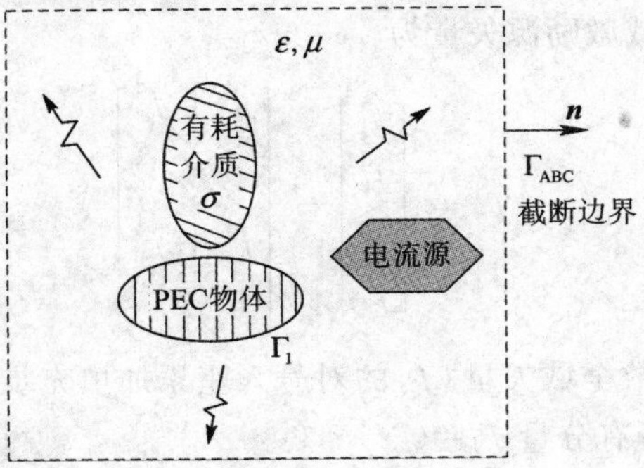

图 12-9　计算域中具有有耗介质物体的 TM 波情形

有耗介质二维 TM 波的电场波动方程为式(10 - 9)。

$$\left[\frac{\partial}{\partial x}\left(\frac{1}{\mu}\frac{\partial E_z}{\partial x}\right)+\frac{\partial}{\partial y}\left(\frac{1}{\mu}\frac{\partial E_z}{\partial y}\right)\right]-\varepsilon\frac{\partial^2 E_z}{\partial t^2}-\sigma\frac{\partial E_z}{\partial t}=\frac{\partial J_z}{\partial t} \tag{12-56}$$

上式比式(12 - 1)多一项$\frac{\sigma\partial E_z}{\partial t}$。以下改记 $\phi=E_z$。对于图 12 - 9 所示计算域边界，在 PEC 表面为第一类边界条件，截断边界处的一阶吸收边界属于特殊的第三类边界条件，如式(12 - 28)。对于有耗介质物体表面不需要附加边界条件，只要在有限元单元划分时将物体表面设置为结点和棱边即可。

参照 12.1～12.4 节的讨论，考虑到式(12 - 56)中的损耗项$\frac{\sigma\partial E_z}{\partial t}$，将式(12 - 29)稍加修改后就可得到对应于方程式(12 - 56)以及 PEC 表面第一类边界条件和截断边界处一阶吸收边界条件的弱解形式为

$$\iint_{\Omega}\left(\frac{\partial\nu}{\partial x}\frac{1}{\mu}\frac{\partial\phi}{\partial x}+\frac{\partial\nu}{\partial y}\frac{1}{\mu}\frac{\partial\varphi}{\partial y}\right)\mathrm{d}\Omega+\iint_{\Omega}\nu\varepsilon\frac{\partial^2\phi}{\partial t^2}\mathrm{d}\Omega$$

$$+\iint_{\Omega}\nu\sigma\frac{\partial\phi}{\partial t}\mathrm{d}\Omega-\iint_{\Omega}\nu\frac{\partial J_z}{\partial t}\mathrm{d}\Omega+\int_{\Gamma_{\mathrm{ABC}}}\nu\sqrt{\frac{\varepsilon}{\mu}}\frac{\partial\phi}{\partial t}\mathrm{d}\Gamma=0 \tag{12-57}$$

计算域划分为单元后，考虑到式(12 - 56)中的损耗项$\frac{\sigma\partial E_z}{\partial t}$，用基函数展开并取权函数为基函数后得到和式(12 - 30)类似的单元矩阵方程为

$$\sum_{j=1}^{3}\phi_j^e\iint_{\Omega^e}\frac{1}{\mu}\left(\frac{\partial N_i^e}{\partial x}\frac{\partial N_j^e}{\partial x}+\frac{\partial N_i^e}{\partial y}\frac{\partial N_j^e}{\partial y}\right)\mathrm{d}\Omega+\sum_{j=1}^{3}\frac{d^2\phi_j^e}{\mathrm{d}t^2}\iint_{\Omega^e}\varepsilon N_i^eN_j^e\mathrm{d}\Omega$$

$$+\sum_{j=1}^{3}\frac{\mathrm{d}\phi_j^e}{\mathrm{d}t}\iint_{\Omega^e}\sigma N_i^eN_j^e\mathrm{d}\Omega-\iint_{\Omega^e}\frac{\partial J_z}{\partial t}N_i^e\mathrm{d}\Omega+\sum_{j=1}^{3}\frac{\mathrm{d}\phi_j^e}{\mathrm{d}t}\int_{\Gamma_{\mathrm{ABC}}^e}\sqrt{\frac{\varepsilon}{\mu}}N_i^eN_j^e\mathrm{d}\Gamma=0 \tag{12-58}$$

假设单元足够小，其中介质参数可以近似为均匀，参照式(12 - 27)和式(12 - 31)，令

$$\begin{cases} K_{ij}^e\simeq\dfrac{1}{\mu_e}\displaystyle\iint_{\Omega^e}\left(\frac{\partial N_i^e}{\partial x}\frac{\partial N_j^e}{\partial x}+\frac{\partial N_i^e}{\partial y}\frac{\partial N_j^e}{\partial y}\right)\mathrm{d}x\mathrm{d}y \\ M_{ij}^e\simeq\varepsilon_e\displaystyle\iint_{\Omega^e}N_i^eN_j^e\mathrm{d}x\mathrm{d}y \\ P_{ij}^e\simeq\sigma_e\displaystyle\iint_{\Omega^e}N_i^eN_j^e\mathrm{d}\Omega \\ C_{ij}^e\simeq\sqrt{\dfrac{\varepsilon_e}{\mu_e}}\displaystyle\int_{\Gamma_{\mathrm{ABC}}^e}N_i^eN_j^e\mathrm{d}\Gamma \\ h_i^e=\displaystyle\iint_{\Omega^e}\frac{\partial J_z}{\partial t}N_i^e\mathrm{d}x\mathrm{d}y \end{cases} \tag{12-59}$$

式中，C_{ij}^e 仅在截断边界处的单元不为零，P_{ij}^e 只在有耗介质中的单元不为零。将式(12 - 59)代入式(12 - 58)得到和式(12 - 20)类似的单元矩阵方程：

$$\sum_{j=1}^{3}M_{ij}^e\frac{d^2\phi_j^e}{dt^2}+\sum_{j=1}^{2}C_{ij}^e\frac{\mathrm{d}\phi_j^e}{\mathrm{d}t}+\sum_{j=1}^{3}P_{ij}^e\frac{\mathrm{d}\phi_j^e}{\mathrm{d}t}+\sum_{j=1}^{3}K_{ij}^e\phi_j^e-h_i^e=0 \tag{12-60}$$

经过组合并改用全域结点编号后得到全域矩阵方程为

$$[M]\frac{d^2}{dt^2}\{\phi\}+([C]+[P])\frac{d}{dt}\{\phi\}+[K]\{\phi\}-\{h\}=0 \tag{12-61}$$

式中，全域矩阵和全域矢量可由单元矩阵和单元矢量组合得到。

12.6 Dirichlet 边界条件的强加方法

如前所述，第一类(Dirichlet)边界条件直接给边界结点的函数赋值，所以这些结点的函数值并不是未知数。因此，计算域的结点可以区分为边界赋值结点(或称 Dirichlet 结点)和自由结点。自由结点包括区域内部结点和未赋值的边界结点，自由结点的函数值为待求量。这就需要在所建立的 FETD 矩阵方程中除去已赋值的结点。实现 Dirichlet 边界条件强加的方法有以下两种(金建铭，1998：61)。

方法一：除去赋值结点的相关方程

为了便于说明，以三元一次线性方程组为例：

$$\begin{cases} K_{11}\phi_1+K_{12}\phi_2+K_{13}\phi_3=b_1 \\ K_{21}\phi_1+K_{22}\phi_2+K_{23}\phi_3=b_2 \\ K_{31}\phi_1+K_{32}\phi_2+K_{33}\phi_3=b_3 \end{cases} \tag{12-62}$$

其中，ϕ_1，ϕ_2，ϕ_3为三个结点函数。若结点 3 为 Dirichlet 结点，即 $\phi_3=p_3$为已赋值(已知)，代入上式得

$$\begin{cases} K_{11}\phi_1+K_{12}\phi_2+K_{13}p_3=b_1 \\ K_{21}\phi_1+K_{22}\phi_2+K_{23}p_3=b_2 \\ K_{31}\phi_1+K_{32}\phi_2+K_{33}p_3=b_3 \end{cases}$$

上式的三个方程实际上只有两个为独立。例如取第一和第二方程，上式变为

$$\begin{cases} K_{11}\phi_1+K_{12}\phi_2=b_1-K_{13}p_3 \\ K_{21}\phi_1+K_{22}\phi_2=b_2-K_{23}p_3 \end{cases} \tag{12-63}$$

上式已除去边界赋值结点。本方法在有限元计算中的一般步骤可参见相关文献(金建铭 1998)。本方法的优点是减少了联立方程组中的方程数目，求逆矩阵的阶数减小。缺点是 Dirichlet 结点的编号常常穿插在区域结点的序列中，除去 Dirichlet 结点后需要将其余结点重新编号，增加了实际编程的复杂性。

相关文献(Rao，1999：289)指出：为了便于编程，可将全域结点采用分段编号，未知自由结点放在全域编号的前半段，而 Dirichlet 结点放在后半段。这种分段编号方式在除去边界 Dirichlet 结点相关方程后剩余的自由结点就无需重新编号。但是，区域内的结点编号通常由商用软件自动产生，将 Dirichlet 结点安排在全域编号的后半段需要特殊处理。

方法二：将结点赋值用非常大数相乘

关于已赋值的结点的处理，相关文献(金建铭，1998：61)指出，也可采取将方程组中系数用非常大数相乘的方法。假设方程组(12-62)中 Dirichlet 边界结点的赋值为 $\phi_3=p_3$，

可选择一个非常大的数，如 10^{70}(假设各未知量都远小于 10^{70})，并令式(12-62)中系数 $K_{33}=10^{70}$，$b_3=p_3\times 10^{70}$，则式(12-62)变为

$$\begin{cases} K_{11}\phi_1 + K_{12}\phi_2 + K_{13}\phi_3 = b_1 \\ K_{21}\phi_1 + K_{22}\phi_2 + K_{23}\phi_3 = b_2 \\ K_{31}\phi_1 + K_{32}\phi_2 + 10^{70}\times\phi_3 = p_3\times 10^{70} \end{cases} \tag{12-64}$$

求解以上方程可得三个结点函数为

$$\phi_3 = \frac{\begin{vmatrix} K_{11} & K_{12} & b_1 \\ K_{21} & K_{22} & b_2 \\ K_{31} & K_{32} & p_3\times 10^{70} \end{vmatrix}}{\begin{vmatrix} K_{11} & K_{12} & K_{13} \\ K_{21} & K_{22} & K_{23} \\ K_{31} & K_{32} & 10^{70} \end{vmatrix}} = \frac{\begin{vmatrix} K_{11} & K_{12} & \frac{b_1}{10^{70}} \\ K_{21} & K_{22} & \frac{b_2}{10^{70}} \\ K_{31} & K_{32} & p_3 \end{vmatrix}}{\begin{vmatrix} K_{11} & K_{12} & \frac{K_{13}}{10^{70}} \\ K_{21} & K_{22} & \frac{K_{23}}{10^{70}} \\ K_{31} & K_{32} & 1 \end{vmatrix}} \simeq \frac{\begin{vmatrix} K_{11} & K_{12} & 0 \\ K_{21} & K_{22} & 0 \\ K_{31} & K_{32} & p_3 \end{vmatrix}}{\begin{vmatrix} K_{11} & K_{12} & 0 \\ K_{21} & K_{22} & 0 \\ K_{31} & K_{32} & 1 \end{vmatrix}} = p_3$$

$$\phi_1 = \frac{\begin{vmatrix} b_1 & K_{12} & K_{13} \\ b_2 & K_{22} & K_{23} \\ p_3\times 10^{70} & K_{32} & 10^{70} \end{vmatrix}}{\begin{vmatrix} K_{11} & K_{12} & K_{13} \\ K_{21} & K_{22} & K_{23} \\ K_{31} & K_{32} & 10^{70} \end{vmatrix}} \simeq \frac{\begin{vmatrix} b_1 & K_{12} & K_{13} \\ b_2 & K_{22} & K_{23} \\ p_3 & 0 & 1 \end{vmatrix}}{\begin{vmatrix} K_{11} & K_{12} & 0 \\ K_{21} & K_{22} & 0 \\ K_{31} & K_{32} & 1 \end{vmatrix}} = \frac{p_3\begin{vmatrix} K_{12} & K_{13} \\ K_{22} & K_{23} \end{vmatrix} + \begin{vmatrix} b_1 & K_{12} \\ b_2 & K_{22} \end{vmatrix}}{\begin{vmatrix} K_{11} & K_{12} \\ K_{21} & K_{22} \end{vmatrix}}$$

$$= \frac{-p_3\begin{vmatrix} K_{13} & K_{12} \\ K_{23} & K_{22} \end{vmatrix} + \begin{vmatrix} b_1 & K_{12} \\ b_2 & K_{22} \end{vmatrix}}{\begin{vmatrix} K_{11} & K_{12} \\ K_{21} & K_{22} \end{vmatrix}} = \frac{\begin{vmatrix} b_1 - K_{13}p_3 & K_{12} \\ b_2 - K_{23}p_3 & K_{22} \end{vmatrix}}{\begin{vmatrix} K_{11} & K_{12} \\ K_{21} & K_{22} \end{vmatrix}}$$

可见方程式(12-64)求解结果 $\phi_3=p_3$ 就是结点 3 的赋值。ϕ_1 的结果和式(12-63)求解结果一致，对于 ϕ_2 有类似结果，请读者完成推导。本方法在有限元计算中的一般步骤可参见相关文献(金建铭，1998)。这一方法不改变方程数目，也无需将结点重新编号，便于编程。

第 13 章

时域矩阵方程离散的 Newmark 方法

本章讨论时域矩阵方程中时间导数离散的 Newmark 方法，它不同于通常的中心差分或后向差分方法，是 FETD 中的常用方法。

13.1　基于前两步递推的 Newmark－$\beta\gamma$ 方法

如前所述，FETD 分析结果可归结为以下含一阶和二阶时间导数的矩阵方程：

$$[M]\frac{\mathrm{d}^2}{\mathrm{d}t^2}\{\phi\}+[C]\frac{\mathrm{d}}{\mathrm{d}t}\{\phi\}+[K]\{\phi\}=\{f\} \tag{13-1}$$

其中，$\{f\}$称为激励源矢量。为了推导符号简明，将上式改写为以下微分方程形式：

$$M\ddot{x}+C\dot{x}+Kx=f \tag{13-2}$$

或

$$Ma+Cv+Kx=f \tag{13-3}$$

在有限元用于力学问题时，上式中 x 代表位移，$v=\dot{x}=\mathrm{d}x/\mathrm{d}t$，$a=\ddot{x}=\mathrm{d}^2x/\mathrm{d}t^2$ 分别代表速度和加速度。Newmark(1959)根据 Taylor 级数理论给出时域微分方程式(13－2)数值积分的步进算法，改善了计算精度和稳定性。

下面推导参照相关文献(Zienkiewicz，1977)进行。根据速度函数的 Taylor 展开公式为

$$\dot{x}_{n+1}=\dot{x}_n+\ddot{x}_n\Delta t+\dddot{x}_n\frac{(\Delta t)^2}{2}+\cdots \tag{13-4}$$

其中，下标 n 和 $n+1$ 代表 Δt 离散后的时间步。若函数 $x(t)$ 足够平滑，根据中值定理有

$$\dot{x}_{n+1}=\dot{x}_n+\ddot{x}_G\Delta t \tag{13-5}$$

其中，$\ddot{x}_G$ 代表加速度在 $a_n=\ddot{x}_n$ 和 $a_{n+1}=\ddot{x}_{n+1}$ 之间某时刻的值，如图 13－1(a)所示。式(13－5)表示将 Taylor 公式(13－4)截止到第二项时，应当把式(13－4)右端第二项用 $\ddot{x}_n$ 和 $\ddot{x}_{n+1}$之间某点的值 $\ddot{x}_G$ 代替。设 $\ddot{x}_G$ 距离 $\ddot{x}_n$ 为 $\gamma(0\leqslant\gamma\leqslant1)$，距离 $\ddot{x}_{n+1}$ 为 $1-\gamma$，则线性插值结果为

$$\ddot{x}_G=\ddot{x}_n(1-\gamma)+\gamma\ddot{x}_{n+1} \tag{13-6}$$

将式(13－6)代入式(13－5)得到

$$\dot{x}_{n+1}=\dot{x}_n+(1-\gamma)\ddot{x}_n\Delta t+\gamma\ddot{x}_{n+1}\Delta t \tag{13-7}$$

即

$$v_{n+1}=v_n+(1-\gamma)a_n\Delta t+\gamma a_{n+1}\Delta t \tag{13-8}$$

同样，对于位移函数，Taylor 公式为

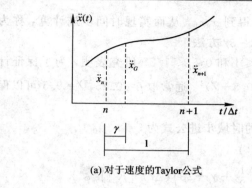

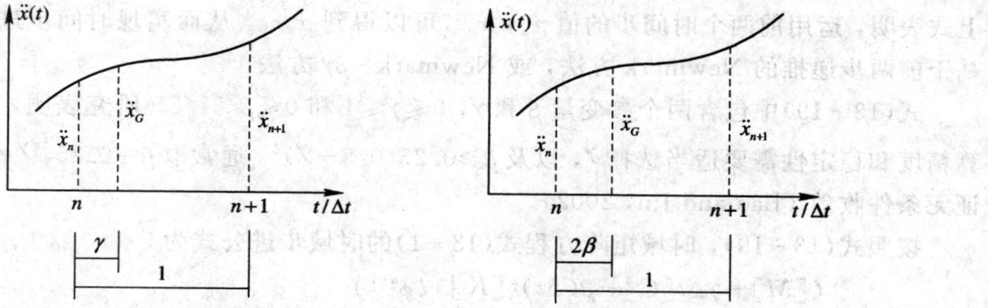

(a) 对于速度的Taylor公式　　(b) 对于位移的Taylor公式

图 13 - 1　中值定理

$$x_{n+1} = x_n + \dot{x}_n \Delta t + \ddot{x}_n \frac{(\Delta t)^2}{2!} + \dddot{x}_n \frac{(\Delta t)^3}{3!} + \cdots \tag{13-9}$$

若函数 $x(t)$ 足够平滑，根据中值定理有

$$x_{n+1} = x_n + \dot{x}_n \Delta t + \ddot{x}_B \frac{(\Delta t)^2}{2!} \tag{13-10}$$

其中，$\ddot{x}_B$ 代表加速度 $\ddot{x}_n$ 和 $\ddot{x}_{n+1}$ 之间某点的值，如图 13 - 1(b)所示。由线性插值公式可以写为

$$\ddot{x}_B = \ddot{x}_n(1-2\beta) + 2\beta \ddot{x}_{n+1} \tag{13-11}$$

其中，$0 \leqslant 2\beta \leqslant 1$ 为参变量。将式(13 - 11)代入式(13 - 10)得到

$$x_{n+1} = x_n + \dot{x}_n \Delta t + \ddot{x}_n (1-2\beta) \frac{(\Delta t)^2}{2} + 2\beta \ddot{x}_{n+1} \frac{(\Delta t)^2}{2} \tag{13-12}$$

即

$$x_{n+1} = x_n + v_n \Delta t + a_n (1-2\beta) \frac{(\Delta t)^2}{2} + 2\beta a_{n+1} \frac{(\Delta t)^2}{2} \tag{13-13}$$

将方程式(13 - 3)分别用于 $n+1$，n 和 $n-1$ 时间步可得

$$Ma_{n+1} + Cv_{n+1} + Kx_{n+1} = f_{n+1} \tag{13-14}$$

$$Ma_n + Cv_n + Kx_n = f_n \tag{13-15}$$

$$Ma_{n-1} + Cv_{n-1} + Kx_{n-1} = f_{n-1} \tag{13-16}$$

再将式(13 - 8)和式(13 - 13)中 $n+1$ 改为 n 得到

$$v_n = v_{n-1} + (1-\gamma) a_{n-1} \Delta t + \gamma a_n \Delta t \tag{13-17}$$

$$x_n = x_{n-1} + v_{n-1} \Delta t + a_{n-1} (1-2\beta) \frac{(\Delta t)^2}{2} + 2\beta a_n \frac{(\Delta t)^2}{2} \tag{13-18}$$

从以上式(13 - 8)和式(13 - 13)～式(13 - 18)的 7 个方程中消去 6 个变量 a_{n+1}，a_n，a_{n-1}，v_{n+1}，v_n，v_{n-1}，可得

$$\begin{aligned}
[M + \gamma \Delta t C + \beta (\Delta t)^2 K] x_{n+1} = & -\left[-2M + (1-2\gamma)\Delta t C + \left(\frac{1}{2} + \gamma - 2\beta\right)(\Delta t)^2 K\right] x_n \\
& - \left[M + (\gamma - 1)\Delta t C + \left(\frac{1}{2} - \gamma + \beta\right)(\Delta t)^2 K\right] x_{n-1} \\
& + (\Delta t)^2 \left[\beta f_{n+1} + \left(\frac{1}{2} + \gamma - 2\beta\right) f_n + \left(\frac{1}{2} - \gamma + \beta\right) f_{n-1}\right]
\end{aligned} \tag{13-19}$$

上式表明，运用前两个时间步的值 x_n，x_{n-1} 可以得到 x_{n+1}，从而实现时间步进计算，称为基于前两步递推的 Newmark 方法，或 Newmark - $\beta\gamma$ 方法。

式(13 - 19)中包含两个参变量 β 和 γ，$0\leqslant\gamma\leqslant 1$ 和 $0\leqslant\beta\leqslant 1/2$。研究表明，为了保证计算精度和稳定性需要适当选择 γ，以及 $\beta\geqslant 0.25(0.5+\gamma)^2$。通常取 $\beta=0.25$，$\gamma=0.5$ 可以保证无条件收敛 (Jiao and Jin，2002)。

按照式(13 - 19)，时域矩阵方程式(13 - 1)的时域步进公式为

$$\begin{aligned}&([M]+\gamma\Delta t[C]+\beta(\Delta t)^2[K])\{\phi^{n+1}\}\\&=-\left(-2[M]+(1-2\gamma)\Delta t[C]+\left(\frac{1}{2}+\gamma-2\beta\right)(\Delta t)^2[K]\right)\{\phi^n\}\\&\quad-\left([M]+(\gamma-1)\Delta t[C]+\left(\frac{1}{2}-\gamma+\beta\right)(\Delta t)^2[K]\right)\{\phi^{n-1}\}\\&\quad+(\Delta t)^2\left(\beta\{f^{n+1}\}+\left(\frac{1}{2}+\gamma-2\beta\right)\{f^n\}+\left(\frac{1}{2}-\gamma+\beta\right)\{f^{n-1}\}\right)\end{aligned}\tag{13 - 20}$$

为了形式简明，令上式中

$$\begin{cases}[P]=[M]+\gamma\Delta t[C]+\beta(\Delta t)^2[K]\\[Q]=-2[M]+(1-2\gamma)\Delta t[C]+\left(\frac{1}{2}+\gamma-2\beta\right)(\Delta t)^2[K]\\[R]=[M]+(\gamma-1)\Delta t[C]+\left(\frac{1}{2}-\gamma+\beta\right)(\Delta t)^2[K]\end{cases}\tag{13 - 21}$$

代入式(13 - 20)得

$$\begin{aligned}[P]\{\phi^{n+1}\}=&-[Q]\{\phi^n\}-[R]\{\phi^{n-1}\}\\&+(\Delta t)^2\left(\beta\{f^{n+1}\}+\left(\frac{1}{2}+\gamma-2\beta\right)\{f^n\}+\left(\frac{1}{2}-\gamma+\beta\right)\{f^{n-1}\}\right)\end{aligned}\tag{13 - 22}$$

实际上在步进计算 $\{\phi^{n+1}\}$ 的每一步时均需要对矩阵 $[P]$ 求逆，并且需要用到前两个时间步 $\{\phi^n\}$ 和 $\{\phi^{n-1}\}$ 的值(Rao，1999：288)。为此，迭代的初始条件需要给出 $n=0$ 和 $n=1$ 两个初始时间步的函数值。

13.2 基于前一步递推的 Newmark 方法

以下推导参照相关文献(Wood，1984)进行。先由式(13 - 8)、式(13 - 13)得到 a_{n+1} 和 a_n，再减去式(13 - 14)和式(13 - 15)后得到关于 x_n，x_{n+1}，v_n，v_{n+1} 的两个方程，这两个方程可以有各种方式组合，例如定义一个由 x_{n+1}，v_{n+1} 组合的量 u_{n+1} 为

$$u_{n+1}=\gamma x_{n+1}-\beta\Delta t v_{n+1}\tag{13 - 23}$$

它所满足的方程为

$$\begin{aligned}Mu_{n+1}=&\left[\gamma M+\left(\beta-\frac{\gamma}{2}\right)(\Delta t)^2K\right]x_n+\left[(\gamma-\beta)M+\left(\beta-\frac{\gamma}{2}\right)C\right]\Delta t v_n\\&-\left(\frac{\gamma}{2}-\beta\right)(\Delta t)^2f_n\end{aligned}\tag{13 - 24}$$

上式用到 x_n，v_n 来计算 u_{n+1} 值。另外，再由 x_{n+1}，v_{n+1} 定义另一个组合量 w_{n+1} 为

$$w_{n+1} = (\Delta t)^2\gamma K x_{n+1} + (M + \Delta t\gamma C)\Delta t v_{n+1} \qquad (13-25)$$

它所满足的方程为

$$w_{n+1} = -(\Delta t)^2(1-\gamma)K x_n + [M - \Delta t(1-\gamma)C]\Delta t v_n - (1-\gamma)(\Delta t)^2 f_n - \gamma(\Delta t)^2 f_{n+1} \qquad (13-26)$$

上式用到 x_n，v_n 来计算 w_{n+1} 值。由式(13－23)、式(13－25)消去 v_{n+1} 得到

$$[M + \Delta t\gamma C + (\Delta t)^2\beta K]\gamma x_{n+1} = (M + \Delta t\gamma C)u_{n+1} + \beta w_{n+1} \qquad (13-27)$$

此外，由式(13－23)可得

$$\begin{cases} v_{n+1}\Delta t = \dfrac{1}{\beta}(\gamma x_{n+1} - u_{n+1}) \\ v_n\Delta t = \dfrac{1}{\beta}(\gamma x_n - u_n) \end{cases} \qquad (13-28)$$

综合式(13－24)～式(13－28)，设初始时刻 $n=0$ 的位移和速度 x_0，v_0 为已知，则 $n\geqslant 1$ 时的步进计算步骤可以归纳如下：

(1) 由 x_n，v_n 计算 u_{n+1}，用式(13－24)；

(2) 由 x_n，v_n 计算 w_{n+1}，用式(13－26)；

(3) 由 x_{n+1}，w_{n+1} 计算 x_{n+1}，用式(13－27)；

(4) 由 u_{n+1}，x_{n+1} 计算 v_{n+1}，用式(13－28)；

(5) $n\rightarrow n+1$ 步进后回到步骤(1)。

以上在计算 $n+1$ 时间步的 x_{n+1} 时仅需用到前一时间步 x_n，v_n 的值，称为基于前一步递推的 Newmark 算法。相关文献(Wood，1984)指出，对于式(13－1)中矩阵 $[C]=0$ 的情形，当 $2\beta\geqslant\gamma\geqslant 1/2$ 时上述 Newmark 方法的两步算法和一步算法均为无条件稳定。

13.3　Newmark－β 方法

时域矩阵方程式(13－1)的时间导数离散还有另一种 Newmark－β 方法(Gedney，1995)。考察方程式(13－1)在 $t=n\Delta t$ 的形式：

$$[M]\frac{d^2}{dt^2}\{\phi^n\} + [C]\frac{d}{dt}\{\phi^n\} + [K]\{\phi^n\} = \{f^n\} \qquad (13-29)$$

将式(13－29)中二阶和一阶导数采用中心差分近似，有

$$\begin{cases} \dfrac{d}{dt}\{\phi^n\} \simeq \dfrac{\{\phi^{n+1}\} - \{\phi^{n-1}\}}{2\Delta t} \\ \dfrac{d^2}{dt^2}\{\phi^n\} \simeq \dfrac{\{\phi^{n+1}\} - 2\{\phi^n\} + \{\phi^{n-1}\}}{(\Delta t)^2} \end{cases} \qquad (13-30)$$

采取上述近似后，需要将式(13－29)中 $\{\phi^n\}$ 用 $n-1$、n 和 $n+1$ 时间步函数值的加权平均 $\{\tilde{\phi}^n\}$ 来代替，即 $\{\phi^n\}\Rightarrow\{\tilde{\phi}^n\}$，且

$$\{\tilde{\phi}^n\} = \beta\{\phi^{n+1}\} + (1-2\beta)\{\phi^n\} + \beta\{\phi^{n-1}\} \qquad (13-31)$$

其中，β 为参变量。上式可改写为

$$\{\tilde{\phi}^n\} = 2\beta\frac{\{\phi^{n+1}\} + \{\phi^{n-1}\}}{2} + (1-2\beta)\{\phi^n\}$$

显然，当 $\beta=0$ 时，$\{\tilde{\phi}^n\}=\{\phi^n\}$；当 $\beta=1/2$ 时，$\{\tilde{\phi}^n\}=(\{\phi^{n+1}\}+\{\phi^{n-1}\})/2$。将式

(13-30)和式(13-31)代入式(13-1)得到

$$[M]\frac{\{\phi^{n+1}\}-2\{\phi^{n}\}+\{\phi^{n-1}\}}{(\Delta t)^2}+[C]\left(\frac{\{\phi^{n+1}\}-\{\phi^{n-1}\}}{2\Delta t}\right)$$
$$+[K](\beta\{\phi^{n+1}\}+(1-2\beta)\{\phi^{n}\}+\beta\{\phi^{n-1}\})=\{f^{n}\} \tag{13-32}$$

上式整理后可得

$$\left(\frac{[M]}{(\Delta t)^2}+\frac{[C]}{2\Delta t}+\beta[K]\right)\{\phi^{n+1}\}-\left(\frac{2[M]}{(\Delta t)^2}-(1-2\beta)[K]\right)\{\phi^{n}\}$$
$$+\left(\frac{[M]}{(\Delta t)^2}-\frac{[C]}{2\Delta t}+\beta[K]\right)\{\phi^{n-1}\}=\{f^{n}\} \tag{13-33}$$

令上式中

$$\begin{cases}[P]=\dfrac{[M]}{(\Delta t)^2}+\dfrac{[C]}{2\Delta t}+\beta[K]\\[2ex][Q]=-\dfrac{2[M]}{(\Delta t)^2}+(1-2\beta)[K]\\[2ex][R]=\dfrac{[M]}{(\Delta t)^2}-\dfrac{[C]}{2\Delta t}+\beta[K]\end{cases} \tag{13-34}$$

代入式(13-33)得

$$[P]\{\phi^{n+1}\}+[Q]\{\phi^{n}\}+[R]\{\phi^{n-1}\}=\{f^{n}\} \tag{13-35}$$

以上为时域步进公式，包含一个参变量 β，也称为 Newmark-β 方法。相关文献(Gedney，1995)证明，当参变量 $\beta\geqslant 1/4$ 时步进计算为无条件稳定，即对于任意时间步长均为稳定。具体算例表明，参变量的最佳值为 $\beta_{\mathrm{opt}}=1/4$。

13.4 有限元矩阵方程的求解

FETD 时域步进计算的每一步都需要求解矩阵方程。有限元矩阵方程的特点是：

(1) 未知数的数目(即矩阵大小)非常大，到几千、几十万或更大；

(2) 矩阵为稀疏、对称和带状矩阵。

求解矩阵方程的方法一般可以分为两类，直接法和迭代法。直接法的基础是高斯消元法，其中适用于有限元的有 LU 分解方法；对于对称矩阵进一步发展为 $\mathrm{LDL^T}$ 分解方法。各种迭代法中常用于有限元的有共轭梯度法，对于复数对称矩阵进一步发展为双共轭梯度方法。详细讨论可见有关文献(金建铭，1998；Jin，2002)。

在上述原理基础上，实际计算软件中通常有矩阵方程求解的子程序可以直接调用。例如在 MATLAB 中，对于矩阵方程 $ax=b$ 可以调用库函数 inv(a)来对矩阵 a 求逆，然后计算 $x=\mathrm{inv}(a)b$；也可以用左除来求解线性方程组，即 $x=a\backslash b$。

第 14 章

基于结点基函数的一维和二维 FETD

本章讨论 TM 波有耗介质情形的一维面电流和二维线电流辐射散射的 FETD 计算，所作分析和计算通过对偶关系也可应用于 TE 波无耗介质情形。

14.1　一维 FETD

14.1.1　弱解形式

有耗介质二维 TM 波的电场方程为式(12－56)。对于平面波沿 x 轴传播的一维情形，令$\partial/\partial y=0$，式(12－56)退化到一维情形为

$$\frac{\partial}{\partial x}\left(\frac{1}{\mu}\frac{\partial \phi}{\partial x}\right)-\varepsilon\frac{\partial^2 \phi}{\partial t^2}-\sigma\frac{\partial \phi}{\partial t}=\frac{\partial J_z}{\partial t} \tag{14-1}$$

其中，$\phi=E_z$。设一维计算域为 $a\leqslant x\leqslant b$，如图 14－1 所示，两端截断边界处的一阶吸收边

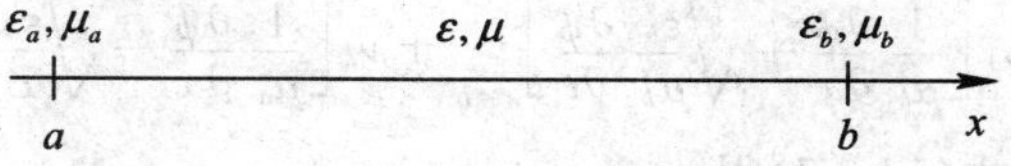

图 14－1　TEM 平面波传播的一维情形

界条件为式(10－27)，即

$$\begin{cases}\left[\dfrac{\partial \phi}{\partial x}+\dfrac{1}{c_b}\dfrac{\partial \phi}{\partial t}\right]_{x=b}=0\\[2ex]\left[\dfrac{\partial \phi}{\partial x}-\dfrac{1}{c_a}\dfrac{\partial \phi}{\partial t}\right]_{x=a}=0\end{cases} \tag{14-2}$$

式中，$c_a=\dfrac{1}{\sqrt{\mu_a\varepsilon_a}}$，$c_b=\dfrac{1}{\sqrt{\mu_b\varepsilon_b}}$。参照式(10－29)、式(10－30)及式(12－28)，上式可改写为

$$\begin{cases}\left[\dfrac{1}{\mu_b}\dfrac{\partial \phi}{\partial x}+\sqrt{\dfrac{\varepsilon_b}{\mu_b}}\dfrac{\partial \phi}{\partial t}\right]_{x=b}=0\\[2ex]\left[\dfrac{1}{\mu_a}\dfrac{\partial \phi}{\partial x}-\sqrt{\dfrac{\varepsilon_a}{\mu_a}}\dfrac{\partial \phi}{\partial t}\right]_{x=a}=0\end{cases} \tag{14-3}$$

对于非严格解，以上方程和边界的余量为

$$\begin{cases} r=\dfrac{\partial}{\partial x}\left(\dfrac{1}{\mu}\dfrac{\partial\phi}{\partial x}\right)-\varepsilon\dfrac{\partial^2\phi}{\partial t^2}-\sigma\dfrac{\partial\phi}{\partial t}-\dfrac{\partial J_z}{\partial t} \\ r_1=\left[\dfrac{1}{\mu_b}\dfrac{\partial\phi}{\partial x}+\sqrt{\dfrac{\varepsilon_b}{\mu_b}}\dfrac{\partial\phi}{\partial t}\right]_{x=b} \\ r_2=\left[\dfrac{1}{\mu_a}\dfrac{\partial\phi}{\partial x}-\sqrt{\dfrac{\varepsilon_a}{\mu_a}}\dfrac{\partial\phi}{\partial t}\right]_{x=a} \end{cases} \tag{14-4}$$

乘以权函数 ν，ν_1，ν_2，并沿区域积分得加权余量为

$$R=\int_a^b\nu\left[\frac{\partial}{\partial x}\left(\frac{1}{\mu}\frac{\partial\phi}{\partial x}\right)-\varepsilon\frac{\partial^2\phi}{\partial t^2}-\sigma\frac{\partial\phi}{\partial t}-\frac{\partial J_z}{\partial t}\right]\mathrm{d}x$$
$$+\nu_1\left[\frac{1}{\mu_b}\frac{\partial\phi}{\partial x}+\sqrt{\frac{\varepsilon_b}{\mu_b}}\frac{\partial\phi}{\partial t}\right]_{x=b}+\nu_2\left[\frac{1}{\mu_a}\frac{\partial\phi}{\partial x}-\sqrt{\frac{\varepsilon_a}{\mu_a}}\frac{\partial\phi}{\partial t}\right]_{x=a} \tag{14-5}$$

利用函数乘积的分部积分公式

$$\int_a^b\nu\frac{\mathrm{d}\psi}{\mathrm{d}x}\mathrm{d}x=-\int_a^b\psi\frac{\mathrm{d}\nu}{\mathrm{d}x}\mathrm{d}x+\int_a^b\frac{\mathrm{d}}{\mathrm{d}x}(\nu\psi)\mathrm{d}x=-\int_a^b\psi\frac{\mathrm{d}\nu}{\mathrm{d}x}\mathrm{d}x+(\nu\psi)_{x=b}-(\nu\psi)_{x=a}$$

式(14-5)右端第一项中的积分变为

$$\int_a^b\nu\frac{\partial}{\partial x}\left(\frac{1}{\mu}\frac{\partial\phi}{\partial x}\right)\mathrm{d}x=-\int_a^b\frac{1}{\mu}\frac{\partial\phi}{\partial x}\frac{\partial\nu}{\partial x}\mathrm{d}x+\left[\nu\frac{1}{\mu}\frac{\partial\phi}{\partial x}\right]_{x=b}-\left[\nu\frac{1}{\mu}\frac{\partial\phi}{\partial x}\right]_{x=a} \tag{14-6}$$

代入到式(14-5)得到

$$R=-\int_a^b\frac{1}{\mu}\frac{\partial\phi}{\partial x}\frac{\partial\nu}{\partial x}\mathrm{d}x+\left[\nu\frac{1}{\mu_b}\frac{\partial\phi}{\partial x}\right]_{x=b}-\left[\nu\frac{1}{\mu_a}\frac{\partial\phi}{\partial x}\right]_{x=a}$$
$$-\int_a^b\nu\varepsilon\frac{\partial^2\phi}{\partial t^2}\mathrm{d}x-\int_a^b\nu\sigma\frac{\partial\phi}{\partial t}\mathrm{d}x-\int_a^b\nu\frac{\partial J_z}{\partial t}\mathrm{d}x$$
$$+\nu_1\left[\frac{1}{\mu_b}\frac{\partial\phi}{\partial x}+\sqrt{\frac{\varepsilon_b}{\mu_b}}\frac{\partial\phi}{\partial t}\right]_{x=b}+\nu_2\left[\frac{1}{\mu_a}\frac{\partial\phi}{\partial x}-\sqrt{\frac{\varepsilon_a}{\mu_a}}\frac{\partial\phi}{\partial t}\right]_{x=a} \tag{14-7}$$

令 $\nu_1=-\nu$，$\nu_2=\nu$，代入式(14-7)得

$$R=-\int_a^b\frac{1}{\mu}\frac{\partial\phi}{\partial x}\frac{\partial\nu}{\partial x}\mathrm{d}x-\int_a^b\nu\varepsilon\frac{\partial^2\phi}{\partial t^2}\mathrm{d}x-\int_a^b\nu\sigma\frac{\partial\phi}{\partial t}\mathrm{d}x-\int_a^b\nu\frac{\partial J_z}{\partial t}\mathrm{d}x$$
$$-\left[\nu\sqrt{\frac{\varepsilon_b}{\mu_b}}\frac{\partial\phi}{\partial t}\right]_{x=b}-\left[\nu\sqrt{\frac{\varepsilon_a}{\mu_a}}\frac{\partial\phi}{\partial t}\right]_{x=a} \tag{14-8}$$

令上述加权余量等于零就得到一维情形方程和吸收边界条件的弱解形式：

$$\int_a^b\frac{1}{\mu}\frac{\partial\phi}{\partial x}\frac{\partial\nu}{\partial x}\mathrm{d}x+\int_a^b\nu\varepsilon\frac{\partial^2\phi}{\partial t^2}\mathrm{d}x+\int_a^b\nu\sigma\frac{\partial\phi}{\partial t}\mathrm{d}x$$
$$+\left[\nu\sqrt{\frac{\varepsilon_b}{\mu_b}}\frac{\partial\phi}{\partial t}\right]_{x=b}+\left[\nu\sqrt{\frac{\varepsilon_a}{\mu_a}}\frac{\partial\phi}{\partial t}\right]_{x=a}+\int_a^b\nu\frac{\partial J_z}{\partial t}\mathrm{d}x=0 \tag{14-9}$$

14.1.2 有限元矩阵方程

将一维区域划分为有限单元 $e=1, 2, \cdots, N_{\text{element}}$，如图 14-2 所示，则式(14-9)可写为求和形式：

$$\sum_{e=1}^{N_{\text{element}}}\int_{\Omega^e}\frac{1}{\mu}\frac{\partial\phi}{\partial x}\frac{\partial\nu}{\partial x}\mathrm{d}x+\sum_{e=1}^{N_{\text{element}}}\int_{\Omega^e}\nu\varepsilon\frac{\partial^2\phi}{\partial t^2}\mathrm{d}x+\sum_{e=1}^{N_{\text{element}}}\int_{\Omega^e}\nu\sigma\frac{\partial\phi}{\partial t}\mathrm{d}x$$

$$+\left[\nu\sqrt{\frac{\varepsilon_b}{\mu_b}}\frac{\partial\phi}{\partial t}\right]_{x=b}+\left[\nu\sqrt{\frac{\varepsilon_a}{\mu_a}}\frac{\partial\phi}{\partial t}\right]_{x=a}+\sum_{e=1}^{N_{\text{element}}}\int_{\Omega^e}\nu\frac{\partial J_z}{\partial t}\mathrm{d}x=0 \tag{14-10}$$

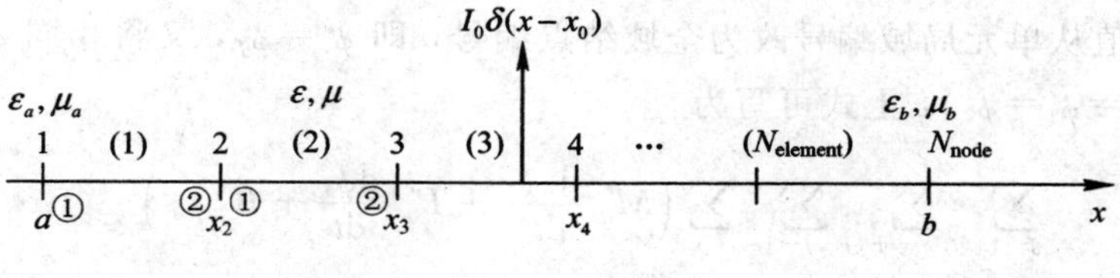

图 14-2　一维区域的单元划分

波函数的一维基函数展开如式(11-4)：

$$\phi^e(x,t)=\sum_{j=1}^{2}N_j^e(x)\phi_j^e(t)$$

代入式(14-10)得

$$\sum_{e=1}^{N_{\text{element}}}\sum_{j=1}^{2}\phi_j^e\int_{\Omega^e}\frac{1}{\mu}\frac{\partial\nu}{\partial x}\frac{\partial N_j^e}{\partial x}\mathrm{d}x+\sum_{e=1}^{N_{\text{element}}}\sum_{j=1}^{2}\frac{\partial^2\phi_j^e}{\partial t^2}\int_{\Omega^e}\nu\varepsilon N_j^e\mathrm{d}x+\sum_{e=1}^{N_{\text{element}}}\sum_{j=1}^{2}\frac{\partial\phi_j^e}{\partial t}\int_{\Omega^e}\nu\sigma N_j^e\mathrm{d}x$$

$$+\left[\nu\sqrt{\frac{\varepsilon_b}{\mu_b}}\frac{\partial\phi}{\partial t}\right]_{x=b}+\left[\nu\sqrt{\frac{\varepsilon_a}{\mu_a}}\frac{\partial\phi}{\partial t}\right]_{x=a}+\sum_{e=1}^{N_{\text{element}}}\int_{\Omega^e}\nu\frac{\partial J_z}{\partial t}\mathrm{d}x=0$$

取权函数 $\nu=N_i^q$，注意到基函数只在单元内不为零，且在区域两端 $\nu|_{x=a}=N_1^1(x)|_{x=a}=1$ 和 $\nu|_{x=b}=N_2^{N_{\text{element}}}(x)|_{x=b}=1$，于是上式变为

$$\sum_{j=1}^{2}\phi_j^e\int_{\Omega^e}\frac{1}{\mu}\frac{\partial N_i^e}{\partial x}\frac{\partial N_j^e}{\partial x}\mathrm{d}x+\sum_{j=1}^{2}\frac{\partial^2\phi_j^e}{\partial t^2}\int_{\Omega^e}\varepsilon N_i^eN_j^e\mathrm{d}x+\sum_{j=1}^{2}\frac{\partial\phi_j^e}{\partial t}\int_{\Omega^e}\sigma N_i^eN_j^e\mathrm{d}x$$

$$+\delta_{e,1}\delta_{j,1}\sqrt{\frac{\varepsilon_a}{\mu_a}}\frac{\partial\phi_a}{\partial t}+\delta_{e,N_{\text{element}}}\delta_{j,2}\sqrt{\frac{\varepsilon_b}{\mu_b}}\frac{\partial\phi_b}{\partial t}+\int_{\Omega^e}N_i^e\frac{\partial J_z}{\partial t}\mathrm{d}x=0 \tag{14-11}$$

其中，δ_{ij} 为 Kronecker 符号。将式(14-11)中各个单元积分记为

$$\begin{cases}K_{ij}^e=\displaystyle\int_{\Omega^e}\frac{1}{\mu}\frac{\partial N_i^e}{\partial x}\frac{\partial N_j^e}{\partial x}\mathrm{d}x\simeq\frac{1}{\mu_e}\int_{\Omega^e}\frac{\partial N_i^e}{\partial x}\frac{\partial N_j^e}{\partial x}\mathrm{d}x\\ M_{ij}^e=\displaystyle\int_{\Omega^e}\varepsilon N_i^eN_j^e\mathrm{d}x\simeq\varepsilon_e\int_{\Omega^e}N_i^eN_j^e\mathrm{d}x\\ P_{ij}^e=\displaystyle\int_{\Omega^e}\sigma N_i^eN_j^e\mathrm{d}x\simeq\sigma_e\int_{\Omega^e}N_i^eN_j^e\mathrm{d}x\\ h_i^e=-\displaystyle\int_{\Omega^e}\frac{\partial J_z}{\partial t}N_i^e\mathrm{d}x\end{cases} \tag{14-12}$$

代入式(14-11)得

$$\sum_{j=1}^{2}M_{ij}^e\frac{\mathrm{d}^2\phi_j^e}{\mathrm{d}t^2}+\sum_{j=1}^{2}P_{ij}^e\frac{\mathrm{d}\phi_j^e}{\mathrm{d}t}+\sum_{j=1}^{2}K_{ij}^e\phi_j^e+\delta_{e,1}\delta_{j,1}\sqrt{\frac{\varepsilon_a}{\mu_a}}\frac{\mathrm{d}\phi_a}{\mathrm{d}t}+\delta_{e,N_{\text{element}}}\delta_{j,2}\sqrt{\frac{\varepsilon_b}{\mu_b}}\frac{\mathrm{d}\phi_b}{\mathrm{d}t}-h_i^e=0 \tag{14-13}$$

其中，$e=1, 2, \cdots, N_{\text{element}}$；$i=1, 2$，式(14-13)中方程数目为 $2\times N_{\text{element}}>N_{\text{node}}$，为冗余方程组。设单元和全域结点对应关系为 $(i, e)=I$ 和 $(j, e)=J$。为了除去方程的冗余性，

将上式中 I 相同但 (i, e) 不同的几个方程相加(组合)，并按照全域结点将方程编号后得到

$$\sum_{(i,e)=I}\left(\sum_{j=1}^{2}M_{ij}^{e}\frac{\mathrm{d}^2\phi_j^e}{\mathrm{d}t^2}+\sum_{j=1}^{2}P_{ij}^{e}\frac{\mathrm{d}\phi_j^e}{\mathrm{d}t}+\sum_{j=1}^{2}K_{ij}^{e}\phi_j^e\right)$$
$$+\sum_{(i,e)=I}\left(\delta_{e,1}\delta_{j,1}\sqrt{\frac{\varepsilon_a}{\mu_a}}\frac{\mathrm{d}\phi_a}{\mathrm{d}t}+\delta_{e,N_{\mathrm{node}}}\delta_{j,2}\sqrt{\frac{\varepsilon_b}{\mu_b}}\frac{\mathrm{d}\phi_b}{\mathrm{d}t}\right)-\sum_{(i,e)=I}h_i^e=0$$

将基函数结点值从单元局域编号改为全域结点编号，即 $\phi_j^e=\phi_J$，又将相同 ϕ_J 项合并(例如图 14-2 中 $\phi_2^1=\phi_1^2=\phi_2$)，上式可写为

$$\sum_{J=1}^{N_{\mathrm{node}}}\sum_{(i,e)=I}\sum_{(j,e)=J}\sum_{j=1}^{2}\left(M_{ij}^{e}\frac{\mathrm{d}^2\phi_J}{\mathrm{d}t^2}+P_{ij}^{e}\frac{\mathrm{d}\phi_J}{\mathrm{d}t}+K_{ij}^{e}\phi_J\right)$$
$$+\left(\delta_{I,1}\sqrt{\frac{\varepsilon_a}{\mu_a}}\frac{\mathrm{d}\phi_1}{\mathrm{d}t}+\delta_{I,N_{\mathrm{node}}}\sqrt{\frac{\varepsilon_b}{\mu_b}}\frac{\mathrm{d}\phi_{N_{\mathrm{node}}}}{\mathrm{d}t}\right)-\sum_{(i,e)=I}h_i^e=0 \tag{14-14}$$

引入全域矩阵符号，令

$$\begin{cases}K_{IJ}=\sum\limits_{(i,e)=I}\sum\limits_{(j,e)=J}\sum\limits_{j=1}^{2}K_{ij}^{e},\ M_{IJ}=\sum\limits_{(i,e)=I}\sum\limits_{(j,e)=J}\sum\limits_{j=1}^{2}M_{ij}^{e}\\ P_{IJ}=\sum\limits_{(i,e)=I}\sum\limits_{(j,e)=J}\sum\limits_{j=1}^{2}P_{ij}^{e},\ C_{IJ}=\begin{cases}C_{1,1}=\sqrt{\dfrac{\varepsilon_a}{\mu_a}},\ C_{N_{\mathrm{node}},N_{\mathrm{node}}}=\sqrt{\dfrac{\varepsilon_b}{\mu_b}}\\ 0,\quad 其它\end{cases}\\ h_I=\sum\limits_{(i,e)=I}h_i^e\end{cases} \tag{14-15}$$

注意，吸收边界矩阵 C_{IJ} 只有两个不为零的分量。于是式(14-14)可写为矩阵形式：

$$\begin{cases}M_{IJ}\dfrac{\mathrm{d}^2\phi_J}{\mathrm{d}t^2}+P_{IJ}\dfrac{\mathrm{d}\phi_J}{\mathrm{d}t}+C_{IJ}\dfrac{\mathrm{d}\phi_J}{\mathrm{d}t}+K_{IJ}\phi_J=h_I\\ [M]\dfrac{\mathrm{d}^2}{\mathrm{d}t^2}\{\phi\}+[P]\dfrac{\mathrm{d}}{\mathrm{d}t}\{\phi\}+[C]\dfrac{\mathrm{d}}{\mathrm{d}t}\{\phi\}+[K]\{\phi\}=\{h\}\end{cases} \tag{14-16}$$

由于一维全域结点编号排列的特殊性，全域矩阵分量 K_{IJ}、M_{IJ}、P_{IJ} 只在 $|I-J|\leqslant 1$ 时不等于零，$[K]$，$[M]$，$[P]$ 均为三条带矩阵。利用 Newmark 方法可获得以上矩阵方程的时域步进公式。

14.1.3 全域矩阵和全域矢量的组合

考察一维情形的组合。单元矩阵式(14-12)的计算可应用 11.2 节单元积分公式式(11-10)和式(11-13)：

$$\begin{cases}\displaystyle\int_{x_1^e}^{x_2^e}N_i^eN_j^e\mathrm{d}x=\frac{l_e}{6}(1+\delta_{ij})\\ \displaystyle\int_{x_1^e}^{x_2^e}\frac{\partial N_i^e}{\partial x}\frac{\partial N_j^e}{\partial x}\mathrm{d}x=(-1)^{i+j}\frac{1}{l_e}\end{cases} \tag{14-17}$$

全域矩阵的组合式(14-15)可参考图 14-2，对于 $K_{IJ}=\sum\limits_{(i,e)=I}\sum\limits_{(j,e)=J}\sum\limits_{j=1}^{2}K_{ij}^{e}$，在一维情形只有当 $|I-J|\leqslant 1$ 时 $K_{IJ}\neq 0$；可用前述对号入座方法来实施填充。

如果一维单元取等间隔，所有 $l_e=l$ 为常数。特别当一维计算域为真空 ε_0，μ_0，$\sigma=0$，由式(14-12)、式(14-17)得到

$$
\begin{cases}
K_{ij}^e = (-1)^{i+j}\dfrac{1}{\mu_e l_e} = (-1)^{i+j}\dfrac{1}{\mu_0 l} \\
K_{11}^e = K_{22}^e = \dfrac{1}{\mu_0 l},\ K_{12}^e = K_{21}^e = -\dfrac{1}{\mu_0 l} \\
M_{ij}^e = \dfrac{\varepsilon_e l_e}{6}(1+\delta_{ij}) = \dfrac{\varepsilon_0 l}{6}(1+\delta_{ij}) \\
M_{11}^e = M_{22}^e = \dfrac{\varepsilon_0 l}{3},\ M_{12}^e = M_{21}^e = \dfrac{\varepsilon_0 l}{6}
\end{cases}
\tag{14-18}
$$

由于全域矩阵

$$
K_{11} = K_{11}^1,\ K_{12} = K_{12}^1,\ K_{22} = K_{22}^1 + K_{11}^2,\ K_{23} = K_{12}^2,\ \cdots \tag{14-19}
$$

所以全域矩阵具有简单的三条带形式：

$$
[K] = \frac{1}{\mu_0 l}\begin{bmatrix} 1 & -1 & & & \\ -1 & 2 & -1 & & \\ & & \ddots & & \\ & & & \ddots & \\ & & -1 & 2 & -1 \\ & & & -1 & 1 \end{bmatrix},\ [M] = \frac{\varepsilon_0 l}{6}\begin{bmatrix} 2 & 1 & & & \\ 1 & 4 & 1 & & \\ & & \ddots & & \\ & & & \ddots & \\ & & 1 & 4 & 1 \\ & & & 1 & 2 \end{bmatrix} \tag{14-20}
$$

如果一维各个单元介质参数不同(分区均匀介质层)，或各个单元长度不等，则上式结果有所改变。

14.2 面电流辐射

14.2.1 面电流的加入和单向行波辐射

设式(14 - 12)中电流源为面电流，如图 14 - 2 所示，则有

$$
J_z(x,t) = I_0(t)\delta(x-x_0) \tag{14-21}
$$

代入式(14 - 12)，并假设面电流位于单元 $e=3$ 内，可得

$$
\begin{cases}
h_i^e = -\displaystyle\int_{\Omega^e}\frac{\partial J_z}{\partial t}N_i^e\,\mathrm{d}x = -\int_{\Omega^e}\frac{\mathrm{d}I_0(t)}{\mathrm{d}t}N_i^e(x)\delta(x-x_0)\,\mathrm{d}x = -\frac{\mathrm{d}I_0(t)}{\mathrm{d}t}N_i^e(x_0) \\
h_1^3 = -\dfrac{\mathrm{d}I_0(t)}{\mathrm{d}t}N_1^3(x_0),\ h_2^3 = -\dfrac{\mathrm{d}I_0(t)}{\mathrm{d}t}N_2^3(x_0)
\end{cases}
\tag{14-22}
$$

进一步假设面电流位于单元(3)的结点 1，即全域结点 3，且 $x_0 = x_1^3 = x_3$，则有

$$
h_1^3 = -\frac{\mathrm{d}I_0(t)}{\mathrm{d}t}N_1^3(x_1^3) = -\frac{\mathrm{d}I_0(t)}{\mathrm{d}t},\ h_2^3 = -\frac{\mathrm{d}I_0(t)}{\mathrm{d}t}N_2^3(x_1^3) = 0 \tag{14-23}
$$

所以式(14 - 16)中激励源全域矢量只有一个分量，即

$$
h_3 = h_1^3 = -\frac{\mathrm{d}I_0(t)}{\mathrm{d}t} \tag{14-24}
$$

该面电流将向其两侧辐射平面波。

采用两个面电流可以形成单向行波辐射，例如只向 x 轴正方向辐射。设区域为真空

ε_0，μ_0如图 14－3 所示，两个面电流源分别位于 x_3和 x_4，则有

$$J_z(x,t)=-I_0\left(t-\frac{\Delta x}{c}\right)\delta(x-x_3)+I_0(t)\delta(x-x_4) \qquad (14-25)$$

其中，$\Delta x=x_4-x_3$。两波源干涉结果：在 $x<x_3$左半空间两波源辐射相互抵消；而在 $x>x_4$右半空间，两波源辐射相互加强，因而形成单一方向辐射。由式(14－25)可得激励源全域矢量：

$$h_3=h_1^3=\frac{\mathrm{d}I_0\left(t-\dfrac{\Delta x}{c}\right)}{\mathrm{d}t},\quad h_4=h_2^3=-\frac{\mathrm{d}I_0(t)}{\mathrm{d}t} \qquad (14-26)$$

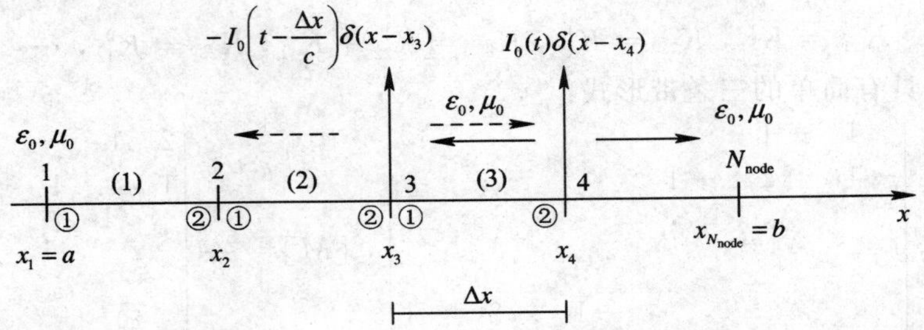

图 14－3 两个面电流形成单向平面波辐射

14.2.2 算例

【算例 14－1】 单个面电流辐射。设真空中一维计算域为 5 m，单元长度 $\Delta x=0.01$ m，高斯脉冲面电流位于中心点 $x=0$，以及 $t_0=\tau=100\Delta t$，$\Delta t=2.5\times10^{-11}$ s。图 14－4 为波源的高斯脉冲波形。图 14－5 给出了不同时刻空间场分布，由图可见脉冲从波源向两侧辐射。

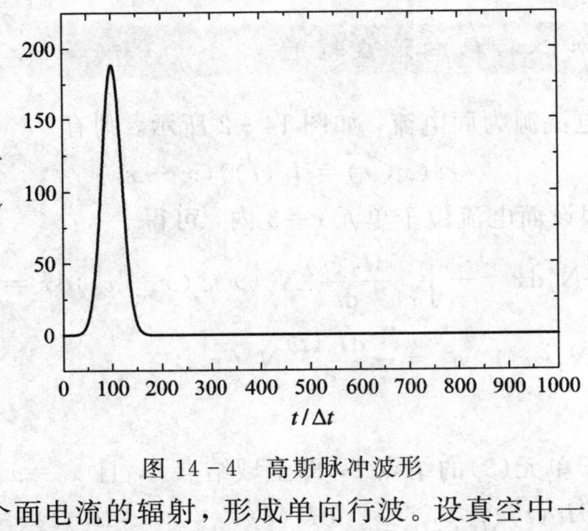

图 14－4 高斯脉冲波形

【算例 14－2】 两个面电流的辐射，形成单向行波。设真空中一维计算域为 5 m，如图 14－6 所示，单元长度 $\Delta x=0.01$ m，坐标原点在中心点。两个高斯脉冲面电流 $-I_0(t-\Delta x/c)$ 和 $I_0(t)$分别位于 $x=0$ 和 $x=0.01$ m 处，以及 $t_0=\tau=100\Delta t$，$\Delta t=2.5\times10^{-11}$ s。图 14－7 给出了 $x=\pm1$ m 两个观察点的波形，图 14－8 给出了不同时刻空间场分布。由图可见波的传播过程。两个适当面电流可以构成只向 $x>0$ 一侧辐射的单向平面波，其中正脉冲来自波源 2 的辐射，负脉冲来自波源 1。对于 $x<0$ 一侧，来自波源 1 和波源 2 的辐射相互抵消。注意，上述两个面电流向 $x>0$ 一侧的辐射波形不同于单个面电流的辐射。

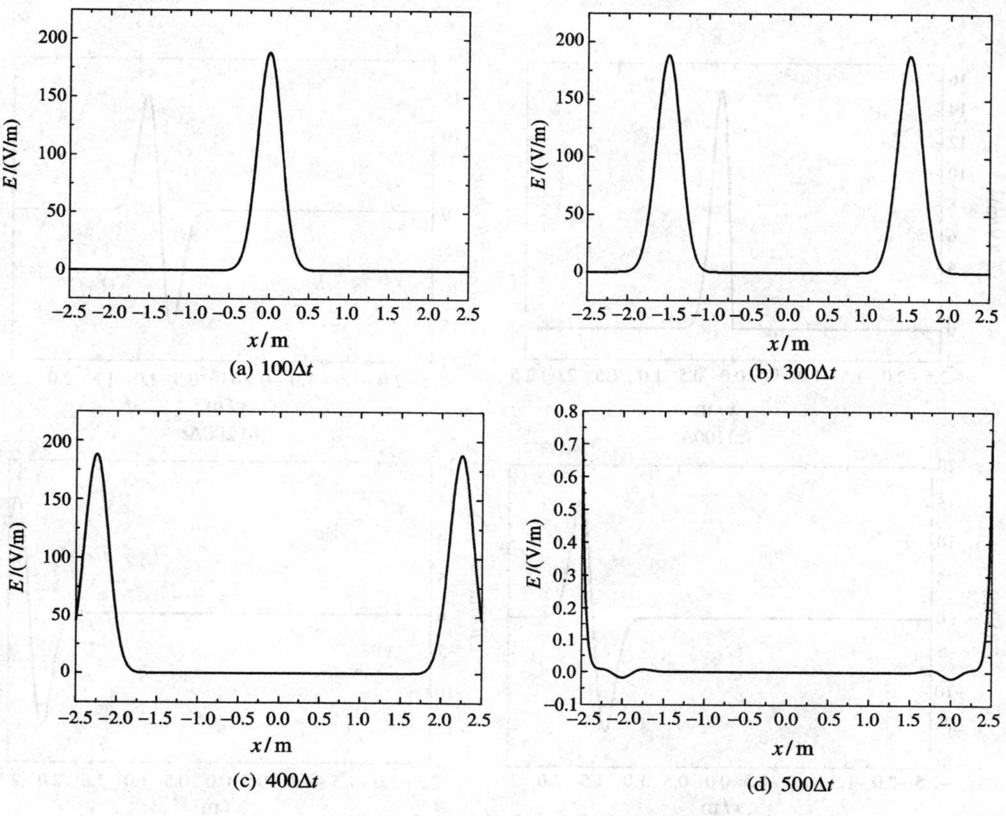

图 14-5　单个高斯脉冲面电流不同时刻波的传播

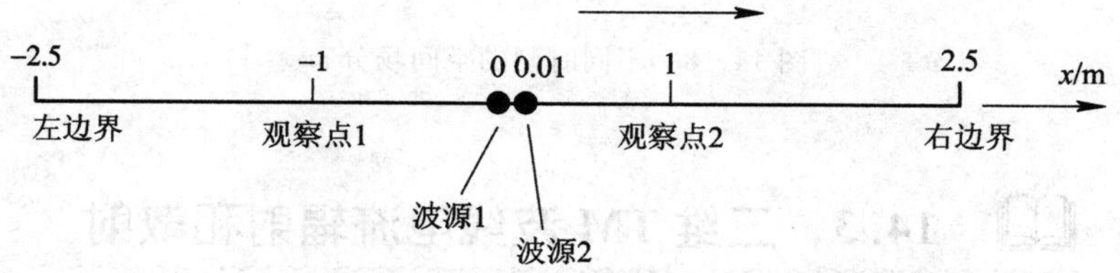

图 14-6　两个高斯脉冲面电流辐射单向平面波

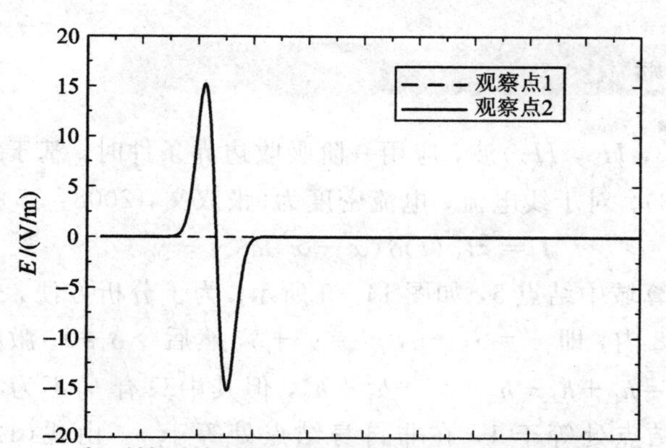

图 14-7　两个观察点 $x=\pm1$ m 处的波形

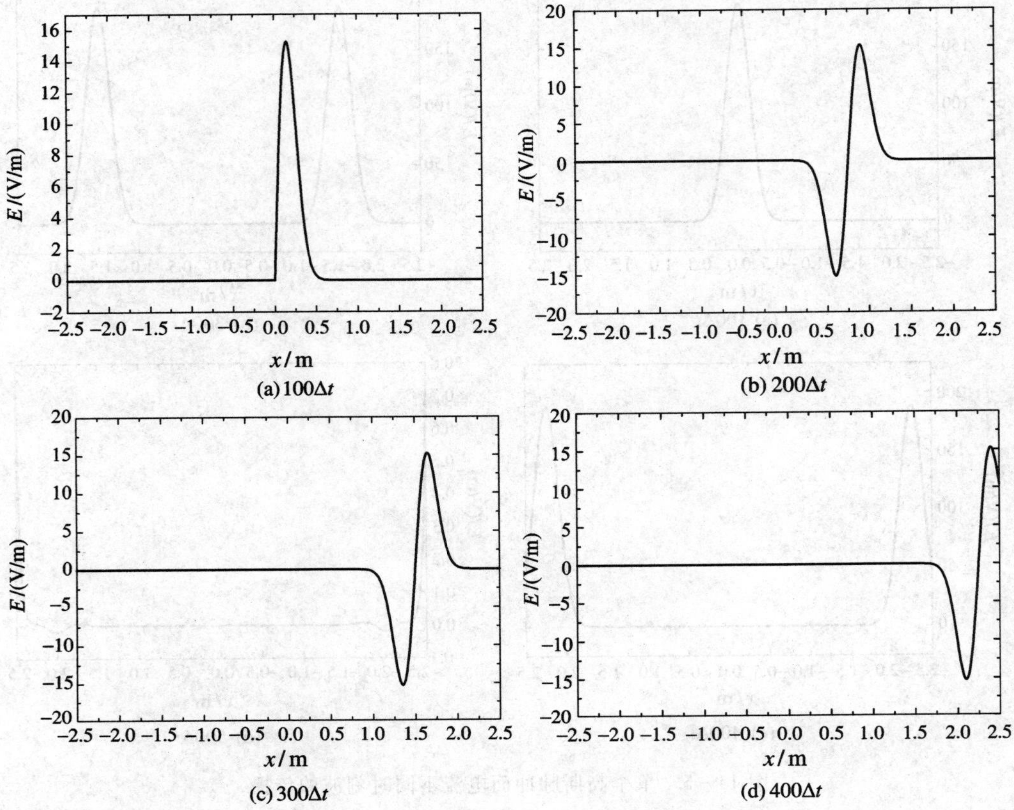

图 14-8　不同时刻的空间场分布

14.3　二维 TM 波线电流辐射和散射

14.3.1　线电流辐射

对于二维 TM(E_z，H_x，H_y)波，应用一阶吸收边界条件时，基于结点基函数的 FETD 矩阵方程如式(12-33)。对于线电流，电流密度为(张双文，2008：35)

$$\boldsymbol{J}=\hat{z}I_0(t)\delta(x-x')\delta(y-y') \tag{14-27}$$

假设线电流放置在计算域中结点 5，如图 14-9 所示。为了分析方便，先假设线电流稍偏离结点 5 位置进入单元 8 内，即 $x'=x_2^8+\delta$，$y'=y_2^8+\delta$，然后令 $\delta\to 0$。激励源全域矢量由单元矢量组合而成，即 $f_5=h_2^8+h_1^7+h_3^6+h_2^1+h_1^2+h_3^3$，但其中只有 h_2^8 不为零。根据结点基函数性质，基函数在自身结点处等于 1，在非自身结点处等于 0。由式(12-19)和式(12-2)得到

$$f_5 = h_2^8 = -\iint\limits_{\Omega^e} N_j^e(x,\ y)\frac{\partial J_z}{\partial t}\mathrm{d}x\mathrm{d}y$$

$$= -\frac{\mathrm{d}I_0(t)}{\mathrm{d}t}\iint\limits_{\Omega^e} N_2^8(x,\ y)\delta(x - x_2^8)\delta(y - y_2^8)\mathrm{d}x\mathrm{d}y$$

$$= -\frac{\mathrm{d}I_0(t)}{\mathrm{d}t}N_2^8(x_2^8,\ y_2^8) = \frac{\mathrm{d}I_0(t)}{\mathrm{d}t} \tag{14-28}$$

上式所示激励源矢量和线电流的时间导数成正比。实际上，线电流偏离结点 5 后无论归属于周边哪一个单元，式(14－28)结果均不变。

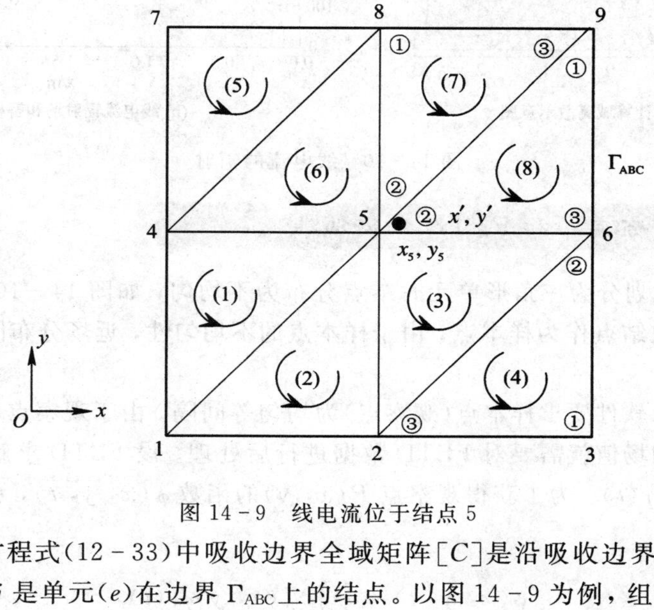

图 14－9　线电流位于结点 5

有限元矩阵方程式(12－33)中吸收边界全域矩阵[C]是沿吸收边界 Γ_{ABC} 单元矩阵 C_{ij}^e 的组合，其中 i，j 是单元(e)在边界 Γ_{ABC} 上的结点。以图 14－9 为例，组合得到[C]的几个分量为

$$C_{8,9} = C_{13}^7,\ C_{9,9} = C_{33}^7 + C_{11}^8,\ C_{9,6} = C_{13}^8,\ C_{6,6} = C_{33}^8 + C_{22}^4,\ C_{6,3} = C_{21}^4,\ \cdots$$

其中，$C_{6,6}$ 不含单元(3)的结点，因为单元(3)没有棱边在边界 Γ_{ABC} 上。实际上，吸收边界全域矩阵[C]的组合和一维全域矩阵类似，只是单元和结点编号是二维方式。

【算例 14－3】　线电流辐射的定量验证。设计算域为 6 m×6 m，离散后共 5376 个三角形，有 2773 个结点，采用一阶吸收边界条件。真空中线电流位于计算域中心(0，0)处，如图 14－10(a)(示意图中单元划分较为稀疏)所示。设时谐场频率 f=0.2 GHz，电流强度 I=0.55 A，时间步长为 $\Delta t = 2.5\times10^{-11}$ s。计算得到线电流沿 x 轴的结点电场幅值分布曲线如图 14－10(b)所示。作为比较，图中给出线电流辐射场的解析式结果(Harrington，1968)。

$$E_z(\rho,\ \omega) = \frac{\omega\mu}{4}IH_0^{(2)}(k\rho) \tag{14-29}$$

由图可见二者相符。线电流辐射高斯脉冲的近场分布见书末彩图 7。

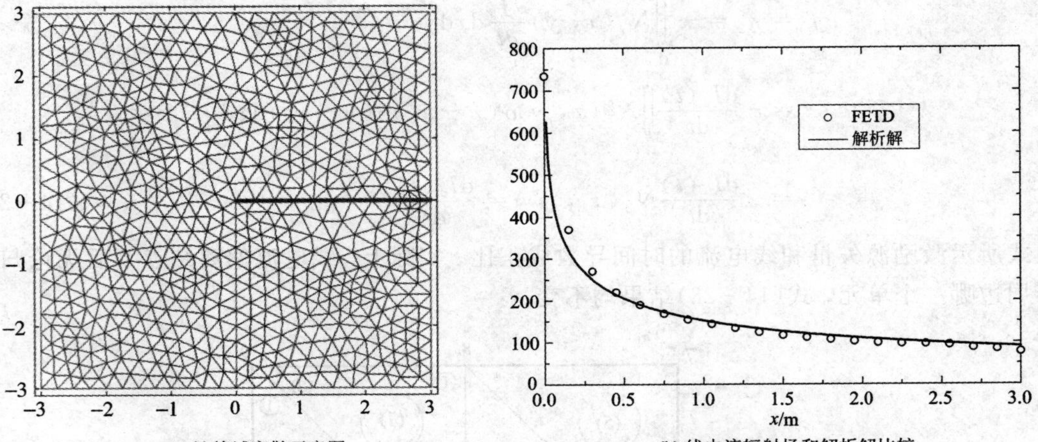

(a) 计算域离散示意图　　(b) 线电流辐射场和解析解比较

图 14－10　线电流的辐射

14.3.2　近场分布显示和 FETD 数据处理

FETD 计算域划分为三角形单元时结点分布为不均匀，如图 14－10(a)所示。在显示近场分布时如果取结点作为样本点，由于样本点的不均匀性，近场分布图形显示需要选用适当软件。

有些图形显示软件要求样本点(观察点)为均匀等间隔。由于观察点和结点不一致，为了得到观察点处的场值就需要对 FETD 数据进行后处理。设 FETD 求解后得到所有全域结点处的函数值 $\phi_J(t)$。为了获得观察点 $P(x, y)$的函数 $\phi(x, y, t)$，可以应用基函数展开式(11－20)：

$$\phi(x, y, t) = \sum_{i=1}^{3} N_i^e(x, y)\phi_i^e(t) \tag{14-30}$$

实际上，式(14－30)右端求和仅在观察点(x, y)所在单元(e)。上式也包括观察点位于结点或棱边上的情形。

14.3.3　线电流辐射与散射算例

考虑线电流照射柱体的散射，如图 14－11 所示，计算域内为总场 $\phi = E_z$。图中(a)为零

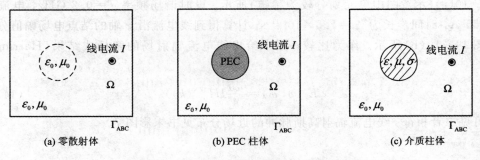

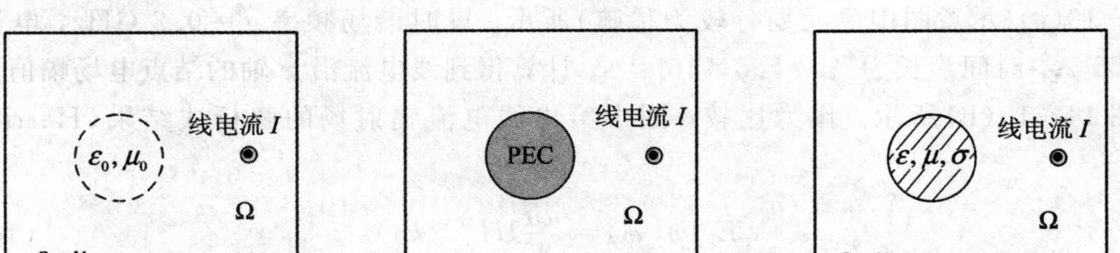

(a) 零散射体　　(b) PEC 柱体　　(c) 介质柱体

图 14－11　线电流照射圆柱体的散射

散射体，即线电流辐射场；(b)为 PEC 圆柱，在 PEC 表面设置第一类边界条件，$\phi|_{PEC}=0$，对于二维 TM 波，计算时也可将 PEC 看作电导率 σ 很大的导体，例如 $\sigma=100$ s/m，$\varepsilon=\varepsilon_0$，$\mu=\mu_0$，所得结果近似于 PEC 情形；(c)为介质圆柱，这时只需在计算域内建立散射物体模型，并赋予相应介质参数，介质物体表面无需再设置边界条件。

【算例 14-4】 线电流辐射。设计算域为矩形 2.5 m×1.8 m，离散为 4000 个三角形，2077 个结点。圆柱中心在(0，−0.3 m)处，半径为 0.5 m，介质参数和周围真空相同，如图 14-11(a)所示。波源在结点(0.485 m，1.713×10^{-2} m)处。线源为高斯脉冲 $\exp\left[\frac{-4\pi(t-t_0)}{\tau^2}\right]$，$t_0=100\Delta t$，$\tau=100\Delta t$，$\Delta t=0.025$ ns。图 14-12 为线电流辐射在不同时间步的 E_z 场分布。

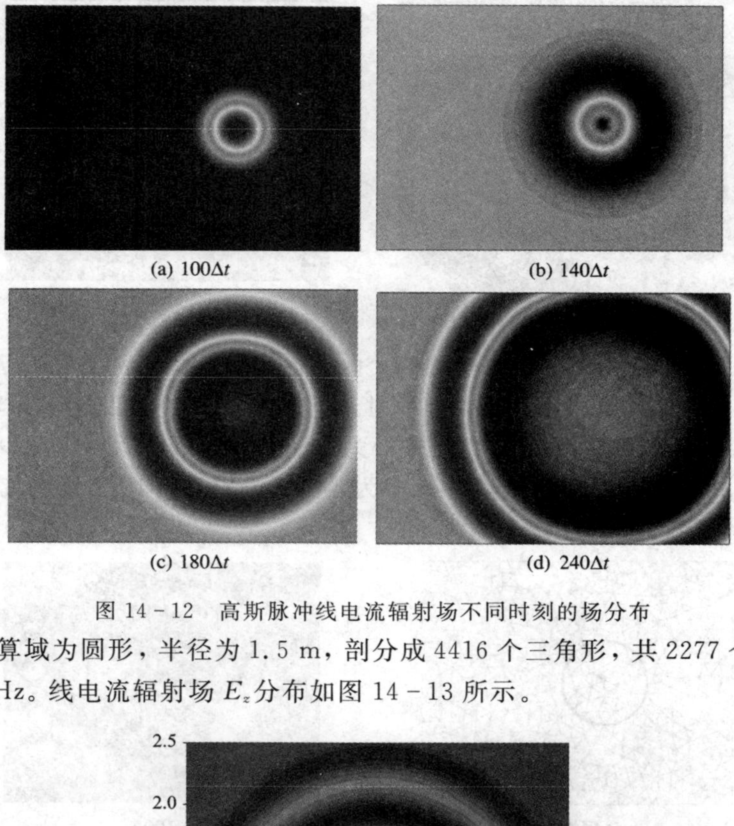

(a) 100Δt　(b) 140Δt　(c) 180Δt　(d) 240Δt

图 14-12　高斯脉冲线电流辐射场不同时刻的场分布

以下设计算域为圆形，半径为 1.5 m，剖分成 4416 个三角形，共 2277 个结点。圆频率 $\omega=2\pi f=4$ GHz。线电流辐射场 E_z 分布如图 14-13 所示。

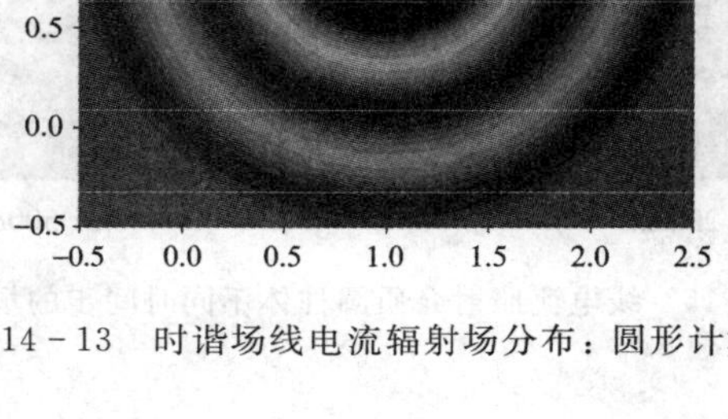

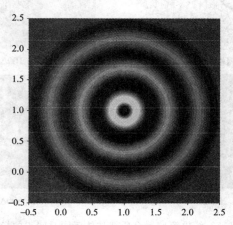

图 14-13　时谐场线电流辐射场分布：圆形计算域

【算例 14－5】　线电流照射 PEC 圆柱散射。设矩形计算域范围为 2.5 m×1.8 m，剖分成 3552 个三角形，共 1864 个结点。圆柱中心在(0，－0.3 m)处，半径为 0.5 m，线电流源在(0.7 m，0 m)处。线电流源为高斯脉冲 $\exp[-4\pi(t-t_0)/\tau^2]$，$t_0=100\Delta t$，$\tau=100\Delta t$，$\Delta t=0.025$ ns。图 14－14 为线电流照射 PEC 圆柱体不同时刻的电场 E_z 分布。

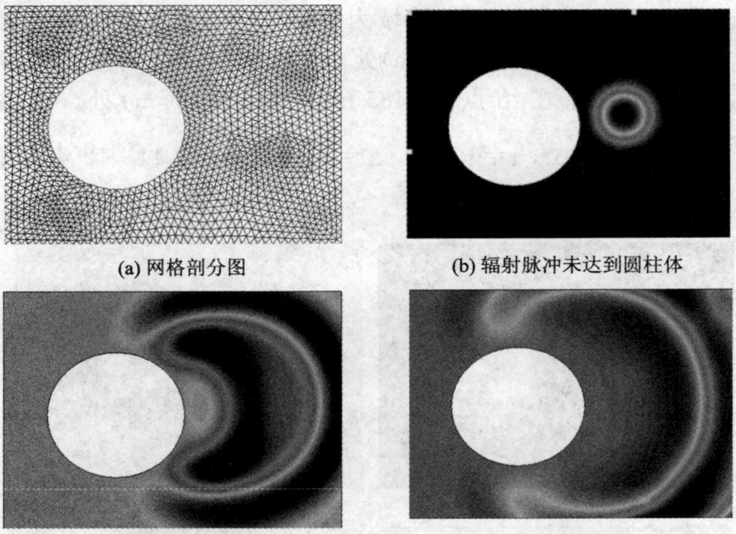

(a) 网格剖分图　(b) 辐射脉冲未达到圆柱体

(c) 辐射脉冲到达PEC圆柱　(d) 散射波通过截断边界

图 14－14　线电流照射 PEC 圆柱体不同时间步的场分布

【算例 14－6】　线电流照射介质圆柱散射。设矩形计算区域范围为 6 m×4.6 m，剖分成 4256 个三角形，共 2201 个结点。圆柱中心为(－0.6 m，0 m)，半径为 0.8 m。介质圆柱介电系数 $\varepsilon_r=3.0$。线电流源为时谐场，频率为 1 GHz。图 14－15 为线电流照射介质圆柱体不同时间步的场分布。

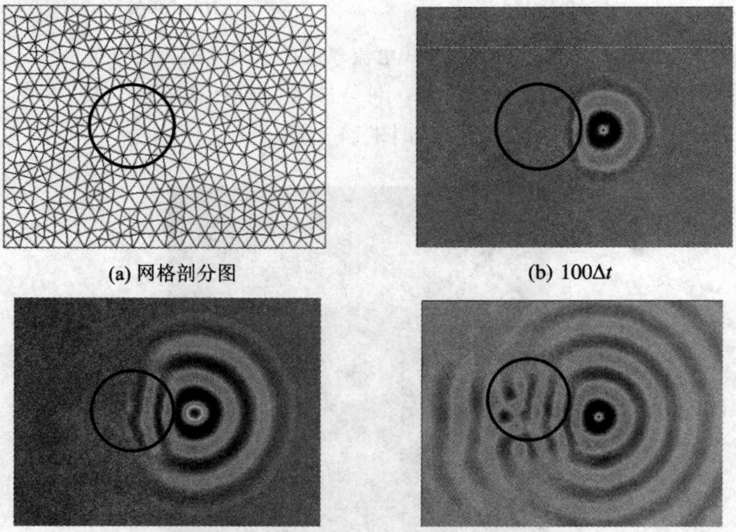

(a) 网格剖分图　(b) 100Δ*t*

(c) 200Δ*t*　(d) 500Δ*t*

图 14－15　线电流照射介质圆柱体不同时间步的场分布

14.4　二维 TE 波线磁流辐射

无耗介质的二维 TE 波，若采用线磁流作辐射源，二维波动方程如式(10－17)，TE 和 TM 的对偶形式为

$$\begin{cases} \text{TM}: \phi = E_z,\ \alpha_x = \alpha_y = \alpha = \dfrac{1}{\mu},\ B = \varepsilon,\ f = -\dfrac{\partial J_z}{\partial t} \\ \text{TE}: \phi = H_z,\ \alpha_x = \alpha_y = \alpha = \dfrac{1}{\varepsilon},\ B = \mu,\ f = -\dfrac{\partial M_z}{t} \end{cases} \tag{14-31}$$

所以，TE 波线磁流辐射和 14.3 节 TM 波结果相同。

线磁流照射柱体的散射可参照图 14－11，这时计算域内为总场 $\phi = H_z$。如果是 PEC 柱体，则需在 PEC 表面设置第二类边界条件，$\left.\dfrac{\partial \phi}{\partial n}\right|_{\text{PEC}} = 0$。如果是介质物体，只需在计算域内建立散射物体模型，并赋予相应介质参数，介质物体表面无需再设置边界条件。

【算例 14－7】　线磁流源辐射。矩形计算域为 4 m×4 m，离散为 11 233 个结点，22 144 个三角形单元。图 14－16(a)为时谐场 $\lambda = 0.5$ m 在 $300\Delta t$ 的 H_z 分布，$\Delta t = 2.5\times10^{-11}$ s；(b)和(c)为高斯脉冲 $\tau = t_0 = 100\Delta t$，$\Delta t = 2.5\times10^{-11}$ s 在 $280\Delta t$ 和 $360\Delta t$ 的 H_z 分布。

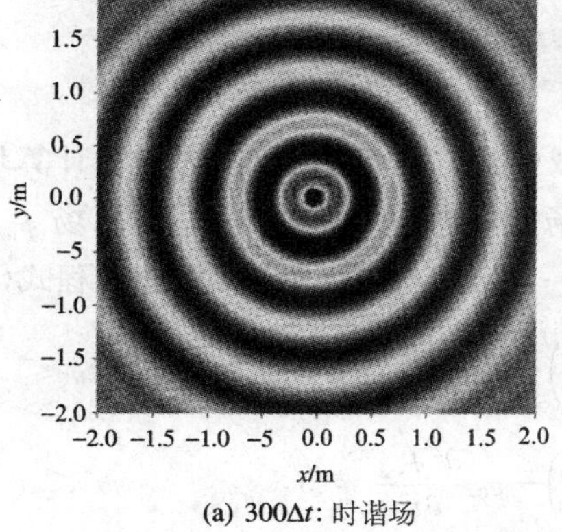

(a) 300Δ*t*: 时谐场

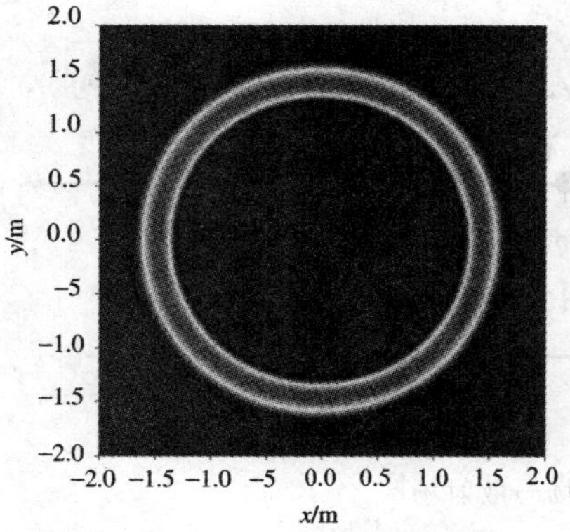

(b) 280Δ*t*: 高斯脉冲

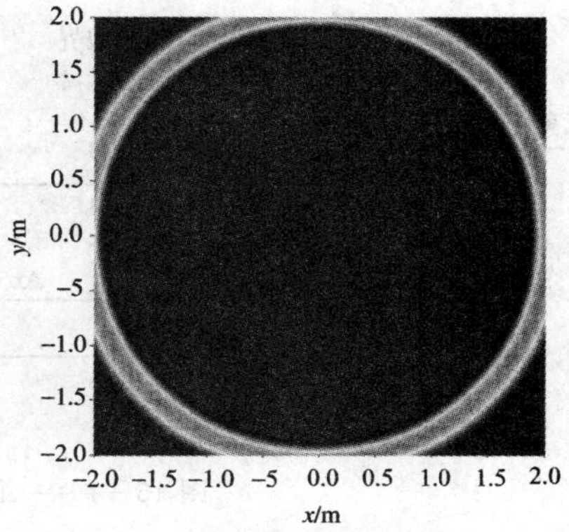

(c) 360Δ*t*: 高斯脉冲

图 14－16　线磁流辐射

第 15 章

平面波加入方法和近场-远场外推

平面波入射时波源在计算域之外，这时需要将计算域划分为总场区和散射场区(Riley 等，2006)，本章讨论在总场区加入平面波的方法以及由计算域近场数据获得远区场的外推方法。

15.1　一维 FETD 总场边界加源方法

15.1.1　弱解形式

设平面波沿 x 轴入射，区域中没有电流 $J_z=0$。为了在计算域引入入射波，可以将一维计算域划分为总场区和散射场区，如图 15-1 所示。设总场 $\phi_{\text{total}}=\phi_{\text{incident}}+\phi_{\text{scattered}}$，简记为 $\phi_{\text{tot}}=\phi_{\text{inc}}+\phi_{\text{sca}}$。区域两端为一阶吸收边界。于是，波动方程式(14-1)修改为

$$\begin{cases}\dfrac{\partial}{\partial x}\left(\dfrac{1}{\mu}\dfrac{\partial\phi_{\text{tot}}}{\partial x}\right)-\varepsilon\dfrac{\partial^2\phi_{\text{tot}}}{\partial t^2}-\sigma\dfrac{\partial\phi_{\text{tot}}}{\partial t}=0, & x_{Jt}\leqslant x\leqslant b\\[2ex] \dfrac{\partial}{\partial x}\left(\dfrac{1}{\mu_0}\dfrac{\partial\phi_{\text{sca}}}{\partial x}\right)-\varepsilon_0\dfrac{\partial^2\phi_{\text{sca}}}{\partial t^2}=0, & a\leqslant x< x_{Jt}\end{cases}\tag{15-1}$$

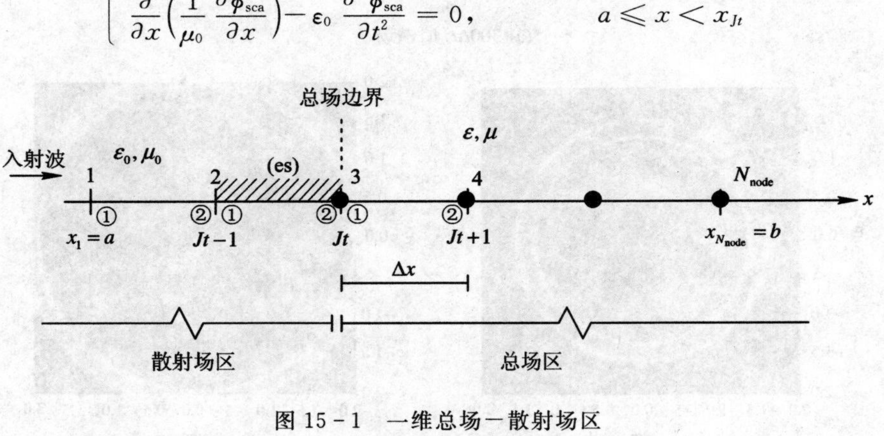

图 15-1　一维总场－散射场区

注意：总场区包含总场边界结点 Jt。对于非严格解，方程和吸收边界条件的余量为

$$\begin{cases} r_{tot} = \dfrac{\partial}{\partial x}\left(\dfrac{1}{\mu}\dfrac{\partial \phi_{tot}}{\partial x}\right) - \varepsilon\dfrac{\partial^2 \phi_{tot}}{\partial t^2} - \sigma\dfrac{\partial \phi_{tot}}{\partial t} \\ r_{sca} = \dfrac{\partial}{\partial x}\left(\dfrac{1}{\mu_0}\dfrac{\partial \phi_{sca}}{\partial x}\right) - \varepsilon_0\dfrac{\partial^2 \phi_{sca}}{\partial t^2} \\ r_1 = \left[\dfrac{1}{\mu_b}\dfrac{\partial \phi_{tot}}{\partial x} + \sqrt{\dfrac{\varepsilon_b}{\mu_b}}\dfrac{\partial \phi_{tot}}{\partial t}\right]_{x=b} \\ r_2 = \left[\dfrac{1}{\mu_0}\dfrac{\partial \phi_{sca}}{\partial x} - \sqrt{\dfrac{\varepsilon_0}{\mu_0}}\dfrac{\partial \phi_{sca}}{\partial t}\right]_{x=a} \end{cases} \tag{15-2}$$

乘以权函数并沿区域积分的加权余量为

$$\begin{aligned} R = &\int_a^{x_{Jt}} \nu_{sca}\left[\frac{\partial}{\partial x}\left(\frac{1}{\mu_0}\frac{\partial \phi_{sca}}{\partial x}\right) - \varepsilon_0\frac{\partial^2 \phi_{sca}}{\partial t^2}\right]dx \\ &+ \int_{x_{Jt}}^{b} \nu_{tot}\left[\frac{\partial}{\partial x}\left(\frac{1}{\mu}\frac{\partial \phi_{tot}}{\partial x}\right) - \varepsilon\frac{\partial^2 \phi_{tot}}{\partial t^2} - \sigma\frac{\partial \phi_{tot}}{\partial t}\right]dx \\ &+ \nu_1\left[\frac{1}{\mu_b}\frac{\partial \phi_{tot}}{\partial x} + \sqrt{\frac{\varepsilon_b}{\mu_b}}\frac{\partial \phi_{tot}}{\partial t}\right]_{x=b} + \nu_2\left[\frac{1}{\mu_0}\frac{\partial \phi_{sca}}{\partial x} - \sqrt{\frac{\varepsilon_0}{\mu_0}}\frac{\partial \phi_{sca}}{\partial t}\right]_{x=a} \end{aligned} \tag{15-3}$$

利用函数乘积的分部积分公式，参照式(14－6)，上式右端积分项变为

$$\begin{cases} \displaystyle\int_a^{x_{Jt}} \nu_{sca}\left[\frac{\partial}{\partial x}\left(\frac{1}{\mu_0}\frac{\partial \phi_{sca}}{\partial x}\right)\right]dx \\ \displaystyle\quad = -\int_a^{x_{Jt}} \frac{1}{\mu_0}\frac{\partial \phi_{sca}}{\partial x}\frac{\partial \nu_{sca}}{\partial x}dx + \left[\nu_{sca}\frac{1}{\mu_0}\frac{\partial \phi_{sca}}{\partial x}\right]_{x=x_{Jt}} - \left[\nu_{sca}\frac{1}{\mu_0}\frac{\partial \phi_{sca}}{\partial x}\right]_{x=a} \\ \displaystyle\int_{x_{Jt}}^{b} \nu_{tot}\left[\frac{\partial}{\partial x}\left(\frac{1}{\mu}\frac{\partial \phi_{tot}}{\partial x}\right)\right]dx \\ \displaystyle\quad = -\int_{x_{Jt}}^{b} \frac{1}{\mu}\frac{\partial \phi_{tot}}{\partial x}\frac{\partial \nu_{tot}}{\partial x}dx + \left[\nu_{tot}\frac{1}{\mu}\frac{\partial \phi_{tot}}{\partial x}\right]_{x=b} - \left[\nu_{tot}\frac{1}{\mu_0}\frac{\partial \phi_{tot}}{\partial x}\right]_{x=x_{Jt}} \end{cases} \tag{15-4}$$

式中，总场边界 $x=x_{Jt}$ 附近取 $\varepsilon=\varepsilon_0$，$\mu=\mu_0$。令 $\nu_1=-\nu_{tot}$，$\nu_2=\nu_{sca}$，将 $x=a$，$x=b$ 处吸收边界条件式(14－2)代入式(15－3)得到

$$\begin{aligned} R = &-\int_a^{x_{Jt}} \frac{1}{\mu_0}\frac{\partial \phi_{sca}}{\partial x}\frac{\partial \nu_{sca}}{\partial x}dx - \int_a^{x_{Jt}} \nu_{sca}\varepsilon_0\frac{\partial^2 \phi_{sca}}{\partial t^2}dx \\ &+ \left[\nu_{sca}\frac{1}{\mu_0}\frac{\partial \phi_{sca}}{\partial x}\right]_{x=x_{Jt}} - \left[\nu_{sca}\sqrt{\frac{\varepsilon_0}{\mu_0}}\frac{\partial \phi_{sca}}{\partial t}\right]_{x=a} \\ &- \int_{x_{Jt}}^{b} \frac{1}{\mu}\frac{\partial \phi_{tot}}{\partial x}\frac{\partial \nu_{tot}}{\partial x}dx - \int_{x_{Jt}}^{b} \nu_{tot}\varepsilon\frac{\partial^2 \phi_{tot}}{\partial t^2}dx - \int_{x_{Jt}}^{b} \nu_{tot}\sigma\frac{\partial \phi_{tot}}{\partial t}dx \\ &- \left[\nu_{tot}\sqrt{\frac{\varepsilon_b}{\mu_b}}\frac{\partial \phi_{tot}}{\partial t}\right]_{x=b} - \left[\nu_{tot}\frac{1}{\mu_0}\frac{\partial \phi_{tot}}{\partial x}\right]_{x=x_{Jt}} \end{aligned} \tag{15-5}$$

令式中 $\nu_{sca}=\nu_{tot}=\nu$，代入后再设上述加权余量等于零就得到方程和边界条件的弱解形式为

$$\begin{aligned} &-\int_a^{x_{Jt}} \frac{1}{\mu_0}\frac{\partial \phi_{sca}}{\partial x}\frac{\partial \nu}{\partial x}dx - \int_{x_{Jt}}^{b} \frac{1}{\mu}\frac{\partial \phi_{tot}}{\partial x}\frac{\partial \nu}{\partial x}dx - \int_a^{x_{Jt}} \nu\varepsilon_0\frac{\partial^2 \phi_{sca}}{\partial t^2}dx - \int_{x_{Jt}}^{b} \nu\varepsilon\frac{\partial^2 \phi_{tot}}{\partial t^2}dx \\ &-\int_{x_{Jt}}^{b} \nu\sigma\frac{\partial \phi_{tot}}{\partial t}dx - \left[\nu\sqrt{\frac{\varepsilon_0}{\mu_0}}\frac{\partial \phi_{sca}}{\partial t}\right]_{x=a} - \left[\nu\sqrt{\frac{\varepsilon_b}{\mu_b}}\frac{\partial \phi_{tot}}{\partial t}\right]_{x=b} \\ &-\left[\nu\frac{1}{\mu_0}\frac{\partial(\phi_{tot}-\phi_{sca})}{\partial x}\right]_{x=x_{Jt}} = 0 \end{aligned} \tag{15-6}$$

上式中总场边界 $x=x_{Jt}$ 的一项可改写为

$$\left[\nu\frac{1}{\mu_0}\frac{\partial(\phi_{\text{tot}}-\phi_{\text{sca}})}{\partial x}\right]_{x=x_{Jt}}=\left[\nu\frac{1}{\mu_0}\frac{\partial\phi_{\text{inc}}}{\partial x}\right]_{x=x_{Jt}}=\left[\nu\frac{1}{\mu_0}\frac{\partial E_{\text{incz}}\big|_2^{es}}{\partial x}\right]_{x=x_{Jt}}$$

其中，es 代表总场边界散射场区一侧单元。为了符号简明，以下记

$$\phi=\begin{cases}\phi_{\text{sca}}, & a\leqslant x<x_{Jt}\\ \phi_{\text{tot}}, & x_{Jt}\leqslant x\leqslant b\end{cases}\tag{15-7}$$

合并积分项后式(15-6)写为

$$\int_a^b\frac{1}{\mu_0}\frac{\partial\phi}{\partial x}\frac{\partial\nu}{\partial x}\mathrm{d}x+\int_a^b\nu\epsilon\frac{\partial^2\phi}{\partial t^2}\mathrm{d}x+\int_a^b\nu\sigma\frac{\partial\phi}{\partial t}\mathrm{d}x$$
$$+\left[\nu\sqrt{\frac{\epsilon_0}{\mu_0}}\frac{\partial\phi}{\partial t}\right]_{x=a}+\left[\nu\sqrt{\frac{\epsilon_b}{\mu_b}}\frac{\partial\phi}{\partial t}\right]_{x=b}+\left[\nu\frac{1}{\mu_0}\frac{\partial E_{\text{incz}}\big|_2^{es}}{\partial x}\right]_{x=x_{Jt}}=0\tag{15-8}$$

注意：上述弱解形式和一维 FETD 式(14-9)不同，上式中包含有总场边界 $x=x_{Jt}$ 的一项。

图 15-1 中，沿 x 轴传播的平面入射波具有以下行波形式：

$$E_{\text{incz}}(x,t)=E_0 f\left(t-\frac{x}{c}\right)\tag{15-9}$$

其中，$c=1/\sqrt{\mu_0\epsilon_0}$。令 $t'=t-x/c$，可得

$$\frac{1}{\mu_0}\frac{\partial E_{\text{incz}}}{\partial x}=\frac{1}{\mu_0}\frac{\partial}{\partial x}E_0 f\left(t-\frac{x}{c}\right)=\frac{E_0}{\mu_0}\frac{\partial f(t')}{\partial t'}\frac{\partial t'}{\partial x}$$
$$=-\frac{1}{c\mu_0}\frac{\partial}{\partial t}E_0 f\left(t-\frac{x}{c}\right)=-\sqrt{\frac{\epsilon_0}{\mu_0}}\frac{\partial E_{\text{incz}}}{\partial t}\tag{15-10}$$

上式将入射波空间导数改写为时间导数。上式代入弱解形式(15-8)得到

$$\int_a^b\frac{1}{\mu_0}\frac{\partial\phi}{\partial x}\frac{\partial\nu}{\partial x}\mathrm{d}x+\int_a^b\nu\epsilon\frac{\partial^2\phi}{\partial t^2}\mathrm{d}x+\int_a^b\nu\sigma\frac{\partial\phi}{\partial t}\mathrm{d}x$$
$$+\left[\nu\sqrt{\frac{\epsilon_0}{\mu_0}}\frac{\partial\phi}{\partial t}\right]_{x=a}+\left[\nu\sqrt{\frac{\epsilon_b}{\mu_b}}\frac{\partial\phi}{\partial t}\right]_{x=b}-\left[\nu\sqrt{\frac{\epsilon_0}{\mu_0}}\frac{\partial E_{\text{incz}}\big|_2^{es}}{\partial t}\right]_{x=x_{Jt}}=0\tag{15-11}$$

15.1.2 有限元矩阵方程

将一维区域划分为有限单元 $e=1,2,\cdots,N_{\text{element}}$，如图 15-1 所示，则式(15-11)变为

$$\sum_{e=1}^{N_{\text{element}}}\int_{\Omega^e}\frac{1}{\mu}\frac{\partial\phi}{\partial x}\frac{\partial\nu}{\partial x}\mathrm{d}x+\sum_{e=1}^{N_{\text{element}}}\int_{\Omega^e}\nu\epsilon\frac{\partial^2\phi}{\partial t^2}\mathrm{d}x+\sum_{e=1}^{N_{\text{element}}}\int_{\Omega^e}\nu\sigma\frac{\partial\phi}{\partial t}\mathrm{d}x$$
$$+\left[\nu\sqrt{\frac{\epsilon_0}{\mu_0}}\frac{\partial\phi}{\partial t}\right]_{x=a}+\left[\nu\sqrt{\frac{\epsilon_b}{\mu_b}}\frac{\partial\phi}{\partial t}\right]_{x=b}-\left[\nu\sqrt{\frac{\epsilon_0}{\mu_0}}\frac{\partial E_{\text{incz}}\big|_2^{es}}{\partial t}\right]_{x=x_{Jt}}=0\tag{15-12}$$

按照规定，总场区内结点以及总场边界上结点 Jt 都属于总场。这时，波函数的一维基函数展开式(11-4)在总场边界散射场区一侧单元 es(图 15-1 中阴影单元)应当修改为

$$\phi^{es}(x)=\sum_{j=1}^{2}N_j^{es}(x)\phi_j^e\Rightarrow\phi^{es}(x)=\sum_{j=1}^{2}N_j^{es}(x)\phi_j^{es}-N_2^{es}(x)E_{\text{incz}}\big|_2^{es}$$

这是因为 es 单元的两个结点中左结点$(1,es)=Jt-1$ 属于散射场，而右结点$(2,es)=Jt$ 位于总场边界上，属于总场。所以在上述展开式中需要扣除 Jt 结点处的入射场 $E_{\text{incz}}\big|_2^{es}=$

$E_{incz}|_{Jt}$。于是，式(15－12)重写为

$$\sum_{e=1}^{N_{element}}\sum_{j=1}^{2}\phi_j^e\int_{\Omega^e}\frac{1}{\mu}\frac{\partial\nu}{\partial x}\frac{\partial N_j^e}{\partial x}dx+\sum_{e=1}^{N_{element}}\sum_{j=1}^{2}\frac{d^2\phi_j^e}{dt^2}\int_{\Omega^e}\nu\varepsilon N_j^e dx$$

$$+\sum_{e=1}^{N_{element}}\sum_{j=1}^{2}\frac{d\phi_j^e}{dt}\int_{\Omega^e}\nu\sigma N_j^e dx-E_{incz}|_2^{es}\int_{\Omega^e}\frac{1}{\mu}\frac{\partial\nu}{\partial x}\frac{\partial N_2^{es}}{\partial x}dx-\frac{\partial^2E_{incz}|_2^{es}}{\partial t^2}\int_{\Omega^e}\nu\varepsilon N_2^{es}dx$$

$$+\left[\nu\sqrt{\frac{\varepsilon_0}{\mu_0}}\frac{d\phi}{dt}\right]_{x=a}+\left[\nu\sqrt{\frac{\varepsilon_b}{\mu_b}}\frac{d\phi}{dt}\right]_{x=b}-\left[\nu\sqrt{\frac{\varepsilon_0}{\mu_0}}\frac{\partial E_{incz}|_2^{es}}{\partial t}\right]_{x=x_{Jt}}=0 \qquad (15-13)$$

由于式(15－12)中含电导率 σ 的一项只在总场区内不为零，所以上式只修改了式(15－12)左端第一项和第二项，且只涉及单元 es 的一个结点(2, es)，即总场边界结点 Jt。

取权函数 $\nu=N_i^q$，注意到基函数只在单元内不为零，以及基函数在 $x=a$, b, x_{Jt} 几个特殊点的取值都等于 1，式(15－13)变为

$$\sum_{j=1}^{2}\phi_j^e\int_{\Omega^e}\frac{1}{\mu}\frac{\partial N_i^e}{\partial x}\frac{\partial N_j^e}{\partial x}dx+\sum_{j=1}^{2}\frac{d^2\phi_j^e}{dt^2}\int_{\Omega^e}\varepsilon N_i^eN_j^e dx+\sum_{j=1}^{2}\frac{d\phi_j^e}{dt}\int_{\Omega^e}\sigma N_i^eN_j^e dx$$

$$-\left(E_{incz}|_2^{es}\int_{\Omega^{es}}\frac{1}{\mu}\frac{\partial N_i^{es}}{\partial x}\frac{\partial N_2^{es}}{\partial x}dx+\frac{\partial^2E_{incz}|_2^{es}}{\partial t^2}\int_{\Omega^{es}}\varepsilon N_i^{es}N_2^{es}dx\right)$$

$$+\left(\sqrt{\frac{\varepsilon_0}{\mu_0}}\frac{d\phi_a}{dt}+\sqrt{\frac{\varepsilon_b}{\mu_b}}\frac{d\phi_b}{dt}\right)-\left(\sqrt{\frac{\varepsilon_0}{\mu_0}}\frac{\partial E_{incz}|_2^{es}}{\partial t}\right)=0 \qquad (15-14)$$

上式中 $\phi_a=\phi_1^1=\phi_1$，$\phi_b=\phi_2^{N_{element}}=\phi_{N_{node}}$，$E_{incz}|_2^{es}=E_{incz}|_{Jt}$。定义单元积分式(14－12)以及

$$Ks_{ij}^e=\delta_{e,es}K_{ij}^e,\ Ms_{ij}^e=\delta_{e,es}M_{ij}^e \qquad (15-15)$$

式(15－14)可写为

$$\sum_{j=1}^{2}K_{ij}^e\phi_j^e+\sum_{j=1}^{2}M_{ij}^e\frac{d^2\phi_j^e}{dt^2}+\sum_{j=1}^{2}P_{ij}^e\frac{d\phi_j^e}{dt}+\left(\sqrt{\frac{\varepsilon_0}{\mu_0}}\frac{d\phi_a}{dt}+\sqrt{\frac{\varepsilon_b}{\mu_b}}\frac{d\phi_b}{dt}\right)$$

$$-\left(Ks_{i,2}^{es}E_{incz}|_2^{es}+Ms_{i,2}^{es}\frac{\partial^2E_{incz}|_2^{es}}{\partial t^2}\right)-\left(\sqrt{\frac{\varepsilon_0}{\mu_0}}\frac{\partial E_{incz}|_2^{es}}{\partial t}\right)=0 \qquad (15-16)$$

其中，$e=1, 2, \cdots, N_{element}$；$i=1, 2$。式(15－16)中方程数目为 $2\times N_{element}>N_{node}$，为冗余方程组。设单元结点和全域结点对应关系为 $(i, e)=I$，$(j, e)=J$，特别对于总场边界散射场区一侧单元 es，有 $(1, es)=Jt-1$，$(2, es)=Jt$。为了除去方程的冗余性，将式(15－16)中 I 相同但 (i, e) 不同的几个方程相加(组合)，并将方程按照全域结点顺序排列后得到

$$\sum_{(i,e)=I}\left(\sum_{j=1}^{2}M_{ij}^e\frac{d^2\phi_j^e}{dt^2}+\sum_{j=1}^{2}P_{ij}^e\frac{d\phi_j^e}{dt}+\sum_{j=1}^{2}K_{ij}^e\phi_j^e\right)+\left(\delta_{I,1}\sqrt{\frac{\varepsilon_0}{\mu_0}}\frac{d\phi_a}{dt}+\delta_{I,N_{node}}\sqrt{\frac{\varepsilon_b}{\mu_b}}\frac{d\phi_b}{dt}\right)$$

$$-\sum_{(i,e)=I}\left[\delta_{e,es}\left(Ms_{i,2}^{es}\frac{\partial^2E_{incz}|_2^{es}}{\partial t^2}+Ks_{i,2}^{es}E_{incz}|_2^{es}\right)+\delta_{e,es}\sqrt{\frac{\varepsilon_0}{\mu_0}}\frac{\partial E_{incz}|_2^{es}}{\partial t}\right]=0 \qquad (15-17)$$

再将函数结点值从单元局域编号改为全域结点编号，即 $\phi_j^e=\phi_J$，并将相同 ϕ_J 项合并(例如图 14－2 中 $\phi_2^1=\phi_1^2=\phi_2$)，式(15－17)可改写为

$$\sum_{J=1}^{N_{node}}\sum_{(i,e)=I}\sum_{(j,e)=J}\sum_{j=1}^{2}\left(M_{ij}^e\frac{d^2\phi_J}{dt^2}+P_{ij}^e\frac{d\phi_J}{dt}+K_{ij}^e\phi_J\right)+\left(\delta_{I,1}\sqrt{\frac{\varepsilon_0}{\mu_0}}\frac{d\phi_1}{dt}+\delta_{I,N_{node}}\sqrt{\frac{\varepsilon_b}{\mu_b}}\frac{d\phi_{N_{node}}}{dt}\right)$$

$$-\sum_{(i,e)=I}\left[\delta_{e,es}\left(Ms_{i,2}^{es}\frac{\partial^2E_{incz}|_{Jt}}{\partial t^2}+Ks_{i,2}^{es}E_{incz}|_{Jt}\right)+\delta_{e,es}\sqrt{\frac{\varepsilon_0}{\mu_0}}\frac{\partial E_{incz}|_{Jt}}{\partial t}\right]=0 \qquad (15-18)$$

引入全域矩阵，令

$$
\begin{cases}
M_{IJ}=\sum\limits_{(i,\,e)=I}\sum\limits_{(j,\,e)=J}\sum\limits_{j=1}^{2}M_{ij}^{e},\; P_{IJ}=\sum\limits_{(i,\,e)=I}\sum\limits_{(j,\,e)=J}\sum\limits_{j=1}^{2}P_{ij}^{e} \\
K_{IJ}=\sum\limits_{(i,\,e)=I}\sum\limits_{(j,\,e)=J}\sum\limits_{j=1}^{2}K_{ij}^{e} \\
C_{IJ}=\begin{cases}\sqrt{\dfrac{\varepsilon_0}{\mu_0}}, & I=J=1 \\ \sqrt{\dfrac{\varepsilon_b}{\mu_b}}, & I=J=N_{\text{node}} \\ 0, & \text{其它}\end{cases}
\end{cases}
\tag{15-19}
$$

定义入射波全域矢量$\{E_{\text{incz}}\}$，它只有一个非零分量，即

$$\{E_{\text{incz}}\}=[0\quad\cdots\quad E_{\text{incz}}|_{Jt}\quad\cdots\quad 0]^{\text{T}}$$

定义激励源矢量$\{h\}$为

$$h_I=\sum_{(i,\,e)=I}\left[\delta_{e,\,es}\left(Ks_{i2}^{es}E_{\text{incz}}|_{Jt}+Ms_{i2}^{es}\frac{\partial^2 E_{\text{incz}}|_{Jt}}{\partial t^2}\right)+\delta_{e,\,es}\left(\sqrt{\frac{\varepsilon_0}{\mu_0}}\frac{\partial E_{\text{incz}}|_{Jt}}{\partial t}\right)\right] \tag{15-20}$$

它的含义下面还要分析。于是，式(15-18)可写成全域矩阵方程：

$$
\begin{cases}
M_{IJ}\dfrac{\mathrm{d}^2\phi_J}{\mathrm{d}t^2}+P_{IJ}\dfrac{\mathrm{d}\phi_J}{\mathrm{d}t}+C_{IJ}\dfrac{\mathrm{d}\phi_J}{\mathrm{d}t}+K_{IJ}\phi_J-h_I=0 \\
[M]\dfrac{\mathrm{d}^2}{\mathrm{d}t^2}\{\phi\}+[P]\dfrac{\mathrm{d}}{\mathrm{d}t}\{\phi\}+[C]\dfrac{\mathrm{d}}{\mathrm{d}t}\{\phi\}+[K]\{\phi\}-\{h\}=0
\end{cases}
\tag{15-21}
$$

为了了解激励源矢量$\{h\}$的构成，考察一个简单例子。不失一般性，简化式(15-16)仅保留矩阵K_{ij}^{e}等5项：

$$\sum_{j=1}^{2}K_{ij}^{e}\phi_j^{e}+\left(\sqrt{\frac{\varepsilon_0}{\mu_0}}\frac{\mathrm{d}\phi_a}{\mathrm{d}t}+\sqrt{\frac{\varepsilon_b}{\mu_b}}\frac{\mathrm{d}\phi_b}{\mathrm{d}t}\right)-Ks_{i,\,2}^{es}E_{\text{incz}}|_2^{es}-\sqrt{\frac{\varepsilon_0}{\mu_0}}\frac{\partial E_{\text{incz}}|_2^{es}}{\partial t}=0 \tag{15-22}$$

对于计算域有4个单元的简单例子，$N_{\text{element}}=4$，$N_{\text{node}}=5$，设总场边界在中心点，$es=2$，$Jt=3$。参照图15-1，上式具体写为8个方程：

$$
\begin{cases}
e=1,\,i=1:\;K_{11}^{1}\phi_1^{1}+K_{12}^{1}\phi_2^{1}+\sqrt{\dfrac{\varepsilon_0}{\mu_0}}\dfrac{\mathrm{d}\phi_a}{\mathrm{d}t}=0 \\
e=1,\,i=2:\;K_{21}^{1}\phi_1^{1}+K_{22}^{1}\phi_2^{1}=0 \\
e=2,\,i=1:\;K_{11}^{2}\phi_1^{2}+K_{12}^{2}\phi_2^{2}-K_{12}^{2}E_{\text{incz}}|_2^2=0 \\
e=2,\,i=2:\;K_{21}^{2}\phi_1^{2}+K_{22}^{2}\phi_2^{2}-K_{22}^{2}E_{\text{incz}}|_2^2-\sqrt{\dfrac{\varepsilon_0}{\mu_0}}\dfrac{\partial E_{\text{incz}}|_2^2}{\partial t}=0 \\
e=3,\,i=1:\;K_{11}^{3}\phi_1^{3}+K_{12}^{3}\phi_2^{3}=0 \\
e=3,\,i=2:\;K_{21}^{3}\phi_1^{3}+K_{22}^{3}\phi_2^{3}=0 \\
e=4,\,i=1:\;K_{11}^{4}\phi_1^{4}+K_{12}^{4}\phi_2^{4}=0 \\
e=4,\,i=2:\;K_{21}^{4}\phi_1^{4}+K_{22}^{4}\phi_2^{4}+\sqrt{\dfrac{\varepsilon_b}{\mu_b}}\dfrac{\mathrm{d}\phi_b}{\mathrm{d}t}=0
\end{cases}
\tag{15-23}
$$

根据全域结点将上式组合成5个方程，并将函数值改用全域结点编号，例如$\phi_2^2=\phi_1^3=\phi_3$

等，上式中有关方程相加（组合）并按照全域结点编号将方程排序后得到

$$\begin{cases} I=1: K_{11}^1\phi_1+K_{12}^1\phi_2+\sqrt{\dfrac{\varepsilon_0}{\mu_0}}\dfrac{\mathrm{d}\phi_1}{\mathrm{d}t}=0 \\ I=2: K_{21}^1\phi_1+(K_{22}^1+K_{11}^2)\phi_2+K_{12}^2\phi_3-K_{12}^2E_{\text{incz}}\big|_3=0 \\ I=3: K_{21}^2\phi_2+(K_{22}^2+K_{11}^3)\phi_3+K_{12}^3\phi_4-K_{22}^2E_{\text{incz}}\big|_3-\sqrt{\dfrac{\varepsilon_0}{\mu_0}}\dfrac{\partial E_{\text{incz}}\big|_3}{\partial t}=0 \\ I=4: K_{21}^3\phi_3+(K_{22}^3+K_{11}^4)\phi_4+K_{12}^4\phi_5=0 \\ I=5: K_{21}^4\phi_4+K_{22}^4\phi_5+\sqrt{\dfrac{\varepsilon_b}{\mu_b}}\dfrac{\mathrm{d}\phi_5}{\mathrm{d}t}=0 \end{cases} \tag{15-24}$$

由此可见，吸收边界条件$\sqrt{\dfrac{\varepsilon_0}{\mu_0}}\dfrac{\mathrm{d}\phi_1}{\mathrm{d}t}$和$\sqrt{\dfrac{\varepsilon_b}{\mu_b}}\dfrac{\mathrm{d}\phi_5}{\mathrm{d}t}$分别在$I=1$和$I=5$两个方程内；总场边界条件$-K_{12}^2E_{\text{incz}}\big|_3$和$-K_{22}^2E_{\text{incz}}\big|_3-\sqrt{\dfrac{\varepsilon_0}{\mu_0}}\dfrac{\partial E_{\text{incz}}\big|_3}{\partial t}$分别在$I=2$和$I=3$两个方程内。总场边界结点的入射波即为激励源。于是，式(15-21)中的激励源一般应当写成

$$\{h\}=[Ms]\frac{\partial^2}{\partial t^2}\{E_{\text{incz}}\}+[Ks]\{E_{\text{incz}}\}+[Cs]\frac{\partial}{\partial t}\{E_{\text{incz}}\} \tag{15-25}$$

其中，$[Cs]$只有对应于总场边界结点的一个分量，而$[Ks]$，$[Ms]$有两个分量：

$$\begin{cases} Cs_{Jt,Jt}=\sqrt{\dfrac{\varepsilon_0}{\mu_0}} \\ Ks_{Jt-1,Jt}=K_{12}^{es},\quad Ks_{Jt,Jt}=K_{22}^{es} \\ Ms_{Jt-1,Jt}=M_{12}^{es},\quad Ms_{Jt,Jt}=M_{22}^{es} \end{cases} \tag{15-26}$$

所以激励源矢量$\{h\}$只有两个分量：

$$\begin{cases} h_{Jt-1}=Ms_{Jt-1,Jt}\dfrac{\partial^2E_{\text{incz}}\big|_{Jt}}{\partial t^2}+Ks_{Jt-1,Jt}E_{\text{incz}}\big|_{Jt} \\ h_{Jt}=Ms_{Jt,Jt}\dfrac{\partial^2E_{\text{incz}}\big|_{Jt}}{\partial t^2}+Ks_{Jt,Jt}E_{\text{incz}}\big|_{Jt}+Cs_{Jt,Jt}\dfrac{\partial E_{\text{incz}}\big|_{Jt}}{\partial t} \end{cases} \tag{15-27}$$

通常总场边界附近为真空 ε_0，μ_0，$\sigma=0$，由式(14-18)有

$$\begin{cases} K_{11}^{es}=K_{22}^{es}=\dfrac{1}{\mu_0 l},K_{12}^{es}=K_{21}^{es}=-\dfrac{1}{\mu_0 l} \\ M_{11}^{es}=M_{22}^{es}=\dfrac{\varepsilon_0 l}{3},M_{12}^{es}=M_{21}^{es}=\dfrac{\varepsilon_0 l}{6} \end{cases} \tag{15-28}$$

上式代入式(15-26)得到

$$\begin{cases} Ks_{Jt-1,Jt}=K_{12}^{es}=-\dfrac{1}{\mu_0 l},\quad Ks_{Jt,Jt}=K_{22}^{es}=\dfrac{1}{\mu_0 l} \\ Ms_{Jt-1,Jt}=M_{12}^{es}=\dfrac{\varepsilon_0 l}{6},Ms_{Jt,Jt}=M_{22}^{es}=\dfrac{\varepsilon_0 l}{3} \end{cases} \tag{15-29}$$

再代入式(15-27)得到

$$\begin{cases} h_{Jt-1}=\dfrac{\varepsilon_0 l}{6}\dfrac{\partial^2E_{\text{incz}}\big|_{Jt}}{\partial t^2}-\dfrac{1}{\mu_0 l}E_{\text{incz}}\big|_{Jt} \\ h_{Jt}=\dfrac{\varepsilon_0 l}{3}\dfrac{\partial^2E_{\text{incz}}\big|_{Jt}}{\partial t^2}+\dfrac{1}{\mu_0 l}E_{\text{incz}}\big|_{Jt}+\sqrt{\dfrac{\varepsilon_0}{\mu_0}}\dfrac{\partial E_{\text{incz}}\big|_{Jt}}{\partial t} \end{cases} \tag{15-30}$$

编程中直接应用式(15-27)或式(15-30)较方便。这一结果类似于形成单向辐射的两个面电流式(14-26)，不同之处是式(14-26)中两个分量 h_4 和 h_3 符号相反，且有时间延迟。

15.1.3　一维算例

式(15-30)中，总场边界结点处入射波 E_{incz} 的加入有两种方式：解析式和激励空间方式。设入射波为高斯脉冲，则有

$$E_{incz}(x,t)=E_0\exp\left[-4\pi\left(\frac{t-t_0-x/c}{\tau}\right)^2\right] \tag{15-31}$$

其中，τ 代表脉冲宽度，延迟时间 t_0 需要适当选择以保证当 $t<0$ 计算域内电场等于零。高斯脉冲的一阶和二阶导数分别为(解析式)

$$\begin{aligned}\frac{\partial E_{incz}(x,t)}{\partial t}&=-\frac{8\pi}{\tau^2}\left(t-t_0-\frac{x}{c}\right)E_0\exp\left[-4\pi\left(\frac{t-t_0-\dfrac{x}{c}}{\tau}\right)^2\right]\\&=-\frac{8\pi}{\tau^2}\left(t-t_0-\frac{x}{c}\right)E_{incz}(x,t)\\\frac{\partial^2 E_{incz}(x,t)}{\partial t^2}&=-\frac{8\pi}{\tau^2}E_{incz}(x,t)-\frac{8\pi}{\tau^2}\left(t-t_0-\frac{x}{c}\right)\frac{\partial E_{incz}(x,t)}{\partial t}\\&=-\frac{8\pi}{\tau^2}E_{incz}(x,t)+\left(\frac{8\pi}{\tau^2}\right)^2\left(t-t_0-\frac{x}{c}\right)^2E_{incz}(x,t)\\&=-\frac{8\pi}{\tau^2}\left[1-\left(\frac{8\pi}{\tau^2}\right)\left(t-t_0-\frac{x}{c}\right)^2\right]E_{incz}(x,t)\end{aligned} \tag{15-32}$$

将以上公式代入式(15-30)就可在总场结点 Jt 加入入射波。另一种入射波加入方法是FDTD中的激励空间方式，(尹家贤等，2000；葛德彪，闫玉波，2011)，采用一维FETD产生激励空间中的平面波。FETD算例表明两种方式效果差别不大，一般可采用解析式。

【算例 15-1】　高斯脉冲传播。设真空中计算域为 5 m，划分为 500 个单元，$\Delta x=0.01$ m。波源为高斯脉冲，$\Delta t=2.5\times10^{-11}$ s，$t_0=100\Delta t$，$\tau=100\Delta t$。设 $x\geqslant0$ 为总场区，$x<0$ 为散射场区，如图 15-2(a)所示。在总场边界 Jt 处引入入射波(用高斯波解析式)，在 $x>0$ 区域形成单向右行波。位于总场区和散射场区观察点的接收波形如图 15-2(b)所示。不同时间步的波形分布如图 15-3 所示。由图可见，通过总场边界加入高斯脉冲向右传播，在散射场区的泄露很小(约万分之一)。

下面讨论半空间介质的反射和透射。设半空间介质界面位于总场区，总场边界结点为 Jt，如图 15-4 所示。应用总场-散射场方法加入的入射波仅限于 Jt 结点右侧总场区，经半空间表面反射的反射波向左传播。于是，位于总场区中的半空间介质内观察点将获得透射波；位于散射场区内的观察点将获得反射波。由此可计算反射系数和透射系数，与解析结果比较可验证程序。

【算例 15-2】　半空间介质反射透射。设计算域为 5 m，划分为 500 个单元，$\Delta x=0.01$ m。半空间介质分布在 $x>0.5$ m 处，介电系数 $\varepsilon_1=4\varepsilon_0$，总场边界 $x=0$，如图 15-5(a)所示。

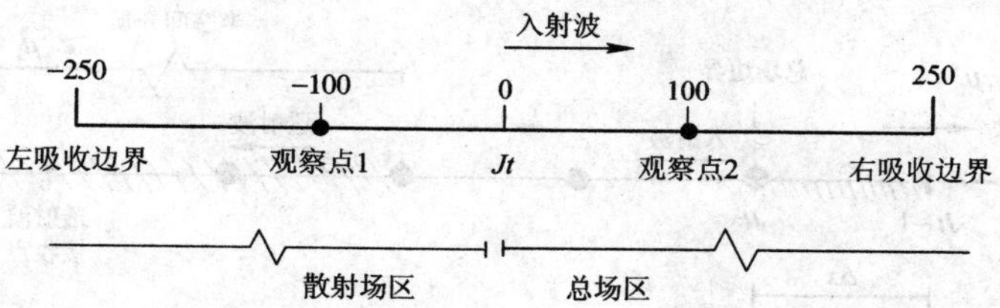

(a) 计算域划分为总场区和散射场区

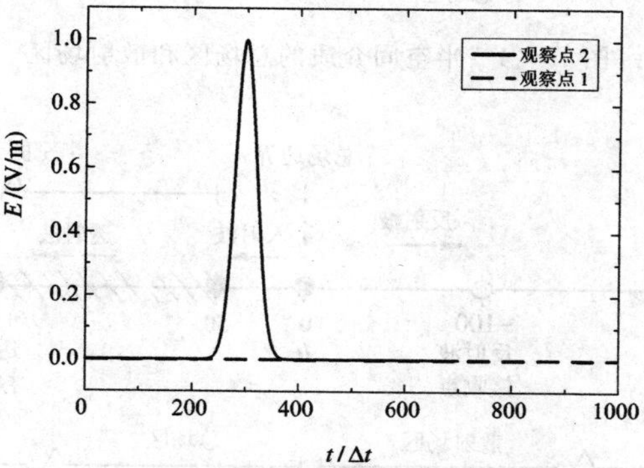

(b) 两个观察点的时域波形

图 15-2　计算区域和观察点波形

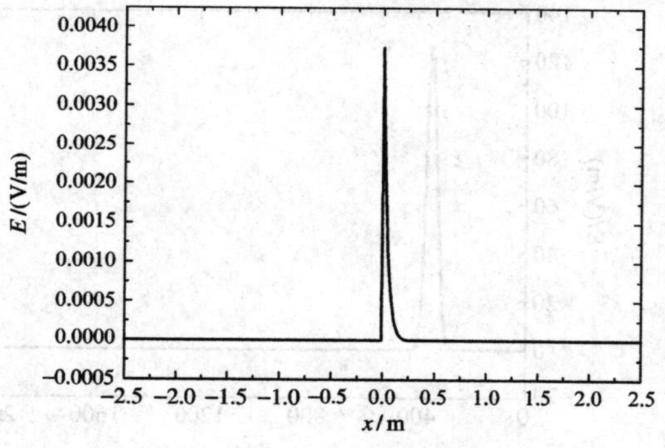

(a) 100Δt

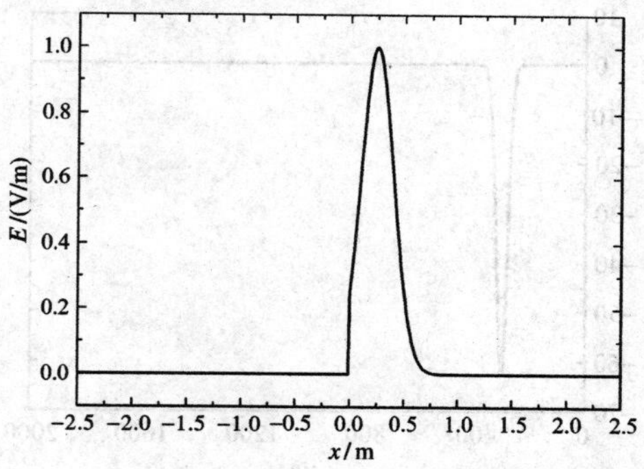

(b) 200Δt

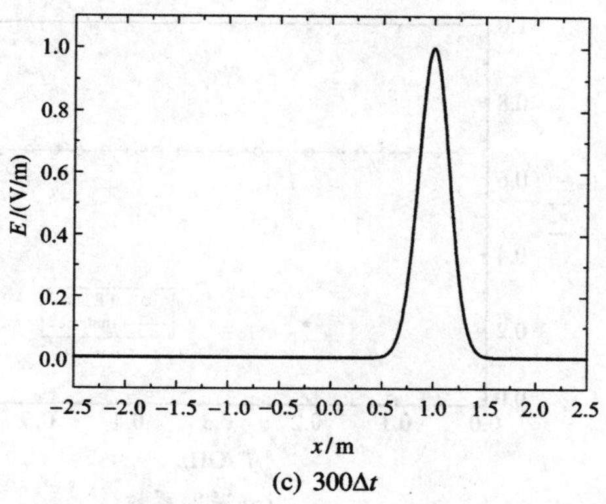

(c) 300Δt

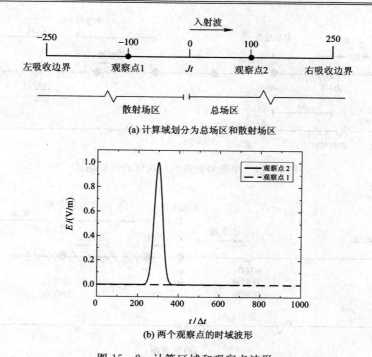

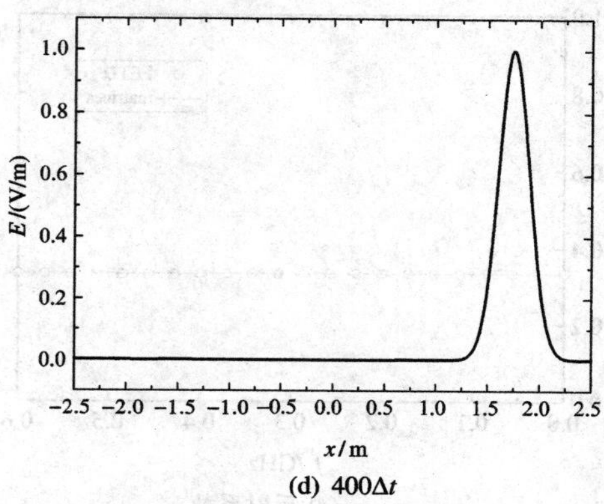

(d) 400Δt

图 15-3　不同时间步的波形分布

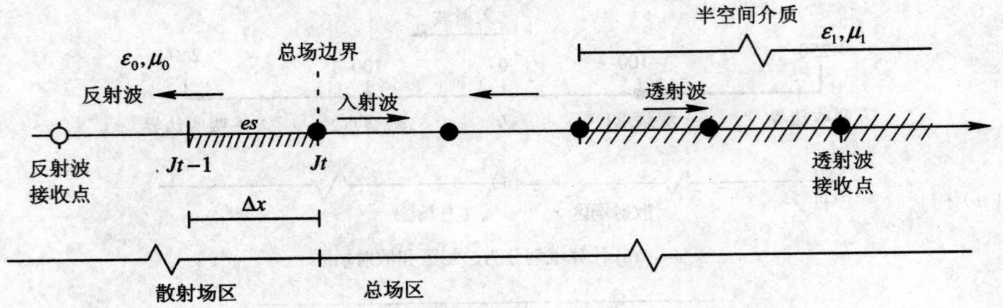

图 15-4　半空间介质的总场区和散射场区

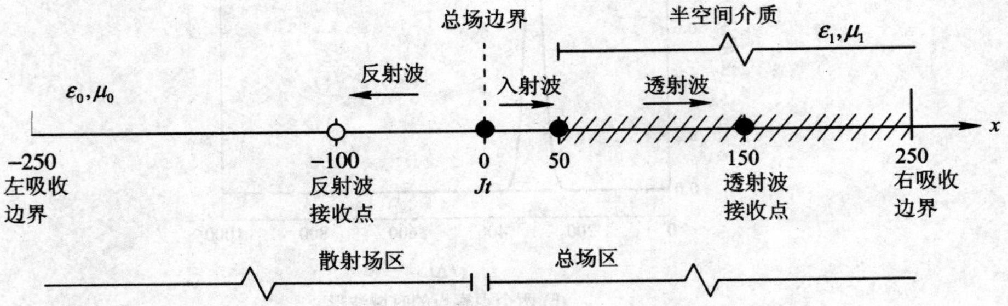

(a) 示意图

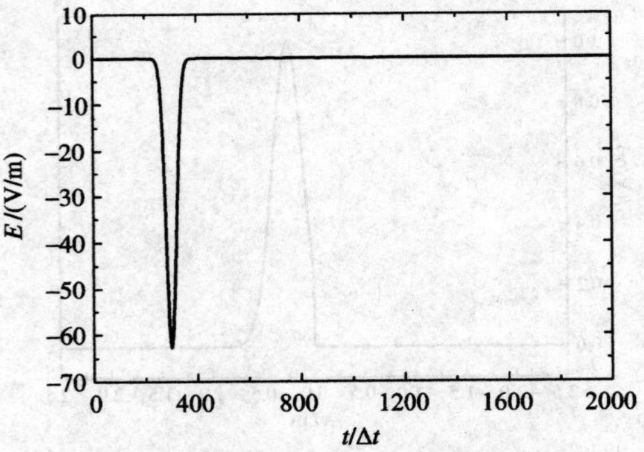

(b) 反射波接收点时域波形

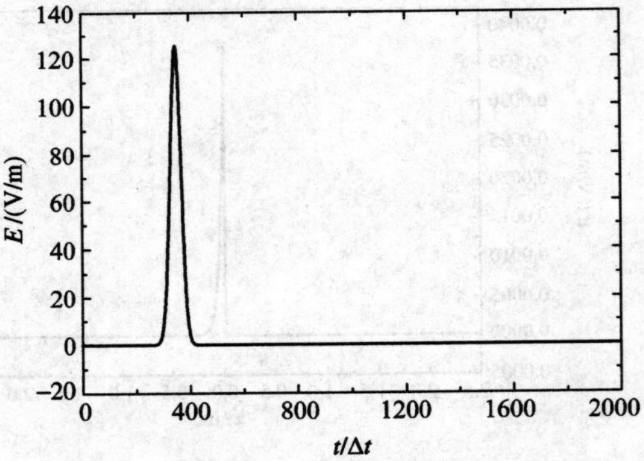

(c) 透射波接收点时域波形

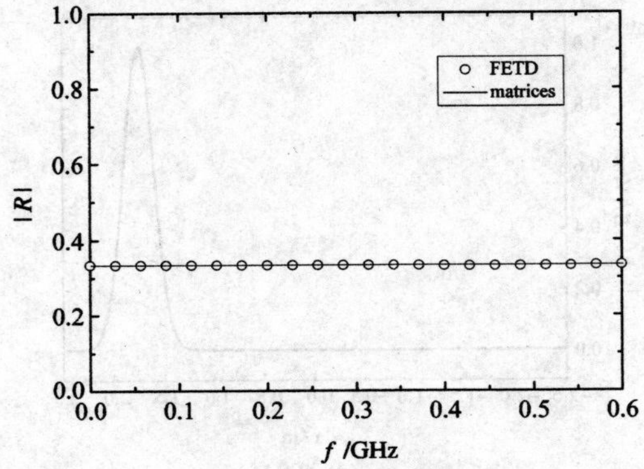

(d) 反射系数

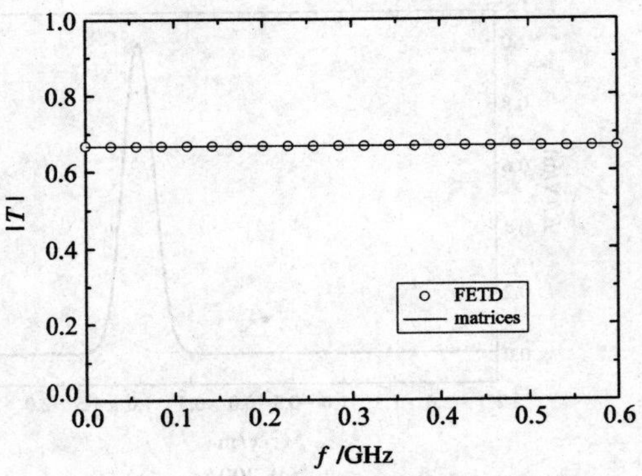

(e) 透射系数

图 15-5　半空间介质的反射波和透射波

设入射平面波为高斯脉冲，$\Delta t=3.5\times10^{-11}$ s，$\tau=100\Delta t$，$t_0=0.8\tau$，$f_{max}=2/\tau=0.57$ GHz。反射波和透射波接收点的时域波形如图 15-5(b)和(c)所示，Fourier 变换到频域后的反射系数和透射系数(模值)如图 15-5(d)和(e)所示，图中也给出半空间介质反射系数的传播矩阵解析解，由图可见二者符合很好。不同时刻空间场分布如图 15-6 所示，其中图(a)和图(b)中入射脉冲向右侧传播，图(c)和图(d)显示在介质分界面的反射和透射。

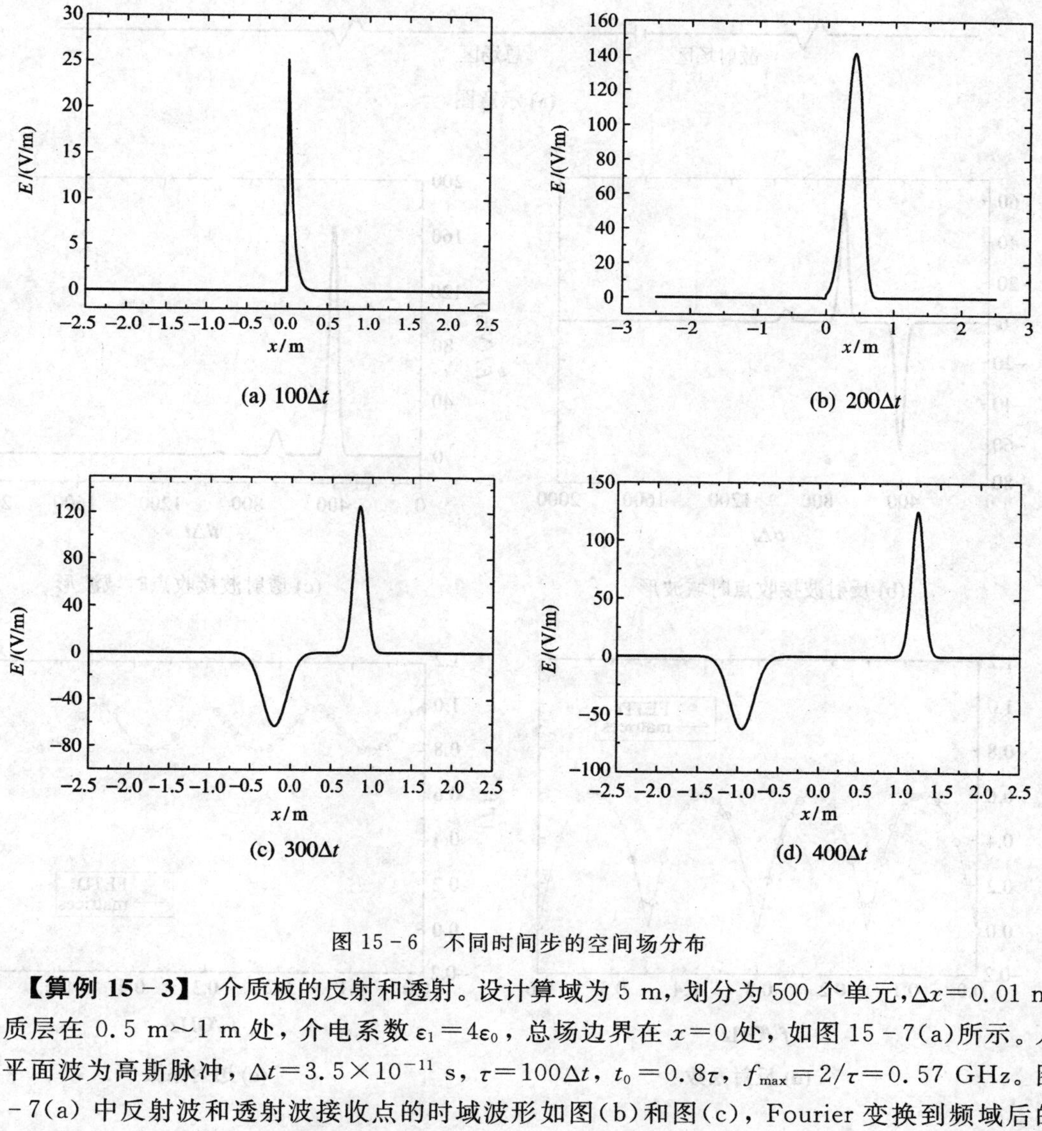

图 15-6　不同时间步的空间场分布

【算例 15-3】　介质板的反射和透射。设计算域为 5 m，划分为 500 个单元，$\Delta x=0.01$ m。介质层在 0.5 m～1 m 处，介电系数 $\varepsilon_1=4\varepsilon_0$，总场边界在 $x=0$ 处，如图 15-7(a)所示。入射平面波为高斯脉冲，$\Delta t=3.5\times10^{-11}$ s，$\tau=100\Delta t$，$t_0=0.8\tau$，$f_{max}=2/\tau=0.57$ GHz。图 15-7(a) 中反射波和透射波接收点的时域波形如图(b)和图(c)，Fourier 变换到频域后的反射系数和透射系数(模值)如图(d)和图(e)，图中也给出介质板反射系数的传播矩阵解析解，由图可见二者符合很好。不同时刻空间场分布如图 15-8 所示，图中显示了高斯脉冲在介质板前后分界面的多次反射和透射。

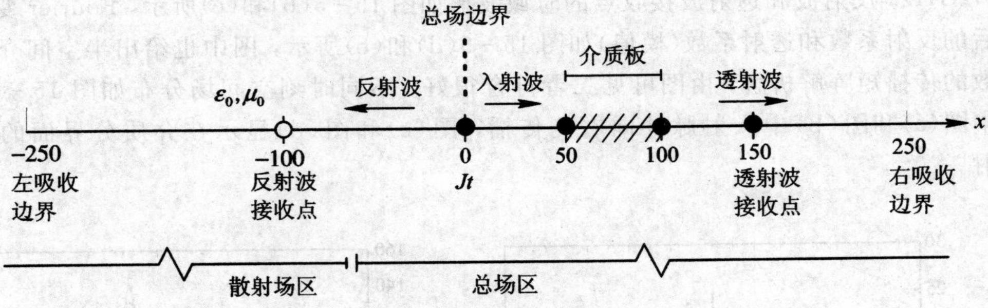

(a) 示意图

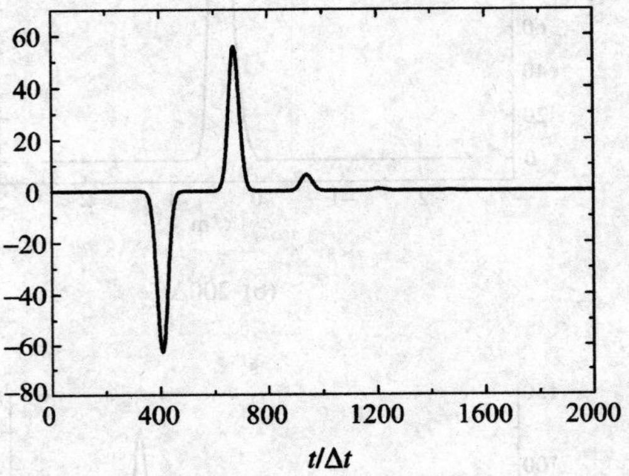

(b) 反射波接收点时域波形

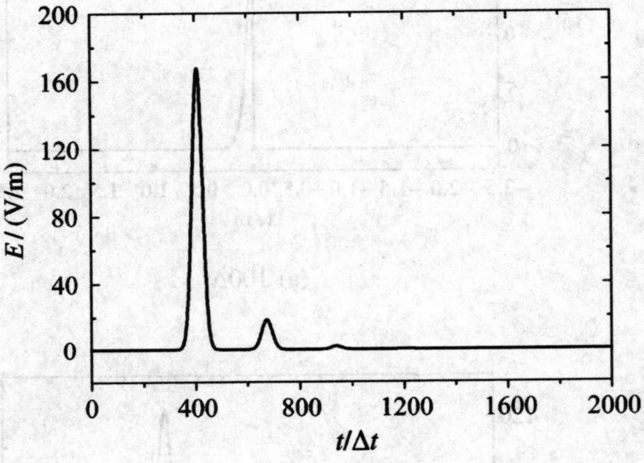

(c) 透射波接收点时域波形

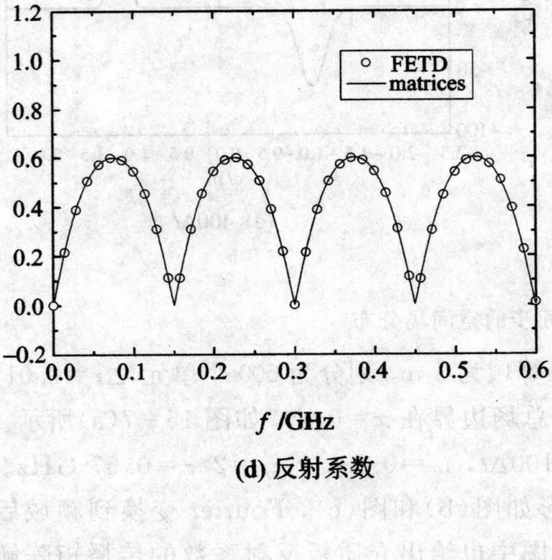

(d) 反射系数

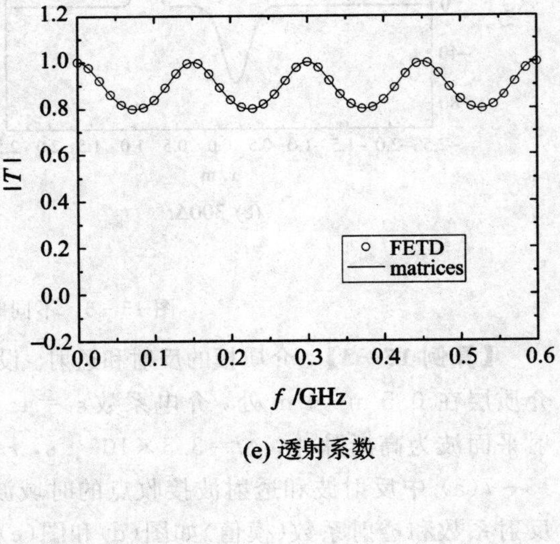

(e) 透射系数

图 15－7　计算区域和介质板

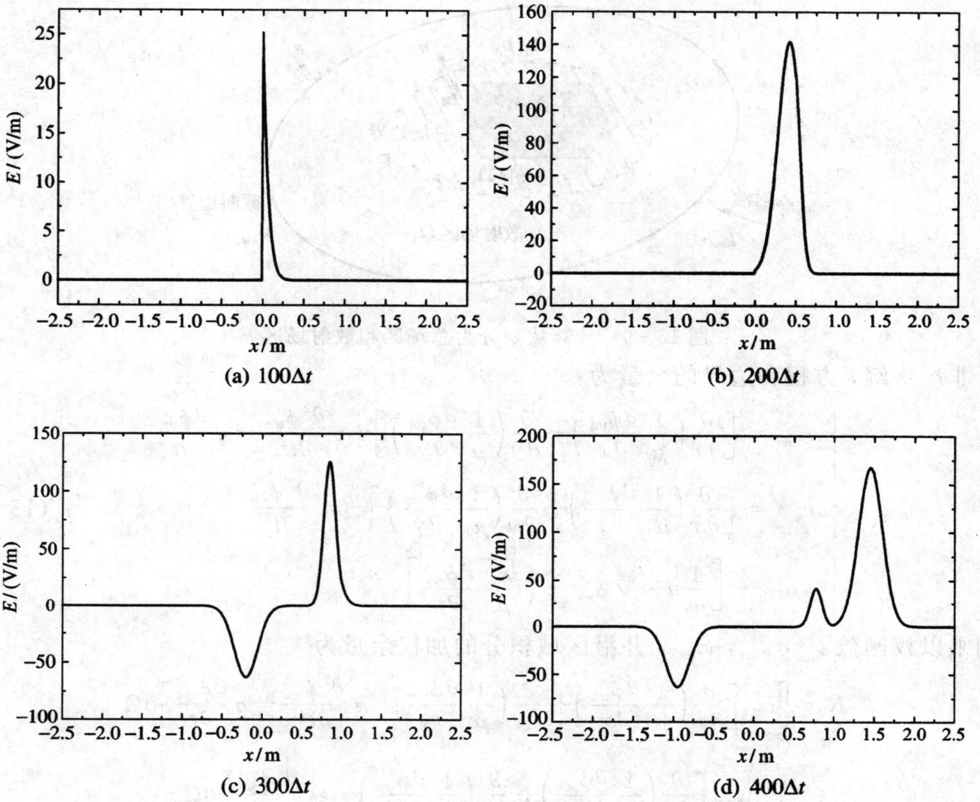

图 15 - 8　不同时间步的空间场分布

15.2　二维 FETD 总场边界加源方法

15.2.1　弱解形式

考虑二维 TM 波。设平面波入射，将计算域划分为总场区 Ω_t 和散射场区 Ω_s，有耗介质在总场区内，如图 15 - 9 所示。设总场 $\phi_{\text{tot}}=\phi_{\text{inc}}+\phi_{\text{sca}}$。于是，电场 $\phi=E_z$ 的标量波动方程式(12 - 56)修改为

$$\begin{cases}\left[\dfrac{\partial}{\partial x}\left(\dfrac{1}{\mu}\dfrac{\partial\phi_{\text{tot}}}{\partial x}\right)+\dfrac{\partial}{\partial y}\left(\dfrac{1}{\mu}\dfrac{\partial\phi_{\text{tot}}}{\partial y}\right)\right]-\varepsilon\dfrac{\partial^2\phi_{\text{tot}}}{\partial t^2}-\sigma\dfrac{\partial\phi_{\text{tot}}}{\partial t}=0,\ \boldsymbol{r}\in\Omega_t\\[2ex]\left[\dfrac{\partial}{\partial x}\left(\dfrac{1}{\mu_0}\dfrac{\partial\phi_{\text{sca}}}{\partial x}\right)+\dfrac{\partial}{\partial y}\left(\dfrac{1}{\mu_0}\dfrac{\partial\phi_{\text{sca}}}{\partial y}\right)\right]-\varepsilon_0\dfrac{\partial^2\phi_{\text{sca}}}{\partial t^2}=0,\ \boldsymbol{r}\in\Omega_s\end{cases}\tag{15-33}$$

截断边界处的吸收边界条件如式(10 - 28)：

$$\left[\frac{1}{\mu_0}\boldsymbol{n}\cdot\nabla\phi_{\text{sca}}+\sqrt{\frac{\varepsilon_0}{\mu_0}}\frac{\partial\phi_{\text{sca}}}{\partial t}\right]_{\Gamma_{\text{ABC}}}=0\tag{15-34}$$

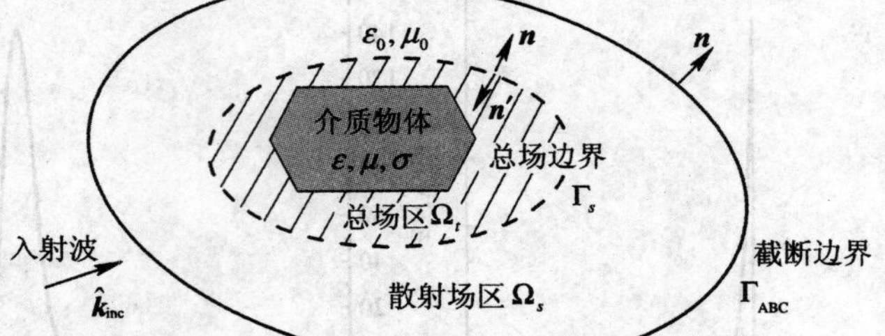

图 15-9　计算域划分为总场区和散射场区

对于非严格解，方程和边界的余量为

$$\begin{cases} r_{tot} = \left[\dfrac{\partial}{\partial x}\left(\dfrac{1}{\mu}\dfrac{\partial \phi_{tot}}{\partial x}\right)+\dfrac{\partial}{\partial y}\left(\dfrac{1}{\mu}\dfrac{\partial \phi_{tot}}{\partial y}\right)\right]-\varepsilon\dfrac{\partial^2 \phi_{tot}}{\partial t^2}-\sigma\dfrac{\partial \phi_{tot}}{\partial t} \\ r_{sca} = \left[\dfrac{\partial}{\partial x}\left(\dfrac{1}{\mu_0}\dfrac{\partial \phi_{sca}}{\partial x}\right)+\dfrac{\partial}{\partial y}\left(\dfrac{1}{\mu_0}\dfrac{\partial \phi_{sca}}{\partial y}\right)\right]-\varepsilon_0\dfrac{\partial^2 \phi_{sca}}{\partial t^2} \\ r_{ABC} = \left[\dfrac{1}{\mu_0}\boldsymbol{n}\cdot\nabla\phi_{sca}+\sqrt{\dfrac{\varepsilon_0}{\mu_0}}\dfrac{\partial \phi_{sca}}{\partial t}\right]_{\Gamma_{ABC}} \end{cases} \tag{15-35}$$

分别乘以权函数 ν_{tot}，ν_{sca}，ν_{ABC}，并沿区域积分的加权余量为

$$\begin{aligned} R = & \iint_{\Omega_t}\nu_{tot}\left[\frac{\partial}{\partial x}\left(\frac{1}{\mu}\frac{\partial \phi_{tot}}{\partial x}\right)+\frac{\partial}{\partial y}\left(\frac{1}{\mu}\frac{\partial \phi_{tot}}{\partial y}\right)-\varepsilon\frac{\partial^2 \phi_{tot}}{\partial t^2}-\sigma\frac{\partial \phi_{tot}}{\partial t}\right]d\Omega \\ & +\iint_{\Omega_s}\nu_{sca}\left[\frac{\partial}{\partial x}\left(\frac{1}{\mu_0}\frac{\partial \phi_{sca}}{\partial x}\right)+\frac{\partial}{\partial y}\left(\frac{1}{\mu_0}\frac{\partial \phi_{sca}}{\partial y}\right)-\varepsilon_0\frac{\partial^2 \phi_{sca}}{\partial t^2}\right]d\Omega \\ & +\int_{\Gamma_{ABC}}\nu_{ABC}\left(\frac{1}{\mu_0}\boldsymbol{n}\cdot\nabla\phi_{sca}+\sqrt{\frac{\varepsilon_0}{\mu_0}}\frac{\partial \phi_{sca}}{\partial t}\right)d\Gamma \end{aligned} \tag{15-36}$$

利用函数乘积的分部积分公式，参照式(12-6)和式(12-7)，可将上式左端区域积分化为

$$\begin{aligned} I_\Omega = & \iint_{\Omega_t}\nu_{tot}\left[\frac{\partial}{\partial x}\left(\frac{1}{\mu}\frac{\partial \phi_{tot}}{\partial x}\right)+\frac{\partial}{\partial y}\left(\frac{1}{\mu}\frac{\partial \phi_{tot}}{\partial y}\right)\right]d\Omega \\ & +\iint_{\Omega_s}\nu_{sca}\left[\frac{\partial}{\partial x}\left(\frac{1}{\mu_0}\frac{\partial \phi_{sca}}{\partial x}\right)+\frac{\partial}{\partial y}\left(\frac{1}{\mu_0}\frac{\partial \phi_{sca}}{\partial y}\right)\right]d\Omega \\ = & -\iint_{\Omega_t}\frac{\partial \nu_{tot}}{\partial x}\frac{1}{\mu}\frac{\partial \phi_{tot}}{\partial x}dxdy+\oint_{\Gamma_t}\nu_{tot}\frac{1}{\mu}\frac{\partial \phi_{tot}}{\partial x}n_x d\Gamma \\ & -\iint_{\Omega_t}\frac{\partial \nu_{tot}}{\partial y}\frac{1}{\mu}\frac{\partial \phi_{tot}}{\partial y}dxdy+\oint_{\Gamma_t}\nu_{tot}\frac{1}{\mu}\frac{\partial \phi_{tot}}{\partial y}n_y d\Gamma \\ & -\iint_{\Omega_s}\frac{\partial \nu_{sca}}{\partial x}\frac{1}{\mu_0}\frac{\partial \phi_{sca}}{\partial x}dxdy+\oint_{\Gamma_t}\nu_{sca}\frac{1}{\mu_0}\frac{\partial \phi_{sca}}{\partial x}n'_x d\Gamma+\oint_{\Gamma_{ABC}}\nu_{sca}\frac{1}{\mu_0}\frac{\partial \phi_{sca}}{\partial x}n_x d\Gamma \\ & -\iint_{\Omega_s}\frac{\partial \nu_{sca}}{\partial y}\frac{1}{\mu_0}\frac{\partial \phi_{sca}}{\partial y}dxdy+\oint_{\Gamma_t}\nu_{sca}\frac{1}{\mu_0}\frac{\partial \phi_{sca}}{\partial y}n'_y d\Gamma+\oint_{\Gamma_{ABC}}\nu_{sca}\frac{1}{\mu_0}\frac{\partial \phi_{sca}}{\partial y}n_y d\Gamma \end{aligned}$$

$$=-\iint_{\Omega_t}\frac{1}{\mu}\left(\frac{\partial\nu_{\rm tot}}{\partial x}\frac{\partial\phi_{\rm tot}}{\partial x}+\frac{\partial\nu_{\rm tot}}{\partial y}\frac{\partial\phi_{\rm tot}}{\partial y}\right){\rm d}\Omega+\oint_{\Gamma_t}\nu_{\rm tot}\frac{1}{\mu}\boldsymbol{n}\cdot\nabla\phi_{\rm tot}{\rm d}\Gamma$$
$$-\iint_{\Omega_s}\frac{1}{\mu_0}\left(\frac{\partial\nu_{\rm sca}}{\partial x}\frac{\partial\phi_{\rm sca}}{\partial x}+\frac{\partial\nu_{\rm sca}}{\partial y}\frac{\partial\phi_{\rm sca}}{\partial y}\right){\rm d}\Omega+\oint_{\Gamma_t}\nu_{\rm sca}\frac{1}{\mu_0}\boldsymbol{n}'\cdot\nabla\phi_{\rm sca}{\rm d}\Gamma$$
$$+\oint_{\Gamma_{\rm ABC}}\nu_{\rm sca}\frac{1}{\mu_0}\boldsymbol{n}\cdot\nabla\phi_{\rm sca}{\rm d}\Gamma$$

其中，总场边界 Γ_t 上 $\boldsymbol{n}'=-\boldsymbol{n}$，如图 15－9 所示。令 $\nu_{\rm sca}=\nu_{\rm tot}=\nu$，以及 $\phi_{\rm tot}-\phi_{\rm sca}=\phi_{\rm inc}=E_{{\rm inc}z}$，上式变为

$$I_\Omega=-\iint_{\Omega_t}\frac{1}{\mu}\left(\frac{\partial\nu}{\partial x}\frac{\partial\phi_{\rm tot}}{\partial x}+\frac{\partial\nu}{\partial y}\frac{\partial\phi_{\rm tot}}{\partial y}\right){\rm d}\Omega+\oint_{\Gamma_t}\frac{\nu}{\mu_0}\boldsymbol{n}\cdot\nabla\phi_{\rm inc}{\rm d}\Gamma$$
$$-\iint_{\Omega_s}\frac{1}{\mu_0}\left(\frac{\partial\nu}{\partial x}\frac{\partial\phi_{\rm sca}}{\partial x}+\frac{\partial\nu}{\partial y}\frac{\partial\phi_{\rm sca}}{\partial y}\right){\rm d}\Omega+\oint_{\Gamma_{\rm ABC}}\frac{\nu}{\mu_0}\boldsymbol{n}\cdot\nabla\phi_{\rm sca}{\rm d}\Gamma$$

上式代入式(15－36)，并令 $\nu_{\rm ABC}=-\nu$，再由加权余量等于零得到弱解形式为

$$\iint_{\Omega_t}\frac{1}{\mu}\left(\frac{\partial\nu}{\partial x}\frac{\partial\phi_{\rm tot}}{\partial x}+\frac{\partial\nu}{\partial y}\frac{\partial\phi_{\rm tot}}{\partial y}\right){\rm d}\Omega-\oint_{\Gamma_t}\frac{\nu}{\mu_0}\boldsymbol{n}\cdot\nabla\phi_{\rm inc}{\rm d}\Gamma$$
$$+\iint_{\Omega_s}\frac{1}{\mu_0}\left(\frac{\partial\nu}{\partial x}\frac{\partial\phi_{\rm sca}}{\partial x}+\frac{\partial\nu}{\partial y}\frac{\partial\phi_{\rm sca}}{\partial y}\right){\rm d}\Omega-\oint_{\Gamma_{\rm ABC}}\frac{\nu}{\mu_0}\boldsymbol{n}\cdot\nabla\phi_{\rm sca}{\rm d}\Gamma$$
$$+\iint_{\Omega_t}\nu\left(\varepsilon\frac{\partial^2\phi_{\rm tot}}{\partial t^2}+\sigma\frac{\partial\phi_{\rm tot}}{\partial t}\right){\rm d}\Omega+\iint_{\Omega_s}\nu\varepsilon_0\frac{\partial^2\phi_{\rm sca}}{\partial t^2}{\rm d}\Omega$$
$$-\oint_{\Gamma_{\rm ABC}}\left(\frac{\nu}{\mu_0}\boldsymbol{n}\cdot\nabla\phi_{\rm sca}+\nu\sqrt{\frac{\varepsilon_0}{\mu_0}}\frac{\partial\phi_{\rm sca}}{\partial t}\right){\rm d}\Gamma=0$$

即

$$\iint_{\Omega_t}\frac{1}{\mu}\left(\frac{\partial\nu}{\partial x}\frac{\partial\phi_{\rm tot}}{\partial x}+\frac{\partial\nu}{\partial y}\frac{\partial\phi_{\rm tot}}{\partial y}\right){\rm d}\Omega+\iint_{\Omega_t}\nu\left(\varepsilon\frac{\partial^2\phi_{\rm tot}}{\partial t^2}+\sigma\frac{\partial\phi_{\rm tot}}{\partial t}\right){\rm d}\Omega$$
$$+\iint_{\Omega_s}\frac{1}{\mu_0}\left(\frac{\partial\nu}{\partial x}\frac{\partial\phi_{\rm sca}}{\partial x}+\frac{\partial\nu}{\partial y}\frac{\partial\phi_{\rm sca}}{\partial y}\right){\rm d}\Omega+\iint_{\Omega_s}\nu\varepsilon_0\frac{\partial^2\phi_{\rm sca}}{\partial t^2}{\rm d}\Omega$$
$$-\oint_{\Gamma_t}\frac{\nu}{\mu_0}\boldsymbol{n}\cdot\nabla\phi_{\rm inc}{\rm d}\Gamma+\oint_{\Gamma_{\rm ABC}}\nu Y_0\frac{\partial\phi_{\rm sca}}{\partial t}{\rm d}\Gamma=0 \tag{15-37}$$

其中，$Y_0=\sqrt{\varepsilon_0/\mu_0}$。为了符号简明，以下记

$$\phi=\begin{cases}\phi_{\rm tot},\ \boldsymbol{r}\in\Omega_t\\ \phi_{\rm sca},\ \boldsymbol{r}\in\Omega_s\end{cases} \tag{15-38}$$

将沿 Ω_t，Ω_s 积分合并为全域 $\Omega=\Omega_t+\Omega_s$ 积分后，式(15－37)写为

$$\iint_{\Omega}\frac{1}{\mu}\left(\frac{\partial\nu}{\partial x}\frac{\partial\phi}{\partial x}+\frac{\partial\nu}{\partial y}\frac{\partial\phi}{\partial y}\right){\rm d}\Omega+\iint_{\Omega}\nu\varepsilon\frac{\partial^2\phi}{\partial t^2}{\rm d}\Omega+\iint_{\Omega}\nu\sigma\frac{\partial\phi}{\partial t}{\rm d}\Omega$$
$$-\oint_{\Gamma_t}\frac{\nu}{\mu_0}\boldsymbol{n}\cdot\nabla\phi_{\rm inc}{\rm d}\Gamma+\oint_{\Gamma_{\rm ABC}}\nu Y_0\frac{\partial\phi}{\partial t}{\rm d}\Gamma=0 \tag{15-39}$$

注意：上述弱解形式和二维 FETD 式(12－57)不同，上式中包含有总场边界 Γ_t 入射波积分一项。

15.2.2 有限元矩阵方程

注意图 15－9 中入射平面波沿 $\hat{\boldsymbol{k}}_{\text{inc}}$ 方向传播，具有以下行波形式：

$$\phi_{\text{inc}}(\boldsymbol{r},t)=E_{\text{inc}z}(\boldsymbol{r},t)=E_0 f\left(t-\frac{\hat{\boldsymbol{k}}_{\text{inc}}\cdot\boldsymbol{r}}{c}\right) \tag{15-40}$$

其中，$c=1/\sqrt{\mu_0\varepsilon_0}$。令 $t'=t-\hat{\boldsymbol{k}}_{\text{inc}}\cdot\boldsymbol{r}/c$，可得

$$\begin{aligned}\nabla\phi_{\text{inc}}&=\nabla E_{\text{inc}z}=E_0\nabla f\left(t-\frac{\hat{\boldsymbol{k}}_{\text{inc}}\cdot\boldsymbol{r}}{c}\right)=E_0\nabla f(t')=E_0(\nabla t')\frac{\partial}{\partial t'}f(t')\\&=(\nabla t')\frac{\partial E_{\text{inc}z}(t')}{\partial t'}=-\frac{\hat{\boldsymbol{k}}_{\text{inc}}}{c}\frac{\partial E_{\text{inc}z}(t)}{\partial t}\end{aligned}$$

上式用入射波时间导数代替空间梯度，代入式(15－39)中入射波一项得到

$$\frac{1}{\mu_0}\boldsymbol{n}\cdot\nabla\phi_{\text{inc}}=-\frac{1}{c\mu_0}\boldsymbol{n}\cdot\hat{\boldsymbol{k}}_{\text{inc}}\frac{\partial E_{\text{inc}z}(t)}{\partial t}=-\boldsymbol{n}\cdot\hat{\boldsymbol{k}}_{\text{inc}}\sqrt{\frac{\varepsilon_0}{\mu_0}}\frac{\partial E_{\text{inc}z}}{\partial t} \tag{15-41}$$

其中，$\boldsymbol{n}\cdot\hat{\boldsymbol{k}}_{\text{inc}}$ 是总场边界外法向和入射波矢量之间夹角余弦。如果总场边界为矩形，$x=\pm x_{\text{tot}}$，$y=\pm y_{\text{tot}}$，如图 15－10 所示，则

$$\boldsymbol{n}\cdot\hat{\boldsymbol{k}}_{\text{inc}}=\begin{cases}\cos\varphi, & x=x_{\text{tot}}\\ \cos(\pi-\varphi), & x=-x_{\text{tot}}\\ \cos\left(\dfrac{\pi}{2}-\varphi\right), & y=y_{\text{tot}}\\ \cos\left(\dfrac{\pi}{2}+\varphi\right), & y=-y_{\text{tot}}\end{cases}$$

其中，φ 为入射方向和 x 轴夹角。

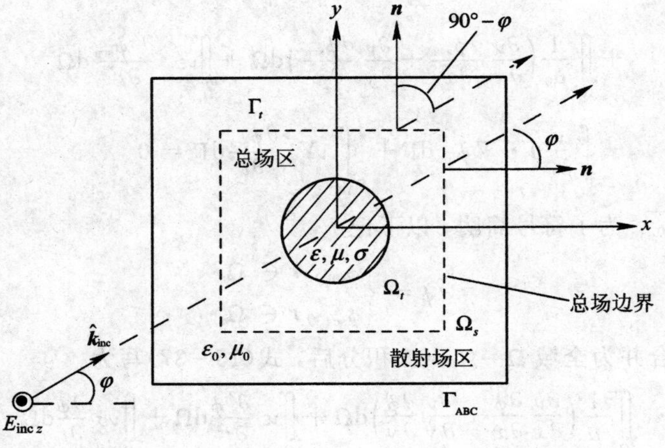

图 15－10 入射平面波矢量和总场边界法向之间夹角

将式(15－41)代入式(15－39)得到

$$\iint_{\Omega}\frac{1}{\mu}\left(\frac{\partial\nu}{\partial x}\frac{\partial\phi}{\partial x}+\frac{\partial\nu}{\partial y}\frac{\partial\phi}{\partial y}\right)\mathrm{d}\Omega+\iint_{\Omega}\nu\varepsilon\frac{\partial^2\phi}{\partial t^2}\mathrm{d}\Omega+\iint_{\Omega}\nu\sigma\frac{\partial\phi}{\partial t}\mathrm{d}\Omega$$

$$+\oint_{\Gamma_t}\nu(n\cdot\hat{\boldsymbol{k}}_{\text{inc}})Y_0\frac{\partial E_{\text{inc}z}}{\partial t}\mathrm{d}\Gamma+\oint_{\Gamma_{\text{ABC}}}\nu Y_0\frac{\partial\phi}{\partial t}\mathrm{d}\Gamma=0 \tag{15-42}$$

以上弱解形式中用入射波时间导数代替式(15－39)中的空间梯度。

将计算域按单元离散并将波函数用基函数展开后，上式可写为

$$\sum_{e=1}^{N_{\text{element}}}\sum_{j=1}^{3}\left[\phi_j^e\iint_{\Omega^e}\frac{1}{\mu}\left(\frac{\partial\nu}{\partial x}\frac{\partial N_j^e}{\partial x}+\frac{\partial\nu}{\partial y}\frac{\partial N_j^e}{\partial y}\right)\mathrm{d}\Omega+\frac{\mathrm{d}^2\phi_j^e}{\mathrm{d}t^2}\iint_{\Omega^e}\nu\varepsilon N_j^e\mathrm{d}\Omega+\frac{\mathrm{d}\phi_j^e}{\mathrm{d}t}\iint_{\Omega^e}\nu\sigma N_j^e\mathrm{d}\Omega\right]$$

$$+\sum_{e=1}^{N_{\text{element}}}\boldsymbol{n}_t^e\cdot\hat{\boldsymbol{k}}_{\text{inc}}Y_0\int_{\Gamma_t^e}\nu\frac{\partial E_{\text{inc}z}}{\partial t}\mathrm{d}\Gamma+\sum_{e=1}^{N_{\text{element}}}\sum_{j=1}^{2}\frac{\mathrm{d}\phi_j^e}{\mathrm{d}t}Y_0\int_{\Gamma_{\text{ABC}}^e}\nu N_j^e\mathrm{d}\Gamma=0 \tag{15-43}$$

其中，$\boldsymbol{n}_t^e$是单元e的总场边界外法向(注意：总场边界外法向和总场边界散射场一侧单元e的外法向方向相反)。对于总场边界上的不同单元，$\boldsymbol{n}_t^e\cdot\hat{\boldsymbol{k}}_{\text{inc}}$有不同的方向余弦。

计算域空间单元划分后，特别认定：总场区内以及总场边界上的结点都属于总场；总场边界外侧散射场区内的结点属于散射场。对于图 15－11，需要注意总场边界上的单元结点。例如图中边界附近单元$e1$，$e2$和$e3$，其中总场边界总场区一侧三角形$e1$的三个结点都属于总场，无需特殊处理。但是散射场区一侧的三角形$e2$和$e3$则分别有两个或者一个结点属于散射场，需要特殊考虑，波函数的基函数展开式(11－20)应修改为

$$\phi^{e2}(x,y)=N_1^{e2}(x,y)\phi_1^{e2}+N_2^{e2}(x,y)(\phi_2^{e2}-E_{\text{inc}z}|_2^{e2})+N_3^{e2}(x,y)(\phi_3^{e2}-E_{\text{inc}z}|_3^{e2})$$

$$=\sum_{i=1}^{3}N_i^{e2}(x,y)\phi_i^{e2}-\{N_2^{e2}(x,y)E_{\text{inc}z}|_2^{e2}+N_3^{e2}(x,y)E_{\text{inc}z}|_3^{e2}\}$$

$$\phi^{e3}(x,y)=\sum_{i=1}^{3}N_i^{e3}(x,y)\phi_i^{e3}-N_1^{e3}(x,y)E_{\text{inc}z}|_3^{e3}$$

或者合并写为

$$\phi^{es}(x,y)=\left(\sum_{i=1}^{3}N_i^{es}(x,y)\phi_i^{es}\right)-\left(\sum_{jt=1}^{1\text{or}2}N_{jt}^{es}(x,y)E_{\text{inc}z}|_{jt}^{es}\right) \tag{15-44}$$

其中，es代表总场边界外侧单元，$(jt, es)=Jt$表示总场边界上单元结点和全域结点的对应关系。根据图 15－11，三角形$e2$和$e3$位于散射场区，但其中有位于总场边界上的结点，属于总场。所以式(15－44)中将总场边界上的函数结点值扣除了入射波在该结点的值，使得函数值都是散射场的结点值。于是式(15－43)变为

$$\sum_{e=1}^{N_{\text{element}}}\sum_{j=1}^{3}\left[\phi_j^e\iint_{\Omega^e}\frac{1}{\mu}\left(\frac{\partial\nu}{\partial x}\frac{\partial N_j^e}{\partial x}+\frac{\partial\nu}{\partial y}\frac{\partial N_j^e}{\partial y}\right)\mathrm{d}\Omega+\frac{\mathrm{d}^2\phi_j^e}{\mathrm{d}t^2}\iint_{\Omega^e}\nu\varepsilon N_j^e\mathrm{d}\Omega+\frac{\mathrm{d}\phi_j^e}{\mathrm{d}t}\iint_{\Omega}\nu\sigma N_j^e\mathrm{d}\Omega\right]$$

$$-\sum_{e=1}^{N_{\text{element}}}\sum_{jt=1}^{1\text{or}2}\left[E_{\text{inc}z}|_{jt}^{es}\iint_{\Omega^e}\frac{1}{\mu}\left(\frac{\partial\nu}{\partial x}\frac{\partial N_{jt}^{es}}{\partial x}+\frac{\partial\nu}{\partial y}\frac{\partial N_{jt}^{es}}{\partial y}\right)\mathrm{d}\Omega+\frac{\mathrm{d}^2E_{\text{inc}z}|_{jt}^{es}}{\mathrm{d}t^2}\iint_{\Omega^e}\nu\varepsilon N_{jt}^{es}\mathrm{d}\Omega\right]$$

$$+\sum_{e=1}^{N_{\text{element}}}\boldsymbol{n}_t^e\cdot\hat{\boldsymbol{k}}_{\text{inc}}Y_0\int_{\Gamma_t^e}\nu\frac{\partial E_{\text{inc}z}}{\partial t}\mathrm{d}\Gamma+\sum_{e=1}^{N_{\text{element}}}\sum_{j=1}^{2}\frac{\mathrm{d}\phi_j^e}{\mathrm{d}t}Y_0\int_{\Gamma_{\text{ABC}}^e}\nu N_j^e\mathrm{d}\Gamma=0 \tag{15-45}$$

由于式(15－43)中含电导率σ的一项只在总场区内不为零，所以上式只修改了左端第一项

和第二项，且只涉及总场边界散射场区一侧单元 es 的总场边界结点$(jt, es)=Jt$。

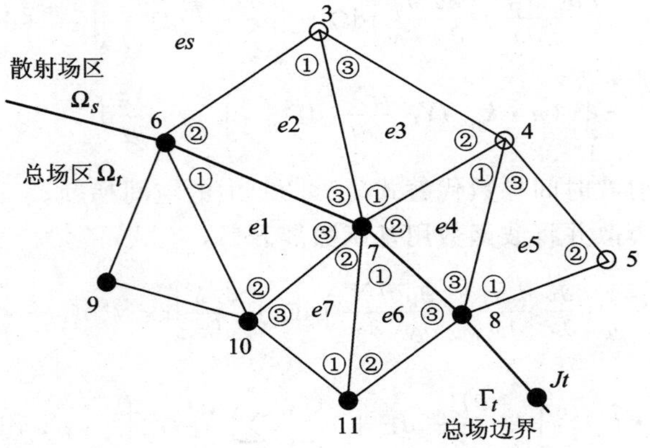

图 15-11　总场边界附近两侧的单元

将总场边界单元 es 的入射波按基函数展开，有

$$E_{\text{incz}}(x, y, t)=\sum_{jt=1}^{2} N_j^e(x, y)\phi_{\text{inc}, jt}^e(t) \tag{15-46}$$

对于总场边界单元 e，根据结点基函数性质，展开式中只有边界上两个结点的基函数在边界上不为零。将式(15-46)代入式(15-45)中的总场边界积分一项可得

$$\boldsymbol{n}_t^e \cdot \hat{\boldsymbol{k}}_{\text{inc}} Y_0 \int_{\Gamma_t^e} N_i^e \frac{\partial E_{\text{incz}}}{\partial t} \mathrm{d}\Gamma = \sum_{jt=1}^{2} \frac{\mathrm{d}\phi_{\text{inc}, jt}^e}{\mathrm{d}t} \boldsymbol{n}_t^{es} \cdot \hat{\boldsymbol{k}}_{\text{inc}} Y_0 \int_{\Gamma_t^e} N_i^e N_{jt}^e \mathrm{d}\Gamma \tag{15-47}$$

改记 $\phi_{\text{inc}, jt}^e = E_{\text{incz}}|_{jt}^e$，代入式(15-45)得到

$$\begin{aligned}
&\sum_{e=1}^{N_{\text{element}}} \sum_{j=1}^{3} \left[\phi_j^e \iint_{\Omega^e} \frac{1}{\mu} \left(\frac{\partial \nu}{\partial x} \frac{\partial N_j^e}{\partial x} + \frac{\partial \nu}{\partial y} \frac{\partial N_j^e}{\partial y} \right) \mathrm{d}\Omega + \frac{\mathrm{d}^2 \phi_j^e}{\mathrm{d}t^2} \iint_{\Omega^e} \nu \varepsilon N_j^e \mathrm{d}\Omega + \frac{\mathrm{d}\phi_j^e}{\mathrm{d}t} \iint_{\Omega} \nu \sigma N_j^e \mathrm{d}\Omega \right] \\
&- \sum_{e=1}^{N_{\text{element}}} \sum_{jt=1}^{1\text{or}2} \left[E_{\text{incz}}|_{jt}^{es} \iint_{\Omega^e} \frac{1}{\mu} \left(\frac{\partial \nu}{\partial x} \frac{\partial N_{jt}^{es}}{\partial x} + \frac{\partial \nu}{\partial y} \frac{\partial N_{jt}^{es}}{\partial y} \right) \mathrm{d}\Omega + \frac{\mathrm{d}^2 E_{\text{incz}}|_{jt}^{es}}{\mathrm{d}t^2} \iint_{\Omega^e} \nu \varepsilon N_{jt}^{es} \mathrm{d}\Omega \right] \\
&+ \sum_{e=1}^{N_{\text{element}}} \sum_{jt=1}^{2} \frac{\mathrm{d}E_{\text{incz}}|_{jt}^e}{\mathrm{d}t} \boldsymbol{n}_t^e \cdot \hat{\boldsymbol{k}}_{\text{inc}} Y_0 \int_{\Gamma_t^e} N_i^e N_{jt}^e \mathrm{d}\Gamma + \sum_{e=1}^{N_{\text{element}}} \sum_{j=1}^{2} \frac{\mathrm{d}\phi_j^e}{\mathrm{d}t} Y_0 \int_{\Gamma_{\text{ABC}}^e} \nu N_j^e \mathrm{d}\Gamma = 0
\end{aligned}$$

取权函数 $\nu = N_i^q$，注意到基函数只在单元内不为零，上式变为

$$\begin{aligned}
&\sum_{j=1}^{3} \left[\phi_j^e \iint_{\Omega^e} \frac{1}{\mu} \left(\frac{\partial N_i^e}{\partial x} \frac{\partial N_j^e}{\partial x} + \frac{\partial N_i^e}{\partial y} \frac{\partial N_j^e}{\partial y} \right) \mathrm{d}\Omega + \frac{\mathrm{d}^2 \phi_j^e}{\mathrm{d}t^2} \iint_{\Omega^e} \varepsilon N_i^e N_j^e \mathrm{d}\Omega + \frac{\mathrm{d}\phi_j^e}{\mathrm{d}t} \iint_{\Omega} \sigma N_i^e N_j^e \mathrm{d}\Omega \right] \\
&- \sum_{jt=1}^{1\text{or}2} \left[E_{\text{incz}}|_{jt}^{es} \iint_{\Omega^e} \frac{1}{\mu} \left(\frac{\partial N_i^{es}}{\partial x} \frac{\partial N_{jt}^{es}}{\partial x} + \frac{\partial N_i^{es}}{\partial y} \frac{\partial N_{jt}^{es}}{\partial y} \right) \mathrm{d}\Omega + \frac{\mathrm{d}^2 E_{\text{incz}}|_{jt}^{es}}{\mathrm{d}t^2} \iint_{\Omega^e} \varepsilon N_i^{es} N_{jt}^{es} \mathrm{d}\Omega \right] \\
&+ \sum_{jt=1}^{2} \mathrm{d} \frac{\mathrm{d}E_{\text{incz}}|_{jt}^{es}}{\partial t} \boldsymbol{n}_t^{es} \cdot \hat{\boldsymbol{k}}_{\text{inc}} Y_0 \int_{\Gamma_t^e} N_i^{es} N_{jt}^{es} \mathrm{d}\Gamma + \sum_{j=1}^{2} \frac{\mathrm{d}\phi_j^e}{\mathrm{d}t} Y_0 \int_{\Gamma_{\text{ABC}}^e} N_i^e N_j^e \mathrm{d}\Gamma = 0
\end{aligned} \tag{15-48}$$

定义单元积分为

$$\begin{cases} K_{ij}^{e} \simeq \dfrac{1}{\mu_e}\displaystyle\iint_{\Omega^e}\left(\dfrac{\partial N_i^e}{\partial x}\dfrac{\partial N_j^e}{\partial x}+\dfrac{\partial N_i^e}{\partial y}\dfrac{\partial N_j^e}{\partial y}\right)\mathrm{d}x\mathrm{d}y \\ M_{ij}^{e} \simeq \varepsilon_e\displaystyle\iint_{\Omega^e}N_i^eN_j^e\mathrm{d}x\mathrm{d}y \\ P_{ij}^{e} \simeq \sigma_e\displaystyle\iint_{\Omega^e}N_i^eN_j^e\mathrm{d}\Omega \\ C_{ij}^{e} \simeq Y_0\displaystyle\int_{\Gamma_{\mathrm{ABC}}^e}N_i^eN_j^e\mathrm{d}\Gamma,\ e\in\Gamma_{\mathrm{ABC}} \\ Cs_{ij}^{e} \simeq \boldsymbol{n}_i^e\cdot\hat{\boldsymbol{k}}_{\mathrm{inc}}Y_0\displaystyle\int_{\Gamma_t^e}N_i^eN_j^e\mathrm{d}\Gamma,\ e\in\Gamma_t \\ Ks_{ij}^{e} = \delta_{e,\,es}\delta_{j,\,jt}K_{ij}^{e},\ Ms_{ij}^{e} = \delta_{e,\,es}\delta_{j,\,jt}M_{ij}^{e} \end{cases} \tag{15-49}$$

其中，es代表总场边界Γ_t散射场一侧单元。于是式(15－48)可写为

$$\begin{aligned} &\sum_{j=1}^{3}\left(K_{ij}^{e}\phi_j^e+M_{ij}^{e}\frac{\mathrm{d}^2\phi_j^e}{\mathrm{d}t^2}+P_{ij}^{e}\frac{\mathrm{d}\phi_j^e}{\mathrm{d}t}\right)+\sum_{j=1}^{2}C_{ij}^{e}\frac{\mathrm{d}\phi_j^e}{\mathrm{d}t} \\ &-\sum_{jt=1}^{1\mathrm{or}\,2}\left(Ks_{i,\,jt}^{es}E_{\mathrm{inc}z}\big|_{jt}^{es}+Ms_{i,\,jt}^{es}\frac{\mathrm{d}^2E_{\mathrm{inc}z}\big|_{jt}^{es}}{\mathrm{d}t^2}\right) \\ &+\sum_{jt=1}^{2}Cs_{i,\,jt}^{es}\frac{\mathrm{d}E_{\mathrm{inc}z}\big|_{jt}^{es}}{\mathrm{d}t}=0 \end{aligned} \tag{15-50}$$

上式中$e=1, 2, \cdots, N_{\mathrm{element}}$；$i=1, 2, 3$。由于$3\times N_{\mathrm{element}}>N_{\mathrm{node}}$，上式为冗余方程组。为了除去方程的冗余性，将$I$相同但$(i, e)$不同的几个方程相加(组合)，然后再将方程按照全域结点编号顺序排列，并将ϕ_J相同项合并，于是得到

$$\begin{aligned} &\sum_{J=1}^{N_{\mathrm{node}}}\sum_{(i,\,e)=I}\sum_{(j,\,e)=J}\sum_{j=1}^{3}\left(M_{ij}^{e}\frac{\mathrm{d}^2\phi_J}{\mathrm{d}t^2}+P_{ij}^{e}\frac{\mathrm{d}\phi_J}{\mathrm{d}t}+K_{ij}^{e}\phi_J\right)+\sum_{J=1}^{N_{\mathrm{node}}}\sum_{(i,\,e)=I}\sum_{(j,\,e)=J}\sum_{j=1}^{2}C_{ij}^{e}\frac{\mathrm{d}\phi_J}{\mathrm{d}t} \\ &-\sum_{Jt=1}^{N_{\mathrm{node}}}\sum_{(i,\,es)=I}\sum_{(jt,\,es)=Jt}\sum_{j=1}^{1\mathrm{or}\,2}\left(Ms_{i,\,jt}^{es}\frac{\mathrm{d}^2E_{\mathrm{inc}z}\big|_{Jt}}{\mathrm{d}t^2}+Ks_{i,\,jt}^{es}E_{\mathrm{inc}z}\big|_{Jt}\right) \\ &+\sum_{Jt=1}^{N_{\mathrm{node}}}\sum_{(i,\,es)=I}\sum_{(jt,\,es)=Jt}\sum_{j=1}^{2}Cs_{i,\,jt}^{es}\frac{\mathrm{d}E_{\mathrm{inc}z}\big|_{Jt}}{\mathrm{d}t}=0 \end{aligned} \tag{15-51}$$

上式中

$$\begin{cases} K_{IJ}=\displaystyle\sum_{(i,\,e)=I}\sum_{(j,\,e)=J}\sum_{j=1}^{3}K_{ij}^{e},\quad M_{IJ}=\sum_{(i,\,e)=I}\sum_{(j,\,e)=J}\sum_{j=1}^{3}M_{ij}^{e} \\ P_{IJ}=\displaystyle\sum_{(i,\,e)=I}\sum_{(j,\,e)=J}\sum_{j=1}^{3}P_{ij}^{e},\quad C_{IJ}=\sum_{(i,\,e)=I}\sum_{(j,\,e)=J}\sum_{j=1}^{1\mathrm{or}\,2}C_{ij}^{e} \end{cases} \tag{15-52}$$

在总场边界上特别定义

$$\begin{cases} Ms_{I,\,Jt}=\displaystyle\sum_{(i,\,es)=I}\sum_{(jt,\,es)=Jt}\sum_{j=1}^{1\mathrm{or}\,2}Ms_{i,\,jt}^{es},\quad Ks_{I,\,Jt}=\sum_{(i,\,es)=I}\sum_{(jt,\,es)=Jt}\sum_{j=1}^{1\mathrm{or}\,2}Ks_{i,\,jt}^{es} \\ Cs_{I,\,Jt}=\displaystyle\sum_{(i,\,e)=I}\sum_{(jt,\,e)=Jt}\sum_{j=1}^{2}Cs_{i,\,jt}^{e} \end{cases} \tag{15-53}$$

应用式(15－52)和式(15－53)得到全域矩阵方程为

$$\begin{cases} \sum_{J=1}^{N_{\text{node}}} \left(M_{IJ} \dfrac{\mathrm{d}^2 \phi_J}{\mathrm{d}t^2} + P_{IJ} \dfrac{\mathrm{d}\phi_J}{\mathrm{d}t} + C_{IJ} \dfrac{\mathrm{d}\phi_J}{\mathrm{d}t} + K_{IJ}\phi_J \right) - h_I = 0 \\ [M]\dfrac{\mathrm{d}^2}{\mathrm{d}t^2}\{\phi\} + ([C]+[P])\dfrac{\mathrm{d}}{\mathrm{d}t}\{\phi\} + [K]\{\phi\} - \{h\} = 0 \end{cases} \tag{15-54}$$

其中，$I=1, 2, \cdots, N_{\text{node}}$。上式中激励源矢量为

$$\begin{cases} h_I = \sum_{Jt=1}^{N_{\text{node}}} \left(Ms_{I,Jt} \dfrac{\mathrm{d}^2 E_{\text{incz}}|_{Jt}}{\mathrm{d}t^2} + Ks_{I,Jt} E_{\text{incz}}|_{Jt} - Cs_{I,Jt} \dfrac{\mathrm{d}E_{\text{incz}}|_{Jt}}{\mathrm{d}t} \right) \\ \{h\} = [Ms]\dfrac{\mathrm{d}^2}{\mathrm{d}t^2}\{E_{\text{incz}}\} + [Ks]\{E_{\text{incz}}\} - [Cs]\dfrac{\mathrm{d}}{\mathrm{d}t}\{E_{\text{incz}}\} \end{cases} \tag{15-55}$$

分布在总场边界，其中全域矢量$\{E_{\text{incz}}\}$的N_{node}个分量中只有总场边界上全域结点对应的分量不为零。而且式(15－55)中全域矩阵$[Ms]$，$[Ks]$由单元矩阵组合方式和全域矩阵$[M]$，$[K]$有所不同。全域矩阵$[Cs]$由单元矩阵组合方式和全域矩阵$[C]$类似，但$[Cs]$是沿总场边界Γ_t，而$[C]$是沿吸收边界Γ_{ABC}。

从物理概念看，$[Ms]$，$[Ks]$对应于总场边界上电场的不连续，相当于面磁流；而$[Cs]$则对应于总场边界上磁场的不连续，相当于面电流。

15.2.3　激励源矢量中全域矩阵[Ms]和[Ks]的组合

作为比较，先考虑全域矩阵$[M]$的组合($[K]$相同)。如前所述(12.4 节)，由单元矩阵分量M_{ij}^e通过对号入座方式累加填充可以获得全域矩阵M_{IJ}，即$[M]$。全域矩阵$[M]$是一个稀疏矩阵，当其下标所示全域结点I和J不属于同一个单元时，$M_{IJ}=0$。特别的，对于$M_{I,Jt}$，如果全域结点Jt位于总场边界上，如图 15－12(a)所示，则$M_{I,Jt}$下标的另一个全域结点I可以是图(a)中环绕全域结点Jt的 6 个单元$e1\sim e6$的另外 6 个结点$I1$，$I2$，$I3$，$I4$，$I5$，$I6$(连同自身结点Jt共有 7 个)。

再看全域矩阵$[Ms]$的组合($[Ks]$相同)。$[Ms]$只有非零分量$Ms_{I,Jt}$，其中全域结点Jt位于总场边界上，如图 15－12(b)所示。如前所述，$Ms_{I,Jt}$下标的另一个全域结点I将只涉及图(b)中环绕全域结点Jt但位于散射场区一侧的 3 个单元$e2$，$e3$和$e4$的另外 4 个结点$I1$，$I4$，$I5$，$I6$(连同自身结点Jt共有 5 个)。所以，$[Ms]$，$[Ks]$是比$[M]$，$[K]$更为稀疏的矩阵，并且它不是对称矩阵。

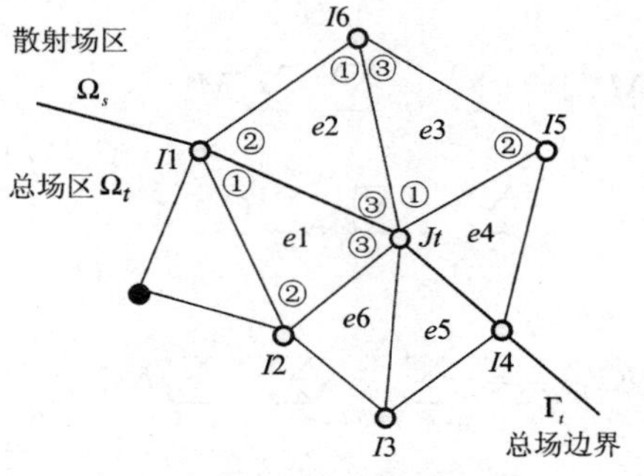

(a) [M]关联的单元和结点

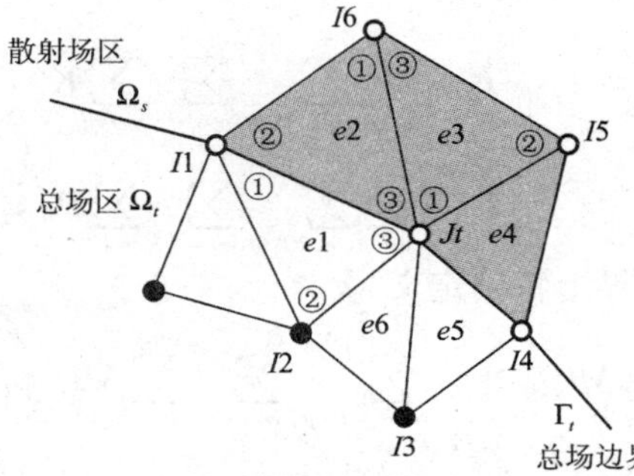

(b) [Ms]关联的单元和结点

图 15－12　总场边界上结点Jt及其环绕单元和结点

下面以图 15－11 为例具体说明如何由组合形成[Ms]([Ks]也一样)。图中全域结点 6、7、8 是总场边界上的结点，而全域结点 3、4、5 是散射场区一侧结点，9、10、11 是总场区内结点(实际计算中这些结点并不是连续编号)。作为对比，将全域矩阵[M]和[Ms]中的若干矩阵分量列出如表 15－1 所示。由表可见，Ms_{IJ} 和 M_{IJ} 只有少数分量相同，[Ms]比[M]更为稀疏，且[Ms]不是对称矩阵。

表 15－1　全域矩阵[M]和[Ms]的若干矩阵分量比较

全域结点	M_{IJ}	Ms_{IJ}	说　明
$I=3，J=7$	$M_{3,7}=M_{13}^{e2}+M_{31}^{e3}$	$Ms_{3,7}=M_{13}^{e2}+M_{31}^{e3}$	$M_{3,7}=Ms_{3,7}$
$I=4，J=7$	$M_{4,7}=M_{21}^{e3}+M_{12}^{e4}$	$Ms_{4,7}=M_{21}^{e3}+M_{12}^{e4}$	$M_{4,7}=Ms_{4,7}$
$I=7，J=4$	$M_{7,4}=M_{12}^{e3}+M_{21}^{e4}$	$Ms_{7,4}=0$	结点 $J=4$ 不在总场边界上
$I=6，J=7$	$M_{6,7}=M_{23}^{e2}+M_{13}^{e1}$	$Ms_{6,7}=M_{23}^{e2}$	单元 $e1$ 在总场边界的总场区一侧
$I=7，J=7$	$M_{7,7}=M_{33}^{e1}+M_{33}^{e2}+M_{11}^{e3}+M_{22}^{e4}+M_{11}^{e6}+M_{22}^{e7}$	$Ms_{7,7}=M_{33}^{e2}+M_{11}^{e3}+M_{22}^{e4}$	单元 $e1$、$e6$、$e7$ 在总场边界的总场区一侧
$I=3，J=4$	$M_{3,4}\neq0$	$Ms_{3,4}=0$	结点 $J=4$ 不在总场边界上
$I=10，J=7$	$M_{10,7}\neq0$	$Ms_{10,7}=0$	单元 $e1$、$e7$ 都在总场边界的总场区一侧
$I=5，J=7$	$M_{5,7}=0$	$Ms_{5,7}=0$	$I=5$，$J=7$ 不属于同一单元

[Ms]累加填充的步骤如下：

(1) 将所有[Ms]分量设为零，即 $Ms_{I,Jt}=0$。

(2) 寻找总场边界散射场区一侧单元 es，根据单元和全域结点对应关系$(jt, es)=Jt$ 和$(i, es)=I$，将 $M_{i,jt}^{es}$ 对号入座累加填充到 $Ms_{I,Jt}$，$Ms_{I,Jt}=Ms_{I,Jt}+M_{i,jt}^{es}$。

(3) 对于所有总场边界散射场区一侧单元 es 完成上述累加填充。

在程序实现中可以将[Ms]和[M]的累加填充同时进行。在计算得到 M_{ij}^{e} 后，对于符合上述步骤(2)的 $M_{i,jt}^{es}$ 就同时也填充到[Ms]。

下面看全域矩阵[Cs]和[C]的组合。注意[Cs]是沿总场边界 Γ_t，[C]是沿吸收边界 Γ_{ABC}。以图 15－13 为例(图中结点的全域编号是示意性的)，作为对比二者组合结果分别为

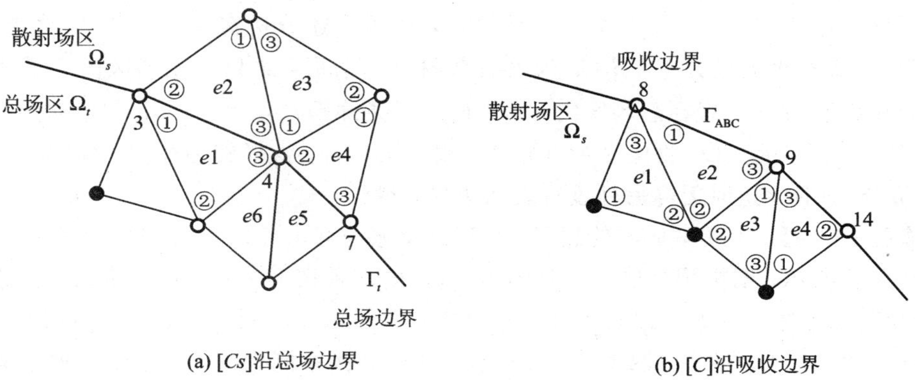

(a) [Cs]沿总场边界　　(b) [C]沿吸收边界

图 15－13　[Cs]和[C]组合示意

$$Cs_{3,4}=Cs_{23}^{e2},\ Cs_{4,4}=Cs_{33}^{e2}+Cs_{22}^{e4},\ Cs_{4,7}=Cs_{23}^{e4}$$
$$C_{8,9}=C_{13}^{e2},\ C_{9,9}=C_{33}^{e2}+C_{33}^{e4},\ C_{9,14}=C_{32}^{e2}$$

15.2.4　平面波与散射算例

设入射波为高斯脉冲，则有

$$\boldsymbol{E}_{\text{inc}}(\boldsymbol{r},t)=\boldsymbol{E}_0\exp\left[-4\pi\left(\frac{t-t_0-\hat{\boldsymbol{k}}_{\text{inc}}\cdot\boldsymbol{r}/c}{\tau}\right)^2\right] \tag{15-56}$$

其中 τ 代表脉冲宽度，$\hat{\boldsymbol{k}}_{\text{inc}}$ 为入射波方向单位矢，$\hat{\boldsymbol{k}}_{\text{inc}}=\hat{\boldsymbol{x}}\cos\varphi+\hat{\boldsymbol{y}}\sin\varphi$，$\varphi$ 为入射波矢量和 x 轴夹角，如图 15-14 所示。TM 波极化方向为 $\boldsymbol{E}_0=\hat{z}E_0$，即式(15-55)中，

$$E_{\text{inc}z}(x,y,t)=E_0\exp\left[-4\pi\left(\frac{t-t_0-\dfrac{x\cos\varphi+y\sin\varphi}{c}}{\tau}\right)^2\right]$$

其中，延迟时间 t_0 需要适当选择以保证当 $t<0$ 时计算域内电场等于零。如前所述，高斯脉冲的一阶和二阶导数 $\partial E_{\text{inc}z}/\partial t$，$\partial^2 E_{\text{inc}z}/\partial t^2$ 都有解析式(15-32)便于应用。

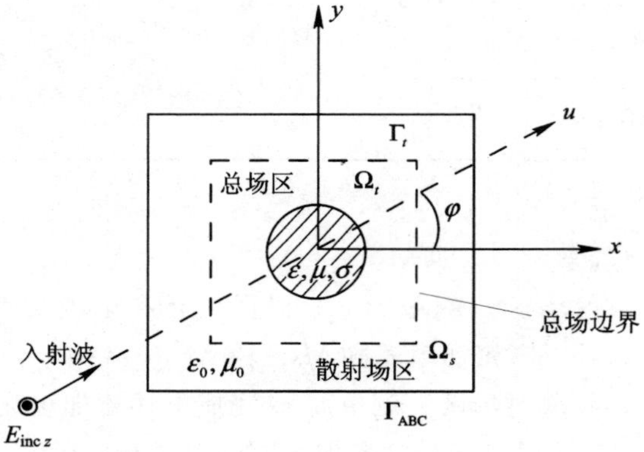

图 15-14　一维平面波的加入

式(15-55)中平面波加入的另一种方法是激励空间方式，即入射波采用一维平面波 FETD 产生，然后再复制到总场边界(尹家贤等，2000)。

以下算例分为图 15-15 中所示三种情形，按照上述分析在总场边界 Γ_t 设置入射波。用 FETD 计算给出近场分布。图(a)为没有散射体的情形，结果是总场区内为平面波场分布。(b)为 PEC 柱体放置在总场区内，其表面边界条件是 $\phi|_{\text{PEC}}=E_z|_{\text{PEC}}=0$。对于二维 TM 波，计算中也可以将 PEC 物体改为电导率 σ 很大来代替，这样较为简便。(c)为介质(无耗或有耗介质)柱体，这时无需另外设置表面边界条件。

【算例 15-4】　TM 平面波的加入。矩形计算域为 2 m×2 m，总场区为 1 m×1 m，如图 15-16(a)所示，图中圆柱体可以是图 15-15 的三种情形之一，本例中没有散射体。设入射波为高斯脉冲，$\tau=t_0=100\Delta t$，$\Delta t=0.025\times10^{-9}$ s，沿 x 轴入射。计算域划分为 5344 个三角形，共 2753 个结点，图 15-16(b)给出 400Δt 的空间场分布。由图可见平面波加入效果较好。此外，当总场边界为圆形时，时谐场平面波加入的图示见书末彩图 8。

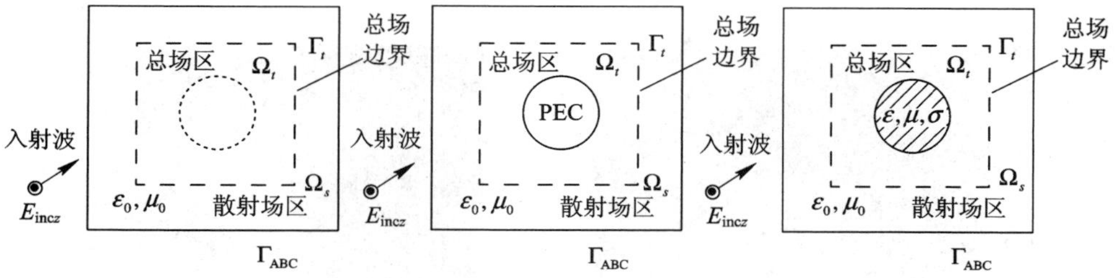

(a) 零散射体　(b) PEC柱体　(c) 介质柱体

图 15－15　TM 平面波照射柱体散射

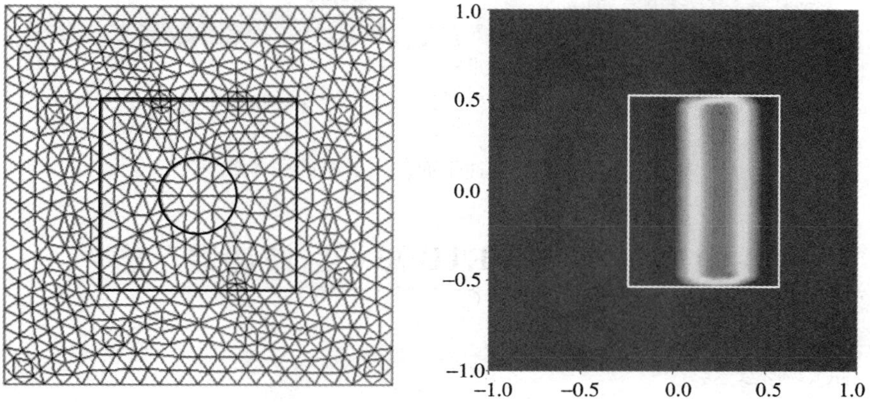

(a) 计算域和总场边界　(b) $400\Delta t$ 的 E_z 分布

图 15－16　高斯脉冲平面波的加入

另外给出计算域为矩形 2 m×2 m，而总场区为圆形，半径为 0.8 m 的例子。离散后有 217 28 个三角形，110 25 个结点。TM 时谐场平面波 $f=2/\pi$ GHz＝0.637 GHz。图 15－17 所示为 E_z 分布。由图可见平面波有效加入到圆形总场区内。

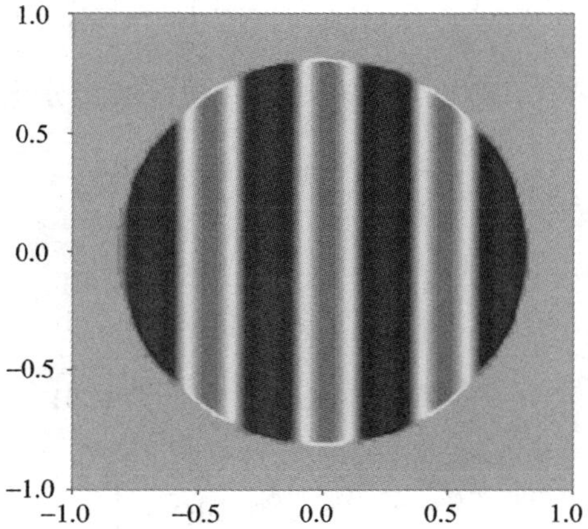

图 15－17　时谐场平面波的加入

【算例 15－5】　TM 高斯脉冲的圆柱散射。设 TM 平面入射波为高斯脉冲，矩形计算域离散为 5344 个三角形，2753 个结点。总场和散射场区的划分如图 15－16(a)所示。图 15－18 给出 $400\Delta t$ 的 E_z 场分布，其中图(a)为金属圆柱散射，图(b)为介质圆柱($\varepsilon=4\varepsilon_0$，$\mu=\mu_0$)散射。

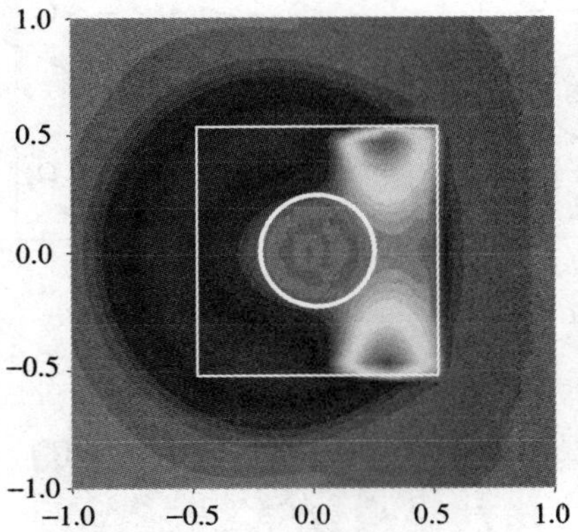

(a) 金属圆柱

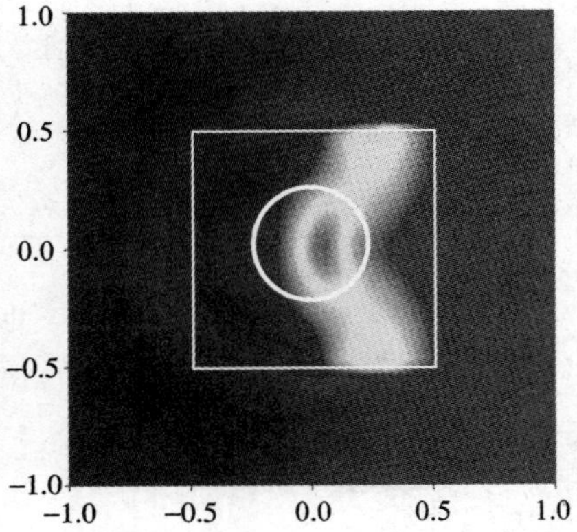

(b) 介质圆柱($\varepsilon_r=4, \mu_r=1$)

图 15-18 高斯脉冲平面波入射时圆柱体散射

15.3 二维 FETD 总场区域加源方法

15.3.1 弱解形式

本节讨论 15.2 节中弱解形式(15-39)的改写。总场区中入射波的波动方程为

$$\left[\frac{\partial}{\partial x}\left(\frac{1}{\mu_0}\frac{\partial \phi_{\text{inc}}}{\partial x}\right)+\frac{\partial}{\partial y}\left(\frac{1}{\mu_0}\frac{\partial \phi_{\text{inc}}}{\partial y}\right)\right]-\varepsilon_0\frac{\partial^2 \phi_{\text{inc}}}{\partial t^2}=0,\ \boldsymbol{r}\in\Omega_t \tag{15-57}$$

乘以权函数 ν_{inc} 并沿总场区积分得

$$\iint_{\Omega_t}\nu_{\text{inc}}\left[\frac{\partial}{\partial x}\left(\frac{1}{\mu_0}\frac{\partial \phi_{\text{inc}}}{\partial x}\right)+\frac{\partial}{\partial y}\left(\frac{1}{\mu_0}\frac{\partial \phi_{\text{inc}}}{\partial y}\right)-\varepsilon_0\frac{\partial^2 \phi_{\text{inc}}}{\partial t^2}\right]\mathrm{d}\Omega=0$$

利用函数乘积的分部积分公式，可将上式左端前两项区域积分化为

$$\begin{aligned}
I_\Omega=&\iint_{\Omega_t}\nu_{\text{inc}}\left[\frac{\partial}{\partial x}\left(\frac{1}{\mu_0}\frac{\partial \phi_{\text{inc}}}{\partial x}\right)+\frac{\partial}{\partial y}\left(\frac{1}{\mu_0}\frac{\partial \phi_{\text{inc}}}{\partial y}\right)\right]\mathrm{d}\Omega\\
=&-\iint_{\Omega_t}\frac{\partial \nu_{\text{inc}}}{\partial x}\frac{1}{\mu_0}\frac{\partial \phi_{\text{inc}}}{\partial x}\mathrm{d}x\mathrm{d}y+\oint_{\Gamma_t}\nu_{\text{inc}}\frac{1}{\mu_0}\frac{\partial \phi_{\text{inc}}}{\partial x}n_x\mathrm{d}\Gamma\\
&-\iint_{\Omega_t}\frac{\partial \nu_{\text{inc}}}{\partial y}\frac{1}{\mu_0}\frac{\partial \phi_{\text{inc}}}{\partial y}\mathrm{d}x\mathrm{d}y+\oint_{\Gamma_t}\nu_{\text{inc}}\frac{1}{\mu_0}\frac{\partial \phi_{\text{inc}}}{\partial y}n_y\mathrm{d}\Gamma\\
=&-\iint_{\Omega_t}\frac{1}{\mu_0}\left(\frac{\partial \nu_{\text{inc}}}{\partial x}\frac{\partial \phi_{\text{inc}}}{\partial x}+\frac{\partial \nu_{\text{inc}}}{\partial y}\frac{\partial \phi_{\text{inc}}}{\partial y}\right)\mathrm{d}\Omega+\oint_{\Gamma_t}\nu_{\text{inc}}\frac{1}{\mu_0}\boldsymbol{n}\cdot\nabla\phi_{\text{inc}}\mathrm{d}\Gamma
\end{aligned}$$

代入式(15-57)得到

$$\iint_{\Omega_t}\frac{1}{\mu_0}\left(\frac{\partial \nu_{\text{inc}}}{\partial x}\frac{\partial \phi_{\text{inc}}}{\partial x}+\frac{\partial \nu_{\text{inc}}}{\partial y}\frac{\partial \phi_{\text{inc}}}{\partial y}\right)\mathrm{d}\Omega+\iint_{\Omega_t}\nu_{\text{inc}}\varepsilon_0\frac{\partial^2 \phi_{\text{inc}}}{\partial t^2}\mathrm{d}\Omega-\oint_{\Gamma_t}\nu_{\text{inc}}\frac{1}{\mu_0}\boldsymbol{n}\cdot\nabla\phi_{\text{inc}}\mathrm{d}\Gamma=0$$

或

$$\oint_{\Gamma_t}\nu_{\mathrm{inc}}\frac{1}{\mu_0}\boldsymbol{n}\cdot\nabla\phi_{\mathrm{inc}}\mathrm{d}\Gamma=\iint_{\Omega_t}\frac{1}{\mu_0}\left(\frac{\partial\nu_{\mathrm{inc}}}{\partial x}\frac{\partial\phi_{\mathrm{inc}}}{\partial x}+\frac{\partial\nu_{\mathrm{inc}}}{\partial y}\frac{\partial\phi_{\mathrm{inc}}}{\partial y}\right)\mathrm{d}\Omega+\iint_{\Omega_t}\nu_{\mathrm{inc}}\varepsilon_0\frac{\partial^2\phi_{\mathrm{inc}}}{\partial t^2}\mathrm{d}\Omega$$

令 $\nu_{\mathrm{inc}}=\nu$，将上式代入式(15－39)消除沿总场边界 Γ_t 的积分后得到

$$\iint_{\Omega}\frac{1}{\mu}\left(\frac{\partial\nu}{\partial x}\frac{\partial\phi}{\partial x}+\frac{\partial\nu}{\partial y}\frac{\partial\phi}{\partial y}\right)\mathrm{d}\Omega+\iint_{\Omega}\nu\varepsilon\frac{\partial^2\phi}{\partial t^2}\mathrm{d}\Omega+\iint_{\Omega}\nu\sigma\frac{\partial\phi}{\partial t}\mathrm{d}\Omega+\oint_{\Gamma_{\mathrm{ABC}}}\nu Y_0\frac{\partial\phi}{\partial t}\mathrm{d}\Gamma$$
$$-\iint_{\Omega_t}\frac{1}{\mu_0}\left(\frac{\partial\nu}{\partial x}\frac{\partial\phi_{\mathrm{inc}}}{\partial x}+\frac{\partial\nu}{\partial y}\frac{\partial\phi_{\mathrm{inc}}}{\partial y}\right)\mathrm{d}\Omega-\iint_{\Omega_t}\nu\varepsilon_0\frac{\partial^2\phi_{\mathrm{inc}}}{\partial t^2}\mathrm{d}\Omega=0 \qquad (15-58)$$

注意，以上弱解形式和式(15－39)及式(15－42)不同，上式中用入射波的总场区 Ω_t 积分代替了式(15－42)中入射波沿总场边界 Γ_t 的积分，相当于入射波源施加在总场区 Ω_t 内，而不是施加在总场区边界 Γ_t 上。

15.3.2　有限元矩阵方程

将计算域按单元离散，波函数 ϕ，ϕ_{inc} 用基函数展开，展开时注意波函数 ϕ 在总场边界的不连续性，并取权函数为基函数 $\nu=N_i^q$，参照式(15－50)，由式(15－58)得到单元矩阵方程为

$$\sum_{j=1}^{3}\left(K_{ij}^e\phi_j^e+M_{ij}^e\frac{\mathrm{d}^2\phi_j^e}{\mathrm{d}t^2}+P_{ij}^e\frac{\mathrm{d}\phi_j^e}{\mathrm{d}t}\right)+\sum_{j=1}^{2}C_{ij}^e\frac{\mathrm{d}\phi_j^e}{\mathrm{d}t}-\sum_{j=1}^{3}\left(Kt_{ij}^{et}E_{\mathrm{inc}z}\big|_j^{et}+Mt_{ij}^{es}\frac{\mathrm{d}^2E_{\mathrm{inc}z}\big|_j^{et}}{\mathrm{d}t^2}\right)$$
$$-\sum_{jt=1}^{1\mathrm{or}2}\left(Ks_{i,jt}^{es}E_{\mathrm{inc}z}\big|_{jt}^{es}+Ms_{i,jt}^{es}\frac{\mathrm{d}^2E_{\mathrm{inc}z}\big|_{jt}^{es}}{\mathrm{d}t^2}\right)=0 \qquad (15-59)$$

其中，et 代表总场区单元，es 代表总场边界 Γ_t 散射场一侧单元；单元矩阵 K_{ij}^e，M_{ij}^e，P_{ij}^e，C_{ij}^e 和 Ms_{ij}^{es}，Ks_{ij}^{es} 的含义同 15.2 节，Kt_{ij}^e，Mt_{ij}^e 类似于 K_{ij}^e，M_{ij}^e，定义为

$$\begin{cases}Kt_{ij}^e\simeq\dfrac{1}{\mu_0}\displaystyle\iint_{\Omega^e}\left(\frac{\partial N_i^e}{\partial x}\frac{\partial N_j^e}{\partial x}+\frac{\partial N_i^e}{\partial y}\frac{\partial N_j^e}{\partial y}\right)\mathrm{d}x\mathrm{d}y,\ \varepsilon=\varepsilon_0,\ \mu=\mu_0,\ e\in\Omega_t\\ Mt_{ij}^e\simeq\varepsilon_0\displaystyle\iint_{\Omega^e}N_i^eN_j^e\mathrm{d}x\mathrm{d}y,\quad\varepsilon=\varepsilon_0,\ \mu=\mu_0,\ e\in\Omega_t\end{cases} \qquad (15-60)$$

或者

$$\begin{cases}Kt_{ij}^e=K_{ij}^e,\ \varepsilon=\varepsilon_0,\ \mu=\mu_0,\ e\in\Omega_t\\ Mt_{ij}^e=M_{ij}^e,\ \varepsilon=\varepsilon_0,\ \mu=\mu_0,\ e\in\Omega_t\end{cases} \qquad (15-61)$$

换言之，Kt_{ij}^e，Mt_{ij}^e 和 K_{ij}^e，M_{ij}^e 相同，但只限于总场区单元，且 $\mu_e=\mu_0$，$\varepsilon_e=\varepsilon_0$ 为真空介质。Ks_{ij}^e，Ms_{ij}^e 和式(15－49)定义相同。经过组合并采用全域结点编号后得到全域矩阵方程：

$$[M]\frac{\mathrm{d}^2}{\mathrm{d}t^2}\{\phi\}+([C]+[P])\frac{\mathrm{d}}{\mathrm{d}t}\{\phi\}+[K]\{\phi\}-\{h\}=0 \qquad (15-62)$$

式中激励源矢量为

$$\begin{cases}h_I=\displaystyle\sum_{J=1}^{N_{\mathrm{node}}}\left(Mt_{IJ}\frac{\mathrm{d}^2E_{\mathrm{inc}z}\big|_J}{\mathrm{d}t^2}+Kt_{IJ}E_{\mathrm{inc}z}\big|_J\right)+\sum_{Jt=1}^{N_{\mathrm{node}}}\left(Ms_{I,Jt}\frac{\mathrm{d}^2E_{\mathrm{inc}z}\big|_{Jt}}{\mathrm{d}t^2}+Ks_{I,Jt}E_{\mathrm{inc}z}\big|_{Jt}\right)\\ \{h\}=[Mt]\dfrac{\mathrm{d}^2}{\mathrm{d}t^2}\{E_{\mathrm{inc}z}\}+[Kt]\{E_{\mathrm{inc}z}\}+[Ms]\dfrac{\mathrm{d}^2}{\mathrm{d}t^2}\{E_{\mathrm{inc}z}\}+[Ks]\{E_{\mathrm{inc}z}\}\end{cases}$$

(15－63)

其中，第一项求和在总场区范围内，第二项求和在总场区边界上；全域矢量$\{E_{incz}\}$的N_{node}个分量中只有总场区(包含总场边界)结点对应的分量不为零，等于入射波的值。全域矩阵$[Mt]$，$[Kt]$和$[M]$，$[K]$类似，但只有对应于总场区结点的分量不为零，且介质参数取为真空μ_0，ε_0，即

$$\begin{cases} Mt_{IJ} = \begin{cases} M_{IJ}, & I, J \in \Omega_t, \varepsilon = \varepsilon_0, \mu = \mu_0 \\ 0, & 其它 \end{cases} \\ Kt_{IJ} = \begin{cases} K_{IJ}, & I, J \in \Omega_t, \varepsilon = \varepsilon_0, \mu = \mu_0 \\ 0, & 其它 \end{cases} \end{cases} \tag{15-64}$$

注意：$[Ms]$，$[Ks]$由单元矩阵组合方式同15.2节。

15.3.3　平面波与散射算例

【算例 15-6】 TM平面波的加入。设TM高斯脉冲平面入射波沿x轴入射，参数同算例15-4。计算域划分为5344个三角形，共2753个结点。计算域为2 m×2 m，区分为总场区1 m×1 m和散射场区，如图15-16(a)所示。设总场区内没有散射体，图15-19为400Δt的空间场分布。由图可见平面波有效地加入到总场区。

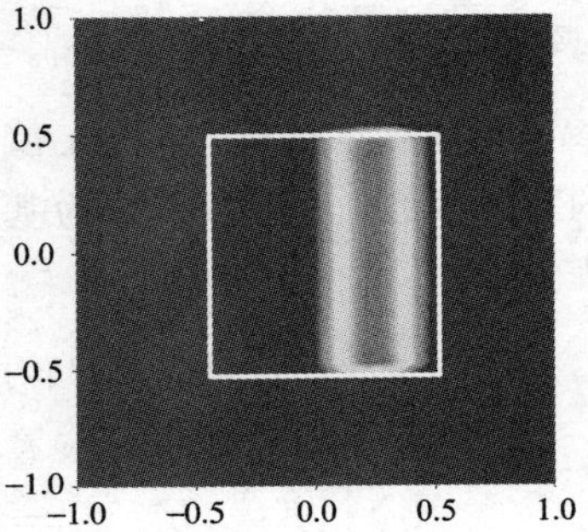

图15-19　TM高斯脉冲平面波的E_z分布

【算例 15-7】 TM高斯脉冲的圆柱散射。总场和散射场区如图15-16(a)所示。TM高斯脉冲平面入射波同上例。计算域划分为5344个三角形，共2753个结点，在400Δt空间场E_z的分布如图15-20所示，其中图(a)为PEC圆柱，图(b)为介质圆柱($\varepsilon_r=4$，$\mu_r=1$)散射。此外，TM时谐场平面波的金属和介质圆柱散射见书末彩图9和彩图10。

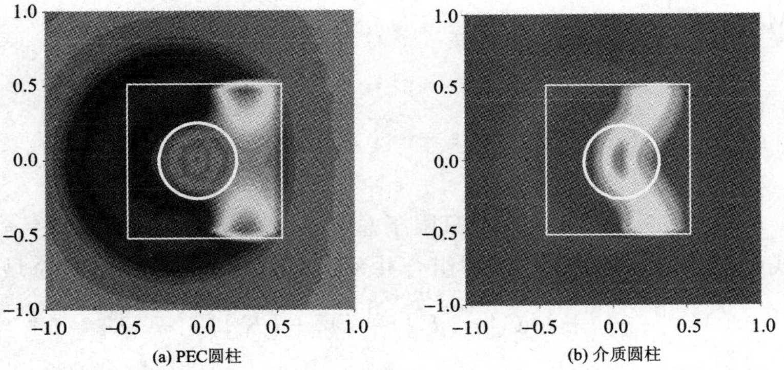

图15-20　TM高斯脉冲平面波入射圆柱散射

【算例 15-8】 TE平面波的加入。矩形计算域4 m×4 m，离散为21 312个三角形，10 817个结点。圆形总场边界半径$a=1.5$ m。图15-21(a)为时谐场$\lambda=0.5$ m平面波在520Δt的H_z分布，$\Delta t=2.5\times10^{-11}$ s。图(b)和(c)为高斯脉冲$\tau=100\Delta t$，$t_0=100\Delta t$，$\Delta t=2.5\times10^{-11}$ s在300Δt和480Δt的H_z分布。

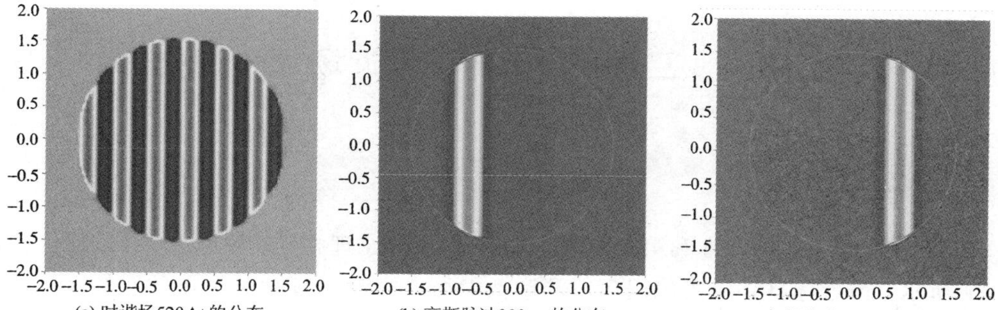

(a) 时谐场520Δt 的分布　(b) 高斯脉冲300 Δt 的分布　(c) 高斯脉冲480 Δt 的分布

图 15 - 21　TE 平面波的 H_z分布

【算例 15 - 9】 TE 平面波介质方柱散射。计算域为 4 m×4 m 的矩形，离散为 20 960 个三角形，10 641 个结点。总场区域为 3 m×3 m 的矩形，介质区域为 1.4 m×1.4 m 的矩形，相对介电系数 $\varepsilon_r=2$。图 15 - 22(a)为时谐场 $\lambda=0.5$ m 在 500Δt，$\Delta t=2.5\times10^{-11}$ s 的 H_z分布。图(b)和图(c)为高斯脉冲 $\tau=100\Delta t$，$t_0=100\Delta t$，$\Delta t=2.5\times10^{-11}$ s 在 300Δt 和 400Δt 的 H_z分布。

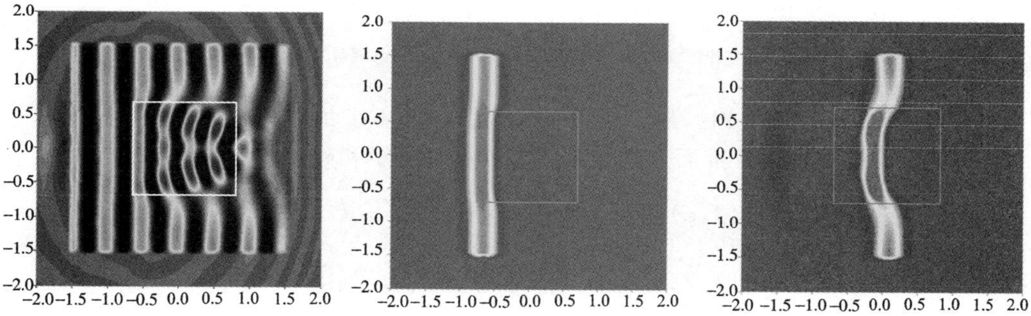

(a) 时谐场 500Δt　(b) 高斯脉冲 300Δt　(c) 高斯脉冲 400Δt

图 15 - 22　TE 平面波介质方柱散射

【算例 15 - 10】 TE 平面波介质圆柱散射。介质圆柱时谐场入射。计算域为 5 m×5 m 的矩形，离散为 520 192 个三角形，260 913 个结点。介质区域相对介电系数为 $\varepsilon_r=2$。图 15 - 23(a)为时谐场 $\lambda=0.5$ m 在 400Δt，$\Delta t=4.16\times10^{-11}$ s 的 H_z分布，图(b)和图(c)为高斯脉冲 $\tau=100\Delta t$，$t_0=100\Delta t$，$\Delta t=4.16\times10^{-11}$ s 在 300Δt 和 400Δt 的 H_z分布。

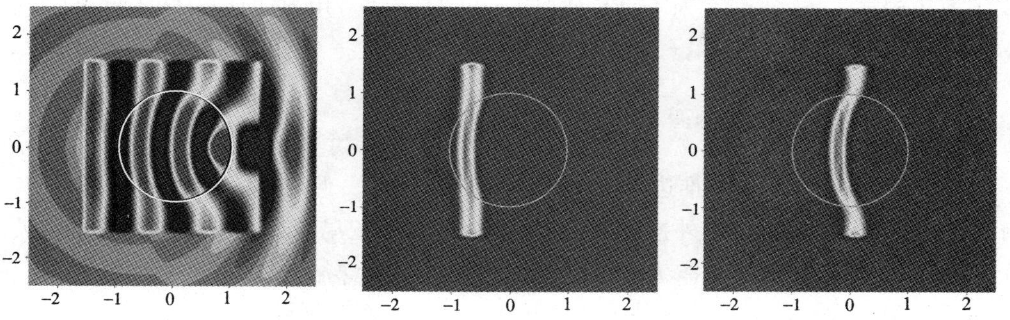

(a) 时谐场 400Δt　(b) 高斯脉冲 300Δt　(c) 高斯脉冲 400Δt

图 15 - 23　TE 平面波介质圆柱散射

15.4　二维 TM 波时谐场近场-远场外推

15.4.1　远区场公式

FETD 的近场-远场外推和第 8 章 FDTD 所述外推原理相同。外推边界 Γ_{ext} 的位置如图 15-24 所示，情形(a) Γ_{ext} 应当包围辐射源和散射体；情形(b) Γ_{ext} 应当在散射场区内。根据等效原理，确定外推边界面上的等效电磁流后就可以计算远区电磁场。

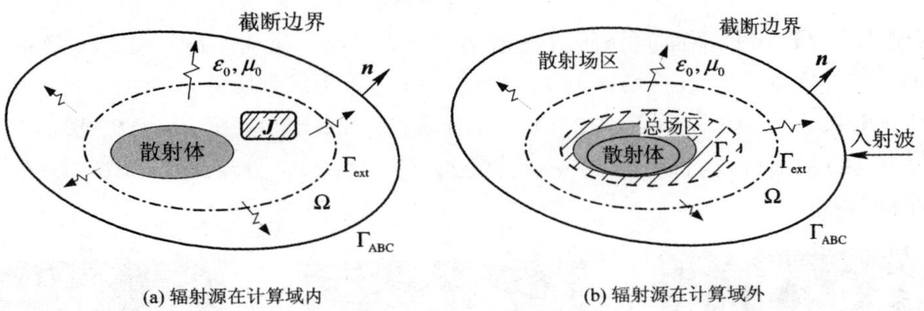

图 15-24　两类辐射散射问题和截断边界

根据 8.3 节，首先由外推面上的面电磁流计算电流矩和磁流矩为

$$\begin{cases} \boldsymbol{f}(\varphi) = \int_{\Gamma_{ext}} \boldsymbol{J}(\boldsymbol{r}')\exp(\mathrm{j}\boldsymbol{k}\cdot\boldsymbol{r}')\mathrm{d}l' \\ \boldsymbol{f}_m(\varphi) = \int_{\Gamma_{ext}} \boldsymbol{J}_m(\boldsymbol{r}')\exp(\mathrm{j}\boldsymbol{k}\cdot\boldsymbol{r}')\mathrm{d}l' \end{cases} \tag{15-65}$$

以上公式采用时谐场的复数表示。由此可计算远区电磁场：

$$\begin{cases} E_z = \dfrac{1}{2}\sqrt{\dfrac{\mathrm{j}k}{2\pi r}}\exp(-\mathrm{j}kr)(-Zf_z - f_{mx}\sin\phi + f_{my}\cos\phi) \\ H_z = -\dfrac{1}{2}\sqrt{\dfrac{\mathrm{j}k}{2\pi r}}\exp(-\mathrm{j}kr)\left(-f_x\sin\phi + f_y\cos\phi + \dfrac{1}{Z}f_{mz}\right) \end{cases} \tag{15-66}$$

其中，f_x，f_{mx} 等是电流矩和磁流矩的直角分量。对于 TM 波($E_z \neq 0$，$H_z = 0$)，用上式计算 E_z，需要用到 f_z，f_{mx}，f_{my}。对于 TE 波($E_z = 0$，$H_z \neq 0$)，用上式计算 H_z，需要用到 f_{mz}，f_x，f_y。

15.4.2　外推边界面上的等效电磁流

考虑 FETD 计算域中外推边界 Γ_{ext} 外侧(即外推远场一侧)的一个单元 ex，如图 15-25 所示。设单元 ex 棱边 3 位于外推边界 Γ_{ext} 上，边长 l_3^{ex}。记局域和全域结点编号对应关系为 $(1, e) = J1$，$(2, e) = J2$，$(3, e) = J3$，即 $\phi_1^e = \phi_{J1}$，$\phi_2^e = \phi_{J2}$，$\phi_3^e = \phi_{J3}$。

对于 TM 波 $\phi = E_z$，单元 e 内任一点电场的结点基函数展开式为

$$\phi^e(x, y, t) = \sum_{i=1}^{3} N_i^e(x, y)\phi_i^e(t) \tag{15-67}$$

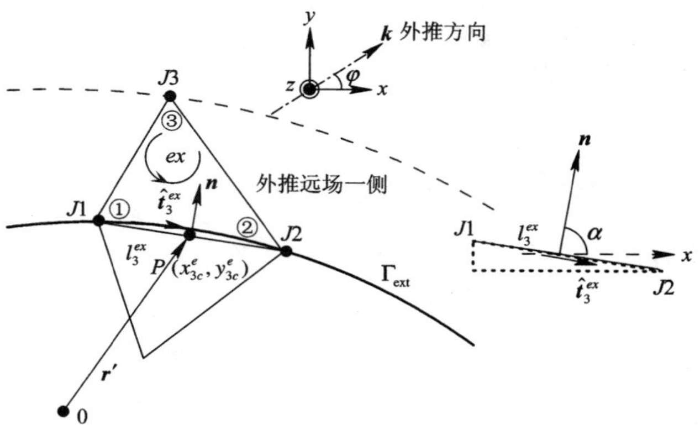

图 15 - 25　外推边界的外侧单元及边界棱边

其中基函数

$$N_i^e(x, y) = \frac{1}{2\Delta_e}(a_i^e + b_i^e x + c_i^e y) \tag{15-68}$$

上式中，

$$\begin{cases} a_1^e = x_2 y_3 - x_3 y_2, \; a_2^e = x_3 y_1 - x_1 y_3, \; a_3^e = x_1 y_2 - x_2 y_1 \\ b_1^e = y_2 - y_3, \; b_2^e = y_3 - y_1, \; b_3^e = y_1 - y_2 \\ c_1^e = x_3 - x_2, \; c_2^e = x_1 - x_3, \; c_3^e = x_2 - x_1 \end{cases} \tag{15-69}$$

考虑到时谐场的复数表示，将式(15 - 67)式改写为复数形式为

$$E_z(x, y) = \tilde{\phi}^e(x, y) = \sum_{i=1}^{3} N_i^e(x, y)\tilde{\phi}_i^e \tag{15-70}$$

式中，$\tilde{\phi}_i^e$ 为复数振幅。根据时谐场旋度方程有

$$\nabla \times \boldsymbol{E} = -\mu \frac{\partial \boldsymbol{H}}{\partial t} = -\mathrm{j}\omega\mu \boldsymbol{H}$$

单元 e 内任一点磁场为

$$\begin{aligned} \boldsymbol{H} &= \frac{1}{-\mathrm{j}\omega\mu} \nabla \times \boldsymbol{E} = \frac{-1}{\mathrm{j}\omega\mu} \nabla \times (\hat{\boldsymbol{z}} E_z) = \frac{-1}{\mathrm{j}\omega\mu} \nabla E_z \times \hat{\boldsymbol{z}} \\ &= \frac{-1}{\mathrm{j}\omega\mu} \nabla \tilde{\phi} \times \hat{\boldsymbol{z}} = \frac{-1}{\mathrm{j}\omega\mu} \nabla \Big[\sum_{i=1}^{3} N_i^e(x, y)\tilde{\phi}_i^e \Big] \times \hat{\boldsymbol{z}} \\ &= \frac{-1}{\mathrm{j}\omega\mu} \Big[\sum_{i=1}^{3} \tilde{\phi}_i^e \nabla N_i^e(x, y) \Big] \times \hat{\boldsymbol{z}} \end{aligned} \tag{15-71}$$

将基函数式(15 - 68)代入上式得到

$$\boldsymbol{H} = \frac{-1}{\mathrm{j}\omega\mu} \sum_{i=1}^{3} \tilde{\phi}_i^e \left(\hat{\boldsymbol{x}} \frac{\partial N_i^e}{\partial x} + \hat{\boldsymbol{y}} \frac{\partial N_i^e}{\partial y} \right) \times \hat{\boldsymbol{z}} = \frac{-1}{\mathrm{j}\omega\mu 2\Delta_e} \sum_{i=1}^{3} \tilde{\phi}_i^e (-\hat{\boldsymbol{y}} b_i^e + \hat{\boldsymbol{x}} c_i^e) \tag{15-72}$$

可见单元 e 中磁场为常量。

在外推边界 Γ_{ext} 单元 ex 棱边 3 上，如图 15 - 25 所示，根据结点基函数性质，电场切向分量为

$$E_z \big|_{\Gamma_{ext}} = \tilde{\phi}^{ex}(x, y) \big|_{\Gamma_{ext}} = \sum_{i=1}^{2} \tilde{\phi}_i^{ex} N_i^{ex}(x, y) \big|_{\Gamma_{ext}} \tag{15-73}$$

其中，外推边界外法向 $\boldsymbol{n}=\hat{\boldsymbol{z}}\times\hat{\boldsymbol{t}}_3^{ex}$，求和只对单元 ex 棱边 3 的两端结点。于是外推边界上等效面磁流为

$$\boldsymbol{J}_m\big|_{\Gamma_{\text{ext}}}=-\boldsymbol{n}\times\hat{\boldsymbol{z}}E_z\big|_{\Gamma_{\text{ext}}}=-\hat{\boldsymbol{t}}_3^{ex}\sum_{i=1}^{2}N_i^{ex}(x,\ y)\big|_{\Gamma_{\text{ext}}}\tilde{\phi}_i^{ex}\tag{15-74}$$

由式(15-72)得到单元 ex 棱边 3 的磁场切向分量为

$$\begin{aligned}\boldsymbol{n}\times\boldsymbol{H}\big|_{\Gamma_{\text{ext}}}&=\frac{-1}{\text{j}\omega\mu 2\Delta_{ex}}\boldsymbol{n}\times\sum_{i=1}^{3}\tilde{\phi}_i^{ex}(-\hat{\boldsymbol{y}}b_i^{ex}+\hat{\boldsymbol{x}}c_i^{ex})\\&=\frac{-1}{\text{j}\omega\mu 2\Delta_{ex}}\left(-\boldsymbol{n}\times\hat{\boldsymbol{y}}\sum_{i=1}^{3}\tilde{\phi}_i^{ex}b_i^{ex}+\boldsymbol{n}\times\hat{\boldsymbol{x}}\sum_{i=1}^{3}\tilde{\phi}_i^{ex}c_i^{ex}\right)\end{aligned}\tag{15-75}$$

式中，

$$\begin{cases}\boldsymbol{n}\times\hat{\boldsymbol{x}}=(\hat{\boldsymbol{z}}\times\hat{\boldsymbol{t}}_3^{ex})\times\hat{\boldsymbol{x}}=\hat{\boldsymbol{t}}_3^{ex}(\hat{\boldsymbol{x}}\cdot\hat{\boldsymbol{z}})-\hat{\boldsymbol{z}}(\hat{\boldsymbol{x}}\cdot\hat{\boldsymbol{t}}_3^{ex})=-\hat{\boldsymbol{z}}\dfrac{x_2^{ex}-x_1^{ex}}{l_3^{ex}}\\\boldsymbol{n}\times\hat{\boldsymbol{y}}=(\hat{\boldsymbol{z}}\times\hat{\boldsymbol{t}}_3^{ex})\times\hat{\boldsymbol{y}}=\hat{\boldsymbol{t}}_3^{ex}(\hat{\boldsymbol{y}}\cdot\hat{\boldsymbol{z}})-\hat{\boldsymbol{z}}(\hat{\boldsymbol{y}}\cdot\hat{\boldsymbol{t}}_3^{ex})=-\hat{\boldsymbol{z}}\dfrac{y_2^{ex}-y_1^{ex}}{l_3^{ex}}\end{cases}\tag{15-76}$$

其中，$l_3^{ex}=\sqrt{(x_2^{ex}-x_1^{ex})^2+(y_2^{ex}-y_1^{ex})^2}$。于是外推边界上等效面电流为

$$\begin{aligned}\boldsymbol{J}\big|_{\Gamma_{\text{ext}}}=\boldsymbol{n}\times\boldsymbol{H}\big|_{\Gamma_{\text{ext}}}&=\frac{-1}{\text{j}\omega\mu 2\Delta_{ex}}\left(-\boldsymbol{n}\times\hat{\boldsymbol{y}}\sum_{i=1}^{3}\tilde{\phi}_i^{ex}b_i^{ex}+\boldsymbol{n}\times\hat{\boldsymbol{x}}\sum_{i=1}^{3}\tilde{\phi}_i^{ex}c_i^{ex}\right)\\&=\frac{-1}{\text{j}\omega\mu 2\Delta_{ex}l_3^{ex}}\hat{\boldsymbol{z}}\left[(y_2^{ex}-y_1^{ex})\sum_{i=1}^{3}\tilde{\phi}_i^{ex}b_i^{ex}-(x_2^{ex}-x_1^{ex})\sum_{i=1}^{3}\tilde{\phi}_i^{ex}c_i^{ex}\right]\end{aligned}\tag{15-77}$$

将电流矩和磁流矩式(15-65)中积分改为沿外推边界 Γ_{ext} 的所有棱边求和，并将式(15-77)、式(15-74)代入后得到

$$\begin{cases}\boldsymbol{f}(\varphi)=\displaystyle\int_{\Gamma_{\text{ext}}}\boldsymbol{J}(\boldsymbol{r}')\exp(\text{j}\boldsymbol{k}\cdot\boldsymbol{r}')\text{d}l'\\\quad=\dfrac{-1}{\text{j}2\omega\mu}\hat{\boldsymbol{z}}\displaystyle\sum_{ex}\frac{1}{\Delta_{ex}l_3^{ex}}\left[(y_2^{ex}-y_1^{ex})\sum_{i=1}^{3}\tilde{\phi}_i^{ex}b_i^{ex}-(x_2^{ex}-x_1^{ex})\sum_{i=1}^{3}\tilde{\phi}_i^{ex}c_i^{ex}\right]\int_{\Gamma_{\text{ext},3}^{e}}\exp(\text{j}\boldsymbol{k}\cdot\boldsymbol{r}')\text{d}l'\\\boldsymbol{f}_m(\varphi)=\displaystyle\int_{\Gamma_{\text{ext}}}\boldsymbol{J}_m(\boldsymbol{r}')\exp(\text{j}\boldsymbol{k}\cdot\boldsymbol{r}')\text{d}l'\\\quad=-\displaystyle\sum_{ex}\hat{\boldsymbol{t}}_3^{ex}\sum_{i=1}^{2}\tilde{\phi}_i^{ex}\int_{\Gamma_{\text{ext},3}^{e}}N_i^{ex}(x',\ y')\big|_{\Gamma_{\text{ext},3}}\exp(\text{j}\boldsymbol{k}\cdot\boldsymbol{r}')\text{d}l'\end{cases}\tag{15-78}$$

其中，求和遍及所有外推边界 Γ_{ext} 上的棱边，$\boldsymbol{r}'$ 代表棱边 l_3^e 上一点 $P(x',\ y')$ 的位置矢，以及

$$\boldsymbol{k}\cdot\boldsymbol{r}'=kx'\cos\varphi+ky'\sin\varphi\tag{15-79}$$

记式(15-78)中外推边界 Γ_{ext} 上的棱边积分为

$$\begin{cases}P_3^{ex}=\displaystyle\int_{\Gamma_{\text{ext},3}^{e}}\exp(\text{j}\boldsymbol{k}\cdot\boldsymbol{r}')\text{d}l'\\Q_{3,\ i}^{ex}=\displaystyle\int_{\Gamma_{\text{ext},3}^{e}}N_i^{ex}(x',\ y')\big|_{\Gamma_{\text{ext},3}}\exp(\text{j}\boldsymbol{k}\cdot\boldsymbol{r}')\text{d}l'\end{cases}\tag{15-80}$$

代入后得到

$$\begin{cases} f_z(\varphi) = \dfrac{-1}{\mathrm{j}2\omega\mu}\displaystyle\sum_{ex}\dfrac{P_3^{ex}}{\Delta_{ex} l_3^{ex}}\left[(y_2^{ex}-y_1^{ex})\sum_{i=1}^{3}\tilde{\phi}_i^{ex} b_i^{ex} - (x_2^{ex}-x_1^{ex})\sum_{i=1}^{3}\tilde{\phi}_i^{ex} c_i^{ex}\right] \\ f_m(\varphi) = -\displaystyle\sum_{ex}\hat{\boldsymbol{t}}_3^{ex}\sum_{i=1}^{2} Q_{3,i}^{ex}\tilde{\phi}_i^{ex} = \sum_{ex}\hat{\boldsymbol{t}}_3^{ex}(Q_{3,1}^{ex}\tilde{\phi}_1^{ex} + Q_{3,2}^{ex}\tilde{\phi}_2^{ex}) \end{cases} \tag{15-81}$$

由图 15－25 可得$\hat{\boldsymbol{t}}_3^{ex}\cdot\hat{\boldsymbol{x}}$和$\hat{\boldsymbol{t}}_3^{ex}\cdot\hat{\boldsymbol{y}}$为

$$\begin{cases} \hat{\boldsymbol{t}}_3^{ex}\cdot\hat{\boldsymbol{x}} = \dfrac{\boldsymbol{l}_3^{ex}\cdot\hat{\boldsymbol{x}}}{l_3^{ex}} = \dfrac{\hat{\boldsymbol{x}}(x_2^{ex}-x_1^{ex}) + \hat{\boldsymbol{y}}(y_2^{ex}-y_1^{ex})}{l_3^{ex}}\cdot\hat{\boldsymbol{x}} = \dfrac{x_2^{ex}-x_1^{ex}}{l_3^{ex}} \\ \hat{\boldsymbol{t}}_3^{ex}\cdot\hat{\boldsymbol{y}} = \dfrac{\boldsymbol{l}_3^{ex}\cdot\hat{\boldsymbol{y}}}{l_3^{ex}} = \dfrac{\hat{\boldsymbol{x}}(x_2^{ex}-x_1^{ex}) + \hat{\boldsymbol{y}}(y_2^{ex}-y_1^{ex})}{l_3^{ex}}\cdot\hat{\boldsymbol{y}} = \dfrac{y_2^{ex}-y_1^{ex}}{l_3^{ex}} \end{cases} \tag{15-82}$$

所以得到式(15－81)的直角分量为

$$\begin{cases} f_z(\varphi) = \dfrac{-1}{\mathrm{j}2\omega\mu}\displaystyle\sum_{ex}\dfrac{P_3^{ex}}{\Delta_{ex} l_3^{ex}}\left[(y_2^{ex}-y_1^{ex})\sum_{i=1}^{3}\tilde{\phi}_i^{ex} b_i^{ex} - (x_2^{ex}-x_1^{ex})\sum_{i=1}^{3}\tilde{\phi}_i^{ex} c_i^{ex}\right] \\ f_{mx}(\varphi) \simeq -\displaystyle\sum_{ex}(\hat{\boldsymbol{t}}_3^{ex}\cdot\hat{\boldsymbol{x}})\sum_{i=1}^{2} Q_{3,i}^{ex}\tilde{\phi}_i^{ex} = -\sum_{ex}\dfrac{x_2^{ex}-x_1^{ex}}{l_3^{ex}}\sum_{i=1}^{2} Q_{3,i}^{ex}\tilde{\phi}_i^{ex} \\ f_{my}(\varphi) \simeq -\displaystyle\sum_{ex}(\hat{\boldsymbol{t}}_3^{ex}\cdot\hat{\boldsymbol{y}})\sum_{i=1}^{2} Q_{3,i}^{ex}\tilde{\phi}_i^{ex} = -\sum_{ex}\dfrac{y_2^{ex}-y_1^{ex}}{l_3^{ex}}\sum_{i=1}^{2} Q_{3,i}^{ex}\tilde{\phi}_i^{ex} \end{cases} \tag{15-83}$$

当棱边长度远小于波长时，式(15－80)所定义棱边积分可用单点近似为

$$\begin{cases} P_3^{ex} = \displaystyle\int_{\Gamma_{\mathrm{ext},3}^{e}} \exp(\mathrm{j}\boldsymbol{k}\cdot\boldsymbol{r}')\mathrm{d}l' \simeq l_3^{ex}\exp(\mathrm{j}\boldsymbol{k}\cdot\boldsymbol{r}_{3c}^{ex}) \\ Q_{3,i}^{ex} = \displaystyle\int_{\Gamma_{\mathrm{ext},3}^{e}} N_i^{ex}(x',y')|_{\Gamma_{\mathrm{ext},3}}\exp(\mathrm{j}\boldsymbol{k}\cdot\boldsymbol{r}')\mathrm{d}l' \\ \qquad \simeq l_3^{ex} N_i^{ex}(x_{3c}^{ex}, y_{3c}^{ex})\exp(\mathrm{j}\boldsymbol{k}\cdot\boldsymbol{r}_{3c}^{ex}) \\ \qquad = 0.5 l_3^{ex}\exp(\mathrm{j}\boldsymbol{k}\cdot\boldsymbol{r}_{3c}^{ex}) \\ \qquad = 0.5 P_3^{ex} \end{cases} \tag{15-84}$$

其中，由基函数性质可得棱边 l_3^{ex} 中点 $r_{3c}^{ex}=(x_{3c}^{ex}, y_{3c}^{ex})$处 $N_i^{ex}(x_{3c}^{ex}, y_{3c}^{ex})=0.5$，$i=1, 2$；以及

$$\begin{cases} \boldsymbol{k}\cdot\boldsymbol{r}_{3c}^{ex} = kx_{3c}^{ex}\cos\varphi + ky_{3c}^{ex}\sin\varphi \\ x_{3c}^{ex} = \dfrac{x_1^{ex}+x_2^{ex}}{2},\ y_{3c}^{ex} = \dfrac{y_1^{ex}+y_2^{ex}}{2} \end{cases} \tag{15-85}$$

为了改善精度，式(15－84)中积分也有解析结果。将所得电流矩和磁流矩式(15－83)代入式(15－66)便得到远区电磁场。

注意：以上公式中采用时谐场的复数表示，但是 FETD 计算得到的是时域波形 $\phi_i^e(t)$。为了将 $\phi_i^e(t)$转换为复数表示 $\tilde{\phi}_i^e$，有两种途径：其一，若输入为时谐场(正弦波)，可以用 8.2 节所述相位滞后法；其二，若输入为高斯脉冲，可以用 8.5 节离散 Fourier 方法。

15.4.3　外推边界上棱边积分的解析结果

式(15－80)所示积分也有解析结果。参见图 15－25，式(15－80)中 $\boldsymbol{r}'=\boldsymbol{r}_1^{ex}+\hat{\boldsymbol{t}}_3^{ex} l'$，所以

$$\boldsymbol{k}\cdot\boldsymbol{r}'=\boldsymbol{k}\cdot(\boldsymbol{r}_1^{ex}+\hat{\boldsymbol{t}}_3^{ex}l') \tag{15-86}$$

代入式(15-80)第一式得到

$$\begin{aligned}P_3^{ex}&=\int_{\Gamma_{\text{ext},3}^e}\exp(\mathrm{j}\boldsymbol{k}\cdot\boldsymbol{r}')\mathrm{d}l'\\&=\int_0^{l_3^{ex}}\exp[\mathrm{j}\boldsymbol{k}\cdot(\boldsymbol{r}_1^{ex}+\hat{\boldsymbol{t}}_3^{ex}l')]\mathrm{d}l'\\&=\exp(\mathrm{j}\boldsymbol{k}\cdot\boldsymbol{r}_1^{ex})\int_0^{l_3^{ex}}\exp(\mathrm{j}\boldsymbol{k}\cdot\hat{\boldsymbol{t}}_3^{ex}l')\mathrm{d}l'\\&=\exp(\mathrm{j}\boldsymbol{k}\cdot\boldsymbol{r}_1^{ex})\frac{1}{\mathrm{j}\boldsymbol{k}\cdot\hat{\boldsymbol{t}}_3^{ex}}[\exp(\mathrm{j}\boldsymbol{k}\cdot\hat{\boldsymbol{t}}_3^{ex}l_3^{ex})-1]\\&=l_3^{ex}\exp\left[\mathrm{j}\boldsymbol{k}\cdot\left(\boldsymbol{r}_1^{ex}+\frac{\hat{\boldsymbol{t}}_3^{ex}l_3^{ex}}{2}\right)\right]\frac{\sin(\boldsymbol{k}\cdot\hat{\boldsymbol{t}}_3^{ex}l_3^{ex}/2)}{\boldsymbol{k}\cdot\hat{\boldsymbol{t}}_3^{ex}l_3^{ex}/2}\\&=l_3^{ex}\exp(\mathrm{j}\boldsymbol{k}\cdot\boldsymbol{r}_{3c}^{ex})\mathrm{sinc}(u)\end{aligned} \tag{15-87}$$

其中，令 $u=\boldsymbol{k}\cdot\dfrac{\hat{\boldsymbol{t}}_3^{ex}l_3^{ex}}{2}$，$\mathrm{sinc}(u)=\dfrac{\sin u}{u}$，以及

$$\boldsymbol{k}\cdot\hat{\boldsymbol{t}}_3^{ex}l_3^{ex}=k(x_2^{ex}-x_1^{ex})\cos\varphi+k(y_2^{ex}-y_1^{ex})\sin\varphi \tag{15-88}$$

另外，在外推边界上基函数为线性函数，可写为

$$N_1^{ex}(x',y')=\frac{(l_3^{ex}-l')}{l_3^{ex}},\ N_2^{ex}(x',y')=\frac{l'}{l_3^{ex}} \tag{15-89}$$

所以

$$\begin{aligned}Q_{3,2}^{ex}&=\int_{\Gamma_{\text{ext},3}^e}N_2^{ex}(x',y')|_{\Gamma_{\text{ext},3}}\exp(\mathrm{j}\boldsymbol{k}\cdot\boldsymbol{r}')\mathrm{d}l'\\&=\int_{\Gamma_{\text{ext},3}^e}\frac{l'}{l_3^{ex}}\exp[\mathrm{j}\boldsymbol{k}\cdot(\boldsymbol{r}_1^{ex}+\hat{\boldsymbol{t}}_3^{ex}l')]\mathrm{d}l'\\&=\frac{\exp(\mathrm{j}\boldsymbol{k}\cdot\boldsymbol{r}_1^{ex})}{l_3^{ex}}\int_{\Gamma_{ext,3}^e}l'\exp(\mathrm{j}\boldsymbol{k}\cdot\hat{\boldsymbol{t}}_3^{ex}l')\mathrm{d}l'\\&=\frac{\exp(\mathrm{j}\boldsymbol{k}\cdot\boldsymbol{r}_1^{ex})}{l_3^e(\mathrm{j}\boldsymbol{k}\cdot\hat{\boldsymbol{t}}_3^{ex})^2}[\exp(\mathrm{j}\boldsymbol{k}\cdot\hat{\boldsymbol{t}}_3^{ex}l_3^{ex})(\mathrm{j}\boldsymbol{k}\cdot\hat{\boldsymbol{t}}_3^{ex}l_3^{ex}-1)+1]\\&=\frac{\exp(\mathrm{j}\boldsymbol{k}\cdot\boldsymbol{r}_{3c}^{ex})}{l_3^e(\mathrm{j}\boldsymbol{k}\cdot\hat{\boldsymbol{t}}_3^{ex})^2}\left[\exp\left(\frac{jk\cdot\hat{\boldsymbol{t}}_3^{ex}l_3^{ex}}{2}\right)(jk\cdot\hat{\boldsymbol{t}}_3^{ex}l_3^{ex})-2j\sin\left(\frac{k\cdot\hat{\boldsymbol{t}}_3^{ex}l_3^{ex}}{2}\right)\right]\\&=\frac{\exp(\mathrm{j}\boldsymbol{k}\cdot\boldsymbol{r}_{3c}^{ex})}{(\mathrm{j}\boldsymbol{k}\cdot\hat{\boldsymbol{t}}_3^{ex})}[\exp(u)-\mathrm{sinc}(u)]\end{aligned} \tag{15-90}$$

其中用到积分

$$\int x\exp(ax)\mathrm{d}x=\frac{\exp(ax)}{a^2}(ax-1) \tag{15-91}$$

以及

$$Q_{3,1}^{ex} = \int_{\Gamma_{ext,3}^{e}} N_1^{ex}(x', y')|_{\Gamma_{ext,3}} \exp(\mathrm{j}\boldsymbol{k}\cdot\boldsymbol{r}')\mathrm{d}l'$$

$$= \int_{\Gamma_{ext,3}^{e}} \frac{(l_3^{ex} - l')}{l_3^{ex}} \exp[\mathrm{j}\boldsymbol{k}\cdot(\boldsymbol{r}_1^{ex} + \hat{\boldsymbol{t}}_3^{ex} l')]\mathrm{d}l'$$

$$= P_3^{ex} - \frac{\exp(\mathrm{j}\boldsymbol{k}\cdot\boldsymbol{r}_1^{ex})}{l_3^{ex}} \int_{\Gamma_{ext,3}^{e}} l' \exp(\mathrm{j}\boldsymbol{k}\cdot\hat{\boldsymbol{t}}_3^{ex} l')\mathrm{d}l'$$

$$= P_3^{ex} - Q_{3,2}^{ex} \tag{15-92}$$

以上式(15-87)～式(15-92)为棱边积分的解析式。下面考虑近似结果。当棱边长度满足以下条件：

$$u = \boldsymbol{k}\cdot\frac{\hat{\boldsymbol{t}}_3^{ex} l_3^{ex}}{2} < \frac{\pi}{12} \tag{15-93}$$

即$\frac{kl_3^{ex}}{2} = \frac{\pi l_3^{ex}}{\lambda} < \frac{\pi}{12}$，$l_3^{ex} < \frac{\lambda}{12}$时，则有 $\mathrm{sinc}(u) \simeq 1$。这时，

$$P_3^{ex} = l_3^{ex} \exp(\mathrm{j}\boldsymbol{k}\cdot\boldsymbol{r}_{3c}^{ex})\mathrm{sinc}(u) \simeq l_3^{ex} \exp(\mathrm{j}\boldsymbol{k}\cdot\boldsymbol{r}_{3c}^{e})$$

式(15-87)退化为式(15-84)第一式。式(15-90)近似为

$$Q_{3,2}^{e} = \frac{l_3^{ex} \exp(\mathrm{j}\boldsymbol{k}\cdot\boldsymbol{r}_{3c}^{ex})}{\mathrm{j}2} \frac{[\exp(ju) - \mathrm{sinc}(u)]}{u}$$

$$\simeq \frac{l_3^{ex} \exp(\mathrm{j}\boldsymbol{k}\cdot\boldsymbol{r}_{3c}^{ex})}{\mathrm{j}2} \lim_{u\to 0} \frac{1 + \mathrm{j}u + \left(\frac{u^2}{2}\right) - 1 + \left(\frac{u^2}{6}\right)}{u}$$

$$\simeq \frac{l_3^{ex}}{2} \exp(\mathrm{j}\boldsymbol{k}\cdot\boldsymbol{r}_{3c}^{ex})$$

即退化为式(15-84)第二式 $i=2$。最后，当 $u<\pi/12$ 时，式(15-92)近似为

$$Q_{3,1}^{ex} = P_3^{ex} - Q_{3,2}^{ex} \simeq l_3^{ex} \exp(\mathrm{j}\boldsymbol{k}\cdot\boldsymbol{r}_{3c}^{ex}) - \frac{l_3^{ex}}{2} \exp(\mathrm{j}\boldsymbol{k}\cdot\boldsymbol{r}_{3c}^{ex}) = \frac{l_3^{ex}}{2} \exp(\mathrm{j}\boldsymbol{k}\cdot\boldsymbol{r}_{3c}^{ex})$$

即退化为式(15-84)第二式 $i=1$。算例表明，当离散棱边长度远小于波长时，用棱边积分的解析式和近似式外推所得结果相互一致。

15.4.4　TM 外推算例

【算例 15-11】　两个线电流的辐射。设二线电流彼此相同，$I_1 = I_2 = I$，距离为 d，如图 15-26 所示。由图可见到达观察点的程差为 $\Delta r = d\cos\varphi$，于是远区辐射方向特性为

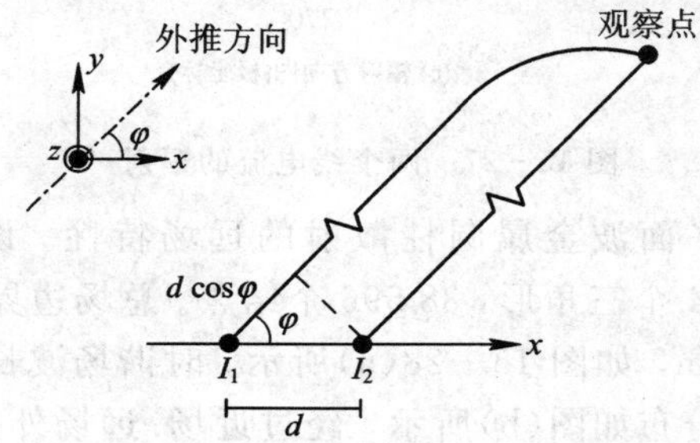

图 15-26　二同相线电流辐射的程差

$$\left|\frac{E_z(\varphi)}{E_z(\varphi)_{\max}}\right| = \frac{1}{2}\left|\exp\left(\mathrm{j}\,\frac{kd\cos\varphi}{2}\right)+\exp\left(-\mathrm{j}\,\frac{kd\cos\varphi}{2}\right)\right|$$
$$= \left|\cos\left(\frac{kd\cos\varphi}{2}\right)\right| = \left|\cos\left(\frac{\pi d\cos\varphi}{\lambda}\right)\right| \tag{15-94}$$

设矩形计算域 4 m×4 m，离散为 21 240 个三角形单元，10 781 个结点；外推边界为 3 m×3 m，如图 15-27(a)所示。二线电流分别位于(±0.25 m，0)处，相距 $d=\lambda/2=0.5$ m。时谐场波长 $\lambda=1$ m，时间步长 $\Delta t=4.16\times10^{-11}$ s。图(b)为 $500\Delta t$ 的近场 E_z 分布；(c)为近场-远场外推得到的归一化辐射方向图。作为比较，图中还给出解析结果，二者一致。注意：为了应用相位滞后法获得时谐场复数振幅，计算中应取时间步长的整数倍等于四分之一周期，本例中 $20\Delta t=T/4$。

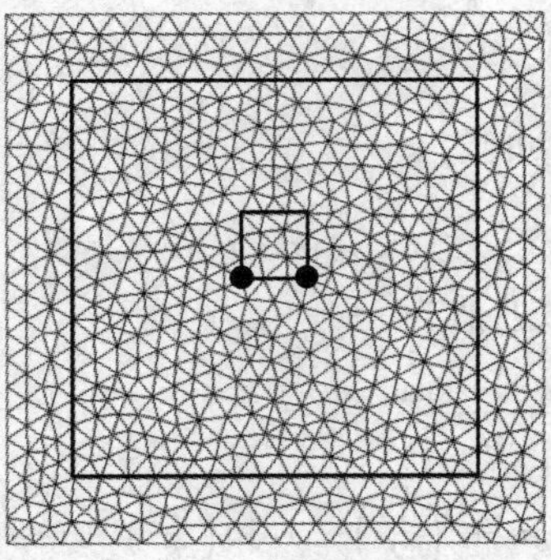

(a) 矩形计算域离散图

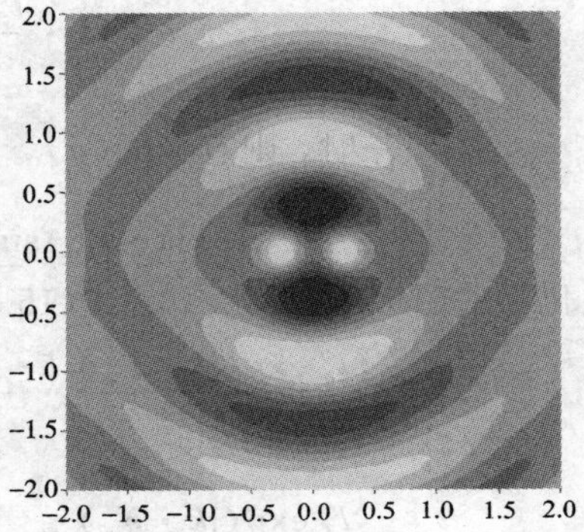

(b) 近场分布 $500\Delta t$

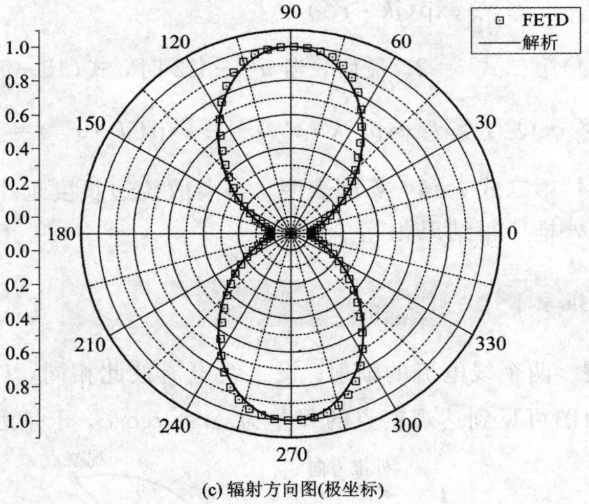

(c) 辐射方向图(极坐标)

图 15-27　两个线电流的辐射

【算例 15-12】　TM 平面波金属圆柱散射的远场特性。设计算域为圆形，半径为 2.5 m，计算域离散为 76 544 个三角形，38 596 个结点。总场边界、外推边界和金属圆柱半径分别为 2 m，1.5 m 和 1 m，如图 15-28(a)所示。时谐场波长和计算时间步长同上例。用 FETD 计算得到近场 E_z 分布如图(b)所示，经过近场-远场外推后得到波长归一化双站 RCS 如图(c)所示。作为对比，图中还给出解析解和 FDTD 结果，符合较好。

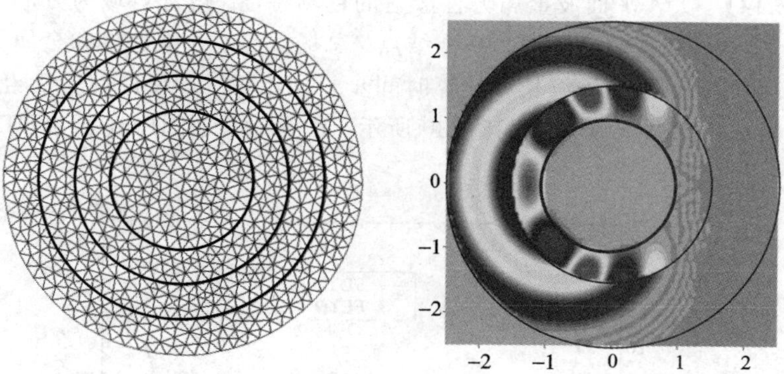

(a) 圆形计算域及外推边界和总场边界　(b) 近场E_z分布

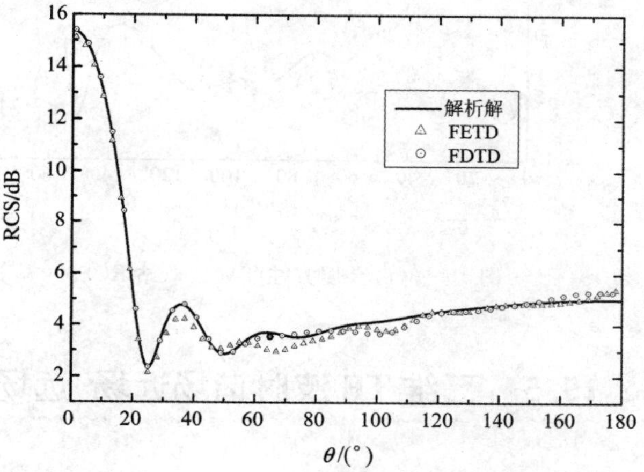

(c) 双站RCS

图 15-28　金属圆柱 TM 波散射

【算例 15-13】　TM 平面波介质圆柱散射的远场特性。计算参数同上例，圆柱介电系数 $\varepsilon_r=2$。FETD 计算后经过近场-远场外推得到波长归一化双站 RCS 如图 15-29 所示。作为对比，图中还给出 FDTD 结果，二者一致。

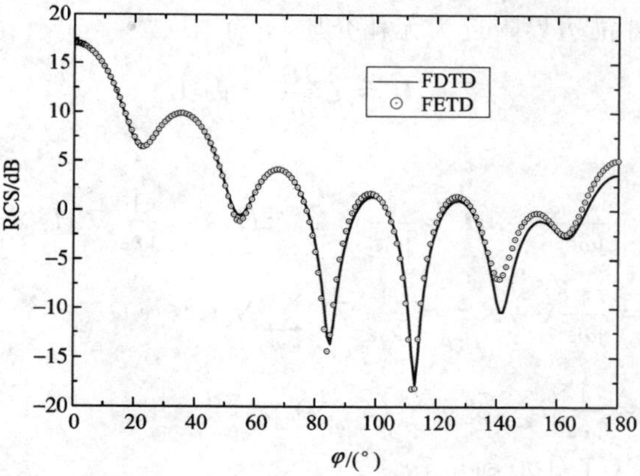

图 15-29　介质圆柱 TM 波双站 RCS

【算例 15－14】 TM 平面波金属方柱散射的远场特性。设计算域为方形，边长为 5 m，计算域离散为 32 160 个三角形，16 289 个结点。总场边界、外推边界和金属方柱边长分别为 2 m，1.5 m 和 1 m。时谐场波长和计算时间步长同上例。FETD 计算后经过近场-远场外推得到波长归一化双站 RCS 如图 15－30 所示。作为对比，图中还给出 FDTD 结果，二者一致。

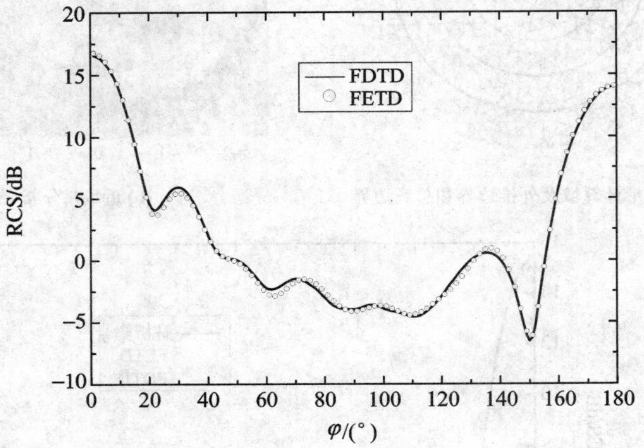

图 15－30　金属方柱 TM 波双站 RCS

15.5　二维 TE 波时谐场近场-远场外推

15.5.1　外推边界面上的等效电磁流

TE 波的纵向磁场为 $\phi=H_z$。时谐场复数表示式(15－70)的对偶形式为

$$H_z(x,\ y)=\tilde{\phi}^e(x,\ y)=\sum_{i=1}^{3}N_i^e(x,\ y)\tilde{\phi}_i^e \tag{15-95}$$

根据时谐场方程(外推边界附近为无耗介质)，有

$$\nabla\times\boldsymbol{H}=\varepsilon\frac{\partial\boldsymbol{E}}{\partial t}=\mathrm{j}\omega\varepsilon\boldsymbol{E}$$

单元 e 内任一点电场为

$$\begin{aligned}\boldsymbol{E}&=\frac{1}{\mathrm{j}\omega\varepsilon}\nabla\times\boldsymbol{H}=\frac{1}{\mathrm{j}\omega\varepsilon}\nabla\times(\hat{\boldsymbol{z}}H_z)=\frac{1}{\mathrm{j}\omega\varepsilon}\nabla H_z\times\hat{\boldsymbol{z}}\\&=\frac{1}{\mathrm{j}\omega\varepsilon}\nabla\tilde{\phi}\times\hat{\boldsymbol{z}}=\frac{1}{\mathrm{j}\omega\varepsilon}\nabla\Big[\sum_{i=1}^{3}N_i^e(x,\ y)\tilde{\phi}_i^e\Big]\times\hat{\boldsymbol{z}}\\&=\frac{1}{\mathrm{j}\omega\varepsilon}\Big[\sum_{i=1}^{3}\tilde{\phi}_i^e\nabla N_i^e(x,\ y)\Big]\times\hat{\boldsymbol{z}}\end{aligned} \tag{15-96}$$

将基函数式(15－68)代入上式得到

$$\begin{aligned}\boldsymbol{E} &= \frac{1}{\mathrm{j}\omega\varepsilon}\Big[\sum_{i=1}^{3}\tilde{\phi}_i^e \nabla N_i^e(x, y)\Big]\times\hat{\boldsymbol{z}} \\ &= \frac{1}{\mathrm{j}\omega\varepsilon}\sum_{i=1}^{3}\tilde{\phi}_i^e\Big(\hat{\boldsymbol{x}}\frac{\partial N_i^e}{\partial x}+\hat{\boldsymbol{y}}\frac{\partial N_i^e}{\partial y}\Big)\times\hat{\boldsymbol{z}} \\ &= \frac{1}{\mathrm{j}\omega\varepsilon 2\Delta_e}\sum_{i=1}^{3}\tilde{\phi}_i^e(-\hat{\boldsymbol{y}}b_i^e+\hat{\boldsymbol{x}}c_i^e)\end{aligned} \tag{15-97}$$

可见单元 e 中电场为常量。

在外推边界 Γ_{ext} 单元 ex 棱边 3 上，如图 15-25 所示，根据结点基函数性质，磁场切向分量为

$$H_z\big|_{\Gamma_{\text{ext}}} = \tilde{\phi}^{ex}(x, y)\big|_{\Gamma_{\text{ext}}} = \sum_{i=1}^{2}\tilde{\phi}_i^{ex}N_i^{ex}(x, y)\big|_{\Gamma_{\text{ext}}} \tag{15-98}$$

其中求和只对单元 ex 棱边 3 的两端结点。由式(15-97)得到单元 ex 棱边 3 的电场切向分量为

$$\begin{aligned}\boldsymbol{n}\times\boldsymbol{E}\big|_{\Gamma_{\text{ext}}} &= \frac{1}{\mathrm{j}\omega\varepsilon 2\Delta_{ex}}\boldsymbol{n}\times\sum_{i=1}^{3}\tilde{\phi}_i^e(-\hat{\boldsymbol{y}}b_i^{ex}+\hat{\boldsymbol{x}}c_i^{ex}) \\ &= \frac{-1}{\mathrm{j}\omega\varepsilon 2\Delta_{ex}}\Big(\boldsymbol{n}\times\hat{\boldsymbol{y}}\sum_{i=1}^{3}\tilde{\phi}_i^{ex}b_i^{ex}-\boldsymbol{n}\times\hat{\boldsymbol{x}}\sum_{i=1}^{3}\tilde{\phi}_i^{ex}c_i^{ex}\Big)\end{aligned} \tag{15-99}$$

利用式(15-98)，外推边界 Γ_{ext} 单元 ex 棱边 3 处等效面电流为

$$\boldsymbol{J}\big|_{\Gamma_{\text{ext}}} = \boldsymbol{n}\times\boldsymbol{H}\big|_{\Gamma_{\text{ext}}} = \boldsymbol{n}\times\hat{\boldsymbol{z}}H_z\big|_{\Gamma_{\text{ext}}} = \hat{\boldsymbol{t}}_3^{ex}\sum_{i=1}^{2}N_i^{ex}(x, y)\big|_{\Gamma_{\text{ext}}}\tilde{\phi}_i^{ex} \tag{15-100}$$

利用式(15-99)，等效面磁流为

$$\begin{aligned}\boldsymbol{J}_m\big|_{\Gamma_{\text{ext}}} &= -\boldsymbol{n}\times\boldsymbol{E}\big|_{\Gamma_{\text{ext}}} = \frac{1}{\mathrm{j}\omega\varepsilon 2\Delta_{ex}}\Big(\boldsymbol{n}\times\hat{\boldsymbol{y}}\sum_{i=1}^{3}\tilde{\phi}_i^{ex}b_i^{ex}-\boldsymbol{n}\times\hat{\boldsymbol{x}}\sum_{i=1}^{3}\tilde{\phi}_i^{ex}c_i^{ex}\Big) \\ &= \frac{1}{\mathrm{j}\omega\varepsilon 2\Delta_{ex}}\hat{\boldsymbol{z}}\Big(-\frac{y_2^{ex}-y_1^{ex}}{l_3^{ex}}\sum_{i=1}^{3}\tilde{\phi}_i^{ex}b_i^{ex}+\frac{x_2^{ex}-x_1^{ex}}{l_3^{e}}\sum_{i=1}^{3}\tilde{\phi}_i^{ex}c_i^{ex}\Big) \\ &= \frac{-1}{\mathrm{j}\omega\varepsilon 2\Delta_{ex}l_3^{ex}}\hat{\boldsymbol{z}}\Big[(y_2^{ex}-y_1^{ex})\sum_{i=1}^{3}\tilde{\phi}_i^{ex}b_i^{ex}-(x_2^{ex}-x_1^{ex})\sum_{i=1}^{3}\tilde{\phi}_i^{ex}c_i^{ex}\Big]\end{aligned} \tag{15-101}$$

其中用到式(15-76)。将式(15-100)、式(15-101)代入式(15-65)得电流矩和磁流矩为

$$\left\{\begin{aligned}\boldsymbol{f}(\varphi) &= \int_{\Gamma_{\text{ext}}}\boldsymbol{J}(\boldsymbol{r}')\exp(\mathrm{j}\boldsymbol{k}\cdot\boldsymbol{r}')\mathrm{d}l' \\ &= \sum_e\hat{\boldsymbol{t}}_3^{ex}\sum_{i=1}^{2}\tilde{\phi}_i^{ex}\int_{\Gamma_{\text{ext},3}^e}N_i^{ex}(x', y')\big|_{\Gamma_{\text{ext},3}}\exp(\mathrm{j}\boldsymbol{k}\cdot\boldsymbol{r}')\mathrm{d}l' \\ \boldsymbol{f}_m(\varphi) &= \int_{\Gamma_{\text{ext}}}\boldsymbol{J}_m(\boldsymbol{r}')\exp(\mathrm{j}k\cdot\boldsymbol{r}')\mathrm{d}l' \\ &= \hat{\boldsymbol{z}}\sum_e\frac{1}{\mathrm{j}\omega\varepsilon 2\Delta_{ex}l_3^{ex}}\Big[(y_2^{ex}-y_1^{ex})\sum_{i=1}^{3}\tilde{\phi}_i^{ex}b_i^{ex}-(x_2^{ex}-x_1^{ex})\sum_{i=1}^{3}\tilde{\phi}_i^{ex}c_i^{ex}\Big]\int_{\Gamma_{\text{ext},3}^e}\exp(\mathrm{j}\boldsymbol{k}\cdot\boldsymbol{r}')\mathrm{d}l'\end{aligned}\right. \tag{15-102}$$

式中，$\boldsymbol{r}'$代表棱边 l_3^{ex} 上一点 $P(x', y')$的位置矢，求和遍及所有外推边界 Γ_{ext}上的棱边。利用式(15-80)所定义的系数 P_3^{ex}，$Q_{3,i}^{ex}$，上式直角分量可写为

$$\begin{cases} f_x(\varphi) = \sum_{ex} (\hat{t}_3^{ex} \cdot \hat{x}) \sum_{i=1}^{2} Q_{3,i}^{ex} \tilde{\phi}_i^{ex} = \sum_{e} \frac{x_2^{ex} - x_1^{ex}}{l_3^{ex}} \sum_{i=1}^{2} Q_{3,i}^{ex} \tilde{\phi}_i^{ex} \\ f_y(\varphi) = \sum_{ex} (\hat{t}_3^{ex} \cdot \hat{y}) \sum_{i=1}^{2} Q_{3,i}^{ex} \tilde{\phi}_i^{ex} = \sum_{e} \frac{y_2^{ex} - y_1^{ex}}{l_3^{ex}} \sum_{i=1}^{2} Q_{3,i}^{ex} \tilde{\phi}_i^{ex} \\ f_{mz}(\varphi) = \sum_{e} \frac{P_3^{ex}}{\mathrm{j}\omega\varepsilon 2\Delta_{ex} l_3^{ex}} \left[(y_2^{ex} - y_1^{ex}) \sum_{i=1}^{3} \tilde{\phi}_i^{ex} b_i^{ex} - (x_2^{ex} - x_1^{ex}) \sum_{i=1}^{3} \tilde{\phi}_i^{ex} c_i^{ex} \right] \end{cases} \quad (15-103)$$

将所得电流矩和磁流矩代入式(15-66)便得到远区电磁场。

15.5.2　TE 外推算例

【算例 15-15】 TE 平面波介质圆柱散射的远场特性。矩形计算域为 5 m×5 m，总场边界为 3 m×3 m，外推边界为 4 m×4 m，介质圆柱半径为 1 m，$\varepsilon_r=2$，离散为 520 192 个三角形，260 913 个结点，如图 15-31(a)所示。时谐场入射波长 $\lambda=1$ m，$\Delta t=4.16\times10^{-11}$ s。图(b)为散射近场分布；图(c)为外推得到的远区双站 RCS。作为比较，图中还给出 FDTD 结果，二者一致。注意：由于介质中波长变短，为了提高计算精度需要减小单元尺寸，但加大了计算量。作为比较，图(c)中还给出单元尺寸稍大，结点数目为 65 433 和 17 105 的结果，它们在后向散射 $\varphi=180°$附近误差变大。

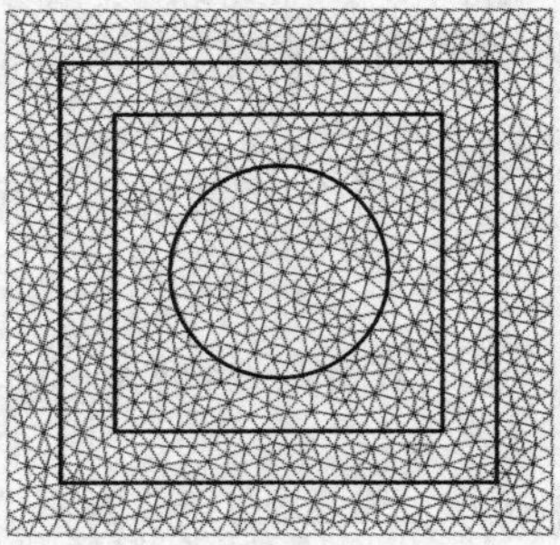

(a) 矩形计算域及外推边界和总场边界

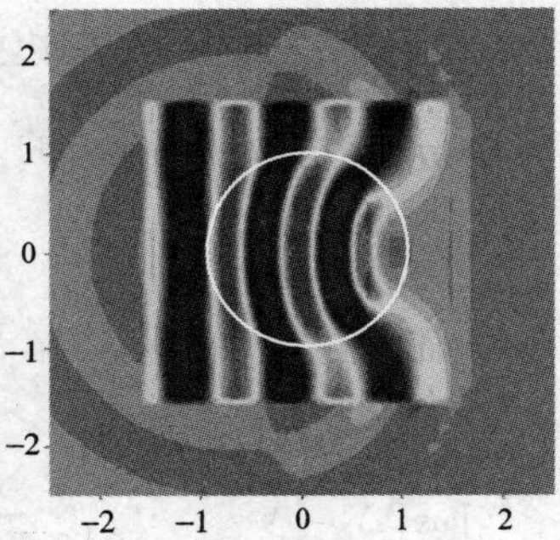

(b) 300Δt 近场 H_z 分布

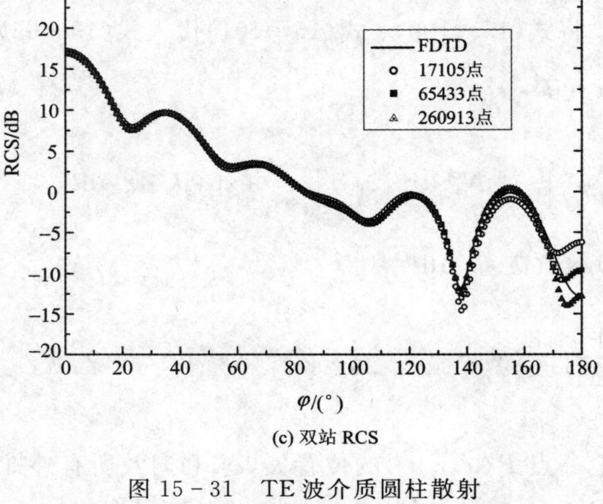

(c) 双站 RCS

图 15-31　TE 波介质圆柱散射

第 16 章

棱边基函数

基于结点基函数的有限元通常用来处理标量场，包括二维 TM 波和 TE 波情形。由于电磁波是矢量场，本章介绍矢量场 FETD 分析需要用到的棱边基函数。

16.1　二维矩形单元

16.1.1　矩形单元棱边基函数

设矩形单元边长为 l_x^e，l_y^e，中心点在 x_c，y_c处，如图 16-1 所示，图中棱边方向和坐标轴方向一致，结点和棱边的编号以及棱边方向如表 16-1 所示。如果单元棱边赋予一个不变的切向场分量 E_{x1}^e，E_{x2}^e和 E_{y3}^e，E_{y4}^e，单元中某一点 $P(x, y)$场的 x 分量 $E_x^e(x, y)$可用上、下两个棱边场分量 E_{x1}^e，E_{x2}^e的线性近似表示为(金建铭，1998)

$$\frac{E_x^e(x, y)-E_{x1}^e}{E_{x2}^e-E_{x1}^e}=\frac{l_y^e/2+(y-y_c)}{l_y^e} \tag{16-1}$$

表 16-1　矩形单元棱边和结点编号

棱边编号	棱边方向	
	始端结点	末端结点
棱边 1#	1	2
棱边 2#	4	3
棱边 3#	1	4
棱边 4#	2	3

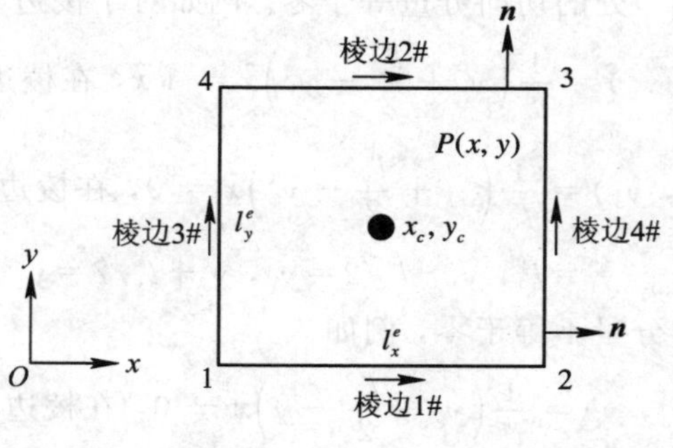

图 16-1　矩形单元

整理后得到

$$E_x^e(x, y) = \frac{1}{l_y^e}\left(\frac{l_y^e}{2} + y - y_c\right)(E_{x2}^e - E_{x1}^e) + E_{x1}^e$$

$$= \frac{1}{l_y^e}\left(y_c + \frac{l_y^e}{2} - y\right)E_{x1}^e + \frac{1}{l_y^e}\left(y - y_c + \frac{l_y^e}{2}\right)E_{x2}^e \qquad (16-2)$$

同样，单元中某一点场的 y 分量 $E_y^e(x, y)$ 可以用左、右棱边的场分量 E_{y3}^e，E_{y4}^e 的线性近似表示为

$$E_y^e(x, y) = \frac{1}{l_x^e}\left(x_c + \frac{l_x^e}{2} - x\right)E_{y3}^e + \frac{1}{l_x^e}\left(x - x_c + \frac{l_x^e}{2}\right)E_{y4}^e \qquad (16-3)$$

将式(16-2)和式(16-3)合并，写为矢量函数展开式为

$$\boldsymbol{E}^e(x, y) = \hat{\boldsymbol{x}}E_x^e(x, y) + \hat{\boldsymbol{y}}E_y^e(x, y)$$

$$= \hat{\boldsymbol{x}}\left\{\frac{1}{l_y^e}\left(y_c + \frac{l_y^e}{2} - y\right)E_{x1}^e + \frac{1}{l_y^e}\left(y - y_c + \frac{l_y^e}{2}\right)E_{x2}^e\right\}$$

$$+ \hat{\boldsymbol{y}}\left\{\frac{1}{l_x^e}\left(x_c + \frac{l_x^e}{2} - x\right)E_{y3}^e + \frac{1}{l_x^e}\left(x - x_c + \frac{l_x^e}{2}\right)E_{y4}^e\right\} \qquad (16-4)$$

按照图 16-1 中单元棱边的局域编号，定义矢量棱边基函数(插值函数)为

$$\begin{cases} \boldsymbol{N}_1^e(x, y) = \dfrac{1}{l_y^e}\left(y_c + \dfrac{l_y^e}{2} - y\right)\hat{\boldsymbol{x}} \\ \boldsymbol{N}_2^e(x, y) = \dfrac{1}{l_y^e}\left(y - y_c + \dfrac{l_y^e}{2}\right)\hat{\boldsymbol{x}} \\ \boldsymbol{N}_3^e(x, y) = \dfrac{1}{l_x^e}\left(x_c + \dfrac{l_x^e}{2} - x\right)\hat{\boldsymbol{y}} \\ \boldsymbol{N}_4^e(x, y) = \dfrac{1}{l_x^e}\left(x - x_c + \dfrac{l_x^e}{2}\right)\hat{\boldsymbol{y}} \end{cases} \qquad (16-5)$$

并改记和棱边相关的切向场分量为

$$E_1^e = E_{x1}^e,\ E_2^e = E_{x2}^e,\ E_3^e = E_{y3}^e,\ E_4^e = E_{y4}^e$$

于是矢量函数展开式(16-4)可重写为

$$\boldsymbol{E}^e(x, y, t) = \sum_{i=1}^{4}\boldsymbol{N}_i^e(x, y)E_i^e(t) \qquad (16-6)$$

矩形单元棱边基函数式(16-5)具有以下性质：

(1) 属于棱边 i 的基函数 $\boldsymbol{N}_i^e(x, y)$ 在自身棱边处只有切向分量，且大小等于 1；在其它非自身棱边 j(棱边 $j \neq i$)处的切向分量等于零。例如对于棱边 1# 的基函数，有

$$\boldsymbol{N}_1^e(x, y_1) = \frac{1}{l_y^e}\left(y_c + \frac{l_y^e}{2} - y_1\right)\hat{\boldsymbol{x}} = 1\,\hat{\boldsymbol{x}}, \text{在棱边 1\# 处}$$

$$\boldsymbol{N}_1^e(x, y_2) = \frac{1}{l_y^e}\left(y_c + \frac{l_y^e}{2} - y_2\right)\hat{\boldsymbol{x}} = 0, \text{在棱边 2\# 处}$$

注意，图 16-1 中 $y_2 - y_1 = l_y^e$，$y_c - l_y^e/2 = y_1$，$y_c + l_y^e/2 = y_2$。但是，$\boldsymbol{N}_i^e(x, y)$ 在非自身棱边 j(棱边 $j \neq i$)上法向分量不等于零，例如

$$\boldsymbol{N}_1^e(x_3, y) = \frac{1}{l_y^e}\left(y_c + \frac{l_y^e}{2} - y\right)\hat{\boldsymbol{x}} \neq 0, \text{在棱边 3\# 处}$$

$$N_1^e(x_4, y)=\frac{1}{l_y^e}\left(y_c+\frac{l_y^e}{2}-y\right)\hat{x}\neq 0，在棱边 4\# 处$$

(2) 矢量基函数的散度为零。以 $N_1^e(x, y)$ 为例，直接计算，可得

$$\nabla\cdot N_1^e(x, y)=\frac{\partial}{\partial x}\frac{1}{l_y^e}\left(y_c+\frac{l_y^e}{2}-y\right)=0 \tag{16-7}$$

一般有 $\nabla\cdot N_i^e(x, y)=0$，即矢量基函数为无源场。

(3) 矢量基函数的旋度不为零。利用式(16-5)直接计算可得

$$\begin{cases}\nabla\times N_1^e(x, y)=\begin{vmatrix}\hat{x} & \hat{y} & \hat{z}\\ \dfrac{\partial}{\partial x} & \dfrac{\partial}{\partial y} & \dfrac{\partial}{\partial z}\\ \dfrac{1}{l_y^e}\left(y_c+\dfrac{l_y^e}{2}-y\right) & 0 & 0\end{vmatrix}=\dfrac{1}{l_y^e}\hat{z}\\ \nabla\times N_2^e(x, y)=-\dfrac{1}{l_y^e}\hat{z}\\ \nabla\times N_3^e(x, y)=-\dfrac{1}{l_x^e}\hat{z}\\ \nabla\times N_4^e(x, y)=\dfrac{1}{l_x^e}\hat{z}\end{cases} \tag{16-8}$$

可见旋度 $\nabla\times N_i^e$ 在单元内为非零常矢量。

16.1.2 基函数单元积分公式

考虑矩形单元矢量基函数的单元积分，令

$$\begin{cases}F_{ij}^e=\iint\limits_{\Omega_e}N_i^e\cdot N_j^e\mathrm{d}S=\int_{x_c-l_x^e/2}^{x_c+l_x^e/2}\mathrm{d}x\int_{y_c-l_y^e/2}^{y_c+l_y^e/2}N_i^e\cdot N_j^e\mathrm{d}y\\ E_{ij}^e=\iint\limits_{\Omega_e}(\nabla\times N_i^e)\cdot(\nabla\times N_j^e)\mathrm{d}S=\int_{x_c-l_x^e/2}^{x_c+l_x^e/2}\mathrm{d}x\int_{y_c-l_y^e/2}^{y_c+l_y^e/2}(\nabla\times N_i^e)\cdot(\nabla\times N_j^e)\mathrm{d}y\end{cases} \tag{16-9}$$

根据式(16-5)、式(16-8)，代入式(16-9)计算得到(金建铭，1998：282)

$$\begin{cases}[F^e]=\dfrac{l_x^e l_y^e}{6}\begin{bmatrix}2 & 1 & 0 & 0\\ 1 & 2 & 0 & 0\\ 0 & 0 & 2 & 1\\ 0 & 0 & 1 & 2\end{bmatrix}\\ [E^e]=\begin{bmatrix}\dfrac{l_x^e}{l_y^e} & -\dfrac{l_x^e}{l_y^e} & -1 & 1\\ -\dfrac{l_x^e}{l_y^e} & \dfrac{l_x^e}{l_y^e} & 1 & -1\\ -1 & 1 & \dfrac{l_y^e}{l_x^e} & -\dfrac{l_y^e}{l_x^e}\\ 1 & -1 & -\dfrac{l_y^e}{l_x^e} & \dfrac{l_y^e}{l_x^e}\end{bmatrix}\end{cases} \tag{16-10}$$

注意：以上矩阵为对称矩阵，即 $F^e_{ij}=F^e_{ji}$，$E^e_{ij}=E^e_{ji}$。并且，当矩形单元棱边局域编号采用图 16-1 所示方式时，根据式(16-5)，棱边基函数 1、2 与 3、4 之间的点积等于零，所以式(16-10)中 $[F^e]$ 具有分块对角矩阵形式。

16.2　二维三角形单元

16.2.1　三角形单元棱边基函数

如 11.3 节所述，三角形单元的结点基函数等于面积坐标 $L^e_j(x, y)$，即

$$N^e_i(x, y)=L^e_i(x, y)=\frac{\Delta_i}{\Delta_e}=\frac{1}{2\Delta_e}(a^e_i+b^e_ix+c^e_iy) \tag{16-11}$$

其中，面积坐标定义为子三角形和整个三角形面积之比 Δ_i/Δ_e。

为了定义棱边基函数，首先需要规定棱边的局域编号方式。文献中有两种规定方式：第一种方式规定结点 1 对面的棱边为棱边 1＃，依此类推(张双文，2008)。和结点编号一样，棱边方向及棱边编号的递增方向和面元方向之间遵守右手关系，如图 16-2(a)所示，单元结点和棱边的编号和方向如表 16-2 所示。本书采用这种规定。图 16-2(b)所示给出另一种棱边编号方式，即将结点 1 和 2 之间的棱边称为棱边 1＃，依此类推(金建铭，1998)。为了便于区别，在图 16-2(b)中标记为 Jin 棱边 1＃。显然，本文棱边 1＃对应于 Jin 棱边2＃；本文棱边 2＃对应于 Jin 棱边 3＃；本文棱边 3＃对应于 Jin 棱边 1＃。

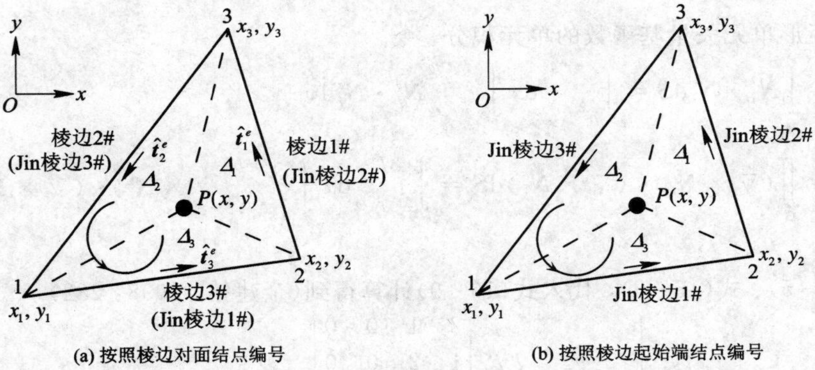

图 16-2　三角形单元和棱边编号

表 16-2　三角形单元棱边和结点编号

棱边编号	棱边方向	
	始端结点	末端结点
棱边 1＃	1	2
棱边 2＃	2	3
棱边 3＃	3	1

基于面积坐标式(16-11)，定义一个新的矢量函数$\boldsymbol{W}_{ij}$为

$$\begin{cases} \boldsymbol{W}_{12} = L_1^e \nabla L_2^e - L_2^e \nabla L_1^e \\ \boldsymbol{W}_{23} = L_2^e \nabla L_3^e - L_3^e \nabla L_2^e \\ \boldsymbol{W}_{31} = L_3^e \nabla L_1^e - L_1^e \nabla L_3^e \end{cases} \tag{16-12}$$

可见$\boldsymbol{W}_{12}$是关联结点1和2的矢量函数。下面以$\boldsymbol{W}_{12}$为例，讨论矢量函数$\boldsymbol{W}_{ij}$的性质。

性质1：$\boldsymbol{W}_{ij}$的散度等于零，即

$$\begin{aligned} \nabla \cdot \boldsymbol{W}_{12} &= \nabla \cdot (L_1^e \nabla L_2^e - L_2^e \nabla L_1^e) \\ &= \nabla \cdot (L_1^e \nabla L_2^e) - \nabla \cdot (L_2^e \nabla L_1^e) \\ &= \nabla L_1^e \cdot \nabla L_2^e + L_1^e \nabla^2 L_2^e - \nabla L_1^e \cdot \nabla L_2^e - L_2^e \nabla^2 L_1^e \\ &= L_1^e \nabla^2 L_2^e - L_2^e \nabla^2 L_1^e \\ &= 0 \end{aligned} \tag{16-13}$$

式中，∇^2为拉普拉斯(Laplace)算子。由于式(16-11)所示函数$L_j^e(x, y)$是x和y的线性函数，所以式(16-13)中含有二阶导数的$\nabla^2 L_2^e = \nabla^2 L_1^e = 0$。

性质2：$\boldsymbol{W}_{ij}$的旋度不为零，即

$$\begin{aligned} \nabla \times \boldsymbol{W}_{12} &= \nabla \times (L_1^e \nabla L_2^e - L_2^e \nabla L_1^e) \\ &= \nabla L_1^e \times \nabla L_2^e - \nabla L_2^e \times \nabla L_1^e \\ &= 2(\nabla L_1^e \times \nabla L_2^e) \end{aligned} \tag{16-14}$$

性质3：$\boldsymbol{W}_{12}$在各个棱边投影(平行分量)的特性。先看$\boldsymbol{W}_{12}$在棱边3#的投影：

$$\begin{aligned} \hat{\boldsymbol{t}}_3^e \cdot \boldsymbol{W}_{12} &= \hat{\boldsymbol{t}}_3^e \cdot (L_1^e \nabla L_2^e - L_2^e \nabla L_1^e) \\ &= L_1^e (\hat{\boldsymbol{t}}_3^e \cdot \nabla L_2^e) - L_2^e (\hat{\boldsymbol{t}}_3^e \cdot \nabla L_1^e) \end{aligned} \tag{16-15}$$

其中，$\hat{\boldsymbol{t}}_3^e$为平行于棱边3#的单位矢量，见图16-2(a)。

$$\begin{cases} \hat{\boldsymbol{t}}_3^e = \dfrac{\hat{\boldsymbol{x}}(x_2 - x_1) + \hat{\boldsymbol{y}}(y_2 - y_1)}{l_3^e} \\ \nabla L_1^e = \dfrac{1}{2\Delta_e}(\hat{\boldsymbol{x}} b_1^e + \hat{\boldsymbol{y}} c_1^e) = \dfrac{1}{2\Delta_e}[\hat{\boldsymbol{x}}(y_2 - y_3) + \hat{\boldsymbol{y}}(x_3 - x_2)] \\ \nabla L_2^e = \dfrac{1}{2\Delta_e}(\hat{\boldsymbol{x}} b_2^e + \hat{\boldsymbol{y}} c_2^e) = \dfrac{1}{2\Delta_e}[\hat{\boldsymbol{x}}(y_3 - y_1) + \hat{\boldsymbol{y}}(x_1 - x_3)] \end{cases} \tag{16-16}$$

其中，$l_3^e = \sqrt{(y_2 - y_1)^2 + (x_2 - x_1)^2}$。将式(16-16)代入式(16-15)，可得

$$\begin{cases} \hat{\boldsymbol{t}}_3^e \cdot \nabla L_1^e = -\dfrac{1}{l_3^e} \\ \hat{\boldsymbol{t}}_3^e \cdot \nabla L_2^e = +\dfrac{1}{l_3^e} \\ \hat{\boldsymbol{t}}_3^e \cdot \boldsymbol{W}_{12} = L_1^e (\hat{\boldsymbol{t}}_3^e \cdot \nabla L_2^e) - L_2^e (\hat{\boldsymbol{t}}_3^e \cdot \nabla L_1^e) = \dfrac{L_1^e + L_2^e}{l_3^e} \end{cases} \tag{16-17}$$

参照式(16-11)和图16-2(a)，当观察点$P(x,y)$在棱边3#上时，便有$L_3^e(x,y)\big|_{3\#} = 0$，代入公式$L_1^e + L_2^e + L_3^e = 1$，得到

$$[L_1^e(x, y) + L_2^e(x, y)]_{3\#} = 1$$

再代入式(16-17)，得

$$\hat{\boldsymbol{t}}_3^e \cdot \boldsymbol{W}_{12} = L_1^e(\hat{\boldsymbol{t}}_3^e \cdot \nabla L_2^e) - L_2^e(\hat{\boldsymbol{t}}_3^e \cdot \nabla L_1^e) = \frac{L_1^e + L_2^e}{l_3^e} = \frac{1}{l_3^e} \tag{16-18}$$

上式表明，矢量 $\boldsymbol{W}_{12}$ 在棱边 3# 的投影(平行分量)等于棱边 3# 长度的倒数。

此外，考虑 $\boldsymbol{W}_{12}$ 在棱边 1# 的投影。注意到

$$\begin{cases} \hat{\boldsymbol{t}}_1^e = \dfrac{\hat{\boldsymbol{x}}(x_3 - x_2) + \hat{\boldsymbol{y}}(y_3 - y_2)}{l_1^e} \\ \hat{\boldsymbol{t}}_1^e \cdot \nabla L_1^e = \dfrac{[\hat{\boldsymbol{x}}(x_3 - x_2) + \hat{\boldsymbol{y}}(y_3 - y_2)] \cdot [\hat{\boldsymbol{x}}(y_2 - y_3) + \hat{\boldsymbol{y}}(x_3 - x_2)]}{2 l_1^e \Delta_e} \\ \qquad = \dfrac{(x_3 - x_2)(y_2 - y_3) + (y_3 - y_2)(x_3 - x_2)}{2 l_1^e \Delta_e} = 0 \\ \hat{\boldsymbol{t}}_1^e \cdot \nabla L_2^e = \dfrac{[\hat{\boldsymbol{x}}(x_3 - x_2) + \hat{\boldsymbol{y}}(y_3 - y_2)] \cdot [\hat{\boldsymbol{x}}(y_3 - y_1) + \hat{\boldsymbol{y}}(x_1 - x_3)]}{2 l_1^e \Delta_e} \\ \qquad = \dfrac{(x_3 - x_2)(y_3 - y_1) + (y_3 - y_2)(x_1 - x_3)}{2 l_1^e \Delta_e} \neq 0 \end{cases} \tag{16-19}$$

参照式(16-11)和图 16-2(a)，在棱边 1# 上 $L_1^e(x, y)\big|_{1\#} = 0$，$L_2^e(x, y)\big|_{1\#} \neq 0$，再利用式(16-19)，可得

$$\begin{aligned} \hat{\boldsymbol{t}}_1^e \cdot \boldsymbol{W}_{12} &= \hat{\boldsymbol{t}}_1^e \cdot (L_1^e \nabla L_2^e - L_2^e \nabla L_1^e) \\ &= L_1^e(\hat{\boldsymbol{t}}_1^e \cdot \nabla L_2^e) - L_2^e(\hat{\boldsymbol{t}}_1^e \cdot \nabla L_1^e) \\ &= 0 \end{aligned} \tag{16-20}$$

同样，$\boldsymbol{W}_{12}$ 在棱边 2# 的投影为

$$\begin{aligned} \hat{\boldsymbol{t}}_2^e \cdot W_{12} &= \hat{\boldsymbol{t}}_2^e \cdot (L_1^e \nabla L_2^e - L_2^e \nabla L_1^e) \\ &= L_1^e(\hat{\boldsymbol{t}}_2^e \cdot \nabla L_2^e) - L_2^e(\hat{\boldsymbol{t}}_2^e \cdot \nabla L_1^e) \\ &= 0 \end{aligned} \tag{16-21}$$

结论：矢量 $\boldsymbol{W}_{12}$ 在棱边 3# 上切向分量等于常数，在棱边 1# 和棱边 2# 上的切向分量等于零。

定义三角形单元的棱边(矢量)基函数为

$$\begin{cases} \boldsymbol{N}_1^e = \boldsymbol{W}_{23} l_1^e = (L_2^e \nabla L_3^e - L_3^e \nabla L_2^e) l_1^e \\ \boldsymbol{N}_2^e = \boldsymbol{W}_{31} l_2^e = (L_3^e \nabla L_1^e - L_1^e \nabla L_3^e) l_2^e \\ \boldsymbol{N}_3^e = \boldsymbol{W}_{12} l_3^e = (L_1^e \nabla L_2^e - L_2^e \nabla L_1^e) l_3^e \end{cases} \tag{16-22}$$

以上定义的基函数也称为惠特尼(Whitney)矢量基函数。由式(16-18)、式(16-20)、式(16-21)可得棱边 3# 的基函数具有以下性质：

$$\begin{cases} \hat{\boldsymbol{t}}_3^e \cdot \boldsymbol{N}_3^e = \hat{\boldsymbol{t}}_3^e \cdot \boldsymbol{W}_{12} l_3^e = 1 \\ \hat{\boldsymbol{t}}_1^e \cdot \boldsymbol{N}_3^e = \hat{\boldsymbol{t}}_2^e \cdot \boldsymbol{N}_3^e = 0 \end{cases} \tag{16-23}$$

一般式可写为

$$\hat{\boldsymbol{t}}_j^e \cdot \boldsymbol{N}_i^e = \delta_{ij} \tag{16-24}$$

即棱边基函数在自身棱边处的平行分量等于1，在非自身棱边处的平行分量等于零；在与自身棱边相对结点处基函数等于零。棱边基函数 $\boldsymbol{N}_i^e(x, y)$ 的矢量图示见图16-3。图中与结点1，2和3相对的分别为棱边1#、2#和3#。可以证明，棱边基函数 $\boldsymbol{N}_1^e$ 的方向就是以结点1为中心的圆弧的切向(金建铭，1988：167)。所以，$\boldsymbol{N}_1^e$ 在棱边1#上既有平行分量(等于1)，也有垂直分量；但在棱边2#和棱边3#只有垂直分量，没有平行分量。

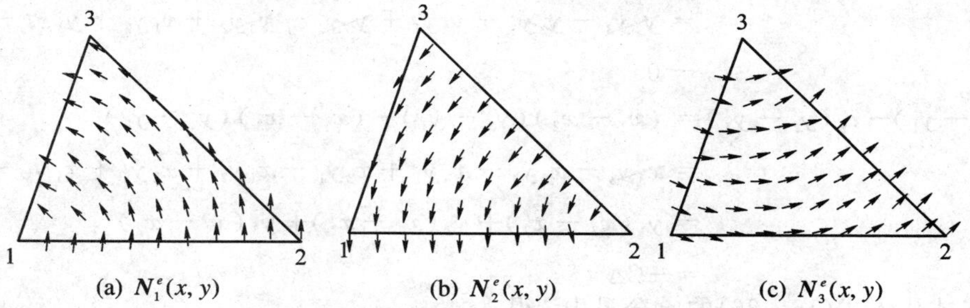

图16-3 三角形单元棱边基函数矢量分布图

此外，式(16-22)还可写为以下简明形式(张双文，2008：112)：

$$\boldsymbol{N}_i^e(x, y) = \frac{l_i^e}{2\Delta_e}\{\hat{\boldsymbol{x}}(y_i - y) + \hat{\boldsymbol{y}}(x - x_i)\} \tag{16-25}$$

其中，x_i，y_i 为三角形中棱边 i# 对面结点的坐标，如图16-2所示。上式表明，在棱边 i# 对面结点 i 处基函数等于零，即 $\boldsymbol{N}_i^e(x_i, y_i) = 0$。

式(16-25)的证明如下：根据式(16-22)、式(16-16)和式(16-11)，以结点3对面棱边的矢量基函数 $\boldsymbol{N}_3^e$ 为例，有

$$\begin{aligned}
\boldsymbol{N}_3^e &= \boldsymbol{W}_{12} l_3^e = (L_1^e \nabla L_2^e - L_2^e \nabla L_1^e) l_3^e \\
&= \frac{l_3^e}{4(\Delta_e)^2}\{(a_1^e + b_1^e x + c_1^e y)[\hat{\boldsymbol{x}}(y_3 - y_1) + \hat{\boldsymbol{y}}(x_1 - x_3)] \\
&\quad - (a_2^e + b_2^e x + c_2^e y)[\hat{\boldsymbol{x}}(y_2 - y_3) + \hat{\boldsymbol{y}}(x_3 - x_2)]\} \\
&= \frac{l_3^e}{4(\Delta_e)^2}\{\hat{\boldsymbol{x}}(a_1^e + b_1^e x + c_1^e y)(y_3 - y_1) - (a_2^e + b_2^e x + c_2^e y)(y_2 - y_3) \\
&\quad + \hat{\boldsymbol{y}}(a_1^e + b_1^e x + c_1^e y)(x_1 - x_3) - (a_2^e + b_2^e x + c_2^e y)(x_3 - x_2)\}
\end{aligned} \tag{16-26}$$

又由11.3节式(11-19)，有

$$\begin{cases}
a_1^e = x_2 y_3 - x_3 y_2,\ a_2^e = x_3 y_1 - x_1 y_3,\ a_3^e = x_1 y_2 - x_2 y_1 \\
b_1^e = y_2 - y_3,\ b_2^e = y_3 - y_1,\ b_3^e = y_1 - y_2 \\
c_1^e = x_3 - x_2,\ c_2^e = x_1 - x_3,\ c_3^e = x_2 - x_1
\end{cases}$$

所以，式(16-26)的 x 分量中，

$$\begin{aligned}
& a_1^e(y_3 - y_1) - a_2^e(y_2 - y_3) \\
&= (x_2 y_3 - x_3 y_2)(y_3 - y_1) - (x_3 y_1 - x_1 y_3)(y_2 - y_3) \\
&= (x_2 y_3{}^2 - x_3 y_2 y_3 - x_2 y_1 y_3 + \cancel{x_3 y_1 y_2}) - (\cancel{x_3 y_1 y_2} - x_1 y_2 y_3 - x_3 y_1 y_3 + x_1 y_3{}^2) \\
&= x_2 y_3{}^2 - x_1 y_3{}^2 + x_3 y_1 y_3 - x_2 y_1 y_3 + x_1 y_2 y_3 - x_3 y_2 y_3
\end{aligned}$$

$$
\begin{aligned}
&= {y_3}^2(x_2-x_1)+y_1y_3(x_3-x_2)+y_2y_3(x_1-x_3)\\
&= y_3[y_3(x_2-x_1)+y_1(x_3-x_2)+y_2(x_1-x_3)]\\
&= y_3[(x_1-x_3)(y_2-y_3)+(y_1-y_3)(x_3-x_2)]\\
&= 2y_3\Delta_e
\end{aligned}
$$

上式最后用到三角形面积公式(11.3 节式(11-17))。另外，式(16-26)中，

$$
\begin{aligned}
b_1^e(y_3-y_1)-b_2^e(y_2-y_3) &= (y_2-y_3)(y_3-y_1)-(y_3-y_1)(y_2-y_3)\\
&= \cancel{y_2y_3}-\cancel{y_3y_3}-y_2y_1+\cancel{y_3y_1}-\cancel{y_3y_2}+y_1y_2+\cancel{y_3y_3}-\cancel{y_1y_3}\\
&= 0
\end{aligned}
$$

$$
\begin{aligned}
c_1^e(y_3-y_1)-c_2^e(y_2-y_3) &= (x_3-x_2)(y_3-y_1)-(x_1-x_3)(y_2-y_3)\\
&= \cancel{x_3y_3}-x_2y_3-x_3y_1+x_2y_1-x_1y_2+x_3y_2+x_1y_3-\cancel{x_3y_3}\\
&= y_1(x_2-x_3)+y_2(x_3-x_1)+y_3(x_1-x_2)\\
&= -2\Delta_e
\end{aligned}
$$

将以上二式代入式(16-26)的 x 分量中，得

$$
\begin{aligned}
&\frac{l_3^e}{4(\Delta_e)^2}\hat{\boldsymbol{x}}\{(a_1^e+b_1^ex+c_1^ey)(y_3-y_1)-(a_2^e+b_2^ex+c_2^ey)(y_2-y_3)\}\\
&= \hat{\boldsymbol{x}}\frac{l_3^e}{4(\Delta_e)^2}\{2y_3\Delta_e+0-2y\Delta_e\}\\
&= \hat{\boldsymbol{x}}\frac{l_3^e}{2\Delta_e}(y_3-y) \qquad (16-27)
\end{aligned}
$$

再看式(16-26)的 y 分量，其中，

$$
\begin{aligned}
a_1^e(x_1-x_3)-a_2^e(x_3-x_2) &= (x_2y_3-x_3y_2)(x_1-x_3)-(x_3y_1-x_1y_3)(x_3-x_2)\\
&= (\cancel{x_1x_2y_3}-x_1x_3y_2-x_2x_3y_3+x_3^2y_2)\\
&\quad -(x_3^2y_1-x_1x_3y_3-x_3y_1x_2+\cancel{x_1y_3x_2})\\
&= x_3(-x_1y_2-x_2y_3+x_3y_2-x_3y_1+x_1y_3+x_2y_1)\\
&= -x_3[y_3(x_2-x_1)+y_1(x_3-x_2)+y_2(x_1-x_3)]\\
&= -x_3 2\Delta_e
\end{aligned}
$$

上式最后用到 11.3 节式(11-17)以及

$$
\begin{aligned}
b_1^e(x_1-x_3)-b_2^e(x_3-x_2) &= (y_2-y_3)(x_1-x_3)-(y_3-y_1)(x_3-x_2)\\
&= y_2x_1-y_3x_1-y_2x_3+\cancel{y_3x_3}-\cancel{y_3x_3}+y_1x_3+y_3x_2-y_1x_2\\
&= y_1(x_3-x_2)+y_2(x_1-x_3)+y_3(x_2-x_1)\\
&= 2\Delta_e
\end{aligned}
$$

$$c_1^e(x_1-x_3)-c_2^e(x_3-x_2)=(x_3-x_2)(x_1-x_3)-(x_1-x_3)(x_3-x_2)=0$$

以上结果代入式(16-26)的 y 分量，得

$$
\begin{aligned}
&\frac{l_3^e}{4(\Delta_e)^2}\hat{\boldsymbol{y}}\{(a_1^e+b_1^ex+c_1^ey)(x_1-x_3)-(a_2^e+b_2^ex+c_2^ey)(x_3-x_2)\}\\
&= \hat{\boldsymbol{y}}\frac{l_3^e}{4(\Delta_e)^2}\{-x_3 2\Delta_e+x2\Delta_e+0\}=\hat{\boldsymbol{y}}\frac{l_3^e}{2\Delta_e}(x-x_3) \qquad (16-28)
\end{aligned}
$$

将式(16-27)、式(16-28)代入式(16-26)，得

$$\begin{aligned}\boldsymbol{N}_3^e &= \boldsymbol{W}_{12} l_3^e = (L_1^e \nabla L_2^e - L_2^e \nabla L_1^e) l_3^e \\ &= \hat{\boldsymbol{x}} \frac{l_3^e}{2\Delta_e}(y_3 - y) + \hat{\boldsymbol{y}} \frac{l_3^e}{2\Delta_e}(x - x_3) \\ &= \frac{l_3^e}{2\Delta_e}[\hat{\boldsymbol{x}}(y_3 - y) + \hat{\boldsymbol{y}}(x - x_3)]\end{aligned} \tag{16-29}$$

上式即为式(16-25)。证毕。

由式(16-20)、式(16-21)可见，棱边基函数 $\boldsymbol{N}_i^e$ 在非自身棱边 $j \neq i$ 处的切向分量等于零，但具有法向分量。对于自身棱边，式(16-23)给出 $\boldsymbol{N}_i^e$ 在自身棱边 i＃处的切向分量等于1，但具有法向分量。

下面讨论棱边基函数在自身棱边上的法向分量。为了便于理解，先看一个特例。假设三角形单元的棱边3＃在 x 轴上，如图16-4(a)所示。这时棱边3＃的两个端点1和2的坐标均为 $y_1 = y_2 = 0$，由式(16-29)可得棱边3＃的基函数在单元内一点 $P(x, y)$ 的垂直和平行于棱边3＃的分量分别为

$$\begin{cases} \boldsymbol{N}_3^e(x, y)\big|_{\text{平行}} = \hat{\boldsymbol{x}} \dfrac{l_3^e(y_3 - y)}{2\Delta_e} \\ \boldsymbol{N}_3^e(x, y)\big|_{\text{垂直}} = \hat{\boldsymbol{y}} \dfrac{l_3^e(x - x_3)}{2\Delta_e} = \hat{\boldsymbol{y}} \dfrac{x - x_3}{y_3} \end{cases} \tag{16-30}$$

由于在自身棱边3＃处 $y=0$，注意到 $l_3^e y_3/2 = \Delta_e$，所以

$$\begin{cases} \boldsymbol{N}_3^e(x, y=0)\big|_{\text{平行}} = 1\,\hat{\boldsymbol{x}} \\ \boldsymbol{N}_3^e(x, 0)\big|_{\text{垂直}} = \hat{\boldsymbol{y}} \dfrac{x - x_3}{y_3} \end{cases} \tag{16-31}$$

即在自身棱边处的平行分量等于1，和式(16-23)一致，如图16-4(b)所示。式(16-30)中的垂直分量则与高度无关，只随 x 坐标为线性变化；特别注意在自身棱边处具有不为零的垂直分量，仅在结点3的垂足处 $\boldsymbol{N}_3^e(x_3, 0)\big|_{\text{垂直}} = 0$，如图16-4(c)所示。

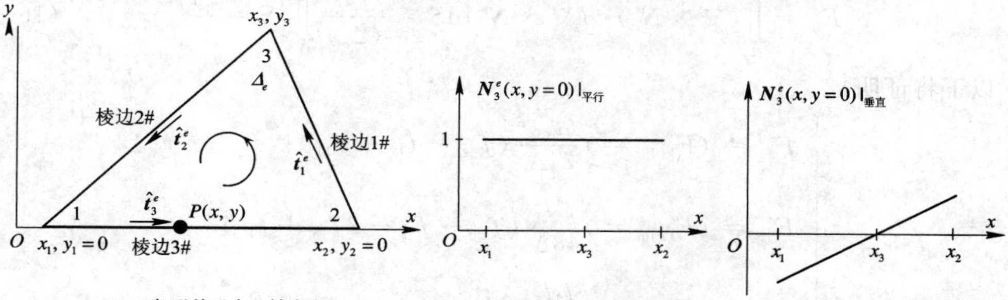

(a) 三角形单元在 x 轴上方　　(b) 平行分量为常量1　　(c) 垂直分量随 x 线性变化

图16-4　矢量基函数在自身棱边上的平行和垂直分量

电场 $\boldsymbol{E}^e(x, y)$ 在三角形单元内可用棱边基函数展开为

$$\boldsymbol{E}^e(x, y, t) = \sum_{i=1}^{3} \boldsymbol{N}_i^e(x, y) E_i^e(t) \tag{16-32}$$

根据式(16-24)，若观察点在三角形单元棱边3＃上，则有

$$\hat{\boldsymbol{t}}_3^e \cdot \boldsymbol{E}^e(x, y)\big|_{3\#} = E_3^e \tag{16-33}$$

上式表明，棱边基函数展开式(16－32)中的系数 E_i^e 代表单元中棱边 i ♯ 的电场平行分量。

单元棱边基函数散度和旋度的性质如下：

性质 1：散度等于零。由式(16－13)有

$$\nabla \cdot \boldsymbol{N}_3^e = \nabla \cdot (\boldsymbol{W}_{12} l_3^e) = l_3^e \nabla \cdot \boldsymbol{W}_{12} = 0 \tag{16-34}$$

一般，$\nabla \cdot \boldsymbol{N}_i^e = 0$。

性质 2：旋度等于常量。由式(16－14)有

$$\begin{aligned} \nabla \times \boldsymbol{N}_3^e &= \nabla \times (\boldsymbol{W}_{12} l_3^e) = l_3^e \nabla \times \boldsymbol{W}_{12} = 2 l_3^e (\nabla L_1^e \times \nabla L_2^e) \\ &= \frac{2 l_3^e}{(2\Delta_e)^2} [\hat{\boldsymbol{x}}(y_2 - y_3) + \hat{\boldsymbol{y}}(x_3 - x_2)] \times [\hat{\boldsymbol{x}}(y_3 - y_1) + \hat{\boldsymbol{y}}(x_1 - x_3)] \\ &= \frac{l_3^e}{2(\Delta_e)^2} \hat{\boldsymbol{z}} [(y_2 - y_3)(x_1 - x_3) - (x_3 - x_2)(y_3 - y_1)] \\ &= \frac{l_3^e}{\Delta_e} \hat{\boldsymbol{z}} \end{aligned} \tag{16-35}$$

上式用到三角形单元面积公式(见 11.3 节式(11－17))。一般，棱边 i ♯ 基函数的旋度可写为

$$\nabla \times \boldsymbol{N}_i^e = \frac{l_i^e}{\Delta_e} \hat{\boldsymbol{z}} \tag{16-36}$$

可见旋度 $\nabla \times \boldsymbol{N}_i^e$ 在单元内为非零常矢量。

16.2.2 基函数单元积分公式

记基函数的单元积分为(金建铭，1998：171)

$$\begin{cases} F_{ij}^e = \iint\limits_{\Omega_e} \boldsymbol{N}_i^e \cdot \boldsymbol{N}_j^e \mathrm{d}S \\ E_{ij}^e = \iint\limits_{\Omega_e} (\nabla \times \boldsymbol{N}_i^e) \cdot (\nabla \times \boldsymbol{N}_j^e) \mathrm{d}S \end{cases} \tag{16-37}$$

将三角形单元棱边基函数式(16－25)和旋度式(16－36)代入，得

$$E_{ij}^e = \iint\limits_{\Omega_e} (\nabla \times \boldsymbol{N}_i^e) \cdot (\nabla \times \boldsymbol{N}_j^e) \mathrm{d}S = \frac{l_i^e l_j^e}{(\Delta_e)^2} \iint\limits_{\Omega_e} \mathrm{d}S = \frac{l_i^e l_j^e}{\Delta_e} \tag{16-38}$$

以及(以下将证明)

$$\begin{cases} F_{33}^e = (F_{11\,\mathrm{Jin}}^e =) \dfrac{(l_3^e)^2}{24\Delta_e} (f_{22} - f_{12} + f_{11}) \\ F_{31}^e = (F_{12\,\mathrm{Jin}}^e =) \dfrac{l_3^e l_1^e}{48\Delta_e} (f_{23} - f_{22} - 2 f_{13} + f_{12}) \\ F_{32}^e = (F_{13\,\mathrm{Jin}}^e =) \dfrac{l_2^e l_3^e}{48\Delta_e} (f_{21} - 2 f_{23} - f_{11} + f_{13}) \\ F_{11}^e = (F_{22\,\mathrm{Jin}}^e =) \dfrac{(l_1^e)^2}{24\Delta_e} (f_{33} - f_{23} + f_{22}) \\ F_{12}^e = (F_{23\,\mathrm{Jin}}^e =) \dfrac{l_1^e l_2^e}{48\Delta_e} (f_{31} - f_{33} - 2 f_{21} + f_{23}) \\ F_{22}^e = (F_{33\,\mathrm{Jin}}^e =) \dfrac{(l_2^e)^2}{24\Delta_e} (f_{11} - f_{13} + f_{33}) \end{cases} \tag{16-39}$$

其中 $F^e_{12\,\mathrm{Jin}}$ 等代表文献(金建铭，1998)符号。上式中，

$$f_{ij}=b_i^e b_j^e+c_i^e c_j^e \tag{16-40}$$

其中 a_i^e，b_i^e，c_i^e(见 11.3 节式(11-19))为

$$\begin{cases}a_1^e=x_2y_3-x_3y_2,\ a_2^e=x_3y_1-x_1y_3,\ a_3^e=x_1y_2-x_2y_1\\ b_1^e=y_2-y_3,\ b_2^e=y_3-y_1,\ b_3^e=y_1-y_2\\ c_1^e=x_3-x_2,\ c_2^e=x_1-x_3,\ c_3^e=x_2-x_1\end{cases}$$

由于上式中 b_j^e，c_j^e 分别只和坐标 y 及 x 有关，所以式(16-39)和式(16-40)所示 f_{ij} 和 F^e_{ij} 均可区分为两部分：

$$\begin{cases}f_{ij}=(f_{ij})_x+(f_{ij})_y\\ F_{ij}=(F_{ij})_x+(F_{ij})_y\end{cases} \tag{16-41}$$

其中，$(f_{ij})_x$，$(F_{ij})_x$ 与坐标 y 有关，$(f_{ij})_y$，$(F_{ij})_y$ 与坐标 x 有关。根据基函数公式(16-25)，上式中 $(f_{ij})_y=b_i^e b_j^e$ 和式(16-37)第一式中 $\iint\limits_{\Omega_e} N^e_{ix}N^e_{jx}\,\mathrm{d}x\mathrm{d}y$ 对应；$(f_{ij})_x=c_i^e c_j^e$ 则和式(16-37)第一式中 $\iint\limits_{\Omega_e} N^e_{iy}N^e_{jy}\,\mathrm{d}x\mathrm{d}y$ 对应。

以下讨论式(16-39)的验证。由式(16-25)，棱边基函数为

$$\boldsymbol{N}_i^e=\frac{l_i^e}{2\Delta^e}\{\hat{\boldsymbol{x}}(y_i-y)+\hat{\boldsymbol{y}}(x-x_i)\}$$

所以

$$\begin{cases}N^e_{ix}=\dfrac{l_i^e}{2\Delta_e}(y_i-y),\ N^e_{iy}=\dfrac{l_i^e}{2\Delta_e}(x-x_i)\\ \boldsymbol{N}_i^e\cdot\boldsymbol{N}_j^e=N^e_{ix}N^e_{jx}+N^e_{iy}N^e_{jy}=\dfrac{l_i^e l_j^e}{(2\Delta_e)^2}\{(y_i-y)(y_j-y)+(x-x_i)(x-x_j)\}\end{cases} \tag{16-42}$$

利用线性变换将三角形变换为等腰直角三角形，然后再计算积分式(16-37)比较方便。三角形变换如图 16-5 所示，二者之间线性变换式为

$$\begin{cases}x=\xi x_1+\eta x_2+(1-\xi-\eta)x_3\\ y=\xi y_1+\eta y_2+(1-\xi-\eta)y_3\end{cases} \tag{16-43}$$

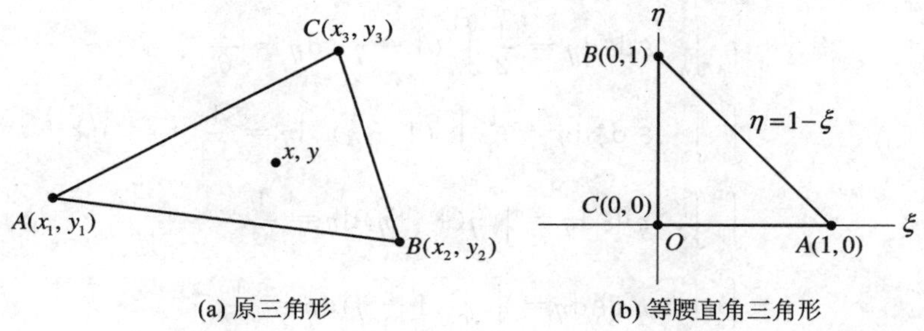

图 16-5 三角形的变换

由上式可求得雅可比行列式为

$$|J| = \frac{\partial(x, y)}{\partial(\xi, \eta)} = \begin{vmatrix} \frac{\partial x}{\partial \xi} & \frac{\partial x}{\partial \eta} \\ \frac{\partial y}{\partial \xi} & \frac{\partial y}{\partial \eta} \end{vmatrix} = \begin{vmatrix} x_1 - x_3 & x_2 - x_3 \\ y_1 - y_3 & y_2 - y_3 \end{vmatrix}$$

$$= (x_1 - x_3)(y_2 - y_3) - (x_2 - x_3)(y_1 - y_3)$$

$$= 2\Delta_e \tag{16-44}$$

上式用到三角形面积公式。由式(16-43)可见，原三角形三个顶点(x_1, y_1)，(x_2, y_2)，(x_3, y_3)分别对应于等腰直角三角形顶点$(\xi=1, \eta=0)$，$(\xi=0, \eta=1)$，$(\xi=0, \eta=0)$，如图 16-5 所示。实施坐标变换后积分变为

$$\iint\limits_{\Omega_e} f(x, y)\mathrm{d}x\mathrm{d}y = \int_0^1\int_0^{1-\eta} |J| f(\xi, \eta)\mathrm{d}\xi\mathrm{d}\eta = 2\Delta_e\int_0^1\int_0^{1-\eta} f(\xi, \eta)\mathrm{d}\xi\mathrm{d}\eta \tag{16-45}$$

基函数积分式(16-37)中，

$$F_{ij}^e = \iint\limits_{\Omega_e} \boldsymbol{N}_i^e \cdot \boldsymbol{N}_j^e \mathrm{d}S = \iint\limits_{\Omega_e} (N_{ix}^e N_{jx}^e + N_{iy}^e N_{jy}^e)\mathrm{d}S = Ix + Iy \tag{16-46}$$

应用式(16-42)和式(16-45)可得上式中第一项积分为

$$Ix_{ij} = \iint\limits_{\Omega_e} N_{ix}^e N_{jx}^e \mathrm{d}x\mathrm{d}y = \frac{l_i^e l_j^e}{(2\Delta_e)^2}\iint\limits_{\Omega_e}(y_i - y)(y_j - y)\mathrm{d}x\mathrm{d}y$$

$$= \frac{l_i^e l_j^e}{2\Delta_e}\int_0^1\int_0^{1-\eta}[y_i - \xi y_1 - \eta y_2 - (1-\xi-\eta)y_3][y_j - \xi y_1 - \eta y_2 - (1-\xi-\eta)y_3]\mathrm{d}\xi\mathrm{d}\eta \tag{16-47}$$

整理被积函数，有

$$[y_i - \xi y_1 - \eta y_2 - (1-\xi-\eta)y_3][y_j - \xi y_1 - \eta y_2 - (1-\xi-\eta)y_3]$$
$$= [(y_i - y_3) - \xi(y_1 - y_3) - \eta(y_2 - y_3)][(y_j - y_3) - \xi(y_1 - y_3) - \eta(y_2 - y_3)]$$
$$= (y_i - y_3)(y_j - y_3) - \xi[(y_i - y_3)(y_1 - y_3) + (y_j - y_3)(y_1 - y_3)]$$
$$- \eta[(y_i - y_3)(y_2 - y_3) + (y_j - y_3)(y_2 - y_3)] + \xi^2(y_1 - y_3)^2 + \eta^2(y_2 - y_3)^2$$
$$+ 2\xi\eta(y_1 - y_3)(y_2 - y_3)$$

将上式代入式(16-47)时需要用到以下几个积分：

$$\int_0^1\int_0^{1-\eta}\mathrm{d}\xi\,\mathrm{d}\eta = \int_0^1(1-\eta)\mathrm{d}\eta = \frac{1}{2}$$

$$\int_0^1\int_0^{1-\eta}\xi\,\mathrm{d}\xi\,\mathrm{d}\eta = \frac{1}{2}\int_0^1(1-\eta)^2\mathrm{d}\eta = \frac{1}{6}$$

$$\int_0^1\int_0^{1-\eta}\xi^2\,\mathrm{d}\xi\,\mathrm{d}\eta = \frac{1}{3}\int_0^1(1-\eta)^3\mathrm{d}\eta = \frac{1}{12}$$

$$\int_0^1\int_0^{1-\eta}\eta\,\mathrm{d}\xi\,\mathrm{d}\eta = \int_0^1\eta(1-\eta)\mathrm{d}\eta = \frac{1}{6}$$

$$\int_0^1\int_0^{1-\eta}\eta^2\,\mathrm{d}\xi\,\mathrm{d}\eta = \int_0^1\eta^2(1-\eta)\mathrm{d}\eta = \frac{1}{12}$$

$$\int_0^1\int_0^{1-\eta}\eta\xi\,\mathrm{d}\xi\,\mathrm{d}\eta = \frac{1}{2}\int_0^1\eta(1-\eta)^2\mathrm{d}\eta = \frac{1}{24}$$

代入式(16 - 47)后，可得

$$Ix_{ij}=\iint_{\Omega_e} N_{ix}^e N_{jx}^e\,dxdy$$

$$=\frac{l_i^e l_j^e}{2\Delta_e}\left\{\frac{1}{2}(y_i-y_3)(y_j-y_3)-\frac{1}{6}[(y_i-y_3)(y_1-y_3)+(y_j-y_3)(y_1-y_3)]\right.$$

$$-\frac{1}{6}[(y_i-y_3)(y_2-y_3)+(y_j-y_3)(y_2-y_3)]$$

$$\left.+\frac{1}{12}(y_1-y_3)^2+\frac{1}{12}(y_2-y_3)^2+\frac{1}{12}(y_1-y_3)(y_2-y_3)\right\}$$

$$=\frac{l_i^e l_j^e}{24\Delta_e}\{6(y_i-y_3)(y_j-y_3)-2(y_i+y_j-2y_3)(y_1+y_2-2y_3)$$

$$+(y_1-y_3)^2+(y_2-y_3)^2+(y_1-y_3)(y_2-y_3)\}\quad(16-48)$$

为了验证式(16 - 39)，取式(16 - 39)中 $i=j=1$。将 $i=j=1$ 代入，由式(16 - 48)，可得

$$Ix_{i=1,\,j=1}=\frac{l_1^e l_1^e}{24\Delta_e}\{6(y_1-y_3)(y_1-y_3)-4(y_1-y_3)(y_1+y_2-2y_3)$$

$$+(y_1-y_3)^2+(y_2-y_3)^2+(y_1-y_3)(y_2-y_3)\}$$

$$=\frac{(l_1^e)^2}{24\Delta_e}[6y_1^2+6y_3^2-12y_1y_3-4y_1^2-8y_3^2-4y_1y_2+12y_1y_3+4y_2y_3$$

$$+y_1^2+y_3^2-2y_1y_3+y_2^2+y_3^2-2y_2y_3+y_1y_2-y_1y_3-y_2y_3+y_3^2]$$

$$=\frac{l_1^e l_1^e}{24\Delta_e}[3y_1^2+y_3^2+y_2^2-3y_1y_2-3y_1y_3+y_2y_3]$$

另外，由式(16 - 39)，其中 $f_{ij}=b_i^e b_j^e+c_i^e c_j^e$，这里先考虑一项 $(f_{ij})_x=b_i^e b_j^e$，则当 $i=j=1$ 时，得到

$$(F_{11}^e)_x=\frac{(l_1^e)^2}{24\Delta_e}[(f_{33})_x-(f_{23})_x+(f_{22})_x]$$

$$=\frac{(l_1^e)^2}{24\Delta_e}(b_3^e b_3^e-b_2^e b_3^e+b_2^e b_2^e)$$

$$=\frac{(l_1^e)^2}{24\Delta_e}[(y_1-y_2)^2-(y_3-y_1)(y_1-y_2)+(y_3-y_1)^2]$$

$$=\frac{(l_1^e)^2}{24\Delta_e}[(y_1^2-2y_1y_2+y_2^2)-(y_3y_1-y_1^2-y_3y_2+y_1y_2)+(y_3^2-2y_3y_1+y_1^2)]$$

$$=\frac{(l_1^e)^2}{24\Delta_e}[3y_1^2+y_2^2+y_3^2-3y_1y_2-3y_3y_1+y_3y_2]$$

以上二式一致，所以 $(F_{11}^e)_x=Ix_{i=1,\,j=1}$。

又若式(16 - 39)中 $i=1$，$j=2$，代入式(16 - 48)，得到

$$Ix\big|_{i=1,\,j=2}=\frac{l_1^e l_2^e}{24\Delta_e}\{6(y_1-y_3)(y_2-y_3)-2(y_1+y_2-2y_3)^2$$

$$+(y_1-y_3)^2+(y_2-y_3)^2+(y_1-y_3)(y_2-y_3)\}$$

$$=\frac{l_1^e l_2^e}{24\Delta_e}[6y_1y_2+6y_3^2-6y_1y_3-6y_2y_3-2y_1^2-2y_2^2-8y_3^2-4y_1y_2+8y_1y_3+8y_2y_3$$

$$+y_1^2+y_3^2-2y_1y_3+y_2^2+y_3^2-2y_2y_3+y_1y_2-y_1y_3-y_2y_3+{y_3}^2]$$

$$=\frac{l_1^e l_2^e}{24\Delta_e}[-y_1^2-y_2^2+y_3^2+3y_1y_2-y_1y_3-y_2y_3]$$

另外，由式(16-39)和式(16-41)得到

$$(F_{12}^e)_x=\frac{l_1^e l_2^e}{48\Delta_e}[(f_{31})_x-(f_{33})_x-2(f_{21})_x+(f_{23})_x]$$

$$=\frac{l_1^e l_2^e}{48\Delta_e}[b_3^e b_1^e-b_3^e b_3^e-2b_2^e b_1^e+b_2^e b_3^e]$$

$$=\frac{l_1^e l_2^e}{48\Delta_e}[(y_1-y_2)(y_2-y_3)-(y_1-y_2)^2$$

$$-2(y_3-y_1)(y_2-y_3)+(y_3-y_1)(y_1-y_2)]$$

$$=\frac{l_1^e l_2^e}{48\Delta_e}[y_1y_2+y_2y_3-y_2^2-y_1y_3-y_1^2-y_2^2+2y_1y_2$$

$$-2y_2y_3+2{y_3}^2+2y_1y_2-2y_1y_3+y_1y_3-{y_1}^2-y_2y_3+y_1y_2]$$

$$=\frac{l_1^e l_2^e}{48\Delta_e}[-2y_1^2-2y_2^2+2y_3^2+6y_1y_2-2y_2y_3-2y_1y_3]$$

$$=\frac{l_1^e l_2^e}{24\Delta_e}[-y_1^2-y_2^2+y_3^2+3y_1y_2-y_2y_3-y_1y_3] \quad (16-49)$$

以上二式一致，即得$(F_{12}^e)_x=Ix_{i=1,\,j=2}$。

同理，对于式(16-46)第二项积分，将式(16-48)结果中 y 置换为 x 就可得到

$$Iy_{ij}=\iint_{\Omega_e}N_{iy}^e N_{jy}^e\,\mathrm{d}x\mathrm{d}y$$

$$=\frac{l_i l_j}{24\Delta_e}[6(x_i-x_3)(x_j-x_3)-2(x_i+x_j-2x_3)(x_1+x_2-2x_3)$$

$$+(x_1-x_3)^2+(x_2-x_3)^2+(x_1-x_3)(x_2-x_3)] \quad (16-50)$$

经过同样计算可以验证式(16-39)中的$(F_{ij})_y=Iy_{ij}$。证毕。

合并式(16-48)和式(16-50)可得到便于编程的统一公式：

$$F_{ij}^e=Ix+Iy=\iint_{\Omega_e}(N_{ix}^e N_{jx}^e+N_{iy}^e N_{jy}^e)\,\mathrm{d}x\mathrm{d}y$$

$$=\frac{l_i^e l_j^e}{24\Delta_e}\{[6(y_i-y_3)(y_j-y_3)-2(y_i+y_j-2y_3)(y_1+y_2-2y_3)$$

$$+(y_1-y_3)^2+(y_2-y_3)^2+(y_1-y_3)(y_2-y_3)]$$

$$+[6(x_i-x_3)(x_j-x_3)-2(x_i+x_j-2x_3)(x_1+x_2-2x_3)$$

$$+(x_1-x_3)^2+(x_2-x_3)^2+(x_1-x_3)(x_2-x_3)]\} \quad (16-51)$$

式中，$i,\ j=1,\ 2,\ 3$。

最后，讨论积分 $\iint_{\Omega_e} \boldsymbol{N}_i^e \mathrm{d}\Omega$ 的计算。根据质心公式，有

$$\begin{cases} \iint_{\Omega_e} \rho \ \mathrm{d}\Omega = \rho_c^e \iint_{\Omega_e} \mathrm{d}\Omega = \rho_c^e \Delta_e \\ \iint_{\Omega_e} x \ \mathrm{d}\Omega = x_c^e \iint_{\Omega_e} \mathrm{d}\Omega = x_c^e \Delta_e \\ \iint_{\Omega_e} y \ \mathrm{d}\Omega = y_c^e \iint_{\Omega_e} \mathrm{d}\Omega = y_c^e \Delta_e \end{cases} \tag{16-52}$$

其中位置矢 $\boldsymbol{\rho}=\hat{\boldsymbol{x}}x+\hat{\boldsymbol{y}}y$，$\boldsymbol{\rho}_c^e=\hat{\boldsymbol{x}}x_c^e+\hat{\boldsymbol{y}}y_c^e$ 为单元质心，利用式(16-25)和式(16-52)，可得

$$\begin{aligned} \iint_{\Omega_e} \boldsymbol{N}_i^e \ \mathrm{d}\Omega &= \frac{l_i^e}{2\Delta_e} \iint_{\Omega_e} [\hat{\boldsymbol{x}}(y_i - y) + \hat{\boldsymbol{y}}(x - x_i)] \mathrm{d}\Omega \\ &= \frac{l_i^e}{2\Delta_e} [\hat{\boldsymbol{x}}(y_i - y_c^e) + \hat{\boldsymbol{y}}(x_c^e - x_i)] \Delta_e \\ &= \frac{l_i^e}{2} [\hat{\boldsymbol{x}}(y_i - y_c^e) + \hat{\boldsymbol{y}}(x_c^e - x_i)] \end{aligned} \tag{16-53}$$

16.3 三维矩形块单元

16.3.1 矩形块单元棱边基函数

矩形块单元的棱边共 12 条，局域编号方式和单元内棱边方向如图 16-6 所示(金建铭，1998：176；Volakis 等，1994)。按照棱边和直角坐标轴平行关系可以将棱边分为三组，如表 16-3 所示。

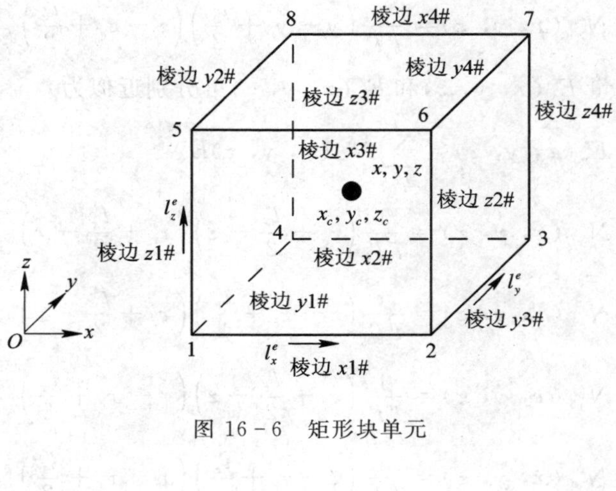

图 16-6 矩形块单元

表 16－3　矩形块单元棱边和结点的编号

棱边编号		棱边方向		
单元内	//坐标轴	//坐标轴	始端结点	末端结点
棱边 1＃	$x1$	$//x$ 轴（第 1 组）	1	2
棱边 2＃	$x2$		4	3
棱边 3＃	$x3$		5	6
棱边 4＃	$x4$		8	7
棱边 5＃	$y1$	$//y$ 轴（第 2 组）	1	4
棱边 6＃	$y2$		5	8
棱边 7＃	$y3$		2	3
棱边 8＃	$y4$		6	7
棱边 9＃	$z1$	$//z$ 轴（第 3 组）	1	5
棱边 10＃	$z2$		2	6
棱边 11＃	$z3$		4	8
棱边 12＃	$z4$		3	7

设单元中心点为 x_c，y_c，z_c。和 16.1 节类似，各个棱边赋予一个不变的切向场分量，单元中一点 $P(x, y, z)$ 的电场分量 $E_x^e(x, y, z)$ 可以用四条棱边场分量 E_{x1}^e，E_{x2}^e，E_{x3}^e，E_{x4}^e 的线性近似为

$$E_x^e(x, y, z, t)=\sum_{i=1}^{4} N_{xi}^e(x, y, z)E_{xi}^e(t) \tag{16-54}$$

其中

$$\left\{\begin{aligned}
N_{x1}^e(x, y, z)&=\frac{1}{l_y^e l_z^e}\left(y_c+\frac{l_y^e}{2}-y\right)\left(z_c+\frac{l_z^e}{2}-z\right)\\
N_{x2}^e(x, y, z)&=\frac{1}{l_y^e l_z^e}\left(y-y_c+\frac{l_y^e}{2}\right)\left(z_c+\frac{l_z^e}{2}-z\right)\\
N_{x3}^e(x, y, z)&=\frac{1}{l_y^e l_z^e}\left(y_c+\frac{l_y^e}{2}-y\right)\left(z-z_c+\frac{l_z^e}{2}\right)\\
N_{x4}^e(x, y, z)&=\frac{1}{l_y^e l_z^e}\left(y-y_c+\frac{l_y^e}{2}\right)\left(z-z_c+\frac{l_z^e}{2}\right)
\end{aligned}\right. \tag{16-55}$$

同样，其它场分量 $E_y^e(x, y, z)$ 和 $E_z^e(x, y, z)$ 可分别近似为

$$\left\{\begin{aligned}
E_y^e(x, y, z)&=\sum_{i=1}^{4} N_{yi}^e(x, y, z)E_{yi}^e\\
N_{y1}^e(x, y, z)&=\frac{1}{l_z^e l_x^e}\left(z_c+\frac{l_z^e}{2}-z\right)\left(x_c+\frac{l_x^e}{2}-x\right)\\
N_{y2}^e(x, y, z)&=\frac{1}{l_z^e l_x^e}\left(z-z_c+\frac{l_z^e}{2}\right)\left(x_c+\frac{l_x^e}{2}-x\right)\\
N_{y3}^e(x, y, z)&=\frac{1}{l_z^e l_x^e}\left(z_c+\frac{l_z^e}{2}-z\right)\left(x-x_c+\frac{l_x^e}{2}\right)\\
N_{y4}^e(x, y, z)&=\frac{1}{l_z^e l_x^e}\left(z-z_c+\frac{l_z^e}{2}\right)\left(x-x_c+\frac{l_x^e}{2}\right)
\end{aligned}\right. \tag{16-56}$$

以及

$$\begin{cases} E_z^e(x,\ y,\ z)=\sum_{i=1}^{4}N_{zi}^e(x,\ y,\ z)E_{zi}^e \\ N_{z1}^e(x,\ y,\ z)=\dfrac{1}{l_x^e l_y^e}\left(x_c+\dfrac{l_x^e}{2}-x\right)\left(y_c+\dfrac{l_y^e}{2}-y\right) \\ N_{z2}^e(x,\ y,\ z)=\dfrac{1}{l_x^e l_y^e}\left(x-x_c+\dfrac{l_x^e}{2}\right)\left(y_c+\dfrac{l_y^e}{2}-y\right) \\ N_{z3}^e(x,\ y,\ z)=\dfrac{1}{l_x^e l_y^e}\left(x_c+\dfrac{l_x^e}{2}-x\right)\left(y-y_c+\dfrac{l_y^e}{2}\right) \\ N_{z4}^e(x,\ y,\ z)=\dfrac{1}{l_x^e l_y^e}\left(x-x_c+\dfrac{l_x^e}{2}\right)\left(y-y_c+\dfrac{l_y^e}{2}\right) \end{cases} \tag{16-57}$$

注意：以上三组基函数形式相同，只是坐标作循环代替。这一特性在单元积分计算中将得到应用。定义棱边基函数(插值函数)为

$$\begin{cases} \boldsymbol{N}_j^e(x,\ y,\ z)=N_{xj}^e(x,\ y,\ z)\hat{\boldsymbol{x}} \\ \boldsymbol{N}_{j+4}^e(x,\ y,\ z)=N_{yj}^e(x,\ y,\ z)\hat{\boldsymbol{y}},\quad j=1,\ 2,\ 3,\ 4 \\ \boldsymbol{N}_{j+8}^e(x,\ y,\ z)=N_{zj}^e(x,\ y,\ z)\hat{\boldsymbol{z}} \end{cases} \tag{16-58}$$

以上定义的棱边基函数在其自身棱边处的切向分量等于1，没有垂直于棱边的法向分量。矩形块单元棱边1＃～4＃对应于平行于x轴的棱边，只有x分量；棱边5＃～8＃对应于平行于y轴的棱边，只有y分量；棱边9＃～12＃对应于平行于z轴的棱边，只有z分量。将式(16-55)～式(16-57)代入上式，得

$$\begin{cases} N_{1x}^e=\dfrac{1}{l_y^e l_z^e}\left(y_c+\dfrac{l_y^e}{2}-y\right)\left(z_c+\dfrac{l_z^e}{2}-z\right),\ N_{1y}^e=0,\ N_{1z}^e=0 \\ N_{2x}^e=\dfrac{1}{l_y^e l_z^e}\left(y-y_c+\dfrac{l_y^e}{2}\right)\left(z_c+\dfrac{l_z^e}{2}-z\right),\ N_{2y}^e=0,\ N_{2z}^e=0 \\ N_{3x}^e=\dfrac{1}{l_y^e l_z^e}\left(y_c+\dfrac{l_y^e}{2}-y\right)\left(z-z_c+\dfrac{l_z^e}{2}\right),\ N_{3y}^e=0,\ N_{3z}^e=0 \\ N_{4x}^e=\dfrac{1}{l_y^e l_z^e}\left(y-y_c+\dfrac{l_y^e}{2}\right)\left(z-z_c+\dfrac{l_z^e}{2}\right),\ N_{4y}^e=0,\ N_{4z}^e=0 \\ N_{5y}^e=\dfrac{1}{l_z^e l_x^e}\left(z_c+\dfrac{l_z^e}{2}-z\right)\left(x_c+\dfrac{l_x^e}{2}-x\right),\ N_{5x}^e=0,\ N_{5z}^e=0 \\ N_{6y}^e=\dfrac{1}{l_z^e l_x^e}\left(z-z_c+\dfrac{l_z^e}{2}\right)\left(x_c+\dfrac{l_x^e}{2}-x\right),\ N_{6x}^e=0,\ N_{6z}^e=0 \\ N_{7y}^e=\dfrac{1}{l_z^e l_x^e}\left(z_c+\dfrac{l_z^e}{2}-z\right)\left(x-x_c+\dfrac{l_x^e}{2}\right),\ N_{7x}^e=0,\ N_{7z}^e=0 \\ N_{8y}^e=\dfrac{1}{l_z^e l_x^e}\left(z-z_c+\dfrac{l_z^e}{2}\right)\left(x-x_c+\dfrac{l_x^e}{2}\right),\ N_{8x}^e=0,\ N_{8z}^e=0 \end{cases} \tag{16-59a}$$

$$
\begin{cases}
N_{9z}^e = \dfrac{1}{l_x^e l_y^e}\left(x_c + \dfrac{l_x^e}{2} - x\right)\left(y_c + \dfrac{l_y^e}{2} - y\right),\ N_{9x}^e = 0,\ N_{9y}^e = 0 \\
N_{10z}^e = \dfrac{1}{l_x^e l_y^e}\left(x - x_c + \dfrac{l_x^e}{2}\right)\left(y_c + \dfrac{l_y^e}{2} - y\right),\ N_{10x}^e = 0,\ N_{10y}^e = 0 \\
N_{11z}^e = \dfrac{1}{l_x^e l_y^e}\left(x_c + \dfrac{l_x^e}{2} - x\right)\left(y - y_c + \dfrac{l_y^e}{2}\right),\ N_{11x}^e = 0,\ N_{11y}^e = 0 \\
N_{12z}^e = \dfrac{1}{l_x^e l_y^e}\left(x - x_c + \dfrac{l_x^e}{2}\right)\left(y - y_c + \dfrac{l_y^e}{2}\right),\ N_{12x}^e = 0,\ N_{12y}^e = 0
\end{cases}
\tag{16-59b}
$$

利用式(16-55)～式(16-58)可得

$$
\begin{cases}
\dfrac{\partial N_{1x}^e}{\partial y} = -\dfrac{1}{l_y^e l_z^e}\left(z_c + \dfrac{l_z^e}{2} - z\right),\ \dfrac{\partial N_{1x}^e}{\partial z} = -\dfrac{1}{l_y^e l_z^e}\left(y_c + \dfrac{l_y^e}{2} - y\right) \\
\dfrac{\partial N_{1y}^e}{\partial x} = \dfrac{\partial N_{1y}^e}{\partial z} = \dfrac{\partial N_{1z}^e}{\partial x} = \dfrac{\partial N_{1z}^e}{\partial y} = 0 \\
\dfrac{\partial N_{2x}^e}{\partial y} = \dfrac{1}{l_y^e l_z^e}\left(z_c + \dfrac{l_z^e}{2} - z\right),\ \dfrac{\partial N_{2x}^e}{\partial z} = -\dfrac{1}{l_y^e l_z^e}\left(y - y_c + \dfrac{l_y^e}{2}\right) \\
\dfrac{\partial N_{2y}^e}{\partial x} = \dfrac{\partial N_{2y}^e}{\partial z} = \dfrac{\partial N_{2z}^e}{\partial x} = \dfrac{\partial N_{2z}^e}{\partial y} = 0 \\
\dfrac{\partial N_{3x}^e}{\partial y} = -\dfrac{1}{l_y^e l_z^e}\left(z - z_c + \dfrac{l_z^e}{2}\right),\ \dfrac{\partial N_{3x}^e}{\partial z} = \dfrac{1}{l_y^e l_z^e}\left(y_c + \dfrac{l_y^e}{2} - y\right) \\
\dfrac{\partial N_{3y}^e}{\partial x} = \dfrac{\partial N_{3y}^e}{\partial z} = \dfrac{\partial N_{3z}^e}{\partial x} = \dfrac{\partial N_{3z}^e}{\partial y} = 0 \\
\dfrac{\partial N_{4x}^e}{\partial y} = \dfrac{1}{l_y^e l_z^e}\left(z - z_c + \dfrac{l_z^e}{2}\right),\ \dfrac{\partial N_{4x}^e}{\partial z} = \dfrac{1}{l_y^e l_z^e}\left(y - y_c + \dfrac{l_y^e}{2}\right) \\
\dfrac{\partial N_{4y}^e}{\partial x} = \dfrac{\partial N_{4y}^e}{\partial z} = \dfrac{\partial N_{4z}^e}{\partial x} = \dfrac{\partial N_{4z}^e}{\partial y} = 0 \\
\dfrac{\partial N_{5x}^e}{\partial y} = \dfrac{\partial N_{5x}^e}{\partial z} = \dfrac{\partial N_{5z}^e}{\partial x} = \dfrac{\partial N_{5z}^e}{\partial y} = 0 \\
\dfrac{\partial N_{5y}^e}{\partial x} = -\dfrac{1}{l_z^e l_x^e}\left(z_c + \dfrac{l_z^e}{2} - z\right),\ \dfrac{\partial N_{5y}^e}{\partial z} = -\dfrac{1}{l_z^e l_x^e}\left(x_c + \dfrac{l_x^e}{2} - x\right) \\
\dfrac{\partial N_{6x}^e}{\partial y} = \dfrac{\partial N_{6x}^e}{\partial z} = \dfrac{\partial N_{6z}^e}{\partial x} = \dfrac{\partial N_{6z}^e}{\partial y} = 0 \\
\dfrac{\partial N_{6y}^e}{\partial x} = -\dfrac{1}{l_z^e l_x^e}\left(z - z_c + \dfrac{l_z^e}{2}\right),\ \dfrac{\partial N_{6y}^e}{\partial z} = \dfrac{1}{l_z^e l_x^e}\left(x_c + \dfrac{l_x^e}{2} - x\right) \\
\dfrac{\partial N_{7x}^e}{\partial y} = \dfrac{\partial N_{7x}^e}{\partial z} = \dfrac{\partial N_{7z}^e}{\partial x} = \dfrac{\partial N_{7z}^e}{\partial y} = 0 \\
\dfrac{\partial N_{7y}^e}{\partial x} = \dfrac{1}{l_z^e l_x^e}\left(z_c + \dfrac{l_z^e}{2} - z\right),\ \dfrac{\partial N_{7y}^e}{\partial z} = -\dfrac{1}{l_z^e l_x^e}\left(x - x_c + \dfrac{l_x^e}{2}\right)
\end{cases}
\tag{16-60a}
$$

$$
\left\{
\begin{aligned}
&\frac{\partial N_{8x}^e}{\partial y}=\frac{\partial N_{8x}^e}{\partial z}=\frac{\partial N_{8z}^e}{\partial x}=\frac{\partial N_{8z}^e}{\partial y}=0\\
&\frac{\partial N_{8y}^e}{\partial x}=\frac{1}{l_z^e l_x^e}\left(z-z_c+\frac{l_z^e}{2}\right),\ \frac{\partial N_{8y}^e}{\partial z}=\frac{1}{l_z^e l_x^e}\left(x-x_c+\frac{l_x^e}{2}\right)\\
&\frac{\partial N_{9x}^e}{\partial y}=\frac{\partial N_{9x}^e}{\partial z}=\frac{\partial N_{9y}^e}{\partial x}=\frac{\partial N_{9y}^e}{\partial z}=0\\
&\frac{\partial N_{9z}^e}{\partial x}=-\frac{1}{l_x^e l_y^e}\left(y_c+\frac{l_y^e}{2}-y\right),\ \frac{\partial N_{9z}^e}{\partial y}=-\frac{1}{l_x^e l_y^e}\left(x_c+\frac{l_x^e}{2}-x\right)\\
&\frac{\partial N_{10x}^e}{\partial y}=\frac{\partial N_{10x}^e}{\partial z}=\frac{\partial N_{10y}^e}{\partial x}=\frac{\partial N_{10y}^e}{\partial z}=0\\
&\frac{\partial N_{10z}^e}{\partial x}=\frac{1}{l_x^e l_y^e}\left(y_c+\frac{l_y^e}{2}-y\right),\ \frac{\partial N_{10z}^e}{\partial y}=-\frac{1}{l_x^e l_y^e}\left(x-x_c+\frac{l_x^e}{2}\right)\\
&\frac{\partial N_{11x}^e}{\partial y}=\frac{\partial N_{11x}^e}{\partial z}=\frac{\partial N_{11y}^e}{\partial x}=\frac{\partial N_{11y}^e}{\partial z}=0\\
&\frac{\partial N_{11z}^e}{\partial x}=-\frac{1}{l_x^e l_y^e}\left(y-y_c+\frac{l_y^e}{2}\right),\ \frac{\partial N_{11z}^e}{\partial y}=\frac{1}{l_x^e l_y^e}\left(x_c+\frac{l_x^e}{2}-x\right)\\
&\frac{\partial N_{12x}^e}{\partial y}=\frac{\partial N_{12x}^e}{\partial z}=\frac{\partial N_{12y}^e}{\partial x}=\frac{\partial N_{12y}^e}{\partial z}=0\\
&\frac{\partial N_{12z}^e}{\partial x}=\frac{1}{l_x^e l_y^e}\left(y-y_c+\frac{l_y^e}{2}\right),\ \frac{\partial N_{12z}^e}{\partial y}=\frac{1}{l_x^e l_y^e}\left(x-x_c+\frac{l_x^e}{2}\right)
\end{aligned}
\right.
\tag{16-60b}
$$

单元中某一点 $P(x, y, z)$ 的电场矢量 $\boldsymbol{E}^e(x, y, z)$ 可以用棱边基函数展开为

$$
\boldsymbol{E}^e(x, y, z, t)=\sum_{k=1}^{12}\boldsymbol{N}_k^e(x, y, z)E_k^e(t) \tag{16-61}
$$

矩形块单元棱边基函数式(16-58)具有以下性质：

(1) 散度 $\nabla\cdot\boldsymbol{N}_k^e(x, y, z)=0$。

(2) 旋度 $\nabla\times\boldsymbol{N}_k^e(x, y, z)\neq\boldsymbol{0}$(以下计算)。

(3) $\boldsymbol{N}_k^e(x, y)$ 仅在自身棱边处有平行分量，大小等于1；在非自身棱边处没有平行分量。

下面计算 $\nabla\times\boldsymbol{N}_k^e(x, y, z)$。

$$
\nabla\times\boldsymbol{N}_k^e=\begin{vmatrix}\hat{\boldsymbol{x}} & \hat{\boldsymbol{y}} & \hat{\boldsymbol{z}}\\ \dfrac{\partial}{\partial x} & \dfrac{\partial}{\partial y} & \dfrac{\partial}{\partial z}\\ N_{kx}^e & N_{ky}^e & N_{kz}^e\end{vmatrix}
$$

$$
=\hat{\boldsymbol{x}}\left(\frac{\partial N_{kz}^e}{\partial y}-\frac{\partial N_{ky}^e}{\partial z}\right)+\hat{\boldsymbol{y}}\left(\frac{\partial N_{kx}^e}{\partial z}-\frac{\partial N_{kz}^e}{\partial x}\right)+\hat{\boldsymbol{z}}\left(\frac{\partial N_{ky}^e}{\partial x}-\frac{\partial N_{kx}^e}{\partial y}\right) \tag{16-62}
$$

由式(16-60)先计算 $k=1, 2, 3, 4$ 的结果：

$$
\begin{cases}
\nabla\times\boldsymbol{N}_1^e=\hat{\boldsymbol{y}}\left(\dfrac{\partial N_{1x}^e}{\partial z}\right)+\hat{\boldsymbol{z}}\left(-\dfrac{\partial N_{1x}^e}{\partial y}\right)\\
\qquad\qquad=\hat{\boldsymbol{y}}\left[-\dfrac{1}{l_y^e l_z^e}\left(y_c+\dfrac{l_y^e}{2}-y\right)\right]+\hat{\boldsymbol{z}}\left[\dfrac{1}{l_y^e l_z^e}\left(z_c+\dfrac{l_z^e}{2}-z\right)\right]\\
\nabla\times\boldsymbol{N}_2^e=\hat{\boldsymbol{y}}\left[-\dfrac{1}{l_y^e l_z^e}\left(y-y_c+\dfrac{l_y^e}{2}\right)\right]+\hat{\boldsymbol{z}}\left[-\dfrac{1}{l_y^e l_z^e}\left(z_c+\dfrac{l_z^e}{2}-z\right)\right]\\
\nabla\times\boldsymbol{N}_3^e=\hat{\boldsymbol{y}}\left[\dfrac{1}{l_y^e l_z^e}\left(y_c+\dfrac{l_y^e}{2}-y\right)\right]+\hat{\boldsymbol{z}}\left[\dfrac{1}{l_y^e l_z^e}\left(z-z_c+\dfrac{l_z^e}{2}\right)\right]\\
\nabla\times\boldsymbol{N}_4^e=\hat{\boldsymbol{y}}\left[\dfrac{1}{l_y^e l_z^e}\left(y-y_c+\dfrac{l_y^e}{2}\right)\right]+\hat{\boldsymbol{z}}\left[-\dfrac{1}{l_y^e l_z^e}\left(z-z_c+\dfrac{l_z^e}{2}\right)\right]
\end{cases}
\tag{16-63}
$$

其它 $k=5$，6，7，8 和 $k=9$，10，11，12 的结果可以通过循环替代 $x\to y\to z\to x$ 得到，即

$$
\begin{cases}
\nabla\times\boldsymbol{N}_5^e=\hat{\boldsymbol{z}}\left[-\dfrac{1}{l_z^e l_x^e}\left(z_c+\dfrac{l_z^e}{2}-z\right)\right]+\hat{\boldsymbol{x}}\left[\dfrac{1}{l_z^e l_x^e}\left(x_c+\dfrac{l_x^e}{2}-x\right)\right]\\
\nabla\times\boldsymbol{N}_6^e=\hat{\boldsymbol{z}}\left[-\dfrac{1}{l_z^e l_x^e}\left(z-z_c+\dfrac{l_z^e}{2}\right)\right]+\hat{\boldsymbol{x}}\left[-\dfrac{1}{l_z^e l_x^e}\left(x_c+\dfrac{l_x^e}{2}-x\right)\right]\\
\nabla\times\boldsymbol{N}_7^e=\hat{\boldsymbol{z}}\left[\dfrac{1}{l_z^e l_x^e}\left(z_c+\dfrac{l_z^e}{2}-z\right)\right]+\hat{\boldsymbol{x}}\left[\dfrac{1}{l_z^e l_x^e}\left(x-x_c+\dfrac{l_x^e}{2}\right)\right]\\
\nabla\times\boldsymbol{N}_8^e=\hat{\boldsymbol{z}}\left[\dfrac{1}{l_z^e l_x^e}\left(z-z_c+\dfrac{l_z^e}{2}\right)\right]+\hat{\boldsymbol{x}}\left[-\dfrac{1}{l_z^e l_x^e}\left(x-x_c+\dfrac{l_x^e}{2}\right)\right]
\end{cases}
\tag{16-64}
$$

$$
\begin{cases}
\nabla\times\boldsymbol{N}_9^e=\hat{\boldsymbol{x}}\left[-\dfrac{1}{l_x^e l_y^e}\left(x_c+\dfrac{l_x^e}{2}-x\right)\right]+\hat{\boldsymbol{y}}\left[\dfrac{1}{l_x^e l_y^e}\left(y_c+\dfrac{l_y^e}{2}-y\right)\right]\\
\nabla\times\boldsymbol{N}_{10}^e=\hat{\boldsymbol{x}}\left[-\dfrac{1}{l_x^e l_y^e}\left(x-x_c+\dfrac{l_x^e}{2}\right)\right]+\hat{\boldsymbol{y}}\left[-\dfrac{1}{l_x^e l_y^e}\left(y_c+\dfrac{l_y^e}{2}-y\right)\right]\\
\nabla\times\boldsymbol{N}_{11}^e=\hat{\boldsymbol{x}}\left[\dfrac{1}{l_x^e l_y^e}\left(x_c+\dfrac{l_x^e}{2}-x\right)\right]+\hat{\boldsymbol{y}}\left[\dfrac{1}{l_x^e l_y^e}\left(y-y_c+\dfrac{l_y^e}{2}\right)\right]\\
\nabla\times\boldsymbol{N}_{12}^e=\hat{\boldsymbol{x}}\left[\dfrac{1}{l_x^e l_y^e}\left(x-x_c+\dfrac{l_x^e}{2}\right)\right]+\hat{\boldsymbol{y}}\left[-\dfrac{1}{l_x^e l_y^e}\left(y-y_c+\dfrac{l_y^e}{2}\right)\right]
\end{cases}
\tag{16-65}
$$

由此可见，矩形块单元中，对于平行于 x 轴的棱边 $\nabla\times\boldsymbol{N}_k^e$ 没有 x 分量，只有垂直于棱边的分量；平行于 y 轴的棱边 $\nabla\times\boldsymbol{N}_k^e$ 没有 y 分量，只有垂直于棱边的分量；平行于 z 轴的棱边 $\nabla\times\boldsymbol{N}_k^e$ 没有 z 分量，只有垂直于棱边的分量。

16.3.2 基函数单元积分公式

定义单元积分(金建铭，1998：298)，

$$
\begin{cases}
F_{ij}^e=\displaystyle\iiint_{V_e}\boldsymbol{N}_i^e\cdot\boldsymbol{N}_j^e\,\mathrm{d}V\\
E_{ij}^e=\displaystyle\iiint_{V_e}(\nabla\times\boldsymbol{N}_i^e)\cdot(\nabla\times\boldsymbol{N}_j^e)\,\mathrm{d}V,\quad i,j=1,2,\cdots,12
\end{cases}
\tag{16-66}
$$

由式(16-58)可见棱边平行于 x，y，z 轴的三组基函数彼此之间为相互正交。所以当

$\boldsymbol{N}_i^e$，$\boldsymbol{N}_j^e$分别属于不同组时，$\boldsymbol{N}_i^e \cdot \boldsymbol{N}_j^e=0$；只有 $\boldsymbol{N}_i^e$，$\boldsymbol{N}_j^e$ 属于同一组时，$\boldsymbol{N}_i^e \cdot \boldsymbol{N}_j^e \neq 0$。根据这一特性，式(16－66)所定义矩阵$[F^e]$为 12×12 的方阵，但可以写为分块对角形式：

$$[F^e]=\begin{bmatrix}[F^{exx}] & 0 & 0\\ 0 & [F^{eyy}] & 0\\ 0 & 0 & [F^{ezz}]\end{bmatrix} \tag{16-67}$$

其中，各个分块矩阵$[F^{exx}]$，$[F^{eyy}]$，$[F^{ezz}]$均为 4×4 的矩阵。将式(16－59)代入式(16－66)第一式积分可见包含以下两个积分(以下计算中设 $x_c=y_c=z_c=0$)：

$$\int_{-l_y^e/2}^{l_y^e/2}\left(\frac{l_y^e}{2}-y\right)^2 \mathrm{d}y=\frac{(l_y^e)^3}{3}$$

$$\int_{-l_y^e/2}^{l_y^e/2}\left(\frac{l_y^e}{2}-y\right)\left(y+\frac{l_y^e}{2}\right)\mathrm{d}y=\int_{-l_y^e/2}^{l_y^e/2}\left[\left(\frac{l_y^e}{2}\right)^2-y^2\right]\mathrm{d}y=-\frac{(l_y^e)^3}{12}+\frac{(l_y^e)^3}{4}=\frac{(l_y^e)^3}{6}$$

将上两式代入式(16－59)积分后可得(以下将验证)

$$[F^{exx}]=\begin{bmatrix}F_{11}^{exx} & F_{12}^{exx} & F_{13}^{exx} & F_{14}^{exx}\\ F_{21}^{exx} & F_{22}^{exx} & F_{23}^{exx} & F_{24}^{exx}\\ F_{31}^{exx} & F_{32}^{exx} & F_{33}^{exx} & F_{34}^{exx}\\ F_{41}^{exx} & F_{42}^{exx} & F_{43}^{exx} & F_{44}^{exx}\end{bmatrix}=\begin{bmatrix}F_{11}^{e} & F_{12}^{e} & F_{13}^{e} & F_{14}^{e}\\ F_{21}^{e} & F_{22}^{e} & F_{23}^{e} & F_{24}^{e}\\ F_{31}^{e} & F_{32}^{e} & F_{33}^{e} & F_{34}^{e}\\ F_{41}^{e} & F_{42}^{e} & F_{43}^{e} & F_{44}^{e}\end{bmatrix}$$

$$=\frac{l_x^e l_y^e l_z^e}{36}\begin{bmatrix}4 & 2 & 2 & 1\\ 2 & 4 & 1 & 2\\ 2 & 1 & 4 & 2\\ 1 & 2 & 2 & 4\end{bmatrix}\equiv\frac{l_x^e l_y^e l_z^e}{36}[Q] \tag{16-68}$$

其中为了书写方便，引入矩阵符号：

$$[Q]=\begin{bmatrix}4 & 2 & 2 & 1\\ 2 & 4 & 1 & 2\\ 2 & 1 & 4 & 2\\ 1 & 2 & 2 & 4\end{bmatrix}$$

下面进行式(16－68)的验证。将式(16－59)代入式(16－66)第一式，可得

$$F_{11}^e=F_{11}^{exx}=\iiint_{V_e} N_1^e \cdot N_1^e \mathrm{d}V$$

$$=\frac{1}{(l_y^e l_z^e)^2}\int_{-l_x^e/2}^{l_x^e/2}\mathrm{d}x\int_{-l_y^e/2}^{l_y^e/2}\left(\frac{l_y^e}{2}-y\right)^2\mathrm{d}y\int_{-l_z^e/2}^{l_z^e/2}\left(\frac{l_z^e}{2}-z\right)^2\mathrm{d}z$$

$$=\frac{l_x^e}{(l_y^e l_z^e)^2}\frac{(l_y^e)^3}{3}\frac{(l_z^e)^3}{3}=\frac{l_x^e l_y^e l_z^e}{9}=\frac{l_x^e l_y^e l_z^e}{36}\times 4$$

$$F_{12}^e=F_{12}^{exx}=\iiint_{V_e}\boldsymbol{N}_1^e \cdot \boldsymbol{N}_2^e \mathrm{d}V$$

$$=\frac{1}{(l_y^e l_z^e)^2}\int_{-l_x^e/2}^{l_x^e/2}\mathrm{d}x\int_{-l_y^e/2}^{l_y^e/2}\left(\frac{l_y^e}{2}-y\right)\left(y+\frac{l_y^e}{2}\right)\mathrm{d}y\int_{-l_z^e/2}^{l_z^e/2}\left(\frac{l_z^e}{2}-z\right)\left(\frac{l_z^e}{2}-z\right)\mathrm{d}z$$

$$=\frac{l_x^e}{(l_y^e l_z^e)^2}\frac{(l_y^e)^3}{6}\frac{(l_z^e)^3}{3}=\frac{l_x^e l_y^e l_z^e}{18}=\frac{l_x^e l_y^e l_z^e}{36}\times 2$$

结果和式(16－68)一致，同样可验证其它分量。证毕。

注意到式(16－58)所示三组基函数之间的循环替代特性，以及式(16－66)中的积分运算彼此也是循环替代的，所以式(16－67)中三个分块矩阵结果彼此相同，除式(16－68)以外另外两个分块矩阵为

$$\begin{cases}[F^{eyy}]=\begin{bmatrix}F_{11}^{eyy} & F_{12}^{eyy} & F_{13}^{eyy} & F_{14}^{eyy}\\ F_{21}^{eyy} & F_{22}^{eyy} & F_{23}^{eyy} & F_{24}^{eyy}\\ F_{31}^{eyy} & F_{32}^{eyy} & F_{33}^{eyy} & F_{34}^{eyy}\\ F_{41}^{eyy} & F_{42}^{eyy} & F_{43}^{eyy} & F_{44}^{eyy}\end{bmatrix}=\begin{bmatrix}F_{55}^{e} & F_{56}^{e} & F_{57}^{e} & F_{58}^{e}\\ F_{65}^{e} & F_{66}^{e} & F_{67}^{e} & F_{68}^{e}\\ F_{75}^{e} & F_{76}^{e} & F_{77}^{e} & F_{78}^{e}\\ F_{85}^{e} & F_{86}^{e} & F_{87}^{e} & F_{88}^{e}\end{bmatrix}=\dfrac{l_x^e l_y^e l_z^e}{36}[Q]\\ [F^{ezz}]=\begin{bmatrix}F_{11}^{ezz} & F_{12}^{ezz} & F_{13}^{ezz} & F_{14}^{ezz}\\ F_{21}^{ezz} & F_{22}^{ezz} & F_{23}^{ezz} & F_{24}^{ezz}\\ F_{31}^{ezz} & F_{32}^{ezz} & F_{33}^{ezz} & F_{34}^{ezz}\\ F_{41}^{ezz} & F_{42}^{ezz} & F_{43}^{ezz} & F_{44}^{ezz}\end{bmatrix}=\begin{bmatrix}F_{9,9}^{e} & F_{9,10}^{e} & F_{9,11}^{e} & F_{9,12}^{e}\\ F_{10,9}^{e} & F_{10,10}^{e} & F_{10,11}^{e} & F_{10,12}^{e}\\ F_{11,9}^{e} & F_{11,10}^{e} & F_{11,12}^{e} & F_{11,12}^{e}\\ F_{12,9}^{e} & F_{12,10}^{e} & F_{12,11}^{e} & F_{12,12}^{e}\end{bmatrix}=\dfrac{l_x^e l_y^e l_z^e}{36}[Q]\end{cases} \tag{16-69}$$

注意：上述三个分块矩阵式(16－68)、式(16－69)均为对称矩阵，所以矩阵式(16－67)也是对称矩阵。

此外，式(16－66)所定义矩阵$[E^e]$也可写成分块矩阵形式：

$$[E^e]=\begin{bmatrix}[E^{exx}] & [E^{exy}] & [E^{exz}]\\ [E^{eyx}] & [E^{eyy}] & [E^{eyz}]\\ [E^{ezx}] & [E^{ezy}] & [E^{ezz}]\end{bmatrix} \tag{16-70}$$

各个分块矩阵均为 4×4 的矩阵。由式(16－63)～式(16－65)可见，点乘$(\nabla\times\boldsymbol{N}_i^e)\cdot(\nabla\times\boldsymbol{N}_j^e)$在三组基函数之间存在耦合；同时由于每一组基函数彼此有循环替代特性，所以式(16－70)中 9 个分块矩阵中可以首先计算第一行三个分块矩阵，然后利用循环替代 $x\to y\to z\to x$ 便可获得其它 6 个分块矩阵。例如，由$[E^{exx}]$通过循环替代可以获得$[E^{eyy}]$和$[E^{ezz}]$；由$[E^{exy}]$通过循环替代可以获得$[E^{eyz}]$和$[E^{ezx}]$；由$[E^{exz}]$通过循环替代可以获得$[E^{eyx}]$和$[E^{ezy}]$。

此外，根据单元积分式(16－66)矩阵的对称性，式(16－70)中非对角线分块矩阵之间满足以下关系：

$$[E^{eyx}]=[E^{exy}]^{\mathrm{T}},\ [E^{ezx}]=[E^{exz}]^{\mathrm{T}},\ [E^{ezy}]=[E^{eyz}]^{\mathrm{T}} \tag{16-71}$$

由此可以归结分块矩阵式(16－70)的计算步骤如下：

(1) 计算$[E^{exx}]$和$[E^{exy}]$，利用式(16－66)。

(2) 计算$[E^{eyy}]$和$[E^{ezz}]$，由$[E^{exx}]$通过循环替代得到。

(3) 计算$[E^{eyx}]$，利用$[E^{exy}]$和式(16－71)。

(4) 计算$[E^{eyz}]$和$[E^{ezx}]$，由$[E^{exy}]$通过循环替代得到。

(5) 计算$[E^{ezy}]$和$[E^{exz}]$，由$[E^{eyx}]$通过循环替代得到。

根据以上分析，实际上式(16－70)右端 9 个分块矩阵中只有 2 个分块矩阵$[E^{exx}]$和$[E^{exy}]$需要利用式(16－66)计算得到，其结果(具体计算如后)为

$$\left\{\begin{aligned}[E^{exx}]&=\frac{l_x^e l_z^e}{6l_y^e}\begin{bmatrix}2&-2&1&-1\\-2&2&-1&2\\1&-1&2&-2\\-1&2&-2&2\end{bmatrix}+\frac{l_x^e l_y^e}{6l_z^e}\begin{bmatrix}2&1&-2&-1\\1&2&-1&-2\\-2&-1&2&1\\-1&-2&1&2\end{bmatrix}\\&=\frac{l_x^e l_z^e}{6l_y^e}[K_1]+\frac{l_x^e l_y^e}{6l_z^e}[K_2]\\[E^{exy}]&=-\frac{l_z^e}{6}\begin{bmatrix}2&1&-2&-1\\-2&-1&2&1\\1&2&-1&-2\\-1&-2&1&2\end{bmatrix}=-\frac{l_z^e}{6}[K_3]\end{aligned}\right. \tag{16-72}$$

其中辅助矩阵$[K_1]$，$[K_2]$，$[K_3]$分别为

$$\left\{\begin{aligned}[K_1]&=\begin{bmatrix}2&-2&1&-1\\-2&2&-1&2\\1&-1&2&-2\\-1&2&-2&2\end{bmatrix}\\[K_2]&=\begin{bmatrix}2&1&-2&-1\\1&2&-1&-2\\-2&-1&2&1\\-1&-2&1&2\end{bmatrix}\\[K_3]&=\begin{bmatrix}2&1&-2&-1\\-2&-1&2&1\\1&2&-1&-2\\-1&-2&1&2\end{bmatrix}\end{aligned}\right. \tag{16-73}$$

按照以上步骤可得到其余7个分块矩阵：

$$\left\{\begin{aligned}&[E^{eyy}]=\frac{l_y^e l_x^e}{6l_z^e}[K_1]+\frac{l_y^e l_z^e}{6l_x^e}[K_2]\\&[E^{ezz}]=\frac{l_z^e l_y^e}{6l_x^e}[K_1]+\frac{l_z^e l_x^e}{6l_y^e}[K_2]\\&[E^{eyx}]=[E^{exy}]^{\mathrm{T}}=-\frac{l_z^e}{6}[K_3]^{\mathrm{T}}\\&[E^{eyz}]=-\frac{l_x^e}{6}[K_3],\quad [E^{ezx}]=-\frac{l_y^e}{6}[K_3]\\&[E^{ezy}]=-\frac{l_x^e}{6}[K_3]^{\mathrm{T}},\quad [E^{exz}]=-\frac{l_y^e}{6}[K_3]^{\mathrm{T}}\end{aligned}\right. \tag{16-74}$$

下面进行式(16-72)的证明。式(16-72)中，$[E^{exx}]$，$[E^{exy}]$的具体计算如下。$[E^{exx}]$是平行于x轴的基函数旋度式(16-63)四组之间所构成的分块矩阵，其中

$$E_{11}^{exx} = E_{11}^{e} = \iiint\limits_{V_e} (\nabla \times \boldsymbol{N}_1^e) \cdot (\nabla \times \boldsymbol{N}_1^e) \mathrm{d}V$$

$$= \frac{1}{(l_y^e l_z^e)^2} \int_{-l_x^e/2}^{l_x^e/2} \mathrm{d}x \int_{-l_y^e/2}^{l_y^e/2} \mathrm{d}y \int_{-l_z^e/2}^{l_z^e/2} \left[\left(\frac{l_y^e}{2} - y \right)^2 + \left(\frac{l_z^e}{2} - z \right)^2 \right] \mathrm{d}z$$

$$= \frac{1}{(l_y^e l_z^e)^2} \left[\frac{1}{3} l_x^e l_z^e (l_y^e)^3 + \frac{1}{3} l_x^e l_y^e (l_z^e)^3 \right]$$

$$= \frac{1}{6} \left(2 \frac{l_x^e l_z^e}{l_y^e} + 2 \frac{l_x^e l_y^e}{l_z^e} \right)$$

$$E_{12}^{exx} = E_{12}^{e} = \iiint\limits_{V_e} (\nabla \times \boldsymbol{N}_1^e) \cdot (\nabla \times \boldsymbol{N}_2^e) \mathrm{d}V$$

$$= \frac{1}{(l_y^e l_z^e)^2} \int_{-l_x^e/2}^{l_x^e/2} \mathrm{d}x \int_{-l_y^e/2}^{l_y^e/2} \mathrm{d}y \int_{-l_z^e/2}^{l_z^e/2} \left[\left(\frac{l_y^e}{2} \right)^2 - y^2 - \left(\frac{l_z^e}{2} - z \right)^2 \right] \mathrm{d}z$$

$$= \frac{1}{(l_y^e l_z^e)^2} \left[\left(\frac{l_y^e}{2} \right)^2 l_x^e l_y^e l_z^e - \frac{(l_y^e)^3}{3 \times 4} l_x^e l_z^e - l_x^e l_y^e \frac{(l_z^e)^3}{3} \right]$$

$$= \frac{1}{(l_y^e l_z^e)^2} \left[\frac{(l_y^e)^3}{6} l_x^e l_z^e - l_x^e l_y^e \frac{(l_z^e)^3}{3} \right]$$

$$= \frac{1}{6} \left(-2 \frac{l_x^e l_z^e}{l_y^e} + \frac{l_x^e l_y^e}{l_z^e} \right)$$

结果和式(16-72)一致，同样可得其它分量。证毕。

16.4 三维四面体单元

16.4.1 四面体单元棱边基函数

四面体单元如图 16-7 所示，其棱边局域编号方式和棱边方向如表 16-4 所示(金建铭，1998：177；Volakis 等，1994；Lee and Mittra，1992)。

表 16-4 四面体单元棱边和结点的编号

棱边编号	棱边方向	
	始端结点 $i1$	末端结点 $i2$
棱边 1#	1	2
棱边 2#	1	3
棱边 3#	1	4
棱边 4#	2	3
棱边 5#	4	2
棱边 6#	3	4

在 11.5 节已给出四面体的结点基函数，即

(a) 棱边的局域方向　　　　　　　　(b) 自身棱边

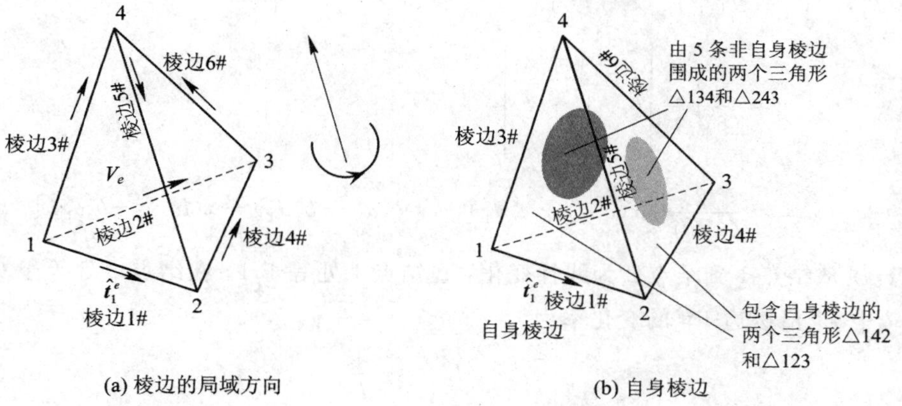

图 16-7　三维四面体单元

$$N_j^e(x, y, z) = L_j^e(x, y, z) = \frac{1}{6V_e}(a_j^e + b_j^e x + c_j^e y + d_j^e z) \quad (16-75)$$

其中，L_j^e 为体积坐标。由上式可得

$$\begin{cases} \nabla L_j^e(x, y, z) = \frac{1}{6V_e} \nabla (a_j^e + b_j^e x + c_j^e y + d_j^e z) = \frac{1}{6V_e}(\hat{\boldsymbol{x}} b_j^e + \hat{\boldsymbol{y}} c_j^e + \hat{\boldsymbol{z}} d_j^e) \\ \nabla^2 L_j^e = 0 \end{cases}$$

$$(16-76)$$

和式(16-12)一样，先建立关联结点 1 和 2(图 16-7 中棱边 1♯)的矢量函数：

$$\boldsymbol{W}_{12} = L_1^e \nabla L_2^e - L_2^e \nabla L_1^e \quad (16-77)$$

将式(16-75)和式(16-76)代入式(16-77)，可得

$$\begin{aligned} \boldsymbol{W}_{12} &= L_1^e \nabla L_2^e - L_2^e \nabla L_1^e \\ &= \frac{1}{(6V_e)^2} \big[(a_1^e + b_1^e x + c_1^e y + d_1^e z)(\hat{\boldsymbol{x}} b_2^e + \hat{\boldsymbol{y}} c_2^e + \hat{\boldsymbol{z}} d_2^e) \\ &\quad - (a_2^e + b_2^e x + c_2^e y + d_2^e z)(\hat{\boldsymbol{x}} b_1^e + \hat{\boldsymbol{y}} c_1^e + \hat{\boldsymbol{z}} d_1^e) \big] \end{aligned} \quad (16-78)$$

以上矢量函数又称为 Whitney 1-forms edge element(Lee 等，1997)。由式(16-78)和式(16-76)可得

$$\begin{aligned} \nabla \cdot \boldsymbol{W}_{12} &= \nabla \cdot (L_1^e \nabla L_2^e - L_2^e \nabla L_1^e) \\ &= \nabla \cdot (L_1^e \nabla L_2^e) - \nabla \cdot (L_2^e \nabla L_1^e) \\ &= \nabla L_1^e \cdot \nabla L_2^e + L_1^e \nabla^2 L_2^e - \nabla L_1^e \cdot \nabla L_2^e - L_2^e \nabla^2 L_1^e \\ &= L_1^e \nabla^2 L_2^e - L_2^e \nabla^2 L_1^e \\ &= 0 \end{aligned} \quad (16-79)$$

以及

$$\begin{aligned} \nabla \times \boldsymbol{W}_{12} &= \nabla \times (L_1^e \nabla L_2^e - L_2^e \nabla L_1^e) \\ &= \nabla L_1^e \times \nabla L_2^e - \nabla L_2^e \times \nabla L_1^e \\ &= 2(\nabla L_1^e \times \nabla L_2^e) \end{aligned} \quad (16-80)$$

将式(16-76)代入式(16-80)，得到

$$\nabla\times\boldsymbol{W}_{12}=2(\nabla L_1^e\times\nabla L_2^e)$$

$$=\frac{2}{(6V_e)^2}\begin{vmatrix}\hat{\boldsymbol{x}} & \hat{\boldsymbol{y}} & \hat{\boldsymbol{z}}\\ b_1^e & c_1^e & d_1^e\\ b_2^e & c_2^e & d_2^e\end{vmatrix}$$

$$=\frac{2}{(6V_e)^2}[\hat{\boldsymbol{x}}(c_1^e d_2^e-c_2^e d_1^e)-\hat{\boldsymbol{y}}(b_1^e d_2^e-b_2^e d_1^e)+\hat{\boldsymbol{z}}(b_1^e c_2^e-b_2^e c_1^e)] \tag{16-81}$$

由于 L_1^e 从结点 1 到结点 2 为线性变化：在结点 1 处等于 1，在结点 2 处等于 0。所以，图 16-7 中 L_1^e 沿棱边 1# 的变化率为

$$\hat{\boldsymbol{t}}_1^e\cdot\nabla L_1^e=-\frac{1}{l_1^e} \tag{16-82}$$

同样，L_2^e 在结点 2 处等于 1，在结点 1 处等于 0；沿棱边 1# 的变化率为

$$\hat{\boldsymbol{t}}_1^e\cdot\nabla L_2^e=+\frac{1}{l_1^e} \tag{16-83}$$

于是

$$\hat{\boldsymbol{t}}_1^e\cdot\boldsymbol{W}_{12}=L_1^e(\hat{\boldsymbol{t}}_1^e\cdot\nabla L_2^e)-L_2^e(\hat{\boldsymbol{t}}_1^e\cdot\nabla L_1^e)=\frac{L_1^e+L_2^e}{l_1^e}=\frac{1}{l_1^e} \tag{16-84}$$

上式和式(16-16)相同，表明 $\boldsymbol{W}_{12}$ 在自身棱边 1# 的切向分量(平行分量)为常数，大小等于 $1/l_1^e$。

由 12.5 节已知 L_1^e 在自身结点 1 对面的△234 上等于零，因而在该面上沿任意方向导数 $\partial L_1^e/\partial s$ 也等于零，或 $\hat{\boldsymbol{s}}\cdot\nabla L_1^e|_{\triangle 234}=0$，这里 $\hat{\boldsymbol{s}}$ 为平行于△234 的切向单位矢量。同样 L_2^e 在自身结点 2 对面的△134 面上等于零，因而在该面上沿任意方向导数 $\partial L_2^e/\partial s$ 也等于零，或 $\hat{\boldsymbol{s}}\cdot\nabla L_2^e|_{\triangle 134}=0$。于是，由式(16-77)，有

$$\begin{cases}\hat{\boldsymbol{s}}\cdot\boldsymbol{W}_{12}|_{\triangle 234}=[L_1^e(\hat{\boldsymbol{s}}\cdot\nabla L_2^e)-L_2^e(\hat{\boldsymbol{s}}\cdot\nabla L_1^e)]_{\triangle 234}=0\\ \hat{\boldsymbol{s}}\cdot\boldsymbol{W}_{12}|_{\triangle 134}=[L_1^e(\hat{\boldsymbol{s}}\cdot\nabla L_2^e)-L_2^e(\hat{\boldsymbol{s}}\cdot\nabla L_1^e)]_{\triangle 134}=0\end{cases} \tag{16-85}$$

即式(16-77)所定义的 $\boldsymbol{W}_{12}$ 在这两个不含自身棱边的△234 和△134 面上的平行分量为零；$\boldsymbol{W}_{12}$ 仅在图 16-7 中四面体的另外两个包含自身棱边的△123 和△124 面上平行分量不为零。棱边 3#、2#、6# 属于△134；棱边 5#、4#、6# 属于△234。所以，式(16-85)也表明 $\boldsymbol{W}_{12}$ 在非自身棱边 2#、3#、4#、5#、6# 上的平行分量均等于零。

在上述矢量函数式(16-77)基础上构造棱边基函数。定义属于棱边 1# 的棱边基函数为

$$\boldsymbol{N}_1^e=\boldsymbol{W}_{12}l_1^e=(L_1^e\nabla L_2^e-L_2^e\nabla L_1^e)l_1^e \tag{16-86}$$

将式(16-78)代入上式，得

$$\boldsymbol{N}_1^e=\boldsymbol{W}_{12}l_1^e=(L_1^e\nabla L_2^e-L_2^e\nabla L_1^e)l_1^e$$

$$=\frac{l_1^e}{(6V_e)^2}[(a_1^e+b_1^e x+c_1^e y+d_1^e z)(\hat{\boldsymbol{x}}b_2^e+\hat{\boldsymbol{y}}c_2^e+\hat{\boldsymbol{z}}d_2^e)$$

$$-(a_2^e+b_2^e x+c_2^e y+d_2^e z)(\hat{\boldsymbol{x}}b_1^e+\hat{\boldsymbol{y}}c_1^e+\hat{\boldsymbol{z}}d_1^e)] \tag{16-87}$$

一般形式可写为

$$\boldsymbol{N}_i^e=\boldsymbol{W}_{i1,i2}l_i^e=(L_{i1}^e\nabla L_{i2}^e-L_{i2}^e\nabla L_{i1}^e)l_i^e \tag{16-88}$$

其中，$i1$ 和 $i2$ 代表棱边 i＃的两个端点，如表 16-4 所示。上述棱边基函数 $\boldsymbol{N}_i^e$ 在自身棱边 i＃ 处切向分量等于 1；在非自身棱边 $j\neq i$(共 5 条)处的切向分量等于零，以及在图 16-7 所示由 5 条非自身棱边围成的两个三角形面上切向分量也等于零。应当注意，和 16.2.1 节讨论类似，棱边基函数 $\boldsymbol{N}_i^e$ 无论在自身或非自身棱边上都还有垂直于棱边的分量。

此外，由式(16-79)和式(16-81)，棱边基函数具有零散度 $\nabla\cdot\boldsymbol{N}_i^e=0$ 和非零旋度 $\nabla\times\boldsymbol{N}_i^e\neq\boldsymbol{0}$(以下将计算)，并在穿越棱边和单元面时具有切向连续性。

四面体单元中一点 $P(x, y, z)$ 的电场 $\boldsymbol{E}^e(x, y, z)$ 可以用基函数展开为

$$\boldsymbol{E}^e(x, y, z, t)=\sum_{j=1}^{6}\boldsymbol{N}_j^e(x, y, z)E_j^e(t) \tag{16-89}$$

由于电场 $\boldsymbol{E}$ 为矢量，图 16-7 中单元 e 棱边 j＃具有方向性，所以式(16-89)中 E_j^e 代表电场在单元 e 棱边 j＃上的投影(平行分量)。

下面讨论四面体基函数的旋度。由式(16-81)和式(16-86)，有

$$\begin{aligned}\nabla\times\boldsymbol{N}_1^e&=l_1^e\nabla\times\boldsymbol{W}_{12}=2l_1^e(\nabla L_1^e\times\nabla L_2^e)\\&=\frac{2l_1^e}{(6V_e)^2}[\hat{\boldsymbol{x}}(c_1^ed_2^e-c_2^ed_1^e)-\hat{\boldsymbol{y}}(b_1^ed_2^e-b_2^ed_1^e)+\hat{\boldsymbol{z}}(b_1^ec_2^e-b_2^ec_1^e)]\end{aligned} \tag{16-90}$$

一般公式为

$$\begin{aligned}\nabla\times\boldsymbol{N}_i^e&=l_i^e\nabla\times\boldsymbol{W}_{i1, i2}=2l_i^e(\nabla L_{i1}^e\times\nabla L_{i2}^e)\\&=\frac{2l_i^e}{(6V_e)^2}[\hat{\boldsymbol{x}}(c_{i1}^ed_{i2}^e-c_{i2}^ed_{i1}^e)-\hat{\boldsymbol{y}}(b_{i1}^ed_{i2}^e-b_{i2}^ed_{i1}^e)+\hat{\boldsymbol{z}}(b_{i1}^ec_{i2}^e-b_{i2}^ec_{i1}^e)]\\&=\frac{2l_i^e}{(6V_e)^2}[\hat{\boldsymbol{x}}(c_{i1}^ed_{i2}^e-c_{i2}^ed_{i1}^e)+\hat{\boldsymbol{y}}(b_{i2}^ed_{i1}^e-b_{i1}^ed_{i2}^e)+\hat{\boldsymbol{z}}(b_{i1}^ec_{i2}^e-b_{i2}^ec_{i1}^e)]\end{aligned} \tag{16-91}$$

其中，$i1$ 和 $i2$ 为棱边 i＃的两个端点(金建铭，1998：181)。

16.4.2　基函数单元积分公式

计算积分 $\boldsymbol{D}_i=\iiint\limits_{V_e}\boldsymbol{N}_i^e\mathrm{d}V$。先设 $i=1$，$\boldsymbol{N}_i^e=\boldsymbol{N}_1^e$，由式(16-87)，有

$$\begin{aligned}\boldsymbol{D}_1&=\iiint\limits_{V_e}\boldsymbol{N}_1^e\mathrm{d}V\\&=\frac{l_1^e}{(6V_e)^2}\iiint\limits_{V_e}[(a_1^e+b_1^ex+c_1^ey+d_1^ez)(\hat{\boldsymbol{x}}b_2^e+\hat{\boldsymbol{y}}c_2^e+\hat{\boldsymbol{z}}d_2^e)\\&\quad-(a_2^e+b_2^ex+c_2^ey+d_2^ez)(\hat{\boldsymbol{x}}b_1^e+\hat{\boldsymbol{y}}c_1^e+\hat{\boldsymbol{z}}d_1^e)]\mathrm{d}x\mathrm{d}y\mathrm{d}z\\&=\frac{l_1^eV_e}{(6V_e)^2}[a_1^e(\hat{\boldsymbol{x}}b_2^e+\hat{\boldsymbol{y}}c_2^e+\hat{\boldsymbol{z}}d_2^e)-a_2^e(\hat{\boldsymbol{x}}b_1^e+\hat{\boldsymbol{y}}c_1^e+\hat{\boldsymbol{z}}d_1^e)]\\&=\frac{l_1^e}{36V_e}[\hat{\boldsymbol{x}}(a_1^eb_2^e-a_2^eb_1^e)+\hat{\boldsymbol{y}}(a_1^ec_2^e-a_2^ec_1^e)+\hat{\boldsymbol{z}}(a_1^ed_2^e-a_2^ed_1^e)]\end{aligned} \tag{16-92}$$

一般上式改为

$$
\begin{aligned}
\boldsymbol{D}_i &= \iiint_{V_e} \boldsymbol{N}_i^e \mathrm{d}V \\
&= \frac{l_i^e}{(6V_e)^2} \iiint_{V_e} [(a_{i1}^e + b_{i1}^e x + c_{i1}^e y + d_{i1}^e z)(\hat{\boldsymbol{x}} b_{i2}^e + \hat{\boldsymbol{y}} c_{i2}^e + \hat{\boldsymbol{z}} d_{i2}^e) \\
&\quad - (a_{i2}^e + b_{i2}^e x + c_{i2}^e y + d_{i2}^e z)(\hat{\boldsymbol{x}} b_{i1}^e + \hat{\boldsymbol{y}} c_{i1}^e + \hat{\boldsymbol{z}} d_{i1}^e)] \mathrm{d}x\mathrm{d}y\mathrm{d}z \\
&= \frac{l_i^e V_e}{(6V_e)^2} [a_{i1}^e(\hat{\boldsymbol{x}} b_{i2}^e + \hat{\boldsymbol{y}} c_{i2}^e + \hat{\boldsymbol{z}} d_{i2}^e) - a_{i2}^e(\hat{\boldsymbol{x}} b_{i1}^e + \hat{\boldsymbol{y}} c_{i1}^e + \hat{\boldsymbol{z}} d_{i1}^e)] \\
&= \frac{l_i^e}{36V_e} [\hat{\boldsymbol{x}}(a_{i1}^e b_{i2}^e - a_{i2}^e b_{i1}^e) + \hat{\boldsymbol{y}}(a_{i1}^e c_{i2}^e - a_{i2}^e c_{i1}^e) + \hat{\boldsymbol{z}}(a_{i1}^e d_{i2}^e - a_{i2}^e d_{i1}^e)]
\end{aligned}
\tag{16-93}
$$

再看另外两个单元积分(金建铭，1998：298)：

$$
\left\{
\begin{aligned}
F_{ij}^e &= \iiint_{V_e} \boldsymbol{N}_i^e \cdot \boldsymbol{N}_j^e \mathrm{d}V \\
E_{ij}^e &= \iiint_{V_e} (\nabla \times \boldsymbol{N}_i^e) \cdot (\nabla \times \boldsymbol{N}_j^e) \mathrm{d}V
\end{aligned}
\right.
\qquad i, j = 1, 2, \cdots, 6
\tag{16-94}
$$

对于四面体单元，由式(16-88)有

$$
\begin{aligned}
\boldsymbol{N}_i^e \cdot \boldsymbol{N}_j^e &= l_i^e l_j^e (L_{i1}^e \nabla L_{i2}^e - L_{i2}^e \nabla L_{i1}^e) \cdot (L_{j1}^e \nabla L_{j2}^e - L_{j2}^e \nabla L_{j1}^e) \\
&= l_i^e l_j^e (L_{i1}^e L_{j1}^e \nabla L_{i2}^e \cdot \nabla L_{j2}^e - L_{i2}^e L_{j1}^e \nabla L_{i1}^e \cdot \nabla L_{j2}^e \\
&\quad - L_{i1}^e L_{j2}^e \nabla L_{i2}^e \cdot \nabla L_{j1}^e + L_{i2}^e L_{j2}^e \nabla L_{i1}^e \cdot \nabla L_{j1}^e)
\end{aligned}
\tag{16-95}
$$

式中，$i1$，$i2$ 和 $j1$，$j2$ 分别是棱边 $i\#$ 和 $j\#$ 的始端和末端结点。由式(16-76)可得上式中，

$$
\left\{
\begin{aligned}
\nabla L_{i2}^e \cdot \nabla L_{j2}^e &= \frac{1}{(6V_e)^2} (\hat{\boldsymbol{x}} b_{i2}^e + \hat{\boldsymbol{y}} c_{i2}^e + \hat{\boldsymbol{z}} d_{i2}^e) \cdot (\hat{\boldsymbol{x}} b_{j2}^e + \hat{\boldsymbol{y}} c_{j2}^e + \hat{\boldsymbol{z}} d_{j2}^e) \\
&= \frac{1}{(6V_e)^2} (b_{i2}^e b_{j2}^e + c_{i2}^e c_{j2}^e + d_{i2}^e d_{j2}^e) \equiv \frac{1}{(6V_e)^2} f_{i2j2} \\
\nabla L_{i1}^e \cdot \nabla L_{j2}^e &= \frac{1}{(6V_e)^2} (\hat{\boldsymbol{x}} b_{i1}^e + \hat{\boldsymbol{y}} c_{i1}^e + \hat{\boldsymbol{z}} d_{i1}^e) \cdot (\hat{\boldsymbol{x}} b_{j2}^e + \hat{\boldsymbol{y}} c_{j2}^e + \hat{\boldsymbol{z}} d_{j2}^e) \\
&= \frac{1}{(6V_e)^2} (b_{i1}^e b_{j2}^e + c_{i1}^e c_{j2}^e + d_{i1}^e d_{j2}^e) \equiv \frac{1}{(6V_e)^2} f_{i1j2} \\
&\vdots
\end{aligned}
\right.
\tag{16-96}
$$

其中，

$$
f_{ij} = b_i^e b_j^e + c_i^e c_j^e + d_i^e d_j^e
\tag{16-97}
$$

将式(16-96)代入式(16-95)，得到

$$
\boldsymbol{N}_i^e \cdot \boldsymbol{N}_j^e = \frac{l_i^e l_j^e}{(6V_e)^2} (L_{i1}^e L_{j1}^e f_{i2,j2} - L_{i2}^e L_{j1}^e f_{i1,j2} - L_{i1}^e L_{j2}^e f_{i2,j1} + L_{i2}^e L_{j2}^e f_{i1,j1})
\tag{16-98}
$$

若 $i=j$，则式(16-95)变为

$$\boldsymbol{N}_i^e \cdot \boldsymbol{N}_i^e = \frac{(l_i^e)^2}{(6V_e)^2}(L_{i1}^e \nabla L_{i2}^e - L_{i2}^e \nabla L_{i1}^e)^2$$

$$= \frac{(l_i^e)^2}{(6V_e)^2}[(L_{i1}^e \nabla L_{i2}^e)^2 - 2L_{i2}^e L_{i1}^e \nabla L_{i1}^e \cdot \nabla L_{i2}^e + (L_{i2}^e \nabla L_{i1}^e)^2]$$

$$= \frac{(l_i^e)^2}{(6V_e)^2}[(L_{i1}^e)^2 f_{i2,i2} - 2L_{i2}^e L_{i1}^e f_{i1,i2} + (L_{i2}^e)^2 f_{i1,i1}] \tag{16-99}$$

上式中，$L_j^e = N_j^e$就是四面体的结点基函数(11.5 节)。根据四面体结点基函数一般积分公式(证明见 Silvester and Ferrari，1983)有

$$\iiint_{V_e} (N_1^e)^k (N_2^e)^l (N_3^e)^m (N_4^e)^n \mathrm{d}V = 6V_e \frac{k!l!m!n!}{(k+l+m+n+3)!} \tag{16-100}$$

当 $i \neq j$ 时，上式给出

$$\iiint_{V_e} L_i^e L_j^e \mathrm{d}V = \iiint_{V_e} N_i^e N_j^e \mathrm{d}V = 6V_e \frac{1}{5!} = \frac{V_e}{20}$$

当 $i = j$ 时，可得

$$\iiint_{V_e} (L_i^e)^2 \mathrm{d}V = \iiint_{V_e} (N_i^e)^2 \mathrm{d}V = 6V_e \frac{2!}{5!} = \frac{V_e}{10}$$

合并以上二式得

$$\iiint_{V_e} L_i^e L_j^e \mathrm{d}V = \frac{V_e}{20}(1 + \delta_{ij}) \tag{16-101}$$

将式(16－99)和式(16－101)代入基函数积分式(16－94)第一式得

$$F_{ij}^e = \iiint_{V_e} \boldsymbol{N}_i^e \cdot \boldsymbol{N}_j^e \mathrm{d}V$$

$$= \frac{l_i^e l_j^e}{(6V_e)^2} \iiint_{V_e} (L_{i1}^e L_{j1}^e f_{i2,j2} - L_{i2}^e L_{j1}^e f_{i1,j2} - L_{i1}^e L_{j2}^e f_{i2,j1} + L_{i2}^e L_{j2}^e f_{i1,j1}) \mathrm{d}V$$

$$= \frac{l_i^e l_j^e}{720V_e}[f_{i2,j2}(1+\delta_{i1,j1}) - f_{i1,j2}(1+\delta_{i2,j1}) - f_{i2,j1}(1+\delta_{i1,j2}) + f_{i1,j1}(1+\delta_{i2,j2})] \tag{16-102}$$

当 $i = j$ 时，式(16－102)变为

$$F_{ii}^e = \iiint_{V_e} \boldsymbol{N}_i^e \cdot \boldsymbol{N}_i^e \mathrm{d}V$$

$$= \frac{(l_i^e)^2}{(6V_e)^2} \iiint_{V_e} [(L_{i1}^e)^2 f_{i2,i2} - 2L_{i2}^e L_{i1}^e f_{i1,i2} + (L_{i2}^e)^2 f_{i1,i1}] \mathrm{d}V$$

$$= \frac{(l_i^e)^2}{360V_e}(f_{i2,i2} - f_{i1,i2} + f_{i1,i1}) \tag{16-103}$$

对照表 16－4，式(16－103)具体形式为

$$\begin{cases} F_{11}^e = \dfrac{(l_1^e)^2}{360V_e}(f_{22} - f_{12} + f_{11}), F_{22}^e = \dfrac{(l_2^e)^2}{360V_e}(f_{33} - f_{13} + f_{11}) \\ F_{33}^e = \dfrac{(l_3^e)^2}{360V_e}(f_{44} - f_{14} + f_{11}), F_{44}^e = \dfrac{(l_4^e)^2}{360V_e}(f_{33} - f_{23} + f_{22}) \\ F_{55}^e = \dfrac{(l_5^e)^2}{360V_e}(f_{22} - f_{24} + f_{44}), F_{66}^e = \dfrac{(l_6^e)^2}{360V_e}(f_{44} - f_{34} + f_{33}) \end{cases} \tag{16-104}$$

当 $i \neq j$ 时，式(16-102)具体形式为(金建铭，1998：182)

$$\begin{cases} F_{23}^e = \dfrac{l_2^e l_3^e}{720V_e}(2f_{34} - f_{14} - f_{31} + f_{11}), F_{24}^e = \dfrac{l_2^e l_4^e}{720V_e}(f_{33} - f_{13} - f_{32} + 2f_{12}) \\ F_{25}^e = \dfrac{l_2^e l_5^e}{720V_e}(f_{32} - f_{12} - f_{34} + f_{14}), F_{26}^e = \dfrac{l_2^e l_6^e}{720V_e}(f_{34} - 2f_{14} - f_{33} + f_{13}) \\ F_{34}^e = \dfrac{l_3^e l_4^e}{720V_e}(f_{43} - f_{13} - f_{42} + f_{12}), F_{35}^e = \dfrac{l_3^e l_5^e}{720V_e}(f_{42} - 2f_{12} - f_{44} + f_{14}) \\ F_{36}^e = \dfrac{l_3^e l_6^e}{720V_e}(f_{44} - f_{14} - f_{43} + 2f_{13}) \\ F_{45}^e = \dfrac{l_4^e l_5^e}{720V_e}(f_{32} - f_{22} - 2f_{34} + f_{24}), F_{46}^e = \dfrac{l_4^e l_6^e}{720V_e}(f_{34} - 2f_{24} - f_{33} + f_{23}) \\ F_{56}^e = \dfrac{l_5^e l_6^e}{720V_e}(f_{24} - f_{44} - 2f_{23} + f_{43}) \end{cases}$$

(16-105)

另外，由式(16-91)，可得

$$\begin{aligned} &(\nabla \times \mathbf{N}_i^e) \cdot (\nabla \times \mathbf{N}_j^e) \\ &= \frac{4l_i^e l_j^e}{(6V_e)^4} \times [(c_{i1}^e d_{i2}^e - c_{i2}^e d_{i1}^e)(c_{j1}^e d_{j2}^e - c_{j2}^e d_{j1}^e) + (b_{i2}^e d_{i1}^e - b_{i1}^e d_{i2}^e)(b_{j2}^e d_{j1}^e - b_{j1}^e d_{j2}^e) \\ &\quad + (b_{i1}^e c_{i2}^e - b_{i2}^e c_{i1}^e)(b_{j1}^e c_{j2}^e - b_{j2}^e c_{j1}^e)] \end{aligned} \tag{16-106}$$

所以基函数积分式(16-94)第二式为(金建铭，1998：181)

$$\begin{aligned} E_{ij}^e &= \iiint_{V_e} (\nabla \times \mathbf{N}_i^e) \cdot (\nabla \times \mathbf{N}_j^e) \mathrm{d}V \\ &= \frac{4l_i^e l_j^e V_e}{(6V_e)^4} [(c_{i1}^e d_{i2}^e - c_{i2}^e d_{i1}^e)(c_{j1}^e d_{j2}^e - c_{j2}^e d_{j1}^e) + (b_{i2}^e d_{i1}^e - b_{i1}^e d_{i2}^e)(b_{j2}^e d_{j1}^e - b_{j1}^e d_{j2}^e) \\ &\quad + (b_{i1}^e c_{i2}^e - b_{i2}^e c_{i1}^e)(b_{j1}^e c_{j2}^e - b_{j2}^e c_{j1}^e)] \end{aligned} \tag{16-107}$$

第 17 章

基于棱边基函数的二维 TE 波 FETD

对于有耗介质二维 TE 波(H_z, E_x, E_y)，由于磁场波动方程存在与电场的耦合，用 H_z 标量波动方程不便于求解，需应用横向电场 $\boldsymbol{E}$ 的矢量波动方程求解。本章讨论基于棱边基函数的二维 TE 波有限元解。

17.1　有耗介质二维 TE 波电场波动方程及其弱解形式

有耗介质中电场的矢量波动方程为

$$\nabla\times\left(\frac{1}{\mu}\nabla\times\boldsymbol{E}\right)+\varepsilon\frac{\partial^2\boldsymbol{E}}{\partial t^2}+\sigma\frac{\partial\boldsymbol{E}}{\partial t}=-\frac{\partial\boldsymbol{J}}{\partial t}\tag{17-1}$$

图 17-1 中二维计算域 Ω 表面 $\Gamma=\Gamma_{\mathrm{PEC}}+\Gamma_{\mathrm{ABC}}$，其中，$\Gamma_{\mathrm{PEC}}$ 代表 PEC 表面，Γ_{ABC} 代表截断边界。在截断边界处，可采用矢量场的一阶近似吸收边界条件(ABC，10.4 节)：

$$\boldsymbol{n}\times\left(\frac{1}{\mu}\nabla\times\boldsymbol{E}\right)=\frac{1}{Z}\frac{\partial\boldsymbol{E}_t}{\partial t}=-\frac{1}{Z}\boldsymbol{n}\times\left(\boldsymbol{n}\times\frac{\partial\boldsymbol{E}}{\partial t}\right)=-Y\frac{\partial}{\partial t}\boldsymbol{n}\times(\boldsymbol{n}\times\boldsymbol{E})\tag{17-2}$$

其中，$Y=1/Z=\sqrt{\varepsilon/\mu}$，为截断边界附近介质的导纳；$\boldsymbol{n}\times(\boldsymbol{n}\times\boldsymbol{E})=-\boldsymbol{E}_t$，为电场切向分量。

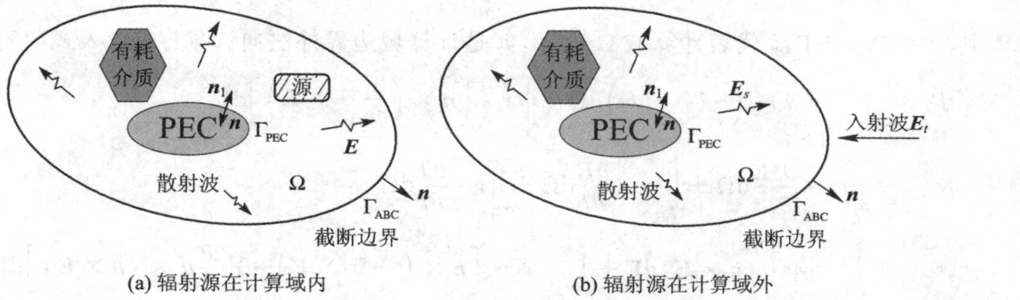

图 17-1　计算区域和两类散射问题

考虑两类散射问题，如图 17-1 所示，其中图(a)电流源在计算域内，这时式(17-1)和式(17-2)中 $\boldsymbol{E}$ 均为总场。导体表面($\boldsymbol{n}_1=-\boldsymbol{n}$)边界条件为

$$\boldsymbol{n}_1\times\boldsymbol{E}\big|_{\mathrm{PEC}}=0\tag{17-3}$$

图(b)源在计算域外，例如平面波照射。这时式(17-1)和式(17-2)中 $\boldsymbol{E}=\boldsymbol{E}_s$ 为散射场。但由于有耗介质波动方程式(17-1)中电场 $\boldsymbol{E}$ 是总场，而吸收边界条件式(17-2)中具有外向行波特性的是散射场，于是需要引入总场边界，将计算域划分为总场区和散射场区，基于棱边基函数的总场-散射场方法将在后续章节讨论。

以下分析图 17-1(a)所示辐射源在计算域内的情形，这时 $\boldsymbol{E}$ 代表总场。当 $\boldsymbol{E}$ 为非严格解时，代入式(17-1)、式(17-2)、式(17-3)得到的相应余量为

$$\begin{cases} \boldsymbol{r} = \nabla \times \left(\frac{1}{\mu}\nabla \times \boldsymbol{E}\right) + \varepsilon \frac{\partial^2 \boldsymbol{E}}{\partial t^2} + \sigma \frac{\partial \boldsymbol{E}}{\partial t} + \frac{\partial \boldsymbol{J}}{\partial t} \\ \boldsymbol{r}_1 = \boldsymbol{n} \times \boldsymbol{E} \\ \boldsymbol{r}_2 = \boldsymbol{n} \times \left(\frac{1}{\mu}\nabla \times \boldsymbol{E}\right) + Y \frac{\partial}{\partial t}\boldsymbol{n} \times (\boldsymbol{n} \times \boldsymbol{E}) \end{cases} \tag{17-4}$$

用权函数 $\boldsymbol{v}$，$\boldsymbol{v}_1$，$\boldsymbol{v}_2$ 分别点乘以式(17-4)各式再积分后相加得加权余量为

$$R = \iint_{\Omega} \boldsymbol{v} \cdot \nabla \times \left(\frac{1}{\mu}\nabla \times \boldsymbol{E}\right) \mathrm{d}\Omega + \iint_{\Omega} \varepsilon \boldsymbol{v} \cdot \frac{\partial^2 \boldsymbol{E}}{\partial t^2} \mathrm{d}\Omega + \iint_{\Omega} \sigma \boldsymbol{v} \cdot \frac{\partial \boldsymbol{E}}{\partial t} \mathrm{d}\Omega + \iint_{\Omega} \boldsymbol{v} \cdot \frac{\partial \boldsymbol{J}}{\partial t} \mathrm{d}\Omega$$
$$+ \int_{\Gamma_{\mathrm{PEC}}} \boldsymbol{v}_1 \cdot (\boldsymbol{n} \times \boldsymbol{E}) \mathrm{d}\Gamma + \int_{\Gamma_{\mathrm{ABC}}} \boldsymbol{v}_2 \cdot \left[\boldsymbol{n} \times \left(\frac{1}{\mu}\nabla \times \boldsymbol{E}\right) + Y \frac{\partial}{\partial t}\boldsymbol{n} \times (\boldsymbol{n} \times \boldsymbol{E})\right] \mathrm{d}\Gamma \tag{17-5}$$

利用矢量 Green 定理，有

$$\iiint_{\Omega} [(\nabla \times \boldsymbol{Q}) \cdot (\nabla \times \boldsymbol{P}) - \boldsymbol{P} \cdot (\nabla \times \nabla \times \boldsymbol{Q})] \mathrm{d}V = \oint\!\!\!\oint_{\Gamma} (\boldsymbol{P} \times \nabla \times \boldsymbol{Q}) \cdot \mathrm{d}\boldsymbol{S}$$
$$\iint_{\Omega} [(\nabla \times \boldsymbol{Q}) \cdot (\nabla \times \boldsymbol{P}) - \boldsymbol{P} \cdot (\nabla \times \nabla \times \boldsymbol{Q})] \mathrm{d}S = \oint_{\Gamma} (\boldsymbol{P} \times \nabla \times \boldsymbol{Q}) \cdot \boldsymbol{n} \mathrm{d}l$$

可将式(17-5)右端第一项区域积分改写为

$$\iint_{\Omega} \boldsymbol{v} \cdot \nabla \times \left(\frac{1}{\mu}\nabla \times \boldsymbol{E}\right) \mathrm{d}\Omega = \iint_{\Omega} (\nabla \times \boldsymbol{v}) \cdot \left(\frac{1}{\mu}\nabla \times \boldsymbol{E}\right) \mathrm{d}\Omega - \oint_{\Gamma} \left[\boldsymbol{v} \times \left(\frac{1}{\mu}\nabla \times \boldsymbol{E}\right)\right] \cdot \boldsymbol{n} \mathrm{d}\Gamma$$
$$= \iint_{\Omega} (\nabla \times \boldsymbol{v}) \cdot \left(\frac{1}{\mu}\nabla \times \boldsymbol{E}\right) \mathrm{d}\Omega + \oint_{\Gamma} \boldsymbol{v} \cdot \left[n \times \left(\frac{1}{\mu}\nabla \times \boldsymbol{E}\right)\right] \mathrm{d}\Gamma \tag{17-6}$$

其中，$\Gamma = \Gamma_{\mathrm{PEC}} + \Gamma_{\mathrm{ABC}}$ 代表计算域 Ω 边界，$\boldsymbol{n}$ 是计算域边界外法向。将上式代入式(17-5)得

$$R = \iint_{\Omega} (\nabla \times \boldsymbol{v}) \cdot \left(\frac{1}{\mu}\nabla \times \boldsymbol{E}\right) \mathrm{d}\Omega + \oint_{\Gamma} \boldsymbol{v} \cdot \left[\boldsymbol{n} \times \left(\frac{1}{\mu}\nabla \times \boldsymbol{E}\right)\right] \mathrm{d}\Gamma$$
$$+ \iint_{\Omega} \varepsilon \boldsymbol{v} \cdot \frac{\partial^2 \boldsymbol{E}}{\partial t^2} \mathrm{d}\Omega + \iint_{\Omega} \sigma \boldsymbol{v} \cdot \frac{\partial \boldsymbol{E}}{\partial t} \mathrm{d}\Omega + \iint_{\Omega} \boldsymbol{v} \cdot \frac{\partial \boldsymbol{J}}{\partial t} \mathrm{d}\Omega$$
$$+ \int_{\Gamma_{\mathrm{PEC}}} \boldsymbol{v}_1 \cdot (\boldsymbol{n} \times \boldsymbol{E}) \mathrm{d}\Gamma + \int_{\Gamma_{\mathrm{ABC}}} \boldsymbol{v}_2 \cdot \left[\boldsymbol{n} \times \left(\frac{1}{\mu}\nabla \times \boldsymbol{E}\right) + Y \frac{\partial}{\partial t}\boldsymbol{n} \times (\boldsymbol{n} \times \boldsymbol{E})\right] \mathrm{d}\Gamma \tag{17-7}$$

考察以上方程中的三项边界积分，并将 $\Gamma = \Gamma_{\mathrm{PEC}} + \Gamma_{\mathrm{ABC}}$ 分为两段：

$$I_{\Gamma} = \oint_{\Gamma} \boldsymbol{v} \cdot \left[\boldsymbol{n} \times \left(\frac{1}{\mu}\nabla \times \boldsymbol{E}\right)\right] \mathrm{d}\Gamma + \int_{\Gamma_{\mathrm{PEC}}} \boldsymbol{v}_1 \cdot (\boldsymbol{n} \times \boldsymbol{E}) \mathrm{d}\Gamma$$
$$+ \int_{\Gamma_{\mathrm{ABC}}} \boldsymbol{v}_2 \cdot \left[n \times \left(\frac{1}{\mu}\nabla \times \boldsymbol{E}\right) + Y \frac{\partial}{\partial t}\boldsymbol{n} \times (\boldsymbol{n} \times \boldsymbol{E})\right] \mathrm{d}\Gamma$$
$$= \int_{\Gamma_{\mathrm{PEC}}} \boldsymbol{v} \cdot \left[\boldsymbol{n} \times \left(\frac{1}{\mu}\nabla \times \boldsymbol{E}\right)\right] \mathrm{d}\Gamma + \int_{\Gamma_{\mathrm{ABC}}} \boldsymbol{v} \cdot \left[\boldsymbol{n} \times \left(\frac{1}{\mu}\nabla \times \boldsymbol{E}\right)\right] \mathrm{d}\Gamma$$

$$+\int_{\Gamma_{\mathrm{PEC}}}\boldsymbol{v}_1\cdot(\boldsymbol{n}\times\boldsymbol{E})\mathrm{d}\Gamma+\int_{\Gamma_{\mathrm{ABC}}}\boldsymbol{v}_2\cdot\left[\boldsymbol{n}\times\left(\frac{1}{\mu}\nabla\times\boldsymbol{E}\right)+Y\frac{\partial}{\partial t}\boldsymbol{n}\times(\boldsymbol{n}\times\boldsymbol{E})\right]\mathrm{d}\Gamma$$

$$=\int_{\Gamma_{\mathrm{PEC}}}\boldsymbol{v}\cdot\left[\boldsymbol{n}\times\left(\frac{1}{\mu}\nabla\times\boldsymbol{E}\right)\right]\mathrm{d}\Gamma+\int_{\Gamma_1}\boldsymbol{v}_1\cdot(\boldsymbol{n}\times\boldsymbol{E})\mathrm{d}\Gamma$$

$$+\int_{\Gamma_{\mathrm{ABC}}}(\boldsymbol{v}+\boldsymbol{v}_2)\cdot\left[\boldsymbol{n}\times\left(\frac{1}{\mu}\nabla\times\boldsymbol{E}\right)\right]\mathrm{d}\Gamma+\int_{\Gamma_{\mathrm{ABC}}}\boldsymbol{v}_2\cdot Y\frac{\partial}{\partial t}\boldsymbol{n}\times(\boldsymbol{n}\times\boldsymbol{E})\mathrm{d}\Gamma \quad (17-8)$$

选择 $\boldsymbol{v}_2=-\boldsymbol{v}$，则上式变为

$$I_\Gamma=\int_{\Gamma_{\mathrm{PEC}}}\boldsymbol{v}\cdot\left[\boldsymbol{n}\times\left(\frac{1}{\mu}\nabla\times\boldsymbol{E}\right)\right]\mathrm{d}\Gamma+\int_{\Gamma_{\mathrm{PEC}}}\boldsymbol{v}_1\cdot(\boldsymbol{n}\times\boldsymbol{E})\mathrm{d}\Gamma-\int_{\Gamma_{\mathrm{ABC}}}Y\boldsymbol{v}\cdot\frac{\partial}{\partial t}\boldsymbol{n}\times(\boldsymbol{n}\times\boldsymbol{E})\mathrm{d}\Gamma \quad (17-9)$$

在有限元离散后，位于区域表面边界 Γ_{PEC} 上的棱边将强制设置满足边界条件式(17-3)，因而式(17-9)中 $\int_{\Gamma_{\mathrm{PEC}}}\boldsymbol{v}_1\cdot(\boldsymbol{n}\times\boldsymbol{E})\mathrm{d}\Gamma=0$。由于 Γ_1 边界上已设置了边界条件，式(17-9)中在 PEC 表面就不需要再设置边界条件，因而通常令式(17-9)中 $\int_{\Gamma_{\mathrm{PEC}}}\boldsymbol{v}\cdot[\boldsymbol{n}\times(\nabla\times\boldsymbol{E}/\mu)]\mathrm{d}\Gamma=0$，以避免重复设置边界条件。于是式(17-9)变为

$$I_\Gamma=-\int_{\Gamma_{\mathrm{ABC}}}\boldsymbol{v}\cdot Y\frac{\partial}{\partial t}\boldsymbol{n}\times(\boldsymbol{n}\times\boldsymbol{E})\mathrm{d}\Gamma \quad (17-10)$$

将上式代入式(17-7)得到

$$R=\iint_\Omega(\nabla\times\boldsymbol{v})\cdot\left(\frac{1}{\mu}\nabla\times\boldsymbol{E}\right)\mathrm{d}\Omega+\iint_\Omega\varepsilon\boldsymbol{v}\cdot\frac{\partial^2\boldsymbol{E}}{\partial t^2}\mathrm{d}\Omega+\iint_\Omega\sigma\boldsymbol{v}\cdot\frac{\partial\boldsymbol{E}}{\partial t}\mathrm{d}\Omega$$

$$+\iint_\Omega\boldsymbol{v}\cdot\frac{\partial\boldsymbol{J}}{\partial t}\mathrm{d}\Omega-\int_{\Gamma_{\mathrm{ABC}}}\boldsymbol{v}\cdot Y\frac{\partial}{\partial t}\boldsymbol{n}\times(\boldsymbol{n}\times\boldsymbol{E})\mathrm{d}\Gamma \quad (17-11)$$

令上述加权余量等于零就得到弱解形式为

$$\iint_\Omega(\nabla\times\boldsymbol{v})\cdot\left(\frac{1}{\mu}\nabla\times\boldsymbol{E}\right)\mathrm{d}\Omega+\iint_\Omega\varepsilon\boldsymbol{v}\cdot\frac{\partial^2\boldsymbol{E}}{\partial t^2}\mathrm{d}\Omega+\iint_\Omega\sigma\boldsymbol{v}\cdot\frac{\partial\boldsymbol{E}}{\partial t}\mathrm{d}\Omega$$

$$+\iint_\Omega\boldsymbol{v}\cdot\frac{\partial\boldsymbol{J}}{\partial t}\mathrm{d}\Omega-\int_{\Gamma_{\mathrm{ABC}}}\boldsymbol{v}\cdot Y\frac{\partial}{\partial t}\boldsymbol{n}\times(\boldsymbol{n}\times\boldsymbol{E})\mathrm{d}\Gamma=0 \quad (17-12)$$

由于待求函数电场 $\boldsymbol{E}$ 在积分号内，所以弱解形式式(17-12)仍是一个积分微分方程。

17.2　有限元矩阵方程

将区域划分为多个有限元单元 $e=1, 2, \cdots, N_{\mathrm{element}}$，如图 17-2(a)所示，于是式(17-12)中的积分可写为各个单元积分之和：

$$\sum_e\iint_{\Omega^e}(\nabla\times\boldsymbol{v})\cdot\left(\frac{1}{\mu}\nabla\times\boldsymbol{E}\right)\mathrm{d}\Omega+\sum_e\iint_{\Omega^e}\varepsilon\boldsymbol{v}\cdot\frac{\partial^2\boldsymbol{E}}{\partial t^2}\mathrm{d}\Omega+\sum_e\iint_{\Omega^e}\sigma\boldsymbol{v}\cdot\frac{\partial\boldsymbol{E}}{\partial t}\mathrm{d}\Omega$$

$$+\sum_e\iint_{\Omega^e}\boldsymbol{v}\cdot\frac{\partial\boldsymbol{J}}{\partial t}\mathrm{d}\Omega-\sum_e\int_{\Gamma^e_{\mathrm{ABC}}}\boldsymbol{v}\cdot Y\frac{\partial}{\partial t}\boldsymbol{n}\times(\boldsymbol{n}\times\boldsymbol{E})\mathrm{d}\Gamma=0 \quad (17-13)$$

式中，积分$\int_{\Gamma^e_{\mathrm{ABC}}} \boldsymbol{v} \cdot Y\partial[\boldsymbol{n}\times(\boldsymbol{n}\times\boldsymbol{E})]/\partial t\mathrm{d}\Gamma$表示只有边界$\Gamma_{\mathrm{ABC}}$上的单元棱边$ja$有贡献，参见图 17-2(b)。

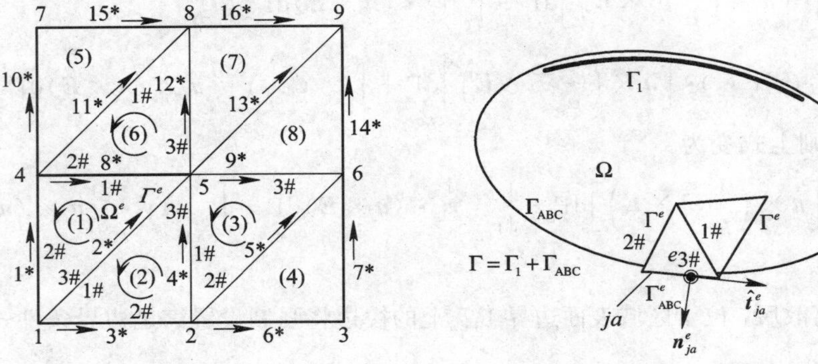

(a) 单元划分　　　　(b) 位于边界的棱边

图 17-2　计算域划分为三角形单元

电场$\boldsymbol{E}$用棱边基函数展开如式(16-32)所示，即

$$\boldsymbol{E}^e(x,\ y,\ t)=\sum_{j=1}^{3}\boldsymbol{N}_j^e(x,\ y)E_j^e(t) \tag{17-14}$$

将上式代入式(17-13)得到

$$\begin{aligned}&\sum_e\sum_{j=1}^{3}E_j^e\iint_{\Omega^e}\frac{1}{\mu}(\nabla\times\boldsymbol{v})\cdot(\nabla\times\boldsymbol{N}_j^e)\mathrm{d}\Omega+\sum_e\sum_{j=1}^{3}\frac{\mathrm{d}^2E_j^e}{\mathrm{d}t^2}\iint_{\Omega^e}\varepsilon\boldsymbol{v}\cdot\boldsymbol{N}_j^e\mathrm{d}\Omega\\&+\sum_e\sum_{j=1}^{3}\frac{\mathrm{d}E_j^e}{\mathrm{d}t}\iint_{\Omega^e}\sigma\boldsymbol{v}\cdot\boldsymbol{N}_j^e\mathrm{d}\Omega+\sum_e\iint_{\Omega^e}\boldsymbol{v}\cdot\frac{\partial\boldsymbol{J}}{\partial t}\mathrm{d}\Omega\\&-\sum_e\sum_{ja=1}^{1}\frac{\mathrm{d}E_{ja}^e}{\mathrm{d}t}\int_{\Gamma^e_{\mathrm{ABC}}}Y\boldsymbol{v}\cdot[\boldsymbol{n}_{ja}^e\times(\boldsymbol{n}_{ja}^e\times\boldsymbol{N}_{ja}^e)]\mathrm{d}\Gamma=0\end{aligned} \tag{17-15}$$

上式中，对于Γ_{ABC}边界单元(e)的棱边求和只有一项，因为该单元只有一条棱边ja在Γ_{ABC}边界上。

注意：棱边的局域方向和三角形单元法向满足右手规则，而棱边的全域方向则由其两端结点全域编号确定，通常从全域编号小的结点指向编号大的结点，如图 17-2(a)中箭头所示。以图 17-2(a)中全域棱边 8* 为例，该棱边两侧有单元(1)和(6)。显然，单元(1)棱边 1# 和单元(6)棱边 2# 的方向彼此相反，即$\hat{\boldsymbol{t}}_1^1=-\hat{\boldsymbol{t}}_2^6$。记全域棱边 8* 方向为$\hat{\boldsymbol{t}}_8$，由图可见$\hat{\boldsymbol{t}}_8=\hat{\boldsymbol{t}}_2^6=-\hat{\boldsymbol{t}}_1^1$。如果电场在全域棱边和单元棱边的平行分量值分别记为ϕ_8，E_1^1，E_2^6，由于它们实际上是同一个量，所以三者的关系为

$$\phi_8=E_2^6=-E_1^1$$

或者

$$\phi_8=(\hat{\boldsymbol{t}}_8\cdot\hat{\boldsymbol{t}}_2^6)E_2^6=(\hat{\boldsymbol{t}}_8\cdot\hat{\boldsymbol{t}}_1^1)E_1^1$$

其中，$\hat{\boldsymbol{t}}_8\cdot\hat{\boldsymbol{t}}_2^6$称为局域棱边($j=2$，$e=6$)和全域棱边$J=8$之间的方向因子。上式一般可写为

$$\phi_J=(\hat{\boldsymbol{t}}_J\cdot\hat{\boldsymbol{t}}_j^e)E_j^e\quad 或\quad E_j^e=(\hat{\boldsymbol{t}}_J\cdot\hat{\boldsymbol{t}}_j^e)\phi_J \tag{17-16}$$

其中，单元和全域棱边之间对应关系记为 $(j, e)=J$。设计算域中棱边总数为 N_{edge}，式(17-15)有 N_{edge} 个待求量 $\phi_1, \phi_2, \cdots, \phi_{N_{\text{edge}}}$。为了建立足够数目的代数方程，可以取式(17-15)中权函数为基函数(Galerkin 方法，参见 12.2.2 节)，即 $\boldsymbol{v}=\boldsymbol{N}_i^q$ 代入式(17-15)，根据基函数仅在其自身单元不为零的性质可得

$$
\begin{aligned}
&\sum_{j=1}^{3} E_j^e \iint_{\Omega^e} \frac{1}{\mu}(\nabla\times\boldsymbol{N}_i^e)\cdot(\nabla\times\boldsymbol{N}_j^e)\,\mathrm{d}\Omega+\sum_{j=1}^{3}\frac{\mathrm{d}^2E_j^e}{\mathrm{d}t^2}\iint_{\Omega^e}\varepsilon\boldsymbol{N}_i^e\cdot\boldsymbol{N}_j^e\,\mathrm{d}\Omega \\
&\quad+\sum_{j=1}^{3}\frac{\mathrm{d}E_j^e}{\mathrm{d}t}\iint_{\Omega^e}\sigma\boldsymbol{N}_i^e\cdot\boldsymbol{N}_j^e\,\mathrm{d}\Omega+\iint_{\Omega^e}\boldsymbol{N}_i^e\cdot\frac{\partial\boldsymbol{J}}{\partial t}\,\mathrm{d}\Omega \\
&\quad-\sum_{ja=1}^{1}\frac{\mathrm{d}E_{ja}}{\mathrm{d}t}\int_{\Gamma_{\text{ABC}}^e} Y\boldsymbol{N}_i^e\cdot[\boldsymbol{n}_{ja}^e\times(\boldsymbol{n}_{ja}^e\times\boldsymbol{N}_{ja}^e)]\,\mathrm{d}\Gamma=0
\end{aligned}
\tag{17-17}
$$

根据棱边基函数性质，基函数在自身棱边上 $\boldsymbol{N}_{ja}^e=\hat{\boldsymbol{t}}_{ja}^e$；在非自身棱边上没有平行分量，只有垂直分量，因此，有

$$
\boldsymbol{n}_{ja}^e\times(\boldsymbol{n}_{ja}^e\times\boldsymbol{N}_{ja}^e)=\boldsymbol{n}_{ja}^e\times(\boldsymbol{n}_{ja}^e\times\hat{\boldsymbol{t}}_{ja}^e)=-\hat{\boldsymbol{t}}_{ja}^e
$$

$$
\boldsymbol{N}_i^e\cdot[\boldsymbol{n}_{ja}^e\times(\boldsymbol{n}_{ja}^e\times\boldsymbol{N}_{ja}^e)]=-\boldsymbol{N}_i^e\cdot\hat{\boldsymbol{t}}_{ja}^e=-\delta_{i,\,ja}
$$

代入式(17-17)中，沿 Γ_{ABC}^e 积分得到

$$
\int_{\Gamma_{\text{ABC}}^e} Y\boldsymbol{N}_i^e\cdot[\boldsymbol{n}_{ja}^e\times(\boldsymbol{n}_{ja}^e\times\boldsymbol{N}_{ja}^e)]\,\mathrm{d}\Gamma=-Y\delta_{i,\,ja}\int_{\Gamma_{\text{ABC}}^e}\mathrm{d}\Gamma=-Yl_{ja}^e\delta_{i,\,ja}
$$

将式(17-17)中各个单元积分记为

$$
\begin{cases}
K_{ij}^e=\displaystyle\iint_{\Omega^e}\frac{1}{\mu}(\nabla\times\boldsymbol{N}_i^e)\cdot(\nabla\times\boldsymbol{N}_j^e)\,\mathrm{d}\Omega\simeq\frac{1}{\mu_e}\iint_{\Omega^e}(\nabla\times\boldsymbol{N}_i^e)\cdot(\nabla\times\boldsymbol{N}_j^e)\,\mathrm{d}\Omega \\
M_{ij}^e=\displaystyle\iint_{\Omega^e}\varepsilon\boldsymbol{N}_i^e\cdot\boldsymbol{N}_j^e\,\mathrm{d}\Omega\simeq\varepsilon_e\iint_{\Omega^e}\boldsymbol{N}_i^e\cdot\boldsymbol{N}_j^e\,\mathrm{d}\Omega \\
P_{ij}^e=\displaystyle\iint_{\Omega^e}\sigma\boldsymbol{N}_i^e\cdot\boldsymbol{N}_j^e\,\mathrm{d}\Omega\simeq\sigma_e\iint_{\Omega^e}\boldsymbol{N}_i^e\cdot\boldsymbol{N}_j^e\,\mathrm{d}\Omega \\
W_{ij}^e=-\delta_{j,\,ja}\displaystyle\int_{\Gamma_{\text{ABC}}^e}Y\boldsymbol{N}_i^e\cdot[\boldsymbol{n}_{ja}^e\times(\boldsymbol{n}_{ja}^e\times\boldsymbol{N}_{ja}^e)]\,\mathrm{d}\Gamma \\
\qquad\simeq Y_e\delta_{j,\,ja}\displaystyle\int_{\Gamma_{\text{ABC}}^e}\boldsymbol{N}_i^e\cdot\hat{\boldsymbol{t}}_j^e\,\mathrm{d}\Gamma=\delta_{i,\,ja}\delta_{j,\,ja}Y_el_{ja}^e=\begin{cases}Y_el_{ja}^e, & i=j=ja\\ 0, & \text{其它}\end{cases} \\
h_i^e=-\displaystyle\iint_{\Omega^e}\boldsymbol{N}_i^e\cdot\frac{\partial\boldsymbol{J}}{\partial t}\,\mathrm{d}\Omega
\end{cases}
\tag{17-18}
$$

其中，l_{ja}^e 是单元(e)位于 Γ_{ABC} 的棱边长度，上式中单元积分的计算见 16.2 节。于是单元矩阵方程式(17-17)可写为

$$
\sum_{j=1}^{3}K_{ij}^eE_j^e+\sum_{j=1}^{3}M_{ij}^e\frac{\mathrm{d}^2E_j^e}{\mathrm{d}t^2}+\sum_{j=1}^{3}P_{ij}^e\frac{\mathrm{d}E_j^e}{\mathrm{d}t}+\sum_{j=1}^{1}W_{ij}^e\frac{\mathrm{d}E_j^e}{\mathrm{d}t}-h_i^e=0 \tag{17-19}
$$

上式中 $e=1, 2, \cdots, N_{\text{element}}$；$i=1, 2, 3$，所以上式实际上是一个 $3\times N_{\text{element}}$ 的代数方程组。由于区域中待求函数棱边值 ϕ_J 总数为 N_{edge}，这里 N_{edge} 为全域棱边总数，而式(17-19)的方程总数 $3\times N_{\text{element}}>N_{\text{edge}}$，所以这是一个冗余方程组，其中各个方程之间并不相互矛盾。

为了除去方程组的冗余性，同时又保留该方程组所包含的信息，可以采取组合来减少方程数目。设单元和全域棱边的对应关系为$(i, e)=I$。通常一个全域棱边I可以对应若干个(二维情形最多对应于2个)局域棱边，如图17-2(a)所示，将I相同但(i, e)不同的几个方程乘以方向因子$\hat{t}_I \cdot \hat{t}_i^e$后相加成为一个方程，并按照棱边全域编号排列后，式(17-19)变为

$$\sum_{(i,e)=I}(\hat{t}_I \cdot \hat{t}_i^e)\left[\sum_{j=1}^{3}\left(M_{ij}^e \frac{d^2 E_j^e}{dt^2}+K_{ij}^e E_j^e+P_{ij}^e \frac{dE_j^e}{dt}\right)+\sum_{j=1}^{1}W_{ij}^e \frac{dE_j^e}{dt}-h_i^e\right]=0$$

$$I=1, \cdots, N_{\text{edge}} \tag{17-20}$$

按照上述方式组合以后方程总数目减少到N_{edge}个，成为具有确定解的方程组。

将单元和全域棱边函数值的对应关系式(17-16)代入上式后得到

$$\sum_{(i,e)=I}(\hat{t}_I \cdot \hat{t}_i^e)\sum_{j=1}^{3}(\hat{t}_J \cdot \hat{t}_j^e)\left(M_{ij}^e \frac{d^2\phi_J}{dt^2}+K_{ij}^e\phi_J+P_{ij}^e\frac{d\phi_J}{dt}\right)$$

$$+\sum_{(i,e)=I}(\hat{t}_I \cdot \hat{t}_i^e)\sum_{j=1}^{1}(\hat{t}_J \cdot \hat{t}_j^e)W_{ij}^e\frac{d\phi_J}{dt}-\sum_{(i,e)=I}(\hat{t}_I \cdot \hat{t}_i^e)h_i^e=0$$

再将相同ϕ_J项合并后上式可写为

$$\sum_{J=1}^{N_{\text{edge}}}\sum_{(i,e)=I}(\hat{t}_I \cdot \hat{t}_i^e)\sum_{(j,e)=J}\sum_{j=1}^{3}(\hat{t}_J \cdot \hat{t}_j^e)\left[M_{ij}^e \frac{d^2\phi_J}{dt^2}+K_{ij}^e\phi_J+P_{ij}^e\frac{d\phi_J}{dt}\right]$$

$$+\sum_{J=1}^{N_{\text{edge}}}\sum_{(i,e)=I}(\hat{t}_I \cdot \hat{t}_i^e)\sum_{(j,e)=J}\sum_{j=1}^{1}(\hat{t}_J \cdot \hat{t}_j^e)W_{ij}^e\frac{d\phi_J}{dt}-\sum_{(i,e)=I}(\hat{t}_I \cdot \hat{t}_i^e)h_i^e=0$$

$$\tag{17-21}$$

定义全域矩阵和全域矢量为

$$\begin{cases}
M_{IJ}=\sum\limits_{(i,e)=I}(\hat{t}_I \cdot \hat{t}_i^e)\sum\limits_{(j,e)=J}\sum\limits_{j=1}^{3}(\hat{t}_J \cdot \hat{t}_j^e)M_{ij}^e \\
K_{IJ}=\sum\limits_{(i,e)=I}(\hat{t}_I \cdot \hat{t}_i^e)\sum\limits_{(j,e)=J}\sum\limits_{j=1}^{3}(\hat{t}_J \cdot \hat{t}_j^e)K_{ij}^e \\
P_{IJ}=\sum\limits_{(i,e)=I}(\hat{t}_I \cdot \hat{t}_i^e)\sum\limits_{(j,e)=J}\sum\limits_{j=1}^{3}(\hat{t}_J \cdot \hat{t}_j^e)P_{ij}^e \\
W_{IJ}=\sum\limits_{(i,e)=I}(\hat{t}_I \cdot \hat{t}_i^e)\sum\limits_{(j,e)=J}\sum\limits_{j=1}^{1}(\hat{t}_J \cdot \hat{t}_j^e)W_{ij}^e \\
h_I=\sum\limits_{(i,e)=I}(\hat{t}_I \cdot \hat{t}_i^e)h_i^e
\end{cases} \tag{17-22}$$

它们由单元矩阵和矢量组合而成。于是式(17-21)可写为全域矩阵方程形式：

$$\sum_{J=1}^{N_{\text{edge}}}\left(M_{IJ}\frac{d^2\phi_J}{dt^2}+P_{IJ}\frac{d\phi_J}{dt}+W_{IJ}\frac{d\phi_J}{dt}+K_{IJ}\phi_J\right)-h_I=0, \quad I=1, 2, \cdots, N_{\text{edge}}$$

$$\tag{17-23}$$

即

$$[M]\frac{\mathrm{d}^2}{\mathrm{d}t^2}\{\phi\}+[C]\frac{\mathrm{d}}{\mathrm{d}t}\{\phi\}+[K]\{\phi\}-\{h\}=0 \tag{17-24}$$

式中，$[C]=[P]+[W]$，N_{edge} 维矢量 $\{\phi\}=\{\phi_1 \quad \phi_1 \quad \cdots \quad \phi_{N_{\text{edge}}}\}^{\mathrm{T}}$ 是电场 $\boldsymbol{E}$ 在全域棱边平行分量；$\{h\}$ 为激励源矢量，由单元矢量 $\{h^e\}$ 组合而成。$N_{\text{edge}}\times N_{\text{edge}}$ 全域矩阵 $[K]$，$[M]$，$[P]$，$[W]$ 则由单元矩阵 $[K^e]$，$[M^e]$，$[P^e]$，$[W^e]$ 组合而成。下面将讨论单元矩阵的计算和从单元矩阵到全域矩阵的组合方式。

矩阵方程式(17-24)可以应用第 13 章所述 Newmark 方法数值求解。

17.3　全域矩阵和全域矢量的组合

17.3.1　二单元区域简单例子

首先通过一个简单的二单元区域例子说明从单元矩阵到全域矩阵的组合。设区域只包含两个单元，如图 17-3 所示，组合前两个单元共有 6 个单元棱边，组合后区域有 5 个全域棱边，全域棱边的方向规定为从全域编号小的结点指向全域编号大的结点。局域和全域棱边的对应关系如表 17-1 所示，表中＋或－号分别表示二者方向相同或相反。为了讨论方便，不失一般性将方程式(17-19)保留两项后重写为

$$\sum_{j=1}^{3}K_{ij}^{e}E_{j}^{e}-h_{i}^{e}=0,\quad e=1,2,\cdots,N_{\text{element}};\ i=1,2,3 \tag{17-25}$$

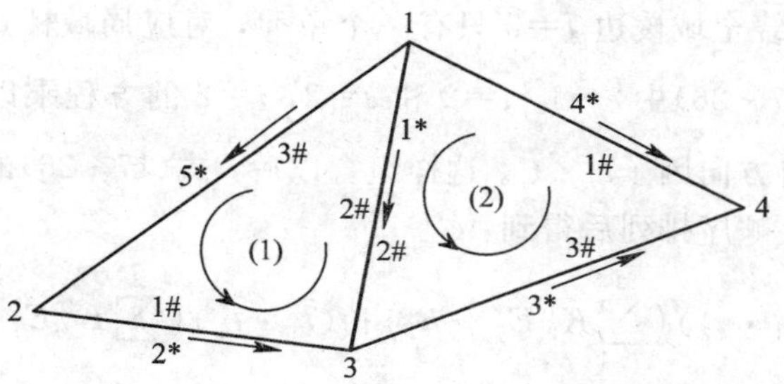

图 17-3　区域包含两个单元的简单情形

表 17-1　二单元区域棱边的局域和全域编号对照表

单元号 e	局域棱边 1#	局域棱边 2#	局域棱边 3#
	棱边全域编号 $n_{\text{global}}(1, e)$	棱边全域编号 $n_{\text{global}}(2, e)$	棱边全域编号 $n_{\text{global}}(3, e)$
单元(1)	+2	−1	+5
单元(2)	−4	+1	+3

对于二单元区域，式(17-25)中 $e=1,2$；$i=1,2,3$，共包含 6 个方程：

$$
\begin{cases}
\sum_{j=1}^{3} K_{1j}^{1} E_{j}^{1} - h_{1}^{1} = 0 \\
\sum_{j=1}^{3} K_{2j}^{1} E_{j}^{1} - h_{2}^{1} = 0 \\
\sum_{j=1}^{3} K_{3j}^{1} E_{j}^{1} - h_{3}^{1} = 0 \\
\sum_{j=1}^{3} K_{1j}^{2} E_{j}^{2} - h_{1}^{2} = 0 \\
\sum_{j=1}^{3} K_{2j}^{2} E_{j}^{2} - h_{2}^{2} = 0 \\
\sum_{j=1}^{3} K_{3j}^{2} E_{j}^{2} - h_{3}^{2} = 0
\end{cases}
\tag{17-26}
$$

按照表 17-1，局域和全域棱边的函数值之间有以下关系：

$$
\begin{cases}
E_1^1 = (\hat{t}_2 \cdot \hat{t}_1^1)\phi_2 = +\phi_2,\ E_2^1 = (\hat{t}_1 \cdot \hat{t}_2^1)\phi_1 = -\phi_1,\ E_3^1 = (\hat{t}_5 \cdot \hat{t}_3^1)\phi_5 = +\phi_5 \\
E_1^2 = (\hat{t}_4 \cdot \hat{t}_1^2)\phi_4 = -\phi_4,\ E_2^2 = (\hat{t}_1 \cdot \hat{t}_2^2)\phi_1 = +\phi_1,\ E_3^2 = (\hat{t}_3 \cdot \hat{t}_3^2)\phi_3 = +\phi_3
\end{cases}
\tag{17-27}
$$

根据图 17-3，环绕全域棱边 $I=1$ 有两个单元，对应局域棱边为 $e=1$，$i=2$ 和 $e=2$，$i=2$，方向因子分别为$\hat{t}_1 \cdot \hat{t}_2^1$ 和$\hat{t}_1 \cdot \hat{t}_2^2$；环绕全域棱边 $I=2$ 只有一个单元，对应局域棱边为 $e=1$，$i=1$，方向因子为$\hat{t}_2 \cdot \hat{t}_1^1$；环绕全域棱边 $I=3$ 有一个单元，对应局域棱边为 $e=2$，$i=3$，方向因子为$\hat{t}_3 \cdot \hat{t}_3^2$；环绕全域棱边 $I=4$ 只有一个单元，对应局域棱边为 $e=2$，$i=1$，方向因子为$\hat{t}_4 \cdot \hat{t}_1^2$；环绕全域棱边 $I=5$ 只有一个单元，对应局域棱边为 $e=1$，$i=3$，方向因子为$\hat{t}_5 \cdot \hat{t}_3^1$。将式(17-26)中 $e=1$，$i=2$ 和 $e=2$，$i=2$ 的方程乘以方向因子$\hat{t}_I \cdot \hat{t}_i^e$ 后相加；其余方程乘以各自方向因子$\hat{t}_I \cdot \hat{t}_i^e$。这样组合以后，式(17-26)的 6 个方程变为 5 个方程，再按照全域棱边 I 顺序排列后得到

$$
\begin{cases}
I=1:\ (\hat{t}_1 \cdot \hat{t}_2^1)\left(\sum_{j=1}^{3} K_{2j}^{1} E_{j}^{1} - h_{2}^{1}\right) + (\hat{t}_1 \cdot \hat{t}_2^2)\left(\sum_{j=1}^{3} K_{2j}^{2} E_{j}^{2} - h_{2}^{2}\right) = 0 \\
I=2:\ (\hat{t}_2 \cdot \hat{t}_1^1)\left(\sum_{j=1}^{3} K_{1j}^{1} E_{j}^{1} - h_{1}^{1}\right) = 0 \\
I=3:\ (\hat{t}_3 \cdot \hat{t}_3^2)\left(\sum_{j=1}^{3} K_{3j}^{2} E_{j}^{2} - h_{3}^{2}\right) = 0 \\
I=4:\ (\hat{t}_4 \cdot \hat{t}_1^2)\left(\sum_{j=1}^{3} K_{1j}^{2} E_{j}^{2} - h_{1}^{2}\right) = 0 \\
I=5:\ (\hat{t}_5 \cdot \hat{t}_3^1)\left(\sum_{j=1}^{3} K_{3j}^{1} E_{j}^{1} - h_{3}^{1}\right) = 0
\end{cases}
\tag{17-28}
$$

将上式中求和具体写出后得到

$$
\left\{\begin{aligned}
&(\hat{t}_1\cdot\hat{t}_2^1)K_{21}^1E_1^1+(\hat{t}_1\cdot\hat{t}_2^1)K_{22}^1E_2^1+(\hat{t}_1\cdot\hat{t}_2^1)K_{23}^1E_3^1-(\hat{t}_1\cdot\hat{t}_2^1)h_2^1\\
&\qquad+(\hat{t}_1\cdot\hat{t}_2^2)K_{21}^2E_1^2+(\hat{t}_1\cdot\hat{t}_2^2)K_{22}^2E_2^2+(\hat{t}_1\cdot\hat{t}_2^2)K_{23}^2E_3^2-(\hat{t}_1\cdot\hat{t}_2^2)h_2^2=0\\
&(\hat{t}_2\cdot\hat{t}_1^1)K_{11}^1E_1^1+(\hat{t}_2\cdot\hat{t}_1^1)K_{12}^1E_2^1+(\hat{t}_2\cdot\hat{t}_1^1)K_{13}^1E_3^1-(\hat{t}_2\cdot\hat{t}_1^1)h_1^1=0\\
&(\hat{t}_3\cdot\hat{t}_3^2)K_{31}^2E_1^2+(\hat{t}_3\cdot\hat{t}_3^2)K_{32}^2E_2^2+(\hat{t}_3\cdot\hat{t}_3^2)K_{33}^2E_3^2-(\hat{t}_3\cdot\hat{t}_3^2)h_3^2=0\\
&(\hat{t}_4\cdot\hat{t}_1^2)K_{11}^2E_1^2+(\hat{t}_4\cdot\hat{t}_1^2)K_{12}^2E_2^2+(\hat{t}_4\cdot\hat{t}_1^2)K_{13}^2E_3^2-(\hat{t}_4\cdot\hat{t}_1^2)h_1^2=0\\
&(\hat{t}_5\cdot\hat{t}_3^1)K_{31}^1E_1^1+(\hat{t}_5\cdot\hat{t}_3^1)K_{32}^1E_2^1+(\hat{t}_5\cdot\hat{t}_3^1)K_{33}^1E_3^1-(\hat{t}_5\cdot\hat{t}_3^1)h_3^1=0
\end{aligned}\right.
$$

再将函数全域值式(17-27)代入上式并整理得到

$$
\left\{\begin{aligned}
&[(\hat{t}_1\cdot\hat{t}_2^1)K_{22}^1(\hat{t}_1\cdot\hat{t}_2^1)+(\hat{t}_1\cdot\hat{t}_2^2)K_{22}^2(\hat{t}_1\cdot\hat{t}_3^2)]\phi_1+(\hat{t}_1\cdot\hat{t}_2^1)K_{21}^1(\hat{t}_2\cdot\hat{t}_1^1)\phi_2\\
&\qquad+(\hat{t}_1\cdot\hat{t}_2^2)K_{23}^2(\hat{t}_3\cdot\hat{t}_3^2)\phi_3+(\hat{t}_1\cdot\hat{t}_2^2)K_{21}^2(\hat{t}_4\cdot\hat{t}_1^2)\phi_4+(\hat{t}_1\cdot\hat{t}_2^1)K_{23}^1(\hat{t}_5\cdot\hat{t}_3^1)\phi_5\\
&\qquad-[(\hat{t}_1\cdot\hat{t}_2^1)h_2^1+(\hat{t}_1\cdot\hat{t}_2^2)h_2^2]=0\\
&(\hat{t}_2\cdot\hat{t}_1^1)K_{12}^1(\hat{t}_1\cdot\hat{t}_2^1)\phi_1+(\hat{t}_2\cdot\hat{t}_1^1)K_{11}^1(\hat{t}_2\cdot\hat{t}_1^1)\phi_2+(\hat{t}_2\cdot\hat{t}_1^1)K_{13}^1(\hat{t}_5\cdot\hat{t}_3^1)\phi_5\\
&\qquad-(\hat{t}_2\cdot\hat{t}_1^1)h_1^1=0\\
&(\hat{t}_3\cdot\hat{t}_3^2)K_{32}^2(\hat{t}_1\cdot\hat{t}_2^2)\phi_1+(\hat{t}_3\cdot\hat{t}_3^2)K_{33}^2(\hat{t}_3\cdot\hat{t}_3^2)\phi_3+(\hat{t}_3\cdot\hat{t}_3^2)K_{31}^2(\hat{t}_4\cdot\hat{t}_1^2)\phi_4\\
&\qquad-(\hat{t}_3\cdot\hat{t}_3^2)h_3^2=0\\
&(\hat{t}_4\cdot\hat{t}_1^2)K_{12}^2(\hat{t}_1\cdot\hat{t}_2^2)\phi_1+(\hat{t}_4\cdot\hat{t}_1^2)K_{13}^2(\hat{t}_3\cdot\hat{t}_3^2)\phi_3+(\hat{t}_4\cdot\hat{t}_1^2)K_{11}^2(\hat{t}_4\cdot\hat{t}_1^2)\phi_4\\
&\qquad-(\hat{t}_4\cdot\hat{t}_1^2)h_1^2=0\\
&(\hat{t}_5\cdot\hat{t}_3^1)K_{32}^1(\hat{t}_1\cdot\hat{t}_2^1)\phi_1+(\hat{t}_5\cdot\hat{t}_3^1)K_{31}^1(\hat{t}_2\cdot\hat{t}_1^1)\phi_2+(\hat{t}_5\cdot\hat{t}_3^1)K_{33}^1(\hat{t}_5\cdot\hat{t}_3^1)\phi_5\\
&\qquad-(\hat{t}_5\cdot\hat{t}_3^1)h_3^1=0
\end{aligned}\right.
\tag{17-29}
$$

另一方面，区域的全域矩阵方程为

$$[K]\{\phi\}-\{h\}=0 \tag{17-30}$$

其中，全域矩阵和全域矢量为

$$\{\phi\}=\{\phi_1\quad\phi_2\quad\phi_3\quad\phi_4\quad\phi_5\}^{\mathrm{T}}$$

$$[K]=\begin{bmatrix}K_{11}&K_{12}&K_{13}&K_{14}&K_{15}\\K_{21}&K_{22}&K_{23}&K_{24}&K_{25}\\K_{31}&K_{32}&K_{33}&K_{34}&K_{35}\\K_{41}&K_{42}&K_{43}&K_{44}&K_{45}\\K_{51}&K_{52}&K_{53}&K_{54}&K_{55}\end{bmatrix}$$

$$\{h\}=\{h_1\quad h_2\quad h_3\quad h_4\quad h_5\}^{\mathrm{T}}$$

比较式(17-29)和式(17-30)，可见

$$\begin{cases} K_{11} = [(\hat{t}_1 \cdot \hat{t}_2^1)K_{22}^1(\hat{t}_1 \cdot \hat{t}_2^1) + (\hat{t}_1 \cdot \hat{t}_2^2)K_{22}^2(\hat{t}_1 \cdot \hat{t}_3^2)] \\ K_{12} = (\hat{t}_1 \cdot \hat{t}_2^1)K_{21}^1(\hat{t}_2 \cdot \hat{t}_1^1) = K_{21},\ K_{13} = (\hat{t}_1 \cdot \hat{t}_2^2)K_{23}^2(\hat{t}_3 \cdot \hat{t}_3^2) = K_{31} \\ K_{14} = (\hat{t}_1 \cdot \hat{t}_2^2)K_{21}^2(\hat{t}_4 \cdot \hat{t}_1^2) = K_{41},\ K_{15} = (\hat{t}_1 \cdot \hat{t}_2^1)K_{23}^1(\hat{t}_5 \cdot \hat{t}_3^1) = K_{51} \\ K_{22} = (\hat{t}_2 \cdot \hat{t}_1^1)K_{11}^1(\hat{t}_2 \cdot \hat{t}_1^1),\ K_{25} = (\hat{t}_2 \cdot \hat{t}_1^1)K_{13}^1(\hat{t}_5 \cdot \hat{t}_3^1) = K_{52} \\ K_{33} = (\hat{t}_3 \cdot \hat{t}_3^2)K_{33}^2(\hat{t}_3 \cdot \hat{t}_3^2),\ K_{34} = (\hat{t}_3 \cdot \hat{t}_3^2)K_{31}^2(\hat{t}_4 \cdot \hat{t}_1^2)\phi = K_{43} \\ K_{44} = (\hat{t}_4 \cdot \hat{t}_1^2)K_{11}^2(\hat{t}_4 \cdot \hat{t}_1^2),\ K_{55} = (\hat{t}_5 \cdot \hat{t}_3^1)K_{33}^1(\hat{t}_5 \cdot \hat{t}_3^1) \\ K_{23} = K_{32} = K_{24} = K_{42} = K_{35} = K_{53} = K_{45} = K_{54} = 0 \end{cases} \tag{17-31}$$

以及

$$\{h\} = \begin{bmatrix} h_1 \\ h_2 \\ h_3 \\ h_4 \\ h_5 \end{bmatrix} = \begin{bmatrix} (\hat{t}_1 \cdot \hat{t}_2^1)h_2^1 + (\hat{t}_1 \cdot \hat{t}_2^2)h_2^2 \\ (\hat{t}_2 \cdot \hat{t}_1^1)h_1^1 \\ (\hat{t}_3 \cdot \hat{t}_3^2)h_3^2 \\ (\hat{t}_4 \cdot \hat{t}_1^2)h_1^2 \\ (\hat{t}_5 \cdot \hat{t}_3^1)h_3^1 \end{bmatrix} \tag{17-32}$$

将式(17-27)中方向因子的数值±1代入以上二式得到

$$\begin{bmatrix} K_{11} & K_{12} & K_{13} & K_{14} & K_{15} \\ K_{21} & K_{22} & K_{23} & K_{24} & K_{25} \\ K_{31} & K_{32} & K_{33} & K_{34} & K_{35} \\ K_{41} & K_{42} & K_{43} & K_{44} & K_{45} \\ K_{51} & K_{52} & K_{53} & K_{54} & K_{55} \end{bmatrix} = \begin{bmatrix} K_{22}^2 + K_{22}^1 & -K_{21}^1 & K_{23}^2 & -K_{21}^2 & -K_{23}^1 \\ -K_{12}^1 & K_{11}^1 & 0 & 0 & K_{13}^1 \\ K_{32}^2 & 0 & K_{33}^2 & -K_{31}^2 & 0 \\ -K_{12}^2 & 0 & -K_{13}^2 & K_{11}^2 & 0 \\ -K_{32}^1 & K_{31}^1 & 0 & 0 & K_{33}^1 \end{bmatrix}$$

$$\begin{bmatrix} h_1 \\ h_2 \\ h_3 \\ h_4 \\ h_5 \end{bmatrix} = \begin{bmatrix} (\hat{t}_1 \cdot \hat{t}_2^1)h_2^1 + (\hat{t}_1 \cdot \hat{t}_2^2)h_2^2 \\ (\hat{t}_2 \cdot \hat{t}_1^1)h_1^1 \\ (\hat{t}_3 \cdot \hat{t}_3^2)h_3^2 \\ (\hat{t}_4 \cdot \hat{t}_1^2)h_1^2 \\ (\hat{t}_5 \cdot \hat{t}_3^1)h_3^1 \end{bmatrix} = \begin{bmatrix} -h_2^1 + h_2^2 \\ h_1^1 \\ h_3^2 \\ -h_1^2 \\ h_3^1 \end{bmatrix}$$

17.3.2 单元矩阵到全域矩阵的组合

根据式(17-22)，有

$$K_{IJ} = \sum_{(i,\ e)=I} (\hat{t}_I \cdot \hat{t}_i^e) \sum_{(j,\ e)=J} (\hat{t}_J \cdot \hat{t}_j^e) K_{ij}^e$$

参照以上二单元例子，由单元矩阵到全域矩阵的组合可归结为以下累加填充步骤：

(1) 令所有 $K_{IJ}=0$。

(2) 计算 K_{ij}^e。若 $(i, e)=I$，$(j, e)=J$，则乘以方向因子后将 $(\hat{t}_I \cdot \hat{t}_i^e)(\hat{t}_J \cdot \hat{t}_j^e)K_{ij}^e$ 累加填充到 K_{IJ}，即 $K_{IJ}=K_{IJ}+(\hat{t}_I \cdot \hat{t}_i^e)(\hat{t}_J \cdot \hat{t}_j^e)K_{ij}^e$。

(3) 对计算域中所有单元 e 循环。

重新考察图 17-3 二单元区域的例子。首先设全域矩阵各分量均为零，即

$$[K]=\begin{bmatrix} K_{11} & K_{12} & K_{13} & K_{14} & K_{15} \\ K_{21} & K_{22} & K_{23} & K_{24} & K_{25} \\ K_{31} & K_{32} & K_{33} & K_{34} & K_{35} \\ K_{41} & K_{42} & K_{43} & K_{44} & K_{45} \\ K_{51} & K_{52} & K_{53} & K_{54} & K_{55} \end{bmatrix}=\begin{bmatrix} 0 & 0 & 0 & 0 & 0 \\ 0 & 0 & 0 & 0 & 0 \\ 0 & 0 & 0 & 0 & 0 \\ 0 & 0 & 0 & 0 & 0 \\ 0 & 0 & 0 & 0 & 0 \end{bmatrix}$$

对于单元 $e=1$，根据表 17-1 所给对照关系，单元 $e=1$ 棱边 1#，2#，3# 所对应的全域棱边分别为 2，-1，5。所以 K_{11}^1 乘以方向因子后为 $(\hat{t}_2 \cdot \hat{t}_1^1)(\hat{t}_2 \cdot \hat{t}_1^1)K_{11}^1=+K_{11}^1$，应累加填充到 K_{22}；同样将 K_{12}^1，K_{13}^1，…，乘以方向因子逐一累加填充后得到

$$[K^1]=\begin{bmatrix} K_{11}^1 & K_{12}^1 & K_{13}^1 \\ K_{21}^1 & K_{22}^1 & K_{23}^1 \\ K_{31}^1 & K_{32}^1 & K_{33}^1 \end{bmatrix} \Rightarrow [K]=\begin{bmatrix} K_{22}^1 & -K_{21}^1 & 0 & 0 & -K_{23}^1 \\ -K_{12}^1 & K_{11}^1 & 0 & 0 & K_{13}^1 \\ 0 & 0 & 0 & 0 & 0 \\ 0 & 0 & 0 & 0 & 0 \\ -K_{32}^1 & K_{31}^1 & 0 & 0 & K_{33}^1 \end{bmatrix}$$

对于单元 $e=2$，将各个 K_{ij}^2 分量乘以方向因子后累加填充后得到

$$[K^2]=\begin{bmatrix} K_{11}^2 & K_{12}^2 & K_{13}^2 \\ K_{21}^2 & K_{22}^2 & K_{23}^2 \\ K_{31}^2 & K_{32}^2 & K_{33}^2 \end{bmatrix} \Rightarrow [K]=\begin{bmatrix} K_{22}^2+K_{22}^1 & -K_{21}^1 & K_{23}^2 & -K_{21}^2 & -K_{23}^1 \\ -K_{12}^1 & K_{11}^1 & 0 & 0 & K_{13}^1 \\ K_{32}^2 & 0 & K_{33}^2 & -K_{31}^2 & 0 \\ -K_{12}^2 & 0 & -K_{13}^2 & K_{11}^2 & 0 \\ -K_{32}^1 & K_{31}^1 & 0 & 0 & K_{33}^1 \end{bmatrix}$$

上式和式(17-31)一致。

以下再看另一个三单元区域的例子。设计算区域划分为三个三角形单元，共 6 条全域棱边，如图 17-4 所示。结点的局域编号和全域编号以及边界单元编号如表 17-2 所示，表中+、-号表示棱边局域方向和全域方向为相同或相反。

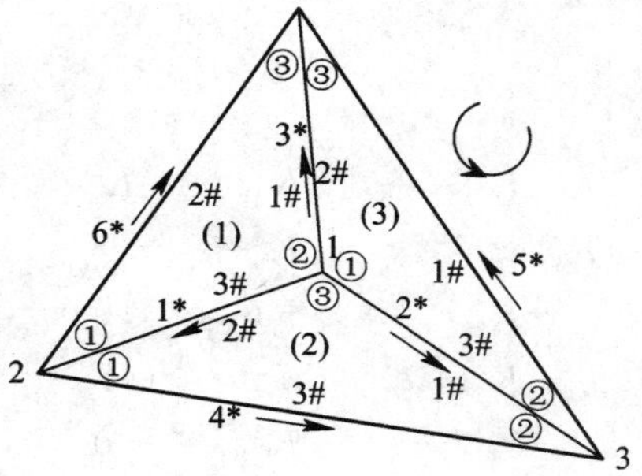

图 17-4　区域包含三个三角形单元情形

表 17-2　三单元区域棱边的局域和全域编号对照表

单元号 e	局域棱边 1#	局域棱边 2#	局域棱边 3#
	棱边全域编号 $n_{\mathrm{global}}(1,e)$	棱边全域编号 $n_{\mathrm{global}}(2,e)$	棱边全域编号 $n_{\mathrm{global}}(3,e)$
单元(1)	+3	−6	−1
单元(2)	−2	+1	+4
单元(3)	+5	−3	+2

考察全域矩阵[K]的组合。由表 17-2，单元 $e=1$ 棱边 1#，2#，3# 所对应的全域棱边分别为 3，−6，−1。所以 K_{11}^1 填充到 K_{33}；$-K_{12}^1$ 填充到 K_{36}；$-K_{13}^1$ 填充到 K_{31}；$-K_{21}^1$ 填充到 K_{63}；K_{22}^1 填充到 K_{66}；K_{23}^1 填充到 K_{61}；$-K_{31}^1$ 填充到 K_{13}；K_{32}^1 填充到 K_{16}；K_{33}^1 填充到 K_{11}。于是对号入座累加填充后矩阵[K]变为

$$[K^1]=\begin{bmatrix}K_{11}^1 & K_{12}^1 & K_{13}^1\\ K_{21}^1 & K_{22}^1 & K_{23}^1\\ K_{31}^1 & K_{32}^1 & K_{33}^1\end{bmatrix}\Rightarrow[K]=\begin{bmatrix}K_{33}^1 & 0 & -K_{31}^1 & 0 & 0 & K_{32}^1\\ 0 & 0 & 0 & 0 & 0 & 0\\ -K_{13}^1 & 0 & K_{11}^1 & 0 & 0 & -K_{12}^1\\ 0 & 0 & 0 & 0 & 0 & 0\\ 0 & 0 & 0 & 0 & 0 & 0\\ K_{23}^1 & 0 & -K_{21}^1 & 0 & 0 & K_{22}^1\end{bmatrix}$$

单元 $e=2$ 棱边 1#，2#，3# 所对应的全域棱边分别为 −2，1，4。所以 K_{11}^2 累加到 K_{22}；$-K_{12}^2$ 累加到 K_{21}；$-K_{13}^2$ 累加到 K_{24}；$-K_{21}^2$ 累加到 K_{12}；K_{22}^2 累加到 K_{11}；K_{23}^2 累加到 K_{14}；$-K_{31}^2$ 累加到 K_{42}；K_{32}^2 累加到 K_{41}；K_{33}^2 累加到 K_{44}。将 $e=2$ 单元各矩阵分量累加以后矩阵[K]变为

$$[K^2]=\begin{bmatrix}K_{11}^2 & K_{12}^2 & K_{13}^2\\ K_{21}^2 & K_{22}^2 & K_{23}^2\\ K_{31}^2 & K_{32}^2 & K_{33}^2\end{bmatrix}\Rightarrow[K]=\begin{bmatrix}K_{33}^1+K_{22}^2 & -K_{21}^2 & -K_{31}^1 & K_{23}^2 & 0 & K_{32}^1\\ -K_{12}^2 & K_{11}^2 & 0 & -K_{13}^2 & 0 & 0\\ -K_{13}^1 & 0 & K_{11}^1 & 0 & 0 & -K_{12}^1\\ K_{32}^2 & -K_{31}^2 & 0 & K_{33}^2 & 0 & 0\\ 0 & 0 & 0 & 0 & 0 & 0\\ K_{23}^1 & 0 & -K_{21}^1 & 0 & 0 & K_{22}^1\end{bmatrix}$$

单元 $e=3$ 棱边 1#，2#，3# 所对应的全域棱边分别为 5，−3，2。所以 K_{11}^3 累加到 K_{55}；$-K_{12}^3$ 累加到 K_{53}；K_{13}^3 累加到 K_{52}；$-K_{21}^3$ 累加到 K_{35}；K_{22}^3 累加到 K_{33}；$-K_{23}^3$ 累加到 K_{32}；K_{31}^3 累加到 K_{25}；$-K_{32}^3$ 累加到 K_{23}；K_{33}^3 累加到 K_{22}。将 $e=3$ 单元矩阵分量累加以后矩阵[K]变为

$$[K^3]=\begin{bmatrix}K_{11}^3 & K_{12}^3 & K_{13}^3\\ K_{21}^3 & K_{22}^3 & K_{23}^3\\ K_{31}^3 & K_{32}^3 & K_{33}^3\end{bmatrix}\Rightarrow$$

$$[K]=\begin{bmatrix}K_{33}^1+K_{22}^2 & -K_{21}^2 & -K_{31}^1 & K_{23}^2 & 0 & K_{32}^1\\ -K_{12}^2 & K_{11}^2+K_{33}^3 & -K_{32}^3 & -K_{13}^2 & K_{31}^3 & 0\\ -K_{13}^1 & -K_{23}^3 & K_{11}^1+K_{22}^3 & 0 & -K_{21}^3 & -K_{12}^1\\ K_{32}^2 & -K_{31}^2 & 0 & K_{33}^2 & 0 & 0\\ 0 & K_{13}^3 & -K_{12}^3 & 0 & K_{11}^3 & 0\\ K_{23}^1 & 0 & -K_{21}^1 & 0 & 0 & K_{22}^1\end{bmatrix}\tag{17-33}$$

由于 K_{ij}^e 具有对称性，即 $K_{ij}^e = K_{ji}^e$，所以全域矩阵[K]也是对称矩阵。

由以上对号入座累加填充步骤可见，全域矩阵[K]的分量 K_{IJ} 中只有当下标所示全域棱边 I 和 J 属于同一个单元时才会被填充。若 I 和 J 不属于同一个单元，则该分量 $K_{IJ}=0$。因此，全域矩阵[K]是一个稀疏矩阵。

特别，对于全域矩阵[W]，由式(17－18)和式(17－22)可见，[W]是一个对角矩阵，且对角线分量中只有编号对应于吸收边界 Γ_{ABC} 上的棱边不为零。若记吸收边界 Γ_{ABC} 上的棱边为 Ja，则由式(17－18)和式(17－22)得到

$$W_{IJ} = \delta_{I,\,Ja}\delta_{J,\,Ja}Y_e l_{Ja} = \begin{cases} Y_e l_{Ja}, & I = J = Ja \quad (\text{位于 } \Gamma_{\text{ABC}} \text{ 的棱边}) \\ 0, & \text{其它} \end{cases} \tag{17-34}$$

17.3.3　单元矢量到全域矢量的组合

根据式(17－22)，有

$$h_I = \sum_{(e,\,i)=I} (\hat{\boldsymbol{t}}_I \cdot \hat{\boldsymbol{t}}_i^e) h_i^e$$

从单元矢量组合为全域矢量的对号入座累加填充步骤如下：

(1) 令所有 $h_I = 0$。

(2) 计算 h_i^e。若 $(i,\,e) = I$，则乘以方向因子后将 $(\hat{\boldsymbol{t}}_I \cdot \hat{\boldsymbol{t}}_i^e) h_i^e$ 累加填充到 h_I，即

$$h_I = h_I + (\hat{\boldsymbol{t}}_I \cdot \hat{\boldsymbol{t}}_i^e) h_i^e \tag{17-35}$$

(3) 对计算域中所有单元 e 循环。

以图 17－3 二单元区域为例。如果在单元(1)和(2)中都分布有激励源，单元内展开后得

$$\{h^1\} = \begin{bmatrix} h_1^1 \\ h_2^1 \\ h_3^1 \end{bmatrix}, \qquad \{h^2\} = \begin{bmatrix} h_1^2 \\ h_2^2 \\ h_3^2 \end{bmatrix} \tag{17-36}$$

和式(17－27)不同，虽然单元(1)棱边 2＃和单元(2)棱边 2＃都对应于全域棱边 1＃，但式(17－36)中 $h_2^1 \neq h_2^2$，因为它们分别代表单元(1)和(2)中激励源用基函数展开的系数。按照式(17－35)，h_1^1 累加填充到 h_2，$-h_2^1$ 累加填充到 h_1，h_3^1 累加填充到 h_5；$-h_1^2$ 累加填充到 h_4，h_2^2 累加填充到 h_1，h_3^2 累加填充到 h_3。累加填充后的全域激励源矢量为

$$\{h\} = \begin{bmatrix} h_1 \\ h_2 \\ h_3 \\ h_4 \\ h_5 \end{bmatrix} = \begin{bmatrix} h_2^2 - h_2^1 \\ h_1^1 \\ h_3^2 \\ -h_1^2 \\ h_3^1 \end{bmatrix} \tag{17-37}$$

上式和式(17－32)一致。

另外，再看图 17－4 三单元区域的简单例子。棱边的局域和全域编号如表 17－2 所示。由表可见，对于单元 $e=1$，h_1^1 填充到 h_3；$-h_2^1$ 填充到 h_6；$-h_3^1$ 填充到 h_1。填充后全域激励源矢量$\{h\}$变为

$$\{h^1\}=\begin{bmatrix}h_1^1\\h_2^1\\h_3^1\end{bmatrix}\quad\Rightarrow\quad\{h\}=\begin{bmatrix}h_1\\h_2\\h_3\\h_4\\h_5\\h_6\end{bmatrix}=\begin{bmatrix}-h_3^1\\0\\h_1^1\\0\\0\\-h_2^1\end{bmatrix}$$

对于单元 $e=2$，$-h_1^2$ 累加到 h_2；h_2^2 累加到 h_1；h_3^2 累加到 h_4。累加填充后 $\{h\}$ 变为

$$\{h^2\}=\begin{bmatrix}h_1^2\\h_2^2\\h_3^2\end{bmatrix}\quad\Rightarrow\quad\{h\}=\begin{bmatrix}h_1\\h_2\\h_3\\h_4\\h_5\\h_6\end{bmatrix}=\begin{bmatrix}h_2^2-h_3^1\\-h_1^2\\h_1^1\\h_3^2\\0\\-h_2^1\end{bmatrix}$$

对于单元 $e=3$，h_1^3 累加到 h_5；$-h_2^3$ 累加到 h_3；h_3^3 累加到 h_2。最后得到全域矢量 $\{h\}$ 为

$$\{h^3\}=\begin{bmatrix}h_1^3\\h_2^3\\h_3^3\end{bmatrix}\quad\Rightarrow\quad\{h\}=\begin{bmatrix}h_1\\h_2\\h_3\\h_4\\h_5\\h_6\end{bmatrix}=\begin{bmatrix}h_2^2-h_3^1\\h_3^3-h_1^2\\h_1^1-h_2^3\\h_3^2\\h_1^3\\-h_2^1\end{bmatrix}\tag{17-38}$$

17.4 二维线磁流 TE 波辐射和散射

17.4.1 线磁流的激励源矢量

为了获得有磁流源时二维 TE 波方程，考虑无耗介质中具有电流源 $\boldsymbol{J}$ 时的磁场矢量波动方程：

$$\begin{cases}\nabla\times\left(\dfrac{1}{\mu}\nabla\times\boldsymbol{E}\right)+\varepsilon\dfrac{\partial^2\boldsymbol{E}}{\partial t^2}=-\dfrac{\partial\boldsymbol{J}}{\partial t}\\\nabla\times\left(\dfrac{1}{\varepsilon}\nabla\times\boldsymbol{H}\right)+\mu\dfrac{\partial^2\boldsymbol{H}}{\partial t^2}=\nabla\times\left(\dfrac{1}{\varepsilon}\boldsymbol{J}\right)\end{cases}\tag{17-39}$$

当没有电流源但有磁流源时，式(17-39)第二式的对偶形式为

$$\nabla\times\left(\frac{1}{\mu}\nabla\times\boldsymbol{E}\right)+\varepsilon\frac{\partial^2\boldsymbol{E}}{\partial t^2}=-\nabla\times\left(\frac{1}{\mu}\boldsymbol{M}\right)=-\frac{1}{\mu}\nabla\times\boldsymbol{M}\tag{17-40}$$

式中，设磁流源附近介质参数 μ 为均匀。比较式(17-40)和式(17-39)第一式可见，

$(\nabla\times\boldsymbol{M})/\mu$ 和 $\partial\boldsymbol{J}/\partial t$ 相当。所以，在磁流源激励时矩阵方程式(17-24)仍成立，但式(17-18)中激励源项需要作相应替换：

$$h_i^e=-\iint_{\Omega^e}\boldsymbol{N}_i^e\cdot\frac{\partial\boldsymbol{J}}{\partial t}\mathrm{d}\Omega\quad\Rightarrow\quad h_i^e=-\iint_{\Omega^e}\boldsymbol{N}_i^e\cdot\frac{1}{\mu}\nabla\times\boldsymbol{M}\mathrm{d}\Omega \tag{17-41}$$

设线磁流 I_m 位于 x'，y'，如图 17-5 所示，其磁流密度为(张双文，2008：37)

$$\boldsymbol{M}(x,y)=\hat{\boldsymbol{z}}I_m(t)\delta(x-x')\delta(y-y') \tag{17-42}$$

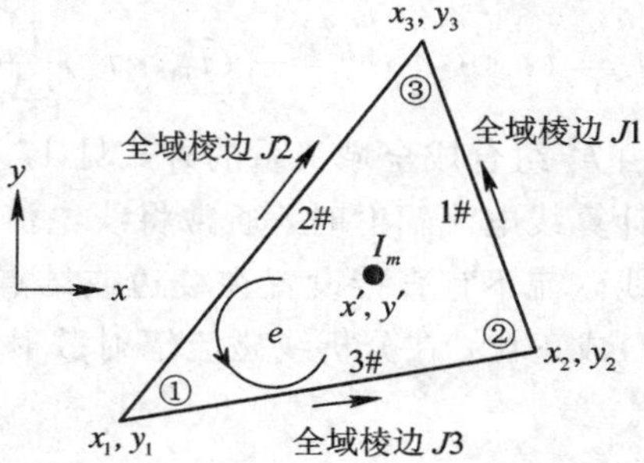

图 17-5　线磁流在单元内

由于式(17-41)中有旋度算子，直接将式(17-42)代入不便于计算。引入辅助矢量 $\boldsymbol{P}$，令 $\boldsymbol{M}=\nabla\times\boldsymbol{P}$ 代入式(17-41)后得

$$h_i^e=-\iint\boldsymbol{N}_i^e\cdot\frac{1}{\mu}\nabla\times\boldsymbol{M}\mathrm{d}\Omega=-\iint\boldsymbol{N}_i^e\cdot\frac{1}{\mu}(\nabla\times\nabla\times\boldsymbol{P})\mathrm{d}\Omega$$

利用矢量 Green 定理可得

$$\iint_{\Omega}\frac{1}{\mu}\boldsymbol{N}_i^e\cdot(\nabla\times\nabla\times\boldsymbol{P})\mathrm{d}\Omega=\iint_{\Omega}\frac{1}{\mu}(\nabla\times\boldsymbol{N}_i^e)\cdot(\nabla\times\boldsymbol{P})\mathrm{d}\Omega-\oint_{\Gamma}\frac{1}{\mu}(\boldsymbol{N}_i^e\times\nabla\times\boldsymbol{P})\cdot\boldsymbol{n}\mathrm{d}\Gamma$$

其中，$\boldsymbol{n}$ 为回路 Γ 的外法向。再将 $\boldsymbol{M}=\nabla\times\boldsymbol{P}$ 代入可得

$$\iint_{\Omega}\frac{1}{\mu}\boldsymbol{N}_i^e\cdot(\nabla\times\boldsymbol{M})\mathrm{d}\Omega=\iint_{\Omega}\frac{1}{\mu}(\nabla\times\boldsymbol{N}_i^e)\cdot\boldsymbol{M}\mathrm{d}\Omega-\oint_{\Gamma}\frac{1}{\mu}(\boldsymbol{N}_i^e\times\boldsymbol{M})\cdot\boldsymbol{n}\mathrm{d}\Gamma$$

将上式代入式(17-41)得到

$$\begin{aligned}h_i^e&=-\iint_{\Omega^e}\frac{1}{\mu}(\nabla\times\boldsymbol{N}_i^e)\cdot\boldsymbol{M}\mathrm{d}\Omega+\oint_{\Gamma^e}\frac{1}{\mu}(\boldsymbol{N}_i^e\times\boldsymbol{M})\cdot\boldsymbol{n}\mathrm{d}\Gamma\\&=-\iint_{\Omega^e}\frac{1}{\mu}(\nabla\times\boldsymbol{N}_i^e)\cdot\boldsymbol{M}\mathrm{d}\Omega\end{aligned} \tag{17-43}$$

上式中用到围绕线磁流所在单元的边界积分等于零。根据 δ 函数性质，式(17-43)变为

$$h_i^e=-\iint_{\Omega^e}\frac{1}{\mu}(\nabla\times\boldsymbol{N}_i^e)\cdot\boldsymbol{M}\mathrm{d}\Omega=-\frac{I_m}{\mu}(\nabla\times\boldsymbol{N}_i^e)|_{x',y'}\cdot\hat{\boldsymbol{z}} \tag{17-44}$$

式中，三角形单元棱边基函数的旋度如式(16-36)，即 $\nabla\times\boldsymbol{N}_i^e=\hat{\boldsymbol{z}}l_i^e/\Delta_e$，代入式(17-44)得到

$$h_i^e=-\frac{I_m}{\mu}(\nabla\times\boldsymbol{N}_i^e)|_{x',y'}\cdot\hat{\boldsymbol{z}}=-\frac{I_m l_i^e}{\mu\Delta_e} \tag{17-45}$$

所以线磁流所在单元的三个棱边所对应的 h_i^e 均不为零，和线磁流在单元中的位置无关。设图 17-5 三角形单元中棱边的单元编号和全域编号关系为 $(1, e) = J1, (2, e) = J2, (3, e) = J3$，根据 17.3 节可得线磁流的激励源全域矢量为

$$\begin{cases} h_{J1} = (\hat{t}_{J1} \cdot \hat{t}_1^e) h_1^e = -(\hat{t}_{J1} \cdot \hat{t}_1^e) \dfrac{I_m}{\mu \Delta_e} l_1^e \\[2mm] h_{J2} = (\hat{t}_{J2} \cdot \hat{t}_2^e) h_2^e = -(\hat{t}_{J2} \cdot \hat{t}_2^e) \dfrac{I_m}{\mu \Delta_e} l_2^e \\[2mm] h_{J3} = (\hat{t}_{J3} \cdot \hat{t}_3^e) h_3^e = -(\hat{t}_{J3} \cdot \hat{t}_3^e) \dfrac{I_m}{\mu \Delta_e} l_3^e \end{cases} \qquad (17-46)$$

如果同时有多个线磁流，则由 h_i^e 组合成全域矢量的方式见 17.3 节。

注意：在用结点基函数计算线电流辐射时，通常将线电流放置在结点上。但在用棱边基函数计算线磁流辐射时，线磁流不宜直接设置在棱边或结点上。此外，由于式（17-46）中激励源矢量和线磁流 $I_m(t)$ 成正比，在分析线磁流辐射散射时采用微分高斯脉冲可以避免包含磁场的恒定直流分量。

17.4.2　TE 波近场分布显示及线磁流辐射算例

二维 TE 波的场分量为 H_z, E_x, E_y。为了显示 TE 波近场分布可采用两种方法。其一是用横向电场 $\boldsymbol{E}$ 分布的矢量图示：箭头方向代表电场方向，箭头线段长短代表电场模值大小。观察点 $P(x_c, y_c)$ 通常可取在三角形单元中点 $x_c = \sum_{i=1}^{3} x_i/3, y_c^e = \sum_{i=1}^{3} y_i/3$，如图 17-6(a)所示。

(a) 单元 e 的中点　　　　　　(b) 棱边的局域和全域编号的对应

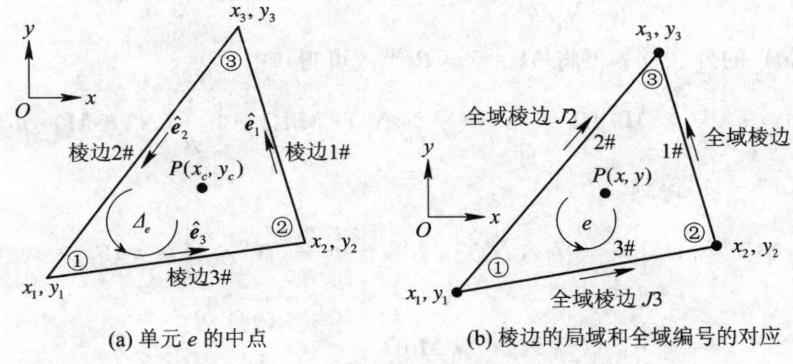

图 17-6　三角形单元中的观察点

在求得棱边函数 ϕ_J 后，观察点 $P(x, y)$ 的电场 $\boldsymbol{E}$ 可以应用基函数展开式（16-32）：

$$\boldsymbol{E}(x, y, t) = \sum_{j=1}^{3} \boldsymbol{N}_j^e(x, y) E_j^e(t) \qquad (17-47)$$

注意，式（17-47）中单元棱边函数 E_j^e 和全域棱边函数 ϕ_J 之间的转换如 17.3 节所述。设局域和全域棱边对应关系为 $(1, e) = J1, (2, e) = J2, (3, e) = J3$，如图 17-6(b)所示，于是，式（17-47）可写为

$$\begin{aligned}\boldsymbol{E} &= \sum_{i=1}^{3}\boldsymbol{N}_i^e E_i^e \\ &= \boldsymbol{N}_1^e(\hat{\boldsymbol{t}}_1^e\cdot\hat{\boldsymbol{t}}_{J1})\phi_{J1}+\boldsymbol{N}_2^e(\hat{\boldsymbol{t}}_2^e\cdot\hat{\boldsymbol{t}}_{J2})\phi_{J2}+\boldsymbol{N}_3^e(\hat{\boldsymbol{t}}_3^e\cdot\hat{\boldsymbol{t}}_{J3})\phi_{J3}\end{aligned} \tag{17-48}$$

其中，$\hat{\boldsymbol{t}}_1^e\cdot\hat{\boldsymbol{t}}_{J1}$，$\hat{\boldsymbol{t}}_2^e\cdot\hat{\boldsymbol{t}}_{J2}$，$\hat{\boldsymbol{t}}_3^e\cdot\hat{\boldsymbol{t}}_{J3}$为棱边的方向因子。在计算得到 ϕ_J 后可用适当绘图软件给出矢量场分布。

近场分布显示的另一种方法是用纵向磁场(标量)H_z。由旋度方程

$$\begin{cases}\nabla\times\boldsymbol{E}+\mu\dfrac{\partial\boldsymbol{H}}{\partial t}=0\\ \boldsymbol{H}=\hat{z}H_z\end{cases}$$

以及式(17-47)，可得纵向磁场为

$$\begin{aligned}\hat{\boldsymbol{z}}\frac{\partial H_z}{\partial t} &= -\frac{1}{\mu}\nabla\times\boldsymbol{E}=-\frac{1}{\mu}\nabla\times\Big(\sum_{i=1}^{3}\boldsymbol{N}_i^e(x,\ y)E_i^e\Big)\\ &= -\frac{E_i^e}{\mu}\sum_{i=1}^{3}\nabla\times\boldsymbol{N}_i^e\end{aligned}$$

由式(16-36)，上式中$\nabla\times\boldsymbol{N}_i^e=\hat{z}l_i^e/\Delta_e$，所以

$$\begin{aligned}\hat{\boldsymbol{z}}\frac{\partial H_z}{\partial t} &= -\frac{1}{\mu}\nabla\times\boldsymbol{E}=-\frac{1}{\mu_e}\nabla\times\Big(\sum_{i=1}^{3}\boldsymbol{N}_i^e E_i^e\Big)\\ &= -\frac{1}{\mu_e}\sum_{i=1}^{3}(\nabla\times\boldsymbol{N}_i^e)E_i^e\\ &= -\frac{\hat{\boldsymbol{z}}}{\mu_e}\sum_{i=1}^{3}\frac{l_i^e E_i^e}{\Delta_e}\end{aligned}$$

可见，三角形单元内磁场为均匀。图形显示时可取图 17-6(a)所示三角形中点为观察点，即

$$\left.\frac{\partial H_z(t)}{\partial t}\right|_{x_c,\ y_c}=-\frac{1}{\mu_e\Delta_e}\sum_{i=1}^{3}l_i^e E_i^e(t)=-\frac{1}{\mu_e\Delta_e}\sum_{i=1}^{3}l_i^e(\hat{\boldsymbol{t}}_i^e\cdot\hat{\boldsymbol{t}}_I)\phi_I(t) \tag{17-49}$$

式中，设局域和全域棱边对应关系为$(i,\ e)=I$。上式积分后得到

$$\begin{aligned}H_z(n\Delta t)\big|_{x_c,\ y_c} &= -\frac{1}{\mu_e\Delta_e}\sum_{i=1}^{3}l_i^e(\hat{\boldsymbol{t}}_i^e\cdot\hat{\boldsymbol{t}}_I)\int_0^{n\Delta t}\phi_I(t')\,\mathrm{d}t'\\ &\simeq -\frac{\Delta t}{\mu_e\Delta_e}\sum_{i=1}^{3}l_i^e(\hat{\boldsymbol{t}}_i^e\cdot\hat{\boldsymbol{t}}_I)\sum_{m=0}^{n}\phi_I(m\Delta t)\end{aligned} \tag{17-50}$$

上式也可改写为易于编程的形式：

$$\begin{aligned}H_z(n\Delta t)\big|_{x_c,\ y_c} &= -\frac{\Delta t}{\mu_e\Delta_e}\sum_{i=1}^{3}l_i^e(\hat{\boldsymbol{t}}_i^e\cdot\hat{\boldsymbol{t}}_I)\Big[\sum_{m=0}^{n-1}\phi_I(m\Delta t)+\phi_I(n\Delta t)\Big]\\ &= H_z((n-1)\Delta t)\big|_{x_c,\ y_c}-\frac{\Delta t}{\mu_e\Delta_e}\sum_{i=1}^{3}l_i^e(\hat{\boldsymbol{t}}_i^e\cdot\hat{\boldsymbol{t}}_I)\phi_I(n\Delta t)\end{aligned} \tag{17-51}$$

【算例 17-1】 线磁流辐射。设矩形计算域为 2 m×2 m，离散为 1248 个三角形单元，665 个结点，1912 条棱边，如图 17-7(a)所示。线磁流位于中心单元内。线磁流源为微分高斯脉冲：

$$I_m(t) = I_{m0}\left[\frac{(t-t_0)}{\tau}\right]\exp\left[-\frac{4\pi(t-t_0)^2}{\tau^2}\right]$$

$$\Delta t = 2.5\times 10^{-11}\ \mathrm{s},\ t_0 = \tau = 100\Delta t,\ \tau = 100\Delta t$$

图 17－7(b)和(c)给出 200Δt 的电场 $\boldsymbol{E}$ 矢量图和按照式(17－51)计算得到相应磁场 H_z 分布。

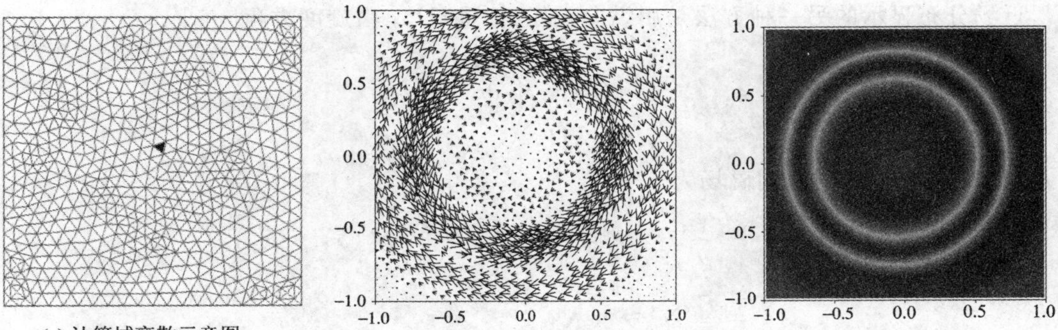

(a) 计算域离散示意图　(b) 200Δt 的电场$\boldsymbol{E}$矢量图　(c) 200Δt 的磁场 H_z 分布

图 17－7　线磁流辐射的 TE 波

【算例 17－2】 真空中线磁流辐射的定量验证。设计算域为 2 m×2 m，离散为 1248 个三角形单元，665 个结点，1912 条棱边，示意如图 17－8(a)所示(示意图中单元划分较为稀疏)，线磁流位于 x=0.5 m，y=1 m 左下方单元的中心点。为了便于和解析解比较，设图(a)中直线 AB 坐标为 y=1 m，0.5 m≤x≤2 m，图中 AB 下侧三角形单元共有 16 个，如图(b)所示，根据式(17－47)可计算各单元中心点的电场。由于这些单元的上棱边都位于直线 AB 上，该棱边的电场平行分量值都等于零，因而式(17－47)中求和实际上只有两项，且求和结果只有垂直于 x 轴的分量 E_y。

另外，线电流辐射场的解析式(Harrington，1968)为

$$E_z(\rho,\omega) = \frac{\omega\mu}{4} I H_0^{(2)}(k\rho)$$

根据对偶原理线磁流辐射场公式为

$$H_z(\rho,\omega) = \frac{\omega\varepsilon}{4} I_m H_0^{(2)}(k\rho)$$

再由旋度方程 $\nabla\times\boldsymbol{H} = \partial\boldsymbol{D}/\partial t = \mathrm{j}\omega\varepsilon\boldsymbol{E}$，可得圆柱坐标系下线磁流的电场为

$$\mathrm{j}\omega\varepsilon E_\varphi = -\frac{\partial H_z}{\partial\rho} = -\frac{\omega\varepsilon}{4} I_m \frac{\partial H_0^{(2)}(k\rho)}{\partial\rho}$$

$$= -\frac{k\omega\varepsilon}{4} I_m H_0^{(2)\prime}(k\rho) = \frac{k\omega\varepsilon}{4} I_m H_1^{(2)}(k\rho)$$

即

$$E_\varphi(\rho) = \frac{k}{4\mathrm{j}} I_m H_1^{(2)}(k\rho) \tag{17-52}$$

上式为线磁流电场的解析结果。计算中取频率为 2 GHz，结果如图 17－8(c)所示。由图可见，FETD 结果和解析式一致。

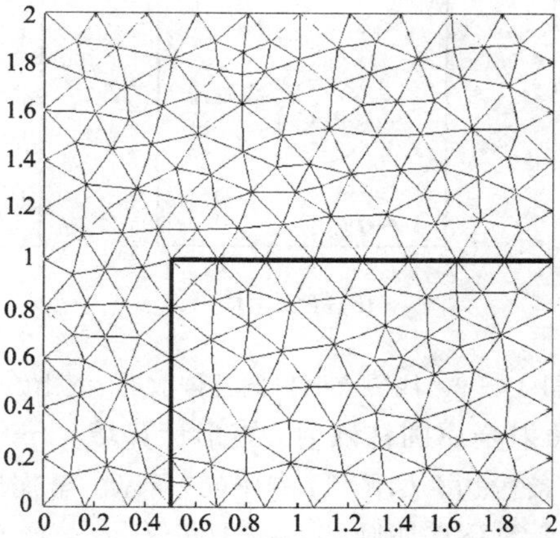

(a) 计算域的单元划分

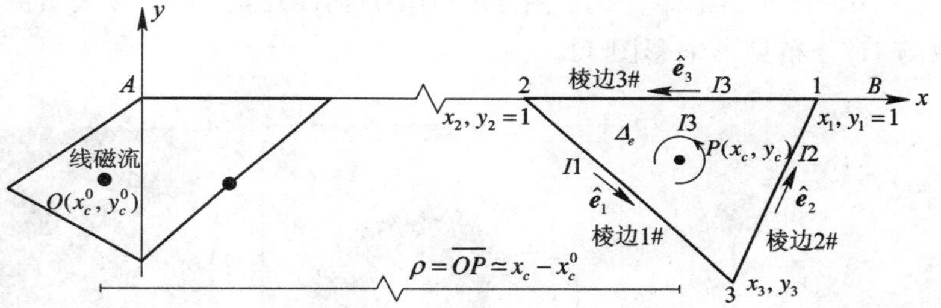

(b) 靠近直线 *AB* 下方的三角形单元

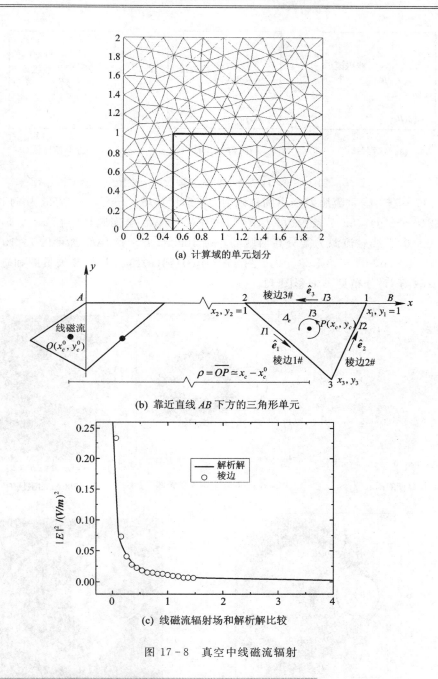

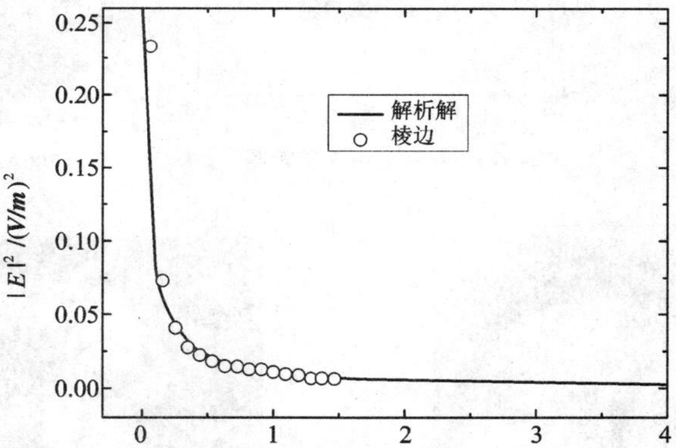

(c) 线磁流辐射场和解析解比较

图 17-8　真空中线磁流辐射

17.4.3　线磁流 TE 波照射二维柱体散射

考虑线磁流照射到二维柱体的散射，如图 17-9 所示，这时计算域中电场是总场。三种情形如图 17-9 所示，其中图(a)为零散射体，即线磁流辐射场；图(b)为 PEC 圆柱，PEC 表面的边界条件为$\phi_J|_{\mathrm{PEC}}=0$。图(c)为介质圆柱，这时只需在计算域内建立介质(无耗或有耗)柱体模型，并赋予相应介质参数，介质物体表面无需另设边界条件。

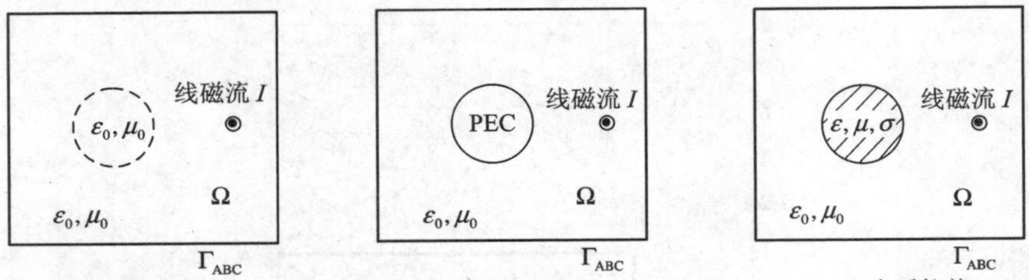

(a) 零散射体　　(b) PEC柱体　　(c) 介质柱体

图 17-9　线磁流照射圆柱体散射示意图

【算例 17-3】 线磁流照射金属圆柱散射。矩形计算域 4 m×4 m，离散为 5458 个三角形单元，2810 个结点，8267 条棱边，如图 17-10(a)所示。金属圆柱半径 a=0.5 m，圆心位于(−1 m，0)。线磁流源为微分高斯脉冲，$\tau=100\Delta t$，$t_0=100\Delta t$，$\Delta t=2.5\times10^{-11}$ s，位于圆柱右侧(0.3 m，0)三角形单元内。图 17-10(b)到(e)给出电场 $\boldsymbol{E}$ 矢量图和磁场 H_z 的分布。其中磁场 H_z 分布见书末彩图 11。

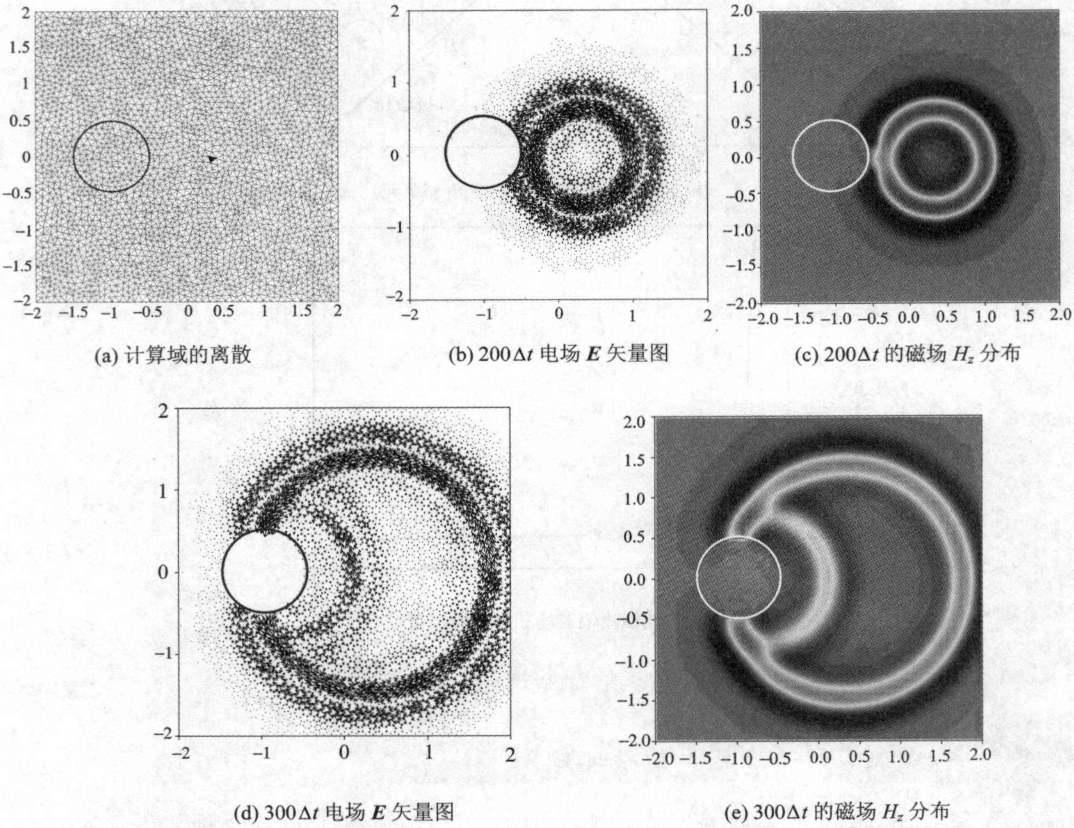

(a) 计算域的离散　　(b) 200Δt 电场 $\boldsymbol{E}$ 矢量图　　(c) 200Δt 的磁场 H_z 分布

(d) 300Δt 电场 $\boldsymbol{E}$ 矢量图　　(e) 300Δt 的磁场 H_z 分布

图 17-10　线磁流照射金属圆柱散射

第 18 章

TE 平面波的加入和近场-远场外推

分析平面波照射物体散射问题，通常将计算域划分为总场区和散射场区(Riley 等，2006)。本章讨论棱边有限元的二维 TE 平面波加入方法以及由计算域近场数据获得远区场的外推方法。

18.1　总场-散射场区的弱解形式

考虑二维 TE 平面波入射，计算域划分为总场区 Ω_t 和散射场区 Ω_s，有耗介质物体在总场区内，如图 18－1 所示。设总场 $\boldsymbol{E}_{\text{tot}}=\boldsymbol{E}_{\text{inc}}+\boldsymbol{E}_{\text{sca}}$，于是电场波动方程式(17－1)修改为

$$\begin{cases}\nabla\times\left(\dfrac{1}{\mu}\nabla\times\boldsymbol{E}_{\text{tot}}\right)+\varepsilon\dfrac{\partial^2\boldsymbol{E}_{\text{tot}}}{\partial t^2}+\sigma\dfrac{\partial\boldsymbol{E}_{\text{tot}}}{\partial t}=0,\ \boldsymbol{r}\in\Omega_t\\ \nabla\times\left(\dfrac{1}{\mu_0}\nabla\times\boldsymbol{E}_{\text{sca}}\right)+\varepsilon_0\dfrac{\partial^2\boldsymbol{E}_{\text{sca}}}{\partial t^2}=0,\ \boldsymbol{r}\in\Omega_s\end{cases}\tag{18-1}$$

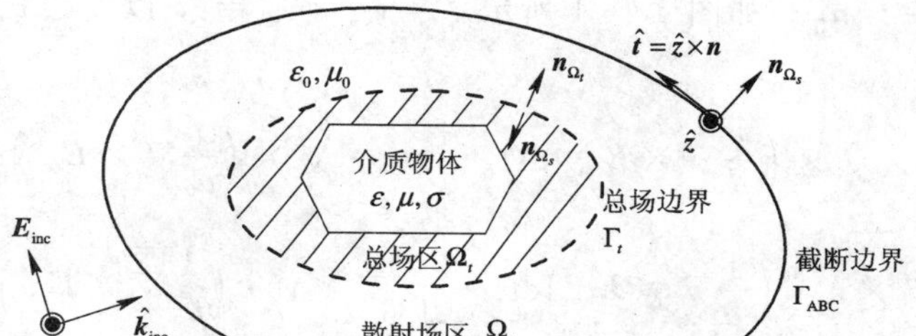

图 18－1　计算域划分为总场区和散射场区

截断边界处的一阶近似吸收边界条件式(17－2)修改为

$$\left[\boldsymbol{n}\times\left(\frac{1}{\mu_0}\nabla\times\boldsymbol{E}_{\text{sca}}\right)+Y_0\frac{\partial}{\partial t}\boldsymbol{n}\times(\boldsymbol{n}\times\boldsymbol{E}_{\text{sca}})\right]_{\Gamma_{\text{ABC}}}=0\tag{18-2}$$

对于非严格解，方程和边界的余量为

$$\begin{cases}\boldsymbol{r}_{\text{tot}}=\nabla\times\left(\dfrac{1}{\mu}\nabla\times\boldsymbol{E}_{\text{tot}}\right)+\varepsilon\dfrac{\partial^2\boldsymbol{E}_{\text{tot}}}{\partial t^2}+\sigma\dfrac{\partial\boldsymbol{E}_{\text{tot}}}{\partial t}\\ \boldsymbol{r}_{\text{sca}}=\nabla\times\left(\dfrac{1}{\mu_0}\nabla\times\boldsymbol{E}_{\text{sca}}\right)+\varepsilon_0\dfrac{\partial^2\boldsymbol{E}_{\text{sca}}}{\partial t^2}\\ \boldsymbol{r}_{\text{ABC}}=\left[\boldsymbol{n}\times\left(\dfrac{1}{\mu_0}\nabla\times\boldsymbol{E}_{\text{sca}}\right)+Y_0\dfrac{\partial}{\partial t}\boldsymbol{n}\times(\boldsymbol{n}\times\boldsymbol{E}_{\text{sca}})\right]_{\Gamma_{\text{ABC}}}\end{cases}\tag{18-3}$$

分别乘以权函数并沿区域积分后的加权余量为

$$R = \iint_{\Omega_t} \boldsymbol{v}_{\text{tot}} \cdot \left[\nabla \times \left(\frac{1}{\mu}\nabla \times \boldsymbol{E}_{\text{tot}}\right) + \varepsilon \frac{\partial^2 \boldsymbol{E}_{\text{tot}}}{\partial t^2} + \sigma \frac{\partial \boldsymbol{E}_{\text{tot}}}{\partial t}\right] \mathrm{d}\Omega$$

$$+ \iint_{\Omega_s} \boldsymbol{v}_{\text{sca}} \cdot \left[\nabla \times \left(\frac{1}{\mu_0}\nabla \times \boldsymbol{E}_{\text{sca}}\right) + \varepsilon_0 \frac{\partial^2 \boldsymbol{E}_{\text{sca}}}{\partial t^2}\right] \mathrm{d}\Omega$$

$$+ \int_{\Gamma_{\text{ABC}}} \boldsymbol{v}_{\text{ABC}} \cdot \left[\boldsymbol{n} \times \left(\frac{1}{\mu_0}\nabla \times \boldsymbol{E}_{\text{sca}}\right) + Y_0 \frac{\partial}{\partial t}\boldsymbol{n} \times (\boldsymbol{n} \times \boldsymbol{E}_{\text{sca}})\right] \mathrm{d}\Gamma \qquad (18-4)$$

利用函数乘积的分部积分公式，参照 17.1 节，可将上式右端区域积分改写为

$$\iint_{\Omega_t} \boldsymbol{v}_{\text{tot}} \cdot \nabla \times \left(\frac{1}{\mu}\nabla \times \boldsymbol{E}_{\text{tot}}\right) \mathrm{d}\Omega = \iint_{\Omega_t} (\nabla \times \boldsymbol{v}_{\text{tot}}) \cdot \left(\frac{1}{\mu}\nabla \times \boldsymbol{E}_{\text{tot}}\right) \mathrm{d}\Omega$$

$$+ \oint_{\Gamma_t} \boldsymbol{v}_{\text{tot}} \cdot \left[\boldsymbol{n}_{\Omega_t} \times \left(\frac{1}{\mu}\nabla \times \boldsymbol{E}_{\text{tot}}\right)\right] \mathrm{d}\Gamma$$

$$\iint_{\Omega_s} \boldsymbol{v}_{\text{sca}} \cdot \nabla \times \left(\frac{1}{\mu_0}\nabla \times \boldsymbol{E}_{\text{sca}}\right) \mathrm{d}\Omega = \iint_{\Omega_s} (\nabla \times \boldsymbol{v}_{\text{sca}}) \cdot \left(\frac{1}{\mu_0}\nabla \times \boldsymbol{E}_{\text{sca}}\right) \mathrm{d}\Omega$$

$$+ \oint_{\Gamma_{\text{ABC}}} \boldsymbol{v}_{\text{sca}} \cdot \left[n_{\Omega_s} \times \left(\frac{1}{\mu_0}\nabla \times \boldsymbol{E}_{\text{sca}}\right)\right] \mathrm{d}\Gamma$$

$$+ \oint_{\Gamma_t} \boldsymbol{v}_{\text{sca}} \cdot \left[\boldsymbol{n}_{\Omega_s} \times \left(\frac{1}{\mu_0}\nabla \times \boldsymbol{E}_{\text{sca}}\right)\right] \mathrm{d}\Gamma$$

其中，$\boldsymbol{n}_{\Omega_t}$，$\boldsymbol{n}_{\Omega_s}$ 分别为总场区 Ω_t 和散射场区 Ω_s 的外法向。注意：总场边界附近设为真空，且总场边界 Γ_t 处 $\boldsymbol{n}_{\Omega_s} = -\boldsymbol{n}_{\Omega_t}$，如图 18-1 所示。令 $\boldsymbol{v}_{\text{sca}} = \boldsymbol{v}_{\text{tot}} = \boldsymbol{v}$，以上二式相加并应用 $\boldsymbol{E}_{\text{tot}} - \boldsymbol{E}_{\text{sca}} = \boldsymbol{E}_{\text{inc}}$ 得到

$$I_\Omega = \iint_{\Omega_t} \boldsymbol{v}_{\text{tot}} \cdot \nabla \times \left(\frac{1}{\mu}\nabla \times \boldsymbol{E}_{\text{tot}}\right) \mathrm{d}\Omega + \iint_{\Omega_s} \boldsymbol{v}_{\text{sca}} \cdot \nabla \times \left(\frac{1}{\mu_0}\nabla \times \boldsymbol{E}_{\text{sca}}\right) \mathrm{d}\Omega$$

$$= \iint_{\Omega_t} (\nabla \times \boldsymbol{v}) \cdot \left(\frac{1}{\mu}\nabla \times \boldsymbol{E}_{\text{tot}}\right) \mathrm{d}\Omega + \iint_{\Omega_s} (\nabla \times \boldsymbol{v}) \cdot \left(\frac{1}{\mu_0}\nabla \times \boldsymbol{E}_{\text{sca}}\right) \mathrm{d}\Omega$$

$$+ \oint_{\Gamma_t} \boldsymbol{v} \cdot \left[\boldsymbol{n}_{\Omega_t} \times \left(\frac{1}{\mu_0}\nabla \times \boldsymbol{E}_{\text{inc}}\right)\right] \mathrm{d}\Gamma + \oint_{\Gamma_{\text{ABC}}} \boldsymbol{v} \cdot \left[\boldsymbol{n}_{\Omega_s} \times \left(\frac{1}{\mu_0}\nabla \times \boldsymbol{E}_{\text{sca}}\right)\right] \mathrm{d}\Gamma$$

将上式代入式(18-4)，并令 $\boldsymbol{v}_{\text{ABC}} = -\boldsymbol{v}$，再令加权余量等于零，得到弱解形式为

$$\iint_{\Omega_t} \boldsymbol{v} \cdot \left[\varepsilon \frac{\partial^2 \boldsymbol{E}_{\text{tot}}}{\partial t^2} + \sigma \frac{\partial \boldsymbol{E}_{\text{tot}}}{\partial t}\right] \mathrm{d}\Omega + \iint_{\Omega_s} \boldsymbol{v} \cdot \left[\varepsilon_0 \frac{\partial^2 \boldsymbol{E}_{\text{sca}}}{\partial t^2}\right] \mathrm{d}\Omega$$

$$+ \iint_{\Omega_t} (\nabla \times \boldsymbol{v}) \cdot \left(\frac{1}{\mu}\nabla \times \boldsymbol{E}_{\text{tot}}\right) \mathrm{d}\Omega + \iint_{\Omega_s} (\nabla \times \boldsymbol{v}) \cdot \left(\frac{1}{\mu_0}\nabla \times \boldsymbol{E}_{\text{sca}}\right) \mathrm{d}\Omega$$

$$+ \oint_{\Gamma_t} \boldsymbol{v} \cdot \left[\boldsymbol{n}_{\Omega_t} \times \left(\frac{1}{\mu_0}\nabla \times \boldsymbol{E}_{\text{inc}}\right)\right] \mathrm{d}\Gamma - \oint_{\Gamma_{\text{ABC}}} \boldsymbol{v} \cdot \left[Y_0 \frac{\partial}{\partial t}\boldsymbol{n}_{\Omega_s} \times (\boldsymbol{n}_{\Omega_s} \times \boldsymbol{E}_{\text{sca}})\right] \mathrm{d}\Gamma$$

$$= 0 \qquad (18-5)$$

为了符号简明，以下记

$$\boldsymbol{E}=\begin{cases}\boldsymbol{E}_{\text{tot}},\ \boldsymbol{r}\in\Omega_t\\ \boldsymbol{E}_{\text{sca}},\ \boldsymbol{r}\in\Omega_s,\ \varepsilon=\varepsilon_0,\ \mu=\mu_0,\ \sigma=0\end{cases}\tag{18-6}$$

将沿 Ω_t，Ω_s区域积分合并为 $\Omega=\Omega_t+\Omega_s$全域积分后，式(18－5)写为

$$\begin{aligned}&\iint_{\Omega}\boldsymbol{v}\cdot\left[\varepsilon\frac{\partial^2\boldsymbol{E}}{\partial t^2}+\sigma\frac{\partial\boldsymbol{E}}{\partial t}\right]\mathrm{d}\Omega+\iint_{\Omega}(\nabla\times\boldsymbol{v})\cdot\left(\frac{1}{\mu}\nabla\times\boldsymbol{E}\right)\mathrm{d}\Omega\\&\quad+\oint_{\Gamma_t}\boldsymbol{v}\cdot\left[\boldsymbol{n}_{\Omega_t}\times\left(\frac{1}{\mu_0}\nabla\times\boldsymbol{E}_{\text{inc}}\right)\right]\mathrm{d}\Gamma-\oint_{\Gamma_{\text{ABC}}}\boldsymbol{v}\cdot\left[Y_0\frac{\partial}{\partial t}\boldsymbol{n}_{\Omega_s}\times(\boldsymbol{n}_{\Omega_s}\times\boldsymbol{E})\right]\mathrm{d}\Gamma\\&=0\end{aligned}\tag{18-7}$$

上述弱解形式和二维 FETD 式(17－12)不同，上式中包含有入射波沿总场边界 Γ_t积分一项。

18.2　总场区域加源方法

18.2.1　有限元矩阵方程

总场区的入射波方程为

$$\nabla\times\left(\frac{1}{\mu_0}\nabla\times\boldsymbol{E}_{\text{inc}}\right)+\varepsilon_0\frac{\partial^2\boldsymbol{E}_{\text{inc}}}{\partial t^2}=0,\ \boldsymbol{r}\in\Omega_t\tag{18-8}$$

乘以权函数并沿总场区域 Ω_t积分可得

$$\iint_{\Omega_t}\boldsymbol{v}_{\text{inc}}\cdot\left[\nabla\times\left(\frac{1}{\mu_0}\nabla\times\boldsymbol{E}_{\text{inc}}\right)+\varepsilon_0\frac{\partial^2\boldsymbol{E}_{\text{inc}}}{\partial t^2}\right]\mathrm{d}\Omega=0$$

利用函数乘积的分部积分公式，上式变为

$$\begin{aligned}&\iint_{\Omega_t}(\nabla\times\boldsymbol{v}_{\text{inc}})\cdot\left(\frac{1}{\mu_0}\nabla\times\boldsymbol{E}_{\text{inc}}\right)\mathrm{d}\Omega+\oint_{\Gamma_t}\boldsymbol{v}_{\text{inc}}\cdot\left[\boldsymbol{n}_{\Omega_s}\times\left(\frac{1}{\mu_0}\nabla\times\boldsymbol{E}_{\text{inc}}\right)\right]\mathrm{d}\Gamma\\&\quad+\iint_{\Omega_t}\boldsymbol{v}_{\text{inc}}\cdot\varepsilon_0\frac{\partial^2\boldsymbol{E}_{\text{inc}}}{\partial t^2}\mathrm{d}\Omega=0\end{aligned}\tag{18-9}$$

令 $\boldsymbol{v}_{\text{inc}}=\boldsymbol{v}$，上式变为

$$\oint_{\Gamma_t}\boldsymbol{v}\cdot\left[\boldsymbol{n}_{\Omega_s}\times\left(\frac{1}{\mu_0}\nabla\times\boldsymbol{E}_{\text{inc}}\right)\right]\mathrm{d}\Gamma=-\iint_{\Omega_t}\boldsymbol{v}\cdot\varepsilon_0\frac{\partial^2\boldsymbol{E}_{\text{inc}}}{\partial t^2}\mathrm{d}\Omega-\iint_{\Omega_t}(\nabla\times\boldsymbol{v})\cdot\left(\frac{1}{\mu_0}\nabla\times\boldsymbol{E}_{\text{inc}}\right)\mathrm{d}\Omega$$

将上式代入式(18－7)，消去总场边界 Γ_t积分后得到弱解形式为

$$\begin{aligned}&\iint_{\Omega}\boldsymbol{v}\cdot\left[\varepsilon\frac{\partial^2\boldsymbol{E}}{\partial t^2}+\sigma\frac{\partial\boldsymbol{E}}{\partial t}\right]\mathrm{d}\Omega+\iint_{\Omega}(\nabla\times\boldsymbol{v})\cdot\left(\frac{1}{\mu}\nabla\times\boldsymbol{E}\right)\mathrm{d}\Omega-\iint_{\Omega_t}\boldsymbol{v}\cdot\varepsilon_0\frac{\partial^2\boldsymbol{E}_{\text{inc}}}{\partial t^2}\mathrm{d}\Omega\\&\quad-\iint_{\Omega_t}(\nabla\times\boldsymbol{v})\cdot\left(\frac{1}{\mu_0}\nabla\times\boldsymbol{E}_{\text{inc}}\right)\mathrm{d}\Omega-\oint_{\Gamma_{\text{ABC}}}\boldsymbol{v}\cdot\left[Y_0\frac{\partial}{\partial t}\boldsymbol{n}_{\Omega_s}\times(\boldsymbol{n}_{\Omega_s}\times\boldsymbol{E})\right]\mathrm{d}\Gamma\\&=0\end{aligned}\tag{18-10}$$

上式中入射波出现在总场区域 Ω_t，故称为总场区域加源方法。

将计算域按单元离散。参照 17.2 节式(17－13)，上式变为

$$
\begin{aligned}
&\sum_e \iint_{\Omega^e} (\nabla \times \boldsymbol{v}) \cdot \left(\frac{1}{\mu} \nabla \times \boldsymbol{E}\right) \mathrm{d}\Omega + \sum_e \iint_{\Omega^e} \varepsilon \boldsymbol{v} \cdot \frac{\partial^2 \boldsymbol{E}}{\partial t^2} \mathrm{d}\Omega + \sum_e \iint_{\Omega^e} \sigma \boldsymbol{v} \cdot \frac{\partial \boldsymbol{E}}{\partial t} \mathrm{d}\Omega \\
&\quad - \sum_e \iint_{\Omega_t^e} \varepsilon_0 \boldsymbol{v} \cdot \frac{\partial^2 \boldsymbol{E}_{\mathrm{inc}}}{\partial t^2} \mathrm{d}\Omega - \sum_e \iint_{\Omega_t^e} (\nabla \times \boldsymbol{v}) \cdot \left(\frac{1}{\mu_0} \nabla \times \boldsymbol{E}_{\mathrm{inc}}\right) \mathrm{d}\Omega \\
&\quad - \sum_{\mathrm{edge}} \int_{\Gamma_{\mathrm{ABC}}^{\mathrm{edge}}} \boldsymbol{v} \cdot \left[Y_0 \frac{\partial}{\partial t} \boldsymbol{n}_{\Omega_s} \times (\boldsymbol{n}_{\Omega_s} \times \boldsymbol{E}) \right] \mathrm{d}\Gamma \\
&= 0
\end{aligned}
\tag{18-11}
$$

其中，$\boldsymbol{n}_{\Omega_s}$ 为 Γ_{ABC} 外法向，$\sum\limits_{\mathrm{edge}}$ 表示对所有棱边求和，实际上只是位于 Γ_{ABC} 上的棱边 ja。将上式中电场 $\boldsymbol{E}$ 用基函数展开 $\boldsymbol{E} = \sum\limits_{j=1}^{3} \boldsymbol{N}_j^e E_j^e$；并将入射波也用基函数展开，有

$$
\boldsymbol{E}_{\mathrm{inc}}^e(x, y, t) = \sum_{j=1}^{3} \boldsymbol{N}_j^e(x, y) E_{\mathrm{inc}}^{\tan}(t) \big|_j^e \tag{18-12}
$$

在已知入射波时，可取上式中 $E_{\mathrm{inc}}^{\tan}\big|_j^e \simeq \hat{\boldsymbol{t}}_j^e \cdot \boldsymbol{E}_{\mathrm{inc}}$，等于棱边中点处入射波的投影。Galerkin 方法取权函数为基函数 $\boldsymbol{v} = \boldsymbol{N}_i^q$，由于基函数只在自身单元不为零，代入后得到

$$
\begin{aligned}
&\sum_{j=1}^{3} E_j^e \iint_{\Omega^e} (\nabla \times \boldsymbol{N}_i^e) \cdot \left(\frac{1}{\mu} \nabla \times \boldsymbol{N}_j^e\right) \mathrm{d}\Omega + \sum_{j=1}^{3} \frac{\mathrm{d}^2 E_j^e}{\mathrm{d}t^2} \iint_{\Omega^e} \varepsilon \boldsymbol{N}_i^e \cdot \boldsymbol{N}_j^e \mathrm{d}\Omega \\
&\quad + \sum_{j=1}^{3} \frac{\mathrm{d}E_j^e}{\mathrm{d}t} \iint_{\Omega^e} \sigma \boldsymbol{N}_i^e \cdot \boldsymbol{N}_j^e \mathrm{d}\Omega - \sum_{ja=1}^{1} \frac{\mathrm{d}E_{ja}^e}{\mathrm{d}t} \int_{\Gamma_{\mathrm{ABC}}^{\mathrm{edge}}} \boldsymbol{N}_i^e \cdot [Y_0 \boldsymbol{n}_{\Omega_s} \times (\boldsymbol{n}_{\Omega_s} \times \boldsymbol{N}_{ja}^e)] \mathrm{d}\Gamma \\
&\quad - \sum_{j=1}^{3} E_{\mathrm{inc}}^{\tan}\big|_j^e \iint_{\Omega_t^e} (\nabla \times \boldsymbol{N}_i^e) \cdot \left(\frac{1}{\mu_0} \nabla \times \boldsymbol{N}_j^e\right) \mathrm{d}\Omega - \sum_{j=1}^{3} \frac{\mathrm{d}^2 E_{\mathrm{inc}}^{\tan}\big|_j^e}{\mathrm{d}t^2} \iint_{\Omega_t^e} \varepsilon_0 \boldsymbol{N}_i^e \cdot \boldsymbol{N}_j^e \mathrm{d}\Omega \\
&= 0
\end{aligned}
\tag{18-13}
$$

上式中边界 $\Gamma_{\mathrm{ABC}}^{\mathrm{edge}}$ 积分的讨论同 17.2 节。

注意上式中电场 $\boldsymbol{E}$ 在总场区和散射场区具有不同含义，如式(18-6)所示。计算域按单元划分后，特别认定：总场区内包括总场边界上的棱边都属于总场；散射场区内(不含总场边界)棱边属于散射场。电场按照基函数展开时，需要注意总场边界上的棱边。例如图 18-2 中边界附近单元 $e1$，$e2$，…，$e6$，其中总场边界 Γ_t 总场区一侧三角形 $e1$，$e5$，$e6$ 的棱边都属于总场。但是散射场区一侧的三角形中 $e2$，$e4$ 各有一条棱边属于总场，需要特殊考虑。

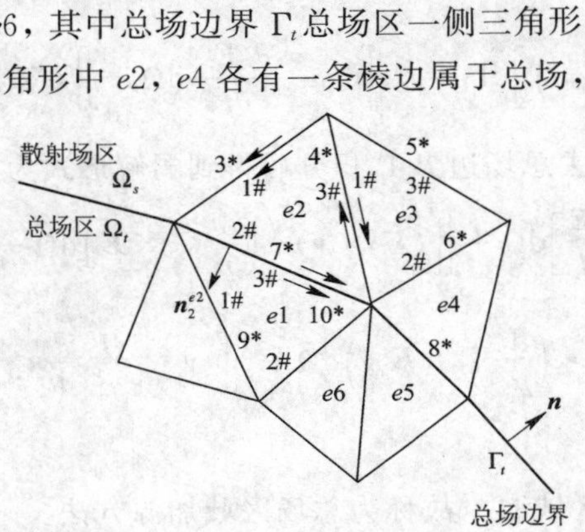

图 18-2　总场边界附近两侧的单元

以图 18-2 中三角形 $e2$ 为例。图中箭头给出棱边局域和全域编号的不同方向。图中 $e2$ 的棱边 2# 属于总场，而棱边 1# 和 3# 属于散射场，所以基函数展开式应修改为

$$\boldsymbol{E}^{e2} = \sum_{j=1}^{3} \boldsymbol{N}_j^{e2} E_j^{e2} - \boldsymbol{N}_2^{e2} E_{\text{inc}}^{\tan}\big|_2^{e2} \tag{18-14}$$

其中，$E_{\text{inc}}^{\tan}\big|_2^{e2}$ 代表入射波电场在单元 $e2$ 棱边 2# 的平行分量。

以下分别考虑式(18-13)左端各项。式(18-13)中 $\sigma \neq 0$(有耗介质物体内部)的单元全部棱边都在总场区内，吸收边界 Γ_{ABC} 处单元全部棱边都在散射场区内，这两项无需特殊考虑。式(18-13)左端第一项和第二项需要改写。先看左端第二项，应改写为

$$\sum_{j=1}^{3} \frac{\mathrm{d}^2 E_j^e}{\mathrm{d}t^2} \iint_{\Omega^e} \varepsilon \boldsymbol{N}_i^e \cdot \boldsymbol{N}_j^e \mathrm{d}\Omega \Rightarrow \sum_{j=1}^{3} \frac{\mathrm{d}^2 E_j^e}{\mathrm{d}t^2} \iint_{\Omega^e} \varepsilon \boldsymbol{N}_i^e \cdot \boldsymbol{N}_j^e \mathrm{d}\Omega - \frac{\mathrm{d}^2 E_{\text{inc}}^{\tan}\big|_{jt}^{es}}{\mathrm{d}t^2} \iint_{\Omega^{es}} \varepsilon \boldsymbol{N}_i^{es} \cdot \boldsymbol{N}_{jt}^{es} \mathrm{d}\Omega \tag{18-15}$$

上式第一项适用整个计算域，第二项中 es 代表总场边界散射场区一侧的单元，jt 代表单元 es 位于总场边界 Γ_t 上的棱边。同样，式(18-13)左端第一项改写为

$$\begin{aligned} &\sum_{j=1}^{3} E_j^e \iint_{\Omega^e} \frac{1}{\mu} (\nabla \times \boldsymbol{N}_i^e) \cdot (\nabla \times \boldsymbol{N}_j^e) \mathrm{d}\Omega \\ &\quad \Rightarrow \sum_{j=1}^{3} E_j^e \iint_{\Omega^e} \frac{1}{\mu} (\nabla \times \boldsymbol{N}_i^e) \cdot (\nabla \times \boldsymbol{N}_j^e) \mathrm{d}\Omega - E_{\text{inc}}^{\tan}\big|_{jt}^{es} \iint_{\Omega^{es}} \frac{1}{\mu} (\nabla \times \boldsymbol{N}_i^{es}) \cdot (\nabla \times \boldsymbol{N}_{jt}^{es}) \mathrm{d}\Omega \end{aligned} \tag{18-16}$$

上式第一项适用整个计算域，而第二项只涉及总场边界 Γ_t 散射场区一侧的 es 单元。以上二式代入式(18-13)得到单元矩阵方程：

$$\begin{aligned} &\sum_{j=1}^{3} K_{ij}^e E_j^e - \sum_{jt=1}^{1} Ks_{i,jt}^{es} E_{\text{inc}}^{\tan}\big|_{jt}^{es} + \sum_{j=1}^{3} M_{ij}^e \frac{\mathrm{d}^2 E_j^e}{\mathrm{d}t^2} - \sum_{jt=1}^{1} Ms_{i,jt}^{es} \frac{\mathrm{d}^2 E_{\text{inc}}^{\tan}\big|_{jt}^{es}}{\mathrm{d}t^2} \\ &\quad + \sum_{j=1}^{3} P_{ij}^e \frac{\mathrm{d}E_j^e}{\mathrm{d}t} + \sum_{ja=1}^{1} W_{i,ja}^e \frac{\mathrm{d}E_{ja}^e}{\mathrm{d}t} - \sum_{j=1}^{3} Mt_{ij}^e \frac{\mathrm{d}^2 E_{\text{inc}}^{\tan}\big|_j^{et}}{\mathrm{d}t^2} - \sum_{j=1}^{3} Kt_{ij}^{et} E_{\text{inc}}^{\tan}\big|_j^{et} \\ &\quad = 0 \end{aligned} \tag{18-17}$$

其中，K_{ij}^e，Ks_{ij}^{es}，M_{ij}^e，Ms_{ij}^{es}，P_{ij}^e，W_{ij}^e 定义为

$$\begin{cases} K_{ij}^e = \iint_{\Omega^e} \frac{1}{\mu} (\nabla \times \boldsymbol{N}_i^e) \cdot (\nabla \times \boldsymbol{N}_j^e) \mathrm{d}\Omega \simeq \frac{1}{\mu_e} \iint_{\Omega^e} (\nabla \times \boldsymbol{N}_i^e) \cdot (\nabla \times \boldsymbol{N}_j^e) \mathrm{d}\Omega \\ M_{ij}^e = \iint_{\Omega^e} \varepsilon \boldsymbol{N}_i^e \cdot \boldsymbol{N}_j^e \mathrm{d}\Omega \simeq \varepsilon_e \iint_{\Omega^e} \boldsymbol{N}_i^e \cdot \boldsymbol{N}_j^e \mathrm{d}\Omega \\ P_{ij}^e = \iint_{\Omega^e} \sigma \boldsymbol{N}_i^e \cdot \boldsymbol{N}_j^e \mathrm{d}\Omega \simeq \sigma_e \iint_{\Omega^e} \boldsymbol{N}_i^e \cdot \boldsymbol{N}_j^e \mathrm{d}\Omega \\ W_{ij}^e = \delta_{i,ja} \delta_{j,ja} Y_0 \int_{\Gamma_{\text{ABC}}^e} \mathrm{d}\Gamma = \begin{cases} Y_0 l_{ja}^e, & i = j = ja \\ 0, & \text{其它} \end{cases} \\ Ks_{ij}^e = \delta_{e,es} K_{ij}^e, \; Ms_{ij}^e = \delta_{e,es} M_{ij}^e, \; \varepsilon = \varepsilon_0, \; \mu = \mu_0, \; j = jt \end{cases} \tag{18-18}$$

以及 Mt_{ij}^{e}，Kt_{ij}^{et} 定义为

$$Kt_{ij}^{e} = \delta_{e,\,et} K_{ij}^{e},\ Mt_{ij}^{e} = \delta_{e,\,et} M_{ij}^{e},\ et \in \Omega_t,\ \varepsilon_e = \varepsilon_0,\ \mu_e = \mu_0 \tag{18-19}$$

换言之，Kt_{ij}^{e}，Mt_{ij}^{e} 和 K_{ij}^{e}，M_{ij}^{e} 相同，但只限于总场区单元，且 $\mu_e=\mu_0$，$\varepsilon_e=\varepsilon_0$ 为真空介质。以上式(18-17)为单元矩阵方程。由于 $e=1,2,\cdots,N_{\text{element}}$；$i=1,2,3$，待求函数 ϕ_J 有 N_{edge} 个，方程总数为 $3\times N_{\text{element}}>N_{\text{edge}}$，所以这是一个冗余方程组，其中各个方程之间并不相互矛盾。

为了除去方程组的冗余性，可以采用组合来减少方程数目。以下记局域和全域棱边对应关系为 $(i,e)=I$ 以及 $(j,e)=J$。将 I 相同但 (i,e) 不同的几个方程分别乘以方向因子 $\hat{\boldsymbol t}_I\cdot\hat{\boldsymbol t}_i^e$，相加成为一个方程，再按照棱边全域编号排列后，式(18-17)变为

$$\begin{aligned}
&\sum_{(i,\,e)=I}(\hat{\boldsymbol t}_I\cdot\hat{\boldsymbol t}_i^e)\left[\sum_{j=1}^{3}M_{ij}^{e}\frac{\mathrm d^2E_j^e}{\mathrm dt^2}+\sum_{j=1}^{3}K_{ij}^{e}E_j^e+\sum_{j=1}^{3}P_{ij}^{e}\frac{\mathrm dE_j^e}{\mathrm dt}+\sum_{ja=1}^{1}W_{i,\,ja}^{e}\frac{\mathrm dE_{ja}^e}{\mathrm dt}\right]\\
&\quad-\sum_{(i,\,et)=I}(\hat{\boldsymbol t}_I\cdot\hat{\boldsymbol t}_i^{et})\sum_{j=1}^{3}\left[Mt_{ij}^{et}\frac{\mathrm d^2E_{\text{inc}}^{\tan}\big|_j^{et}}{\mathrm dt^2}+Kt_{ij}^{et}E_{\text{inc}}^{\tan}\big|_j^{et}\right]\\
&\quad-\sum_{(i,\,es)=I}(\hat{\boldsymbol t}_I\cdot\hat{\boldsymbol t}_i^{es})\sum_{jt=1}^{1}\left[Ms_{i,\,jt}^{es}\frac{\mathrm d^2E_{\text{inc}}^{\tan}\big|_{jt}^{es}}{\mathrm dt^2}+Ks_{i,\,jt}^{es}E_{\text{inc}}^{\tan}\big|_{jt}^{es}\right]\\
&=0,\qquad I=1,\cdots,N_{\text{edge}}
\end{aligned}\tag{18-20}$$

上式中，$E_{\text{inc}}^{\tan}\big|_j^e\simeq\hat{\boldsymbol t}_j^e\cdot\boldsymbol E_{\text{inc}}$ 代表入射波在单元棱边 (j,e) 的投影。令 $E_{\text{inc}}^{\tan}\big|_J=\hat{\boldsymbol t}_J\cdot\boldsymbol E_{\text{inc}}$ 代表入射波在全域棱边 J 的投影。注意到局域和全域棱边函数值的对应关系式(17-16)，即 $E_j^e=(\hat{\boldsymbol t}_J\cdot\hat{\boldsymbol t}_j^e)\phi_J$，对于入射波投影有类似的对应关系：

$$\begin{cases}E_{\text{inc}}^{\tan}\big|_j^e=(\hat{\boldsymbol t}_J\cdot\hat{\boldsymbol t}_j^e)E_{\text{inc}}^{\tan}\big|_J\\[2mm] E_{\text{inc}}^{\tan}\big|_J=(\hat{\boldsymbol t}_J\cdot\hat{\boldsymbol t}_j^e)E_{\text{inc}}^{\tan}\big|_j^e\end{cases}\tag{18-21}$$

将对应关系式(17-16)和式(18-21)代入式(18-20)，并将相同 ϕ_J 及 $E_{\text{inc}}^{\tan}\big|_J$ 项合并后得到

$$\begin{aligned}
&\sum_{J=1}^{N_{\text{edge}}}\sum_{(i,\,e)=I}(\hat{\boldsymbol t}_I\cdot\hat{\boldsymbol t}_i^e)\sum_{(j,\,e)=J}\sum_{j=1}^{3}(\hat{\boldsymbol t}_J\cdot\hat{\boldsymbol t}_j^e)\left[M_{ij}^{e}\frac{\mathrm d^2\phi_J}{\mathrm dt^2}+K_{ij}^{e}\phi_J+P_{ij}^{e}\frac{\mathrm d\phi_J}{\mathrm dt}\right]\\
&\quad+\sum_{Ja=1}^{N_{\text{edge}}}\sum_{(i,\,e)=I}(\hat{\boldsymbol t}_I\cdot\hat{\boldsymbol t}_i^e)\sum_{(ja,\,e)=Ja}\sum_{ja=1}^{1}(\hat{\boldsymbol t}_{Ja}\cdot\hat{\boldsymbol t}_{ja}^e)W_{i,\,ja}^{e}\frac{\mathrm d\phi_{Ja}}{\mathrm dt}\\
&\quad-\sum_{J=1}^{N_{\text{edge}}}\sum_{(i,\,e)=I}(\hat{\boldsymbol t}_I\cdot\hat{\boldsymbol t}_i^{et})\sum_{(j,\,et)=J}\sum_{j=1}^{3}(\hat{\boldsymbol t}_J\cdot\hat{\boldsymbol t}_j^{et})\left[Mt_{ij}^{et}\frac{\mathrm d^2\phi_J}{\mathrm dt^2}+Kt_{ij}^{et}\phi_J\right]\\
&\quad-\sum_{Jt=1}^{N_{\text{edge}}}\sum_{(i,\,es)=I}(\hat{\boldsymbol t}_I\cdot\hat{\boldsymbol t}_i^{es})\sum_{(jt,\,es)=Jt}\sum_{jt=1}^{1}(\hat{\boldsymbol t}_{Jt}\cdot\hat{\boldsymbol t}_{jt}^{es})\left[Ms_{i,\,jt}^{es}\frac{\mathrm d^2E_{\text{inc}}^{\tan}\big|_{Jt}}{\mathrm dt^2}+Ks_{i,\,jt}^{es}E_{\text{inc}}^{\tan}\big|_{Jt}\right]\\
&=0
\end{aligned}\tag{18-22}$$

定义全域矩阵 M_{IJ}，K_{IJ}，P_{IJ}，W_{IJ}，$Ms_{I,\,Jt}$，Ks_{IJ} 为

$$
\left\{
\begin{aligned}
M_{IJ} &= \sum_{(i,\ e)=I} (\hat{t}_I \cdot \hat{t}_i^e) \sum_{(j,\ e)=J} \sum_{j=1}^{3} (\hat{t}_J \cdot \hat{t}_j^e) M_{ij}^e \\
K_{IJ} &= \sum_{(i,\ e)=I} (\hat{t}_I \cdot \hat{t}_i^e) \sum_{(j,\ e)=J} \sum_{j=1}^{3} (\hat{t}_J \cdot \hat{t}_j^e) K_{ij}^e \\
P_{IJ} &= \sum_{(i,\ e)=I} (\hat{t}_I \cdot \hat{t}_i^e) \sum_{(j,\ e)=J} \sum_{j=1}^{3} (\hat{t}_J \cdot \hat{t}_j^e) P_{ij}^e \\
W_{I,\ Ja} &= \sum_{(i,\ e)=I} (\hat{t}_I \cdot \hat{t}_i^e) \sum_{(ja,\ e)=Ja} \sum_{ja=1}^{1} (\hat{t}_{Ja} \cdot \hat{t}_{ja}^e) W_{i,\ ja}^e \\
Ms_{I,\ Jt} &= \sum_{(i,\ es)=I} (\hat{t}_I \cdot \hat{t}_i^{es}) \sum_{(jt,\ es)=Jt} \sum_{jt=1}^{1} (\hat{t}_{Jt} \cdot \hat{t}_{jt}^{es}) Ms_{i,\ jt}^{es} \\
Ks_{I,\ Jt} &= \sum_{(i,\ es)=I} (\hat{t}_I \cdot \hat{t}_i^{es}) \sum_{(jt,\ es)=Jt} \sum_{jt=1}^{1} (\hat{t}_{Jt} \cdot \hat{t}_{jt}^{es}) Ks_{i,\ jt}^{es}
\end{aligned}
\right.
\tag{18-23}
$$

以及

$$
\left\{
\begin{aligned}
Mt_{IJ} &= \begin{cases} M_{IJ}, & I,\ J \in \Omega_t,\ \varepsilon = \varepsilon_0,\ \mu = \mu_0 \\ 0, & \text{其它} \end{cases} \\
Kt_{IJ} &= \begin{cases} K_{IJ}, & I,\ J \in \Omega_t,\ \varepsilon = \varepsilon_0,\ \mu = \mu_0 \\ 0, & \text{其它} \end{cases}
\end{aligned}
\right.
\tag{18-24}
$$

由此得到全域矩阵方程：

$$
[M]\frac{\mathrm{d}^2}{\mathrm{d}t^2}\{\phi\} + ([W] + [P])\frac{\mathrm{d}}{\mathrm{d}t}\{\phi\} + [K]\{\phi\} - \{h\} = 0 \tag{18-25}
$$

式中激励源矢量为

$$
\left\{
\begin{aligned}
\{h\} &= [Mt]\frac{\mathrm{d}^2}{\mathrm{d}t^2}\{E_{\text{inc}}^{\tan}\} + [Kt]\{E_{\text{inc}}^{\tan}\} + [Ms]\frac{\mathrm{d}^2}{\mathrm{d}t^2}\{E_{\text{inc}}^{\tan}\} + [Ks]\{E_{\text{inc}}^{\tan}\} \\
h_I &= \sum_{J=1}^{N_{\text{edge}}} \left(Mt_{IJ} \frac{\mathrm{d}^2 E_{\text{inc}}^{\tan}|_J}{\mathrm{d}t^2} + Kt_{IJ} E_{\text{inc}}^{\tan}|_J \right) + \sum_{Jt=1}^{N_{\text{edge}}} \left(Ms_{I,\ Jt} \frac{\mathrm{d}^2 E_{\text{inc}}^{\tan}|_{Jt}}{\mathrm{d}t^2} + Ks_{I,\ Jt} E_{\text{inc}}^{\tan}|_{Jt} \right)
\end{aligned}
\right.
\tag{18-26}
$$

其中，第一项求和在总场区范围内，第二项求和在总场区边界上；全域矢量$\{E_{\text{inc}}^{\tan}\}$的 N_{edge} 个分量等于入射波在全域棱边的投影值。全域矩阵[Mt]，[Kt]和[M]，[K]类似，但仅当 I，J 为总场区(包含总场边界上)棱边时 $Mt_{I,\ J}$，$Kt_{I,\ J}$不为零，且介质参数取为真空 μ_0，ε_0，[Ms]，[Ks]由单元矩阵组合方式见下节。

18.2.2　激励源矢量中矩阵[Ms]和[Ks]的组合

作为比较，先考虑全域矩阵[M]([K]相同)。如 17.3 节所述，全域矩阵[M]是一个稀疏矩阵，即当其下标所示全域棱边 I 和 J 不属于同一个单元时，$M_{IJ}=0$。如果全域棱边 Jt 位于总场边界上，如图 18-3(a)所示，则 $M_{I,\ Jt}$下标的另一个全域棱边 I 可以是图

18 - 3(a)中环绕全域棱边 Jt 的两个单元 $e1$ 和 $e2$ 的另外 4 条棱边(连同自身棱边一共 5 条)。

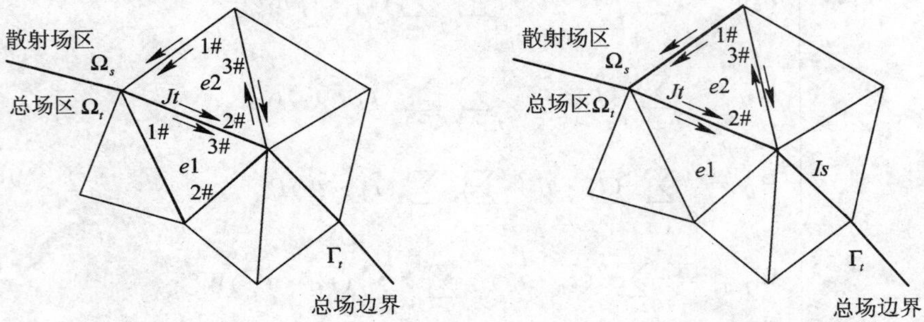

(a) [M]关联的单元和棱边 (b) [Ms]关联的单元和棱边

图 18 - 3 总场边界上棱边及其环绕单元和棱边

再看全域矩阵[Ms]([Ks]相同)。对于[Ms]分量 $Ms_{I,\,Jt}$，如果全域棱边 Jt 位于总场边界上，如图 18 - 3(b)所示，将只涉及图中环绕全域棱边 Jt，但在散射场区一侧单元 $e2$ 的另外两条棱边(连同自身棱边一共 3 条)。所以，$Ms_{I,\,Jt}$ 在 Jt = 常数的一列元素中只有 3 个非零元素，即[Ms]，[Ks]是比[M]，[K]更为稀疏的矩阵。

下面以图 18 - 2 为例具体说明由组合形成[Ms]([Ks]相同)，图中 7 * 、8 * 是总场边界上的棱边(全域棱边编号)，3 * 、4 * 、5 * 、6 * 是散射场区一侧棱边，9 * 、10 * 则是总场区内棱边。由式(18 - 23)有

$$\begin{cases} M_{IJ} = \sum\limits_{(i,\,e)=I} (\hat{t}_I \cdot \hat{t}_i^e) \sum\limits_{(j,\,e)=J} \sum\limits_{j=1}^{3} (\hat{t}_J \cdot \hat{t}_j^e) M_{ij}^e \\ Ms_{I,\,Jt} = \sum\limits_{(i,\,es)=I} (\hat{t}_I \cdot \hat{t}_i^{es}) \sum\limits_{(jt,\,es)=Jt} \sum\limits_{jt=1}^{1} (\hat{t}_{Jt} \cdot \hat{t}_{jt}^{es}) Ms_{i,\,jt}^{es} \end{cases}$$

将全域矩阵[M]和[Ms]中的若干矩阵分量比较如表 18 - 1 所示。由表可见，Ms_{IJ} 和 M_{IJ} 只有少数分量相同，[Ms]比[M]更为稀疏，且[Ms]不是对称矩阵。

表 18 - 1 全域矩阵[M]和[Ms]的若干矩阵分量比较

全域棱边	M_{IJ}	Ms_{IJ}	说 明
$I=3$, $J=4$	$M_{3,\,4} = (\hat{t}_3 \cdot \hat{t}_1^{e2})(\hat{t}_4 \cdot \hat{t}_3^{e2}) M_{13}^{e2}$	$Ms_{3,\,4}=0$	棱边 $J=4$ 不在总场边界上
$I=4$, $J=7$	$M_{4,\,7} = (\hat{t}_4 \cdot \hat{t}_3^{e2})(\hat{t}_7 \cdot \hat{t}_2^{e2}) M_{32}^{e2}$	$Ms_{4,\,7} = (\hat{t}_4 \cdot \hat{t}_3^{e2})(\hat{t}_7 \cdot \hat{t}_2^{e2}) M_{32}^{e2}$	$M_{4,\,7} = Ms_{4,\,7}$
$I=7$, $J=4$	$M_{7,\,4} = (\hat{t}_7 \cdot \hat{t}_2^{e2})(\hat{t}_4 \cdot \hat{t}_3^{e2}) M_{23}^{e2}$	$Ms_{7,\,4}=0$	棱边 $J=4$ 不在总场边界上
$I=7$, $J=7$	$M_{7,\,7} = (\hat{t}_7 \cdot \hat{t}_2^{e2})(\hat{t}_7 \cdot \hat{t}_2^{e2}) M_{22}^{e2} + (\hat{t}_7 \cdot \hat{t}_3^{e1})(\hat{t}_7 \cdot \hat{t}_3^{e1}) M_{33}^{e1}$	$Ms_{7,\,7} = (\hat{t}_7 \cdot \hat{t}_2^{e2})(\hat{t}_7 \cdot \hat{t}_2^{e2}) M_{22}^{e2}$	单元 $e1$ 在总场边界的总场区一侧
$I=9$, $J=7$	$M_{9,\,7} = (\hat{t}_9 \cdot \hat{t}_1^{e1})(\hat{t}_7 \cdot \hat{t}_3^{e1}) M_{32}^{e1}$	$Ms_{9,\,7}=0$	棱边 $J=7$ 不在总场边界上
$I=3$, $J=8$	$M_{3,\,8}=0$	$Ms_{3,\,8}=0$	棱边 $I=3$，$J=8$ 不在同一单元

$[Ms]$累加填充的步骤归纳如下：

(1) 将所有$[Ms]$分量设为零。

(2) 寻找总场边界散射场区一侧单元 es，确定单元 es 中位于总场边界上的棱边$(jt, es)=Jt$，这里 Jt 代表总场边界上全域棱边编号。将$(\hat{\boldsymbol{t}}_I \cdot \hat{\boldsymbol{t}}_i^{es})(\hat{\boldsymbol{t}}_{Jt} \cdot \hat{\boldsymbol{t}}_{jt}^{es})M_{i,jt}^{es}$累加填充到$Ms_{I,Jt}$，其中棱边$(i, es)=I$，即$Ms_{I,Jt}=Ms_{I,Jt}+(\hat{\boldsymbol{t}}_I \cdot \hat{\boldsymbol{t}}_i^{es})(\hat{\boldsymbol{t}}_{Jt} \cdot \hat{\boldsymbol{t}}_{jt}^{es})M_{i,jt}^{es}$。

(3) 将所有总场边界散射场区一侧单元 es 完成上述累加填充。

在程序实现中可以将上述$[Ms]$和$[M]$的累加填充同时进行。在计算得到 M_{ij}^e 后，对于符合上述步骤(2)的 $M_{i,jt}^{es}$ 就可填充到$[Ms]$。

18.2.3　平面波加入和散射算例

设高斯脉冲平面波沿$\hat{\boldsymbol{k}}_{inc}$入射，且$\hat{\boldsymbol{k}}_{inc}=\hat{\boldsymbol{x}}\cos\varphi+\hat{\boldsymbol{y}}\sin\varphi$，$\varphi$ 为入射波矢量和 x 轴夹角，如图 18-4 所示，即

$$\boldsymbol{E}_{inc}(x, y, t)=\boldsymbol{E}_0\exp\left[-4\pi\left(\frac{t-t_0-\dfrac{x\cos\varphi+y\sin\varphi}{c}}{\tau}\right)^2\right] \tag{18-27}$$

其中，τ 代表脉冲宽度，t_0为延迟时间。高斯脉冲对时间的一阶和二阶导数形式见 15.1 节。由于 TE 波电场$\boldsymbol{E}_{inc}$垂直于传播方向$\hat{\boldsymbol{k}}_{inc}$，上式中入射波电场的分量为

$$\boldsymbol{E}_0=-\hat{\boldsymbol{x}}E_0\sin\varphi+\hat{\boldsymbol{y}}E_0\cos\varphi \tag{18-28}$$

由此可求得总场边界上各棱边的入射波投影并得到全域矢量$\{E_{inc}^{tan}\}=\{\boldsymbol{E}_{inc}\cdot\hat{\boldsymbol{t}}_{Jt}\}$，式(16-33)中总场边界棱边上

$$E_{inc}^{tan}\big|_{Jt}=\hat{\boldsymbol{t}}_{Jt}\cdot\boldsymbol{E}_{inc}=(\hat{\boldsymbol{t}}_{Jt}\cdot\boldsymbol{E}_0)\exp\left[-4\pi\left(\frac{t-t_0-\dfrac{x_{Jt,c}\cos\varphi+y_{Jt,c}\sin\varphi}{c}}{\tau}\right)^2\right]$$

其中，$(x_{Jt,c}, y_{Jt,c})$代表棱边 Jt 的中点坐标。

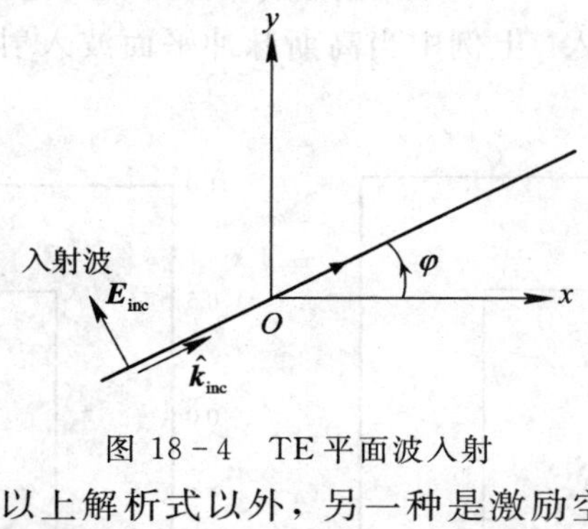

图 18-4　TE 平面波入射

入射波的加入除了采用以上解析式以外，另一种是激励空间方式(尹家贤等，2000)。FETD 算例表明两种方式的效果差别不大。

以下算例考虑 TE 平面波入射时物体散射的三种情形，如图 18-5 所示，其中(a)为零散射体，这时总场区内为平面波；(b)是 PEC 柱体散射，其表面边界条件为$\boldsymbol{n}\times\boldsymbol{E}|_{PEC}=0$，其中 $\boldsymbol{E}$ 代表总场；(c)是介质(无耗或有耗介质)物体，这时无需另设表面边界条件。为了简便，计算中也可将 PEC 物体看作电导率很大，例如$\sigma\simeq10^6$ s/m 的介质物体。

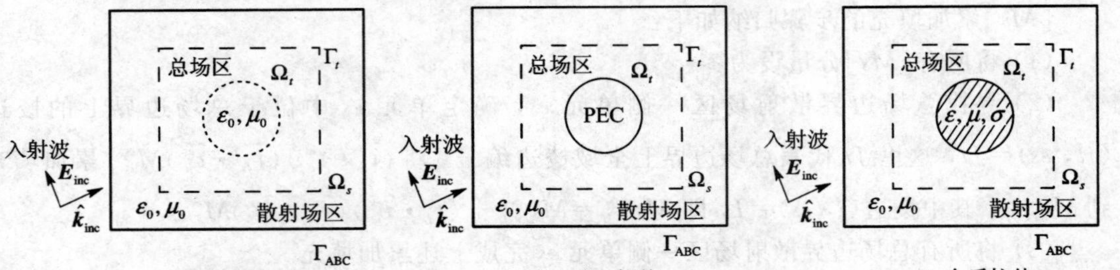

(a) 零散射体　　(b) PEC柱体　　(c) 介质柱体

图 18-5　TE 平面波照射柱体散射

【算例 18-1】　TE 平面波加入。设入射 TE 平面波为高斯脉冲，最大值为 0.1 V，$t_0=\tau=100\Delta t$，$\Delta t=2.5\times10^{-11}$ s，矩形计算域为 2 m×2 m，离散为 20 672 个三角形，10 497 个结点，31 168 条棱边；矩形总场区为 1 m×1 m，如图 18-6(a)所示。TE 平面波沿 x 轴(入射角 0°)入射，采用总场区域加源方法加入入射波。图(b)为 200Δt 电场矢量分布(为了清晰图中减少了箭头密度，下同)，图(c)为磁场 H_z 分布。应当注意：在计算单元中心点场值时，总场边界散射场区一侧单元位于总场边界的棱边属于总场，需要减去入射波才是散射场，参见式(18-14)。

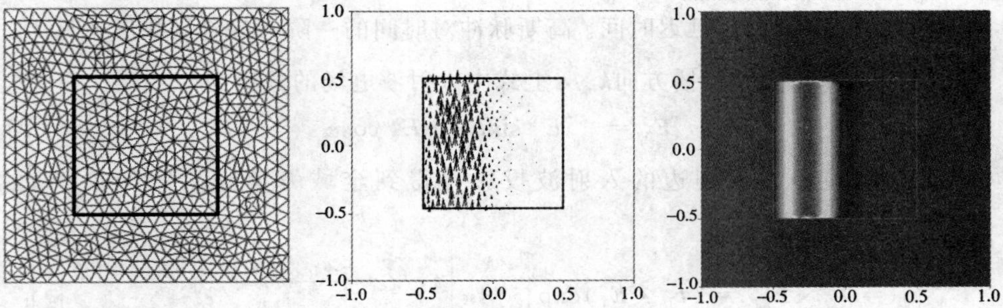

(a) 矩形计算域和矩形总场区　　(b) 电场 $\boldsymbol{E}$ 矢量图　　(c) 磁场 H_z 分布

图 18-6　200Δt 高斯脉冲平面波：矩形总场区

斜入射 TE 平面波的加入。上例中当高斯脉冲平面波入射角为 30°时的电场矢量分布如图 18-7 所示。

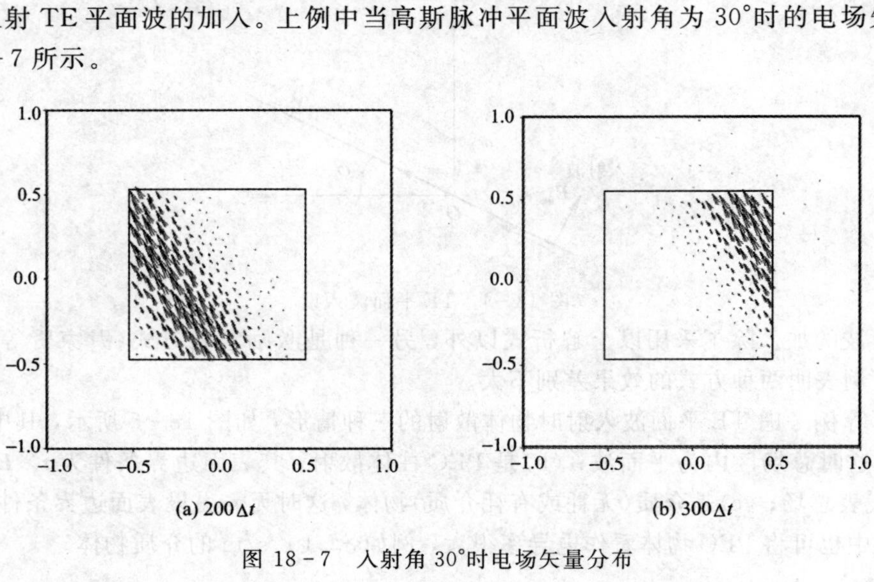

(a) 200Δt　　(b) 300Δt

图 18-7　入射角 30°时电场矢量分布

另外，再看圆形总场区情形。矩形计算域为 2 m×2 m，圆形总场区半径为 0.8 m。计算域离散为 21 760 个三角形，11 041 个结点，32 800 条棱边。时谐场平面波频率为 $f=0.75$ GHz，图 18-8 为 200Δt，$\Delta t=2.5\times10^{-11}$ s 时的场分布，图(a)为电场矢量图，图(b)为磁场 H_z 分布。高斯脉冲平面波的加入见书末彩图 12。

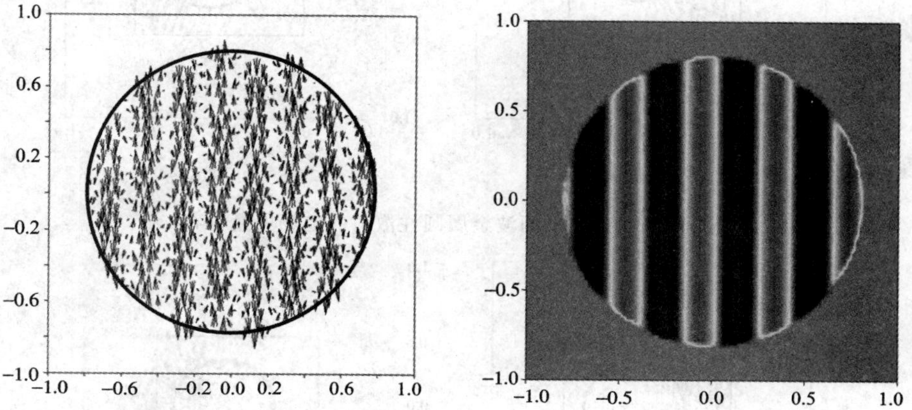

(a) 电场 $\boldsymbol{E}$ 矢量图　　(b) 磁场 H_z 分布

图 18-8　300Δt 时谐场平面波：圆形总场区

为了分析入射波在散射场区的泄露，可在总场边界散射场区一侧设置观察点，算例表明，散射场区入射波的泄露相对误差小于 3.5×10^{-10}，即 $10\log(3.5\times10^{-10})\simeq-95$ dB。

【算例 18-2】　金属和介质圆柱散射。高斯脉冲平面波沿 x 轴入射，参数同上例。计算域为 2 m×2 m，总场区范围为 1 m×1 m。计算域离散为 1512 个三角形，797 个结点，2308 条棱边，其中截断边界棱边数为 80，总场边界棱边数为 54，单元棱边长度约为 0.1 m。散射体圆柱中心位于(0.1 m，0 m)，半径 0.3 m，如图 18-9 所示。图 18-10 和图 18-11 分别为金属和介质($\varepsilon_r=3.0$)圆柱高斯脉冲平面波散射的电场 $\boldsymbol{E}$ 矢量分布。

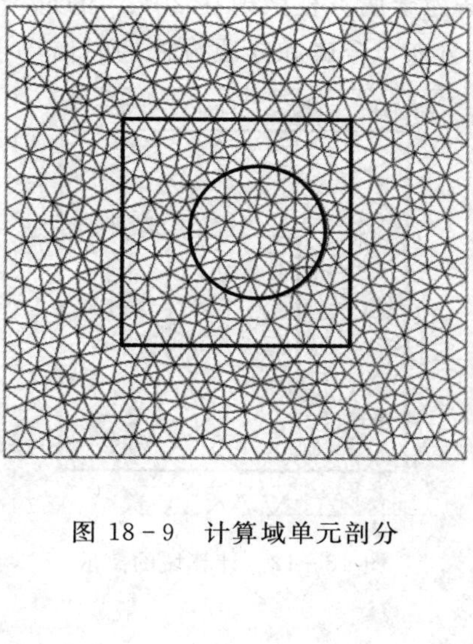

图 18-9　计算域单元剖分

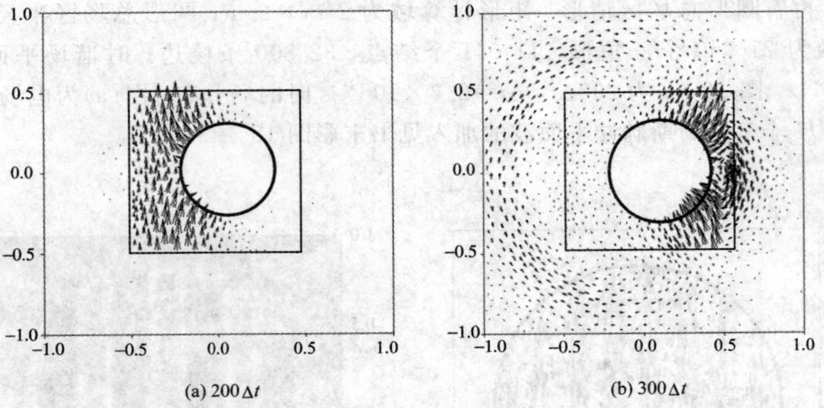

图 18-10　TE 平面波金属圆柱散射的电场矢量分布

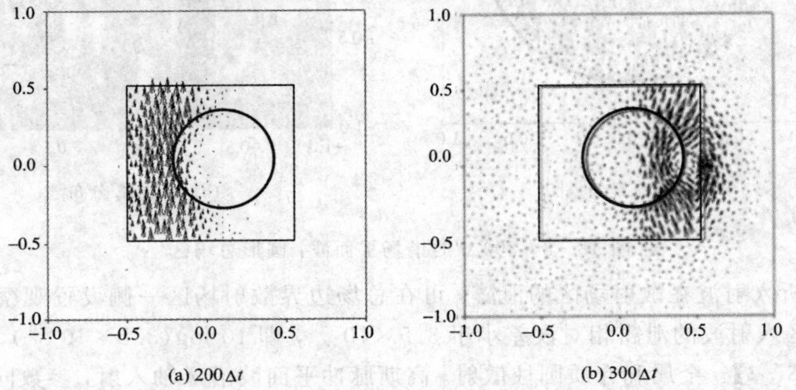

图 18-11　TE 平面波介质圆柱散射的电场矢量分布

【算例 18-3】　金属和介质方柱散射。高斯脉冲平面波入射。矩形计算域为 2 m×2 m，离散为 20 416 个三角形单元，10 369 个结点，30 784 条棱边。总场区域为 1.6 m×1.6 m，散射体方柱尺寸为 0.6 m×0.6 m，如图 18-12 所示。高斯脉冲平面波 $\tau=50\Delta t$，$t_0=80\Delta t$，$\Delta t=2.5\times10^{-11}$ s。图 18-13 为金属方柱散射在 200Δt 的近场分布；图 18-14 为介质方柱($\varepsilon_r=2$)散射在 250Δt 的近场分布。金属和介质方柱的时谐场平面波散射见书末彩图 13。

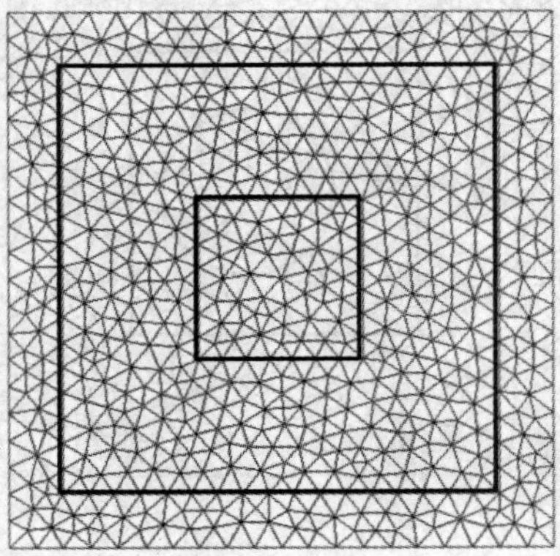

图 18-12　计算域的离散

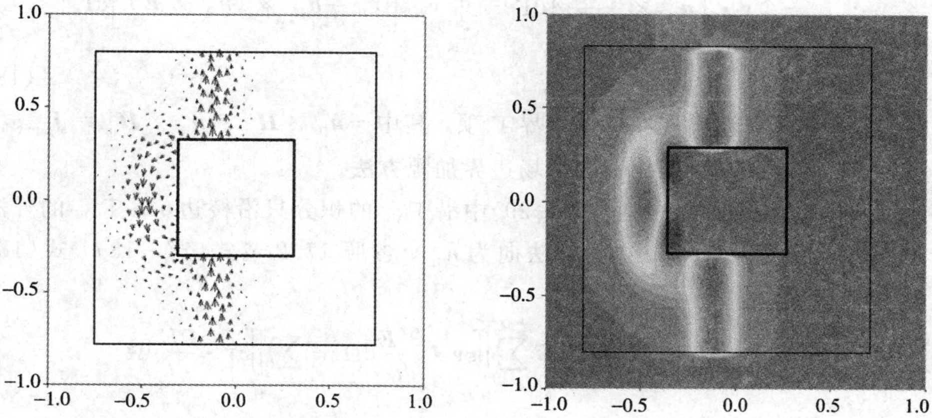

(a) 电场 $\boldsymbol{E}$ 矢量分布　　(b) 磁场 H_z 分布

图 18 - 13　TE 平面波金属方柱散射 200Δt 的场分布

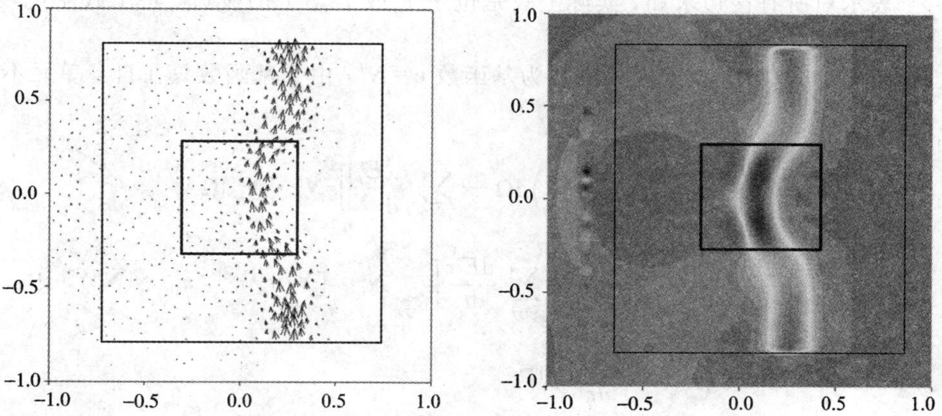

(a) 电场 $\boldsymbol{E}$ 矢量分布　　(b) 磁场 H_z 分布

图 18 - 14　TE 平面波介质方柱的散射 250Δt 的场分布

18.3　总场边界加源方法

18.3.1　弱解形式和有限元矩阵方程

将总场区入射波 Maxwell 方程

$$\frac{1}{\mu_0}\nabla\times\boldsymbol{E}_{\mathrm{inc}}=-\frac{\partial\boldsymbol{H}_{\mathrm{inc}}}{\partial t}$$

代入式(18 - 7)可得

$$\iint_{\Omega}\boldsymbol{v}\cdot\left[\varepsilon\frac{\partial^2\boldsymbol{E}}{\partial t^2}+\sigma\frac{\partial\boldsymbol{E}}{\partial t}\right]\mathrm{d}\Omega+\iint_{\Omega}(\nabla\times\boldsymbol{v})\cdot\left(\frac{1}{\mu}\nabla\times\boldsymbol{E}\right)\mathrm{d}\Omega$$

$$-\oint_{\Gamma_t} \boldsymbol{v} \cdot \left(\boldsymbol{n}_{\Omega_t} \times \frac{\partial \boldsymbol{H}_{\text{inc}}}{\partial t}\right) \mathrm{d}\Gamma - \oint_{\Gamma_{\text{ABC}}} \boldsymbol{v} \cdot \left[Y_0 \frac{\partial}{\partial t} \boldsymbol{n}_{\Omega_s} \times (\boldsymbol{n}_{\Omega_s} \times \boldsymbol{E})\right] \mathrm{d}\Gamma$$
$$= 0 \tag{18-29}$$

以上弱解形式中，入射波出现在总场边界 Γ_t 项，其中 $-\boldsymbol{n}_{\Omega_t} \times \boldsymbol{H}_{\text{inc}} = \boldsymbol{n}_{\Omega_s} \times \boldsymbol{H}_{\text{inc}} = \boldsymbol{J}_{\text{equivalent}}$ 相当于总场边界上的等效面电流，故称为总场边界加源方法。

将计算域按单元离散。注意式(18-29)中沿 Γ_{ABC} 的积分只沿棱边 ja，Γ_{ABC} 的外法向为 $\boldsymbol{n}_{\Omega_s}$；沿 Γ_t 的积分只沿棱边 jt，Γ_t 的外法向为 $\boldsymbol{n}_{\Omega_t}$。参照 17.2 节式(17-13)，式(18-29)变为

$$\sum_e \iint_{\Omega^e} (\nabla \times \boldsymbol{v}) \cdot \left(\frac{1}{\mu} \nabla \times \boldsymbol{E}\right) \mathrm{d}\Omega + \sum_e \iint_{\Omega^e} \varepsilon \boldsymbol{v} \cdot \frac{\partial^2 \boldsymbol{E}}{\partial t^2} \mathrm{d}\Omega + \sum_e \iint_{\Omega^e} \sigma \boldsymbol{v} \cdot \frac{\partial \boldsymbol{E}}{\partial t} \mathrm{d}\Omega$$
$$- \sum_{\text{edge}} \int_{\Gamma_t^{\text{edge}}} \boldsymbol{v} \cdot \left(n_{\Omega_t} \times \frac{\partial \boldsymbol{H}_{\text{inc}}}{\partial t}\right) \mathrm{d}\Gamma - \sum_{\text{edge}} \int_{\Gamma_{\text{ABC}}^{\text{edge}}} \boldsymbol{v} \cdot \left[Y_0 \frac{\partial}{\partial t} \boldsymbol{n}_{\Omega_s} \times (\boldsymbol{n}_{\Omega_s} \times \boldsymbol{E})\right] \mathrm{d}\Gamma$$
$$= 0 \tag{18-30}$$

其中，$\sum_{\text{edge}}$ 表示对所有棱边求和，实际上只是位于 Γ_t 或 Γ_{ABC} 上的棱边。将上式中电场 $\boldsymbol{E}$ 用基函数展开，$\boldsymbol{E} = \sum_{j=1}^{3} \boldsymbol{N}_j^e E_j^e$，并取权函数为基函数 $\boldsymbol{v} = \boldsymbol{N}_i^q$，由于基函数只在自身单元不为零，代入后得到

$$\sum_{j=1}^{3} E_j^e \iint_{\Omega^e} (\nabla \times \boldsymbol{N}_i^e) \cdot \left(\frac{1}{\mu} \nabla \times \boldsymbol{N}_j^e\right) \mathrm{d}\Omega + \sum_{j=1}^{3} \frac{\mathrm{d}^2 E_j^e}{\mathrm{d}t^2} \iint_{\Omega^e} \varepsilon \boldsymbol{N}_i^e \cdot \boldsymbol{N}_j^e \mathrm{d}\Omega$$
$$+ \sum_{j=1}^{3} \frac{\mathrm{d}E_j^e}{\mathrm{d}t} \iint_{\Omega^e} \sigma \boldsymbol{N}_i^e \cdot \boldsymbol{N}_j^e \mathrm{d}\Omega - \sum_{j=1}^{3} \frac{\mathrm{d}E_j^e}{\mathrm{d}t} \int_{\Gamma_{\text{ABC}}^{\text{edge}}} \boldsymbol{N}_i^e \cdot [Y_0 \boldsymbol{n}_{\Omega_s} \times (\boldsymbol{n}_{\Omega_s} \times \boldsymbol{N}_j^e)] \mathrm{d}\Gamma$$
$$- \int_{\Gamma_t^{\text{edge}}} \boldsymbol{N}_i^e \cdot \left(\boldsymbol{n}_{\Omega_t} \times \frac{\partial \boldsymbol{H}_{\text{inc}}}{\partial t}\right) \mathrm{d}\Gamma$$
$$= 0 \tag{18-31}$$

上式中，边界 $\Gamma_{\text{ABC}}^{\text{edge}}$ 积分的讨论同 17.2 节式(17-18)，代入式(18-31)得到

$$\sum_{j=1}^{3} E_j^e \iint_{\Omega^e} \frac{1}{\mu} (\nabla \times \boldsymbol{N}_i^e) \cdot (\nabla \times \boldsymbol{N}_j^e) \mathrm{d}\Omega - \sum_{jt=1}^{1} E_{\text{inc}}^{\tan}\big|_{jt}^{es} \iint_{\Omega^{es}} \frac{1}{\mu} (\nabla \times \boldsymbol{N}_i^{es}) \cdot (\nabla \times \boldsymbol{N}_{jt}^{es}) \mathrm{d}\Omega$$
$$+ \sum_{j=1}^{3} \frac{\mathrm{d}^2 E_j^e}{\mathrm{d}t^2} \iint_{\Omega^e} \varepsilon \boldsymbol{N}_i^e \boldsymbol{N}_j^e \mathrm{d}\Omega - \sum_{jt=1}^{1} \frac{\mathrm{d}^2 E_{\text{inc}}^{\tan}\big|_{jt}^{es}}{\mathrm{d}t^2} \iint_{\Omega^{es}} \varepsilon \boldsymbol{N}_i^{es} \boldsymbol{N}_{jt}^{es} \mathrm{d}\Omega$$
$$+ \sum_{j=1}^{3} \frac{\mathrm{d}E_j^e}{\mathrm{d}t} \iint_{\Omega^e} \sigma \boldsymbol{N}_i^e \boldsymbol{N}_j^e \mathrm{d}\Omega + \sum_{ja=1}^{1} \frac{\mathrm{d}E_{ja}^e}{\mathrm{d}t} Y_0 l_{ja}^e - \int_{\Gamma_t^{\text{edge}}} \boldsymbol{N}_i^e \cdot \left(\boldsymbol{n}_{\Omega_t} \times \frac{\partial \boldsymbol{H}_{\text{inc}}}{\partial t}\right) \mathrm{d}\Gamma$$
$$= 0 \tag{18-32}$$

定义单元矩阵如式(18-18)，并令

$$f_i^e = \int_{\Gamma_t^{\text{edge}}} \boldsymbol{N}_i^e \cdot \left(\boldsymbol{n}_{\Omega_t} \times \frac{\partial \boldsymbol{H}_{\text{inc}}}{\partial t}\right) \mathrm{d}\Gamma = -\int_{\Gamma_t^{\text{edge}}} (\boldsymbol{n}_{\Omega_t} \times \boldsymbol{N}_i^e) \cdot \frac{\partial \boldsymbol{H}_{\text{inc}}}{\partial t} \mathrm{d}\Gamma \tag{18-33}$$

它和入射波磁场有关。将上式代入式(18-32)得到单元矩阵方程：

$$\sum_{j=1}^{3} K_{ij}^{e} E_{j}^{e} - \sum_{jt=1}^{1} Ks_{i,\,jt}^{es} E_{\text{inc}}^{\tan}\big|_{jt}^{es} + \sum_{j=1}^{3} M_{ij}^{e} \frac{\mathrm{d}^2 E_j^e}{\mathrm{d}t^2} - \sum_{jt=1}^{1} Ms_{i,\,jt}^{es} \frac{\mathrm{d}^2 E_{\text{inc}}^{\tan}\big|_{jt}^{es}}{\mathrm{d}t^2}$$
$$+ \sum_{j=1}^{3} P_{ij}^{e} \frac{\mathrm{d}E_j^e}{\mathrm{d}t} + \sum_{ja=1}^{1} W_{i,\,ja}^{e} \frac{\mathrm{d}E_{ja}^{e}}{\mathrm{d}t} - f_i^e = 0 \tag{18-34}$$

由于上式中 $e=1, 2, \cdots, N_{\text{element}}$；$i=1, 2, 3$，上式实际上是一个 $3\times N_{\text{element}}$ 的代数方程组。方程总数 $3\times N_{\text{element}} > N_{\text{edge}}$，其中，$N_{\text{edge}}$ 为待求函数 φ_J 的数目，因此这是一个冗余方程组。

为了除去方程组的冗余性，可以采用组合来减少方程数目。记局域和全域棱边对应关系 $(i, e)=I$ 及 $(j, e)=J$。将 I 相同但 (i, e) 不同的几个方程分别乘以方向因子 $\hat{\boldsymbol{t}}_I \cdot \hat{\boldsymbol{t}}_i^e$ 后相加成为一个方程，再按照棱边全域编号排列方程后，式(18-34)变为

$$\sum_{(i,\,e)=I} (\hat{\boldsymbol{t}}_I \cdot \hat{\boldsymbol{t}}_i^e) \left[\sum_{j=1}^{3} M_{ij}^{e} \frac{\mathrm{d}^2 E_j^e}{\mathrm{d}t^2} + \sum_{j=1}^{3} K_{ij}^{e} E_j^e + \sum_{j=1}^{3} P_{ij}^{e} \frac{\mathrm{d}E_j^e}{\mathrm{d}t} + \sum_{ja=1}^{1} W_{i,\,ja}^{e} \frac{\mathrm{d}E_{ja}^e}{\mathrm{d}t} \right]$$
$$- \sum_{(i,\,es)=I} (\hat{\boldsymbol{t}}_I \cdot \hat{\boldsymbol{t}}_i^{es}) \sum_{jt=1}^{1} \left[Ms_{i,\,jt}^{es} \frac{\mathrm{d}^2 E_{\text{inc}}^{\tan}\big|_{jt}^{es}}{\mathrm{d}t^2} + Ks_{i,\,jt}^{es} E_{\text{inc}}^{\tan}\big|_{jt}^{es} \right]$$
$$- \sum_{(i,\,e)=I} (\hat{\boldsymbol{t}}_I \cdot \hat{\boldsymbol{t}}_i^e) f_i^e = 0 \qquad I = 1, \cdots, N_{\text{edge}} \tag{18-35}$$

按照上述方式组合以后，方程的总数目将减少到 N_{edge} 个，成为具有确定解的方程组。

将式(17-16)所示 $E_j^e = (\hat{\boldsymbol{t}}_J \cdot \hat{\boldsymbol{t}}_j^e)\phi_J$ 和式(18-21)所示 $E_{\text{inc}}^{\tan}\big|_j^e = (\hat{\boldsymbol{t}}_J \cdot \hat{\boldsymbol{t}}_j^e) E_{\text{inc}}^{\tan}\big|_J$ 代入上式，再将相同 ϕ_J 及 $E_{\text{inc}}^{\tan}\big|_J$ 项合并后，式(18-35)可写为

$$\sum_{J=1}^{N_{\text{edge}}} \sum_{(i,\,e)=I} (\hat{\boldsymbol{t}}_I \cdot \hat{\boldsymbol{t}}_i^e) \sum_{(j,\,e)=J} \sum_{j=1}^{3} (\hat{\boldsymbol{t}}_J \cdot \hat{\boldsymbol{t}}_j^e) \left[M_{ij}^{e} \frac{\mathrm{d}^2 \phi_J}{\mathrm{d}t^2} + K_{ij}^{e} \phi_J + P_{ij}^{e} \frac{\mathrm{d}\phi_J}{\mathrm{d}t} \right]$$
$$+ \sum_{J=1}^{N_{\text{edge}}} \sum_{(i,\,e)=I} (\hat{\boldsymbol{t}}_I \cdot \hat{\boldsymbol{t}}_i^e) \sum_{(ja,\,e)=Ja} \sum_{ja=1}^{1} (\hat{\boldsymbol{t}}_{Ja} \cdot \hat{\boldsymbol{t}}_{ja}^e) W_{i,\,ja}^{e} \frac{\mathrm{d}\phi_{Ja}}{\mathrm{d}t}$$
$$- \sum_{Jt=1}^{N_{\text{edge}}} \sum_{(i,\,es)=I} (\hat{\boldsymbol{t}}_I \cdot \hat{\boldsymbol{t}}_i^{es}) \sum_{(jt,\,es)=Jt} \sum_{jt=1}^{1} (\hat{\boldsymbol{t}}_{Jt} \cdot \hat{\boldsymbol{t}}_{jt}^{es}) \left[Ms_{i,\,jt}^{es} \frac{\mathrm{d}^2 E_{\text{inc}}^{\tan}\big|_{Jt}}{\mathrm{d}t^2} + Ks_{i,\,jt}^{es} E_{\text{inc}}^{\tan}\big|_{Jt} \right]$$
$$- \sum_{(i,\,e)=I} (\hat{\boldsymbol{t}}_I \cdot \hat{\boldsymbol{t}}_i^e) f_i^e = 0 \tag{18-36}$$

定义全域矩阵如式(18-23)以及全域矢量

$$f_I = \sum_{(i,\,e)=I} (\hat{\boldsymbol{t}}_I \cdot \hat{\boldsymbol{t}}_i^e) f_i^e \tag{18-37}$$

于是式(18-36)可写为全域矩阵方程形式：

$$\sum_{J=1}^{N_{\text{edge}}} \left(M_{IJ} \frac{\mathrm{d}^2 \phi_J}{\mathrm{d}t^2} + P_{IJ} \frac{\mathrm{d}\phi_J}{\mathrm{d}t} + K_{IJ} \phi_J \right) + \sum_{Ja=1}^{N_{\text{edge}}} W_{I,\,Ja} \frac{\mathrm{d}\phi_{Ja}}{\mathrm{d}t}$$
$$- \sum_{Jt=1}^{N_{\text{edge}}} \left(Ms_{I,\,Jt} \frac{\mathrm{d}^2 E_{\text{inc}}^{\tan}\big|_{Jt}}{\mathrm{d}t^2} + Ks_{I,\,Jt} E_{\text{inc}}^{\tan}\big|_{Jt} \right) - f_I = 0 \tag{18-38}$$

令激励源矢量

$$\begin{cases} h_I = \displaystyle\sum_{Jt=1}^{N_{\text{edge}}} \left(Ms_{I,\,Jt} \frac{\mathrm{d}^2 E_{\text{inc}}^{\tan}\big|_{Jt}}{\mathrm{d}t^2} + Ks_{I,\,Jt} E_{\text{inc}}^{\tan}\big|_{Jt} \right) + f_I \\ \{h\} = [Ms] \dfrac{\mathrm{d}^2}{\mathrm{d}t^2} \{E_{\text{inc}}^{\tan}\} + [Ks]\{E_{\text{inc}}^{\tan}\} + \{f\} \end{cases} \tag{18-39}$$

于是式(18-38)可写为

$$\sum_{J=1}^{N_{\text{edge}}}\left(M_{IJ}\frac{\mathrm{d}^2\phi_J}{\mathrm{d}t^2}+P_{IJ}\frac{\mathrm{d}\phi_J}{\mathrm{d}t}+K_{IJ}\phi_J\right)+\sum_{Ja=1}^{N_{\text{edge}}}W_{I,Ja}\frac{\mathrm{d}\phi_{Ja}}{\mathrm{d}t}-h_I=0 \tag{18-40}$$

或

$$[M]\frac{\mathrm{d}^2}{\mathrm{d}t^2}\{\phi\}+[C]\frac{\mathrm{d}}{\mathrm{d}t}\{\phi\}+[K]\{\phi\}-\{h\}=0 \tag{18-41}$$

式中，$[C]=[P]+[W]$，N_{edge}维矢量$\{\phi\}=\{\phi_1 \quad \phi_1 \quad \cdots \quad \phi_{N_{\text{edge}}}\}^{\mathrm{T}}$是电场在全域棱边平行分量值。

18.3.2 激励源矢量的讨论

激励源矢量式(18-39)中的求和项和入射波电场有关，后一项 f_I 和入射波磁场有关，分别对应于总场边界上的等效面磁流和面电流。入射波电场全域矢量$\{E_{\text{inc}}^{\tan}\}$的 N_{edge} 分量中只有位于总场边界 Γ_t上棱边对应分量不为零，它们等于入射波电场在总场边界棱边 Jt 的平行分量：

$$E_{\text{inc}}^{\tan}\big|_J \simeq \begin{cases}\boldsymbol{E}_{\text{inc}}(x_{Jt,c},\ y_{Jt,c})\cdot\hat{\boldsymbol{t}}_{Jt}, & J=Jt,\ Jt\in\Gamma_t\\ 0, & \text{其它}\end{cases}$$

其中，$x_{Jt,c}$，$y_{Jt,c}$为棱边 Jt 中点坐标。式(18-39)中$[Ms]$，$[Ks]$的组合方式和$[M]$，$[K]$有所不同，见 18.2 节讨论。式(18-39)中，f_I可用式(18-33)和式(18-37)计算。对于二维 TE 波 $\boldsymbol{H}_{\text{inc}}=\hat{z}H_{\text{inc}}$，图 18-15 中总场边界两侧单元分别记为 et 和 es。式(18-33)中的单元 e 可以是 es 或 et，由图可见 $\boldsymbol{n}_{\Omega_t}=\boldsymbol{n}_{jt}^{et}=-\boldsymbol{n}_{jt}^{es}$。由于$[Ms]$，$[Ks]$计算中用到单元 es，所以下面设 $e=es$，于是式(18-33)中 $\boldsymbol{n}_{\Omega_t}\times\hat{\boldsymbol{z}}=-\boldsymbol{n}_{jt}^{es}\times\hat{\boldsymbol{z}}=\hat{\boldsymbol{t}}_{jt}^{es}$，代入式(18-33)得到

$$\begin{aligned}f_i^e&=\delta_{e,es}\int_{\Gamma_t^{\text{edge}}}\boldsymbol{N}_i^e\cdot(\boldsymbol{n}_{\Omega_t}\times\hat{\boldsymbol{z}})\frac{\partial H_{\text{inc}}}{\partial t}\mathrm{d}\Gamma\\&=\delta_{e,es}\int_{\Gamma_t^{\text{edge}}}\boldsymbol{N}_i^{es}\cdot\hat{\boldsymbol{t}}_{jt}^{es}\frac{\partial H_{\text{inc}}}{\partial t}\mathrm{d}\Gamma\\&\simeq\delta_{e,es}\frac{\partial H_{\text{inc}}}{\partial t}\bigg|_{jt}^{es}\int_{\Gamma_t^{\text{edge}}}\boldsymbol{N}_i^{es}\cdot\hat{\boldsymbol{t}}_{jt}^{es}\mathrm{d}\Gamma\end{aligned}$$

根据基函数性质，基函数在自身棱边的平行分量等于 1，在非自身棱边的平行分量等于零。所以仅当 es 单元中棱边 $i=jt$ 时，f_i^{es}不为零，即 $\boldsymbol{N}_i^{es}\cdot\hat{\boldsymbol{t}}_{jt}^{es}=\delta_{i,jt}$，因此

$$f_i^e=\delta_{e,es}\delta_{i,jt}f_{jt}^{es}=\delta_{e,es}\delta_{i,jt}\frac{\partial H_{\text{inc}}}{\partial t}\bigg|_{jt}^{es}l_{jt}^{es},\quad e\in es \tag{18-42}$$

由于$(jt,e)=Jt$，上式中 $l_{jt}^{es}=l_{Jt}$，$\dfrac{\partial H_{\text{inc}}}{\partial t}\bigg|_{jt}^{es}=\dfrac{\partial H_{\text{inc}}|_{Jt}}{\partial t}$。将上式代入式(18-37)得到

$$f_I=\begin{cases}(\hat{\boldsymbol{t}}_{Jt}\cdot\hat{\boldsymbol{t}}_{jt}^{es})f_{jt}^{es}=(\hat{\boldsymbol{t}}_{Jt}\cdot\hat{\boldsymbol{t}}_{jt}^{es})\dfrac{\partial H_{\text{inc}}}{\partial t}\bigg|_{Jt}l_{Jt}, & I=Jt\\ 0, & \text{其它}\end{cases} \tag{18-43}$$

其中，$H_{\mathrm{inc}}|_{Jt}$ 为棱边 Jt 中点处入射波磁场值，

$$H_{\mathrm{inc}}|_J \simeq \begin{cases} H_{\mathrm{inc}}(x_{Jt,c}, y_{Jt,c}), & J = Jt, Jt \in \Gamma_t \\ 0, & \text{其它} \end{cases}$$

平面入射波电场和磁场之间 $\boldsymbol{H}_{\mathrm{inc}} = Y_0 \hat{\boldsymbol{k}} \times \boldsymbol{E}_{\mathrm{inc}}$，所以式(18-43)中 H_{inc} 也可以用入射波电场表示为 $H_{\mathrm{inc}} = Y_0 E_{\mathrm{inc}} = \sqrt{\varepsilon_0/\mu_0} E_{\mathrm{inc}}$。

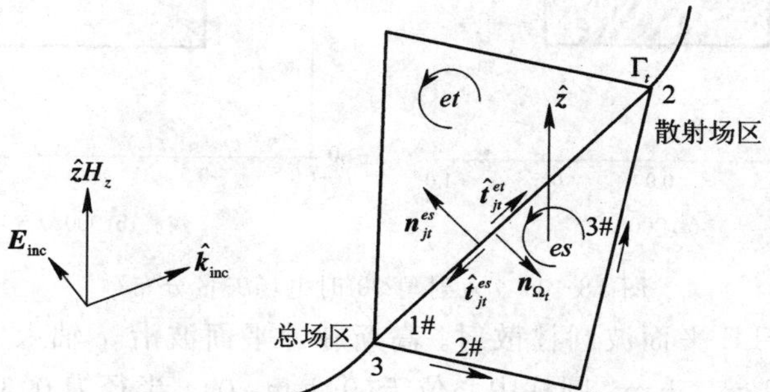

图 18-15 总场边界法向以及两侧的单元 et 和 es

18.3.3 平面波加入和散射算例

【算例 18-4】 高斯脉冲 TE 平面波。入射平面波为高斯脉冲，参数同 18.2 节算例。计算域为 2 m×2 m，总场区范围为 1 m×1 m，如图 18-16(a)所示，图中散射体设为真空。计算域离散为 1512 个单元，797 个结点，2308 条棱边，其中截断边界棱边数 80，总场边界棱边数 54，单元棱边长度约为 0.1 m。TE 平面波沿 x 轴(入射角 0°)入射。不同时间步电场矢量分布如图 18-16(b)和(c)所示。由图可见，TE 平面波加入到总场区内。

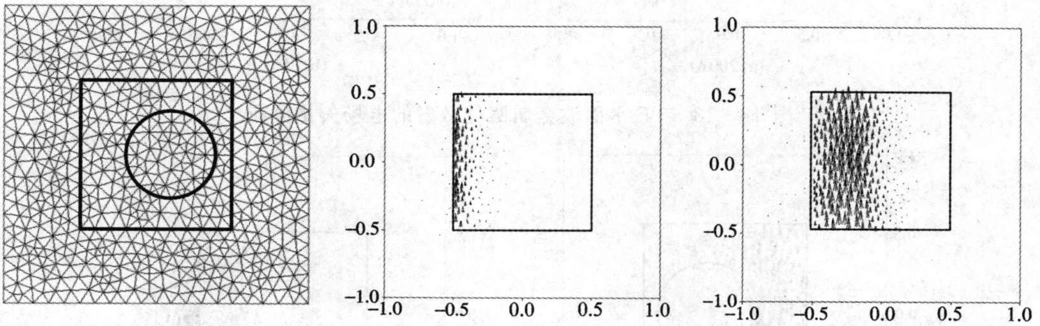

(a) 计算域的单元剖分及总场区 (b) 150Δt (c) 200Δt

图 18-16 不同时间步电场矢量分布

为了分析入射波在散射场区的泄露，采用 18.2.3 节所述方式，得到采用总场边界加源方式散射场区入射波的泄露相对误差小于 6.5×10^{-9}，即 $10\log(6.5\times10^{-9}) \simeq -82$ dB。

斜入射 TE 平面波。上例中当平面波入射角为 30°时的电场矢量分布如图 18-17 所示。

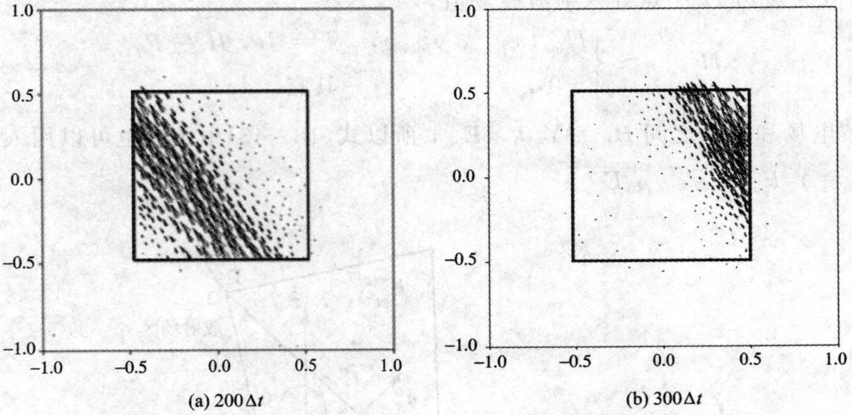

图 18-17　入射角 30°时电场矢量分布

【算例 18-5】　TE 平面波圆柱散射。高斯脉冲平面波沿 x 轴入射。计算域为 2 m×2 m，总场区范围为 1 m×1 m，圆柱中心位于(0.1 m，0)，半径为 0.3 m，如图 18-16(a)所示。金属圆柱散射近场电场矢量分布如图 18-18 所示。介质圆柱 $\varepsilon_r=3.0$，散射近场电场矢量分布如图 18-19 所示。

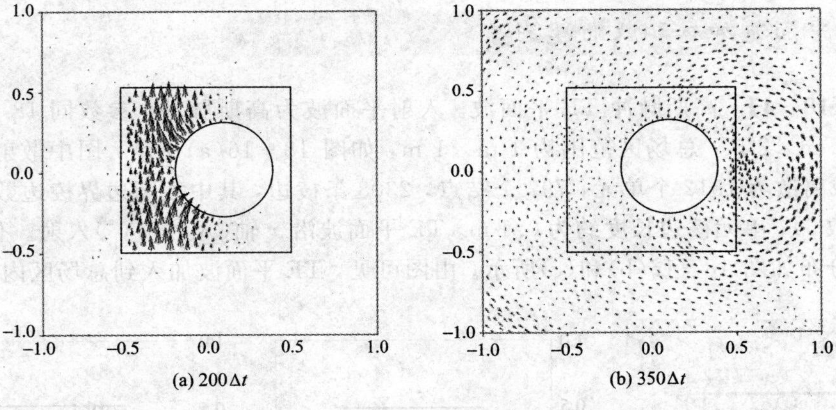

图 18-18　TE 平面波金属圆柱散射的电场矢量分布

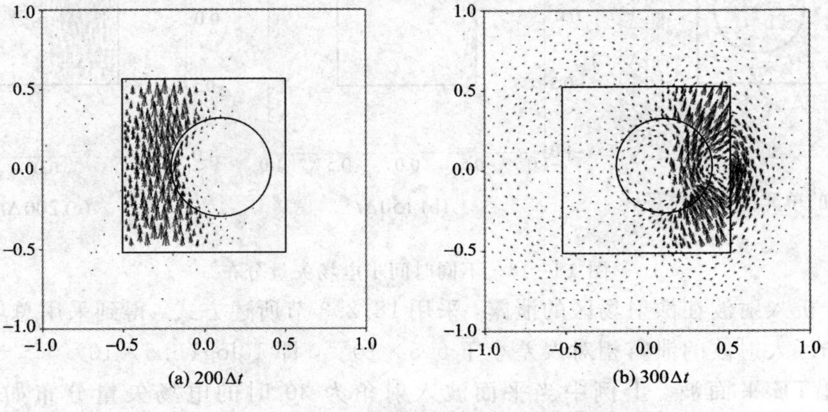

图 18-19　TE 平面波介质圆柱散射的电场矢量分布

18.4　二维 TE 波时谐场近场-远场外推

18.4.1　外推边界面上的等效电磁流

应用棱边基函数时，二维 TE 波电场 $\boldsymbol{E}^e(x, y)$ 在三角形单元内可用棱边基函数展开为

$$\boldsymbol{E}^e(x, y, t) = \sum_{i=1}^{3} \boldsymbol{N}_i^e(x, y) E_i^e(t) \tag{18-44}$$

其中，E_j^e 为单元 e 棱边 j 电场切向分量，全域记号为

$$\phi_J = (\hat{\boldsymbol{t}}_J \cdot \hat{\boldsymbol{t}}_j^e) E_j^e \quad 或 \quad E_j^e = (\hat{\boldsymbol{t}}_J \cdot \hat{\boldsymbol{t}}_j^e) \phi_J \tag{18-45}$$

图 18-20 中，外推边界 Γ_{ext} 上的棱边电场切向分量为 E_3^{ex}。

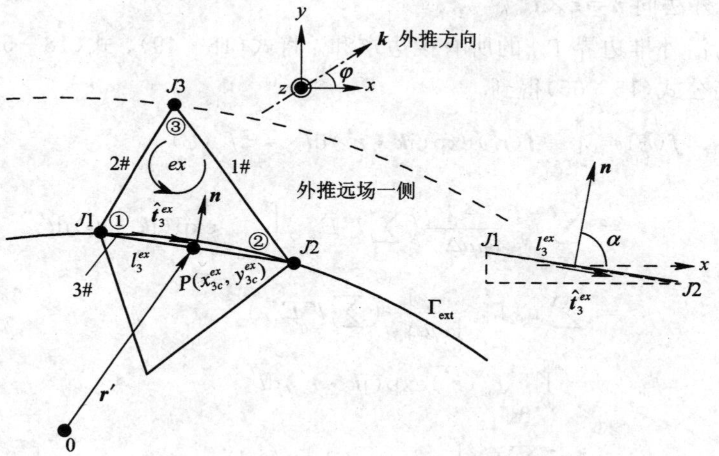

图 18-20　外推边界的外侧单元及边界棱边

对于 TE 波，采用时谐场复数表示，将式(18-44)改写为复数形式为

$$\boldsymbol{E}^e(x, y) = \sum_{i=1}^{3} \boldsymbol{N}_i^e(x, y) \widetilde{E}_i^e \tag{18-46}$$

式中，$\widetilde{E}_i^e$ 为复数振幅。根据时谐场方程

$$\nabla \times \boldsymbol{E} = -\mu \frac{\partial \boldsymbol{H}}{\partial t} = -\mathrm{j}\omega\mu \boldsymbol{H}$$

单元 e 内任一点磁场为

$$\begin{aligned}\boldsymbol{H} &= \frac{1}{-\mathrm{j}\omega\mu} \nabla \times \boldsymbol{E} = \frac{-1}{\mathrm{j}\omega\mu} \nabla \times \left(\sum_{i=1}^{3} \boldsymbol{N}_i^e(x, y) \widetilde{E}_i^e \right) \\ &= \frac{-1}{\mathrm{j}\omega\mu} \left(\sum_{i=1}^{3} (\nabla \times \boldsymbol{N}_i^e) \widetilde{E}_i^e \right) = \frac{-1}{\mathrm{j}\omega\mu} \hat{\boldsymbol{z}} \left(\sum_{i=1}^{3} \frac{l_i^e}{\Delta_e} \widetilde{E}_i^e \right) \\ &= \frac{-1}{\mathrm{j}\omega\mu\Delta_e} \hat{\boldsymbol{z}} \left(\sum_{i=1}^{3} l_i^e \widetilde{E}_i^e \right)\end{aligned} \tag{18-47}$$

其中用到三角形单元基函数旋度公式，$\nabla \times \boldsymbol{N}_i^e = \hat{\boldsymbol{z}} l_i^e / \Delta_e$。由上式可见单元 e 中磁场为常量。

由式(18－47)，外推边界 Γ_{ext} 上的磁场切向分量为

$$H_z\big|_{\Gamma_{ext}} = \frac{-1}{j\omega\mu\Delta_{ex}}\Big(\sum_{i=1}^{3} l_i^{ex}\widetilde{E}_i^{ex}\Big) \tag{18-48}$$

根据棱边基函数性质，外推边界 Γ_{ext} 上的电场切向分量为 $\widetilde{E}_3^{ex}$，或者 $\hat{t}_3^{ex}\widetilde{E}_3^{ex}$。所以外推边界处等效面磁流为

$$\boldsymbol{J}_m\big|_{\Gamma_{ext}} = -\boldsymbol{n}\times\boldsymbol{E}\big|_{\Gamma_{ext}} = -\boldsymbol{n}\times\hat{t}_3^{ex}\widetilde{E}_3^{ex} = \hat{z}\widetilde{E}_3^{ex} \tag{18-49}$$

利用式(18－48)，等效面电流为

$$\begin{aligned}\boldsymbol{J}\big|_{\Gamma_{ext}} &= \boldsymbol{n}\times\boldsymbol{H}\big|_{\Gamma_{ext}} = \boldsymbol{n}\times\hat{z}\frac{-1}{j\omega\mu\Delta_{ex}}\Big(\sum_{i=1}^{3} l_i^{ex}\widetilde{E}_i^{ex}\Big)\\ &= \hat{t}_3^{ex}\frac{-1}{j\omega\mu\Delta_{ex}}\Big(\sum_{i=1}^{3} l_i^{ex}\widetilde{E}_i^{ex}\Big)\end{aligned} \tag{18-50}$$

其中，外推边界外法向 $\boldsymbol{n}=\hat{z}\times\hat{t}_3^{ex}$。

将积分改为沿外推边界 Γ_{ext} 的所有棱边求和，将式(18－49)、式(18－50)代入 15.4 节电流矩和磁流矩公式(15－65)得到

$$\begin{aligned}\boldsymbol{f}(\varphi) &= \int_{\Gamma_{ext}} \boldsymbol{J}(\boldsymbol{r}')\exp(j\boldsymbol{k}\cdot\boldsymbol{r}')\,dl' = \hat{z}f_z(\varphi)\\ &= \sum_{ex}\hat{t}_3^{ex}\frac{-1}{j\omega\mu\Delta_{ex}}\Big(\sum_{i=1}^{3} l_i^{ex}\widetilde{E}_i^{ex}\Big)\int_{\Gamma_{ext,3}^e}\exp(j\boldsymbol{k}\cdot\boldsymbol{r}')\,dl'\\ &= \sum_{ex}\hat{t}_3^{ex}P_3^{ex}\frac{-1}{j\omega\mu\Delta_{ex}}\Big(\sum_{i=1}^{3} l_i^{ex}\widetilde{E}_i^{ex}\Big)\end{aligned} \tag{18-51}$$

$$\begin{aligned}f_m(\varphi) &= \int_{\Gamma_{ext}} \boldsymbol{J}_m(\boldsymbol{r}')\exp(j\boldsymbol{k}\cdot\boldsymbol{r}')\,dl'\\ &= \hat{z}\sum_{ex}\widetilde{E}_3^{ex}\int_{\Gamma_{ext,3}^e}\exp(j\boldsymbol{k}\cdot\boldsymbol{r}')\,dl'\\ &= \hat{z}\sum_{ex}P_3^{ex}\widetilde{E}_3^{ex}\end{aligned}$$

其中，$\boldsymbol{r}'$ 代表棱边 l_3^{ex} 上一点 $P(x', y')$ 的位置矢，求和遍及所有外推边界 Γ_{ext} 上的棱边。上式中的指数积分 $\int_{\Gamma_{ext,3}^e}\exp(jk\cdot r')\,dl'$ 即是式(15－80)所定义的系数。利用式(15－82)，上式的直角分量式为

$$\begin{cases} f_x(\varphi) = \sum\limits_{ex}(\hat{t}_3^{ex}\cdot\hat{x})P_3^{ex}\dfrac{-1}{j\omega\mu\Delta_{ex}}\Big(\sum\limits_{i=1}^{3} l_i^{ex}\widetilde{E}_i^{ex}\Big) = \sum\limits_{ex}P_3^{ex}\dfrac{-1}{j\omega\mu\Delta_{ex}}\dfrac{x_2^{ex}-x_1^{ex}}{l_3^e}\Big(\sum\limits_{i=1}^{3} l_i^{ex}\widetilde{E}_i^{ex}\Big)\\ f_y(\varphi) = \sum\limits_{ex}(\hat{t}_3^{ex}\cdot\hat{y})P_3^{ex}\dfrac{-1}{j\omega\mu\Delta_{ex}}\Big(\sum\limits_{i=1}^{3} l_i^{ex}\widetilde{E}_i^{ex}\Big) = \sum\limits_{eex}P_3^{ex}\dfrac{-1}{j\omega\mu\Delta_{ex}}\dfrac{y_2^{ex}-y_1^{ex}}{l_3^e}\Big(\sum\limits_{i=1}^{3} l_i^{ex}\widetilde{E}_i^{ex}\Big)\\ f_{mz}(\varphi) = \sum\limits_{ex}P_3^{ex}\widetilde{E}_3^{ex}\end{cases} \tag{18-52}$$

将上式代入 15.4 节远区场公式(15－66)即可得到远区场。

注意：以上公式中采用时谐场的复数表示，但是 FETD 计算得到的是时域波形 $E_i^e(t)$。

为了将 $E_i^e(t)$ 转换为复数表示 $\tilde{E}_i^e$，有两种途径：其一，若输入为时谐场（正弦波），可以用 8.2 节所述相位滞后法；其二，若输入为高斯脉冲，可以用 8.5 节离散 Fourier 方法。

18.4.2　算例

【算例 18-6】　TE 平面波金属圆柱散射的远区特性。圆柱半径 $a=\lambda$，$\lambda=1$ m。圆形计算域 Ω 半径为 6 m，离散为 38 656 个三角形，19 518 个结点，58 173 条棱边。矩形总场边界 Γ_{total} 为 3.2 m×3.2 m，外推边界 Γ_{ext} 为矩形 3.6 m×3.6 m，如图 18-21 所示。这里将吸收边界 Γ_{ABC} 设置较大是为了减少反射的影响。散射近场分布如图 18-22 所示，包括电场 $\boldsymbol{E}$ 的矢量图和磁场 H_z 分布，其中图(a)和图(b)为 500Δt 尚未达到时谐场稳态；(c)和(d)为 1050Δt 已达到稳态。图 18-23 为外推得到的双站 RCS。作为比较，图中还给出 MoM 和 FDTD 计算（取 $\delta=\lambda/40$）结果，由图可见三者一致。

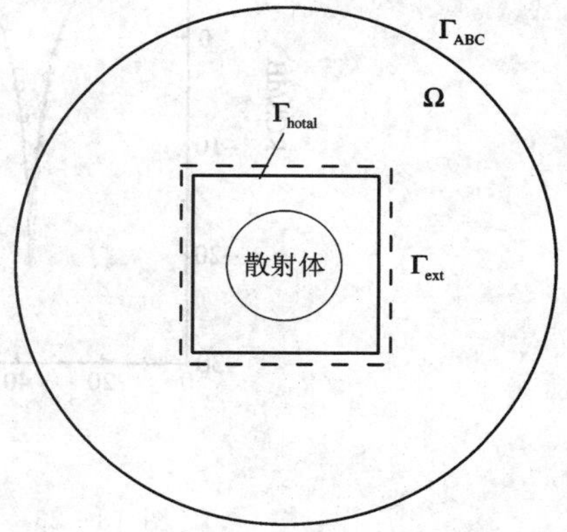

图 18-21　圆形计算域以及矩形总场边界和外推边界

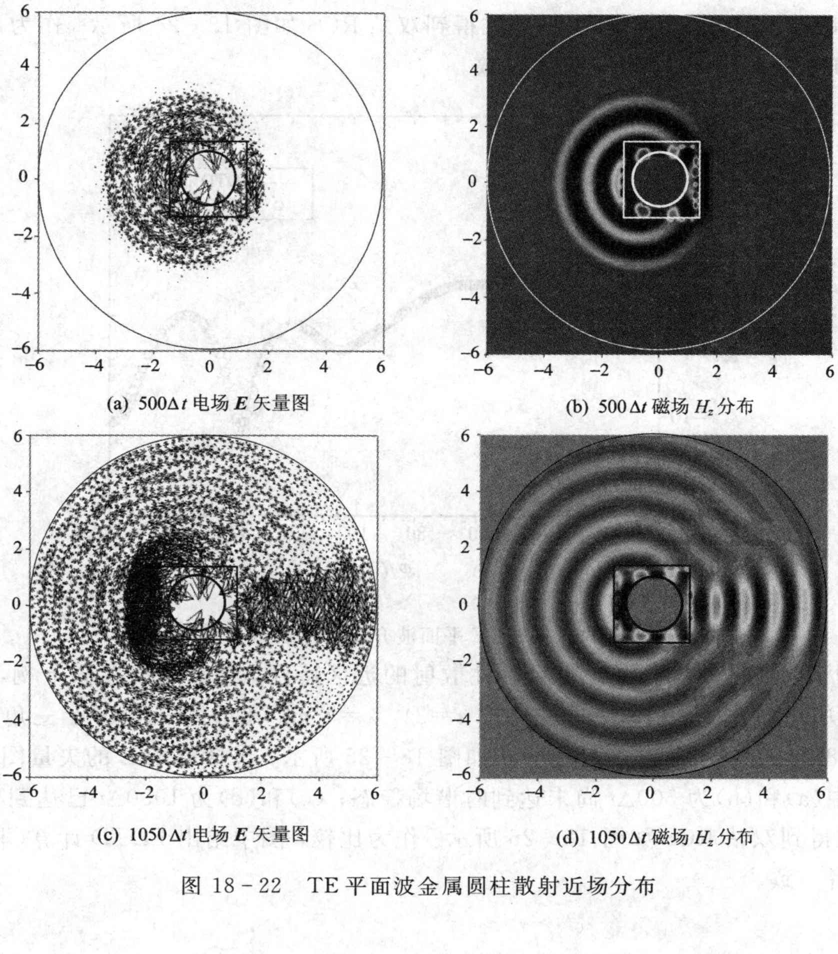

图 18-22　TE 平面波金属圆柱散射近场分布

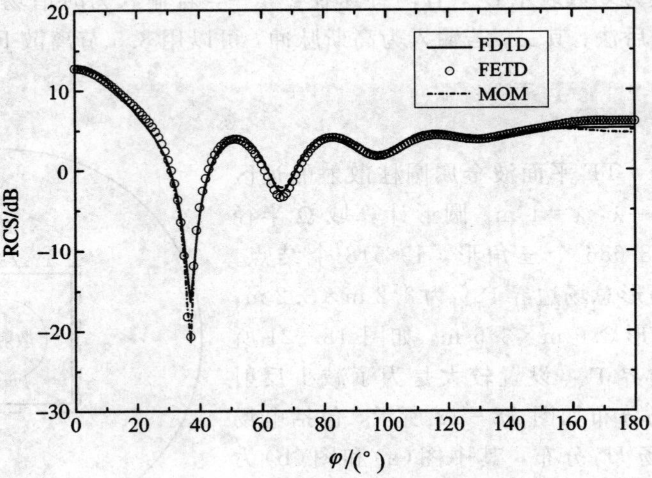

图 18-23　TE 平面波金属圆柱散射双站 RCS

【算例 18-7】 TE 平面波介质圆柱散射的远区特性。介质圆柱的介电系数为 $\varepsilon_r=2$。计算域设置同上例，但离散为 155 610 个三角形，78 184 个结点，233 793 条棱边。本例中由于介质中波长变短，为了达到较好计算精度离散时需要减小棱边长度，单元总数比上例更多。FETD 计算后经过近场-远场外推得到双站 RCS 如图 18-24 所示。作为比较，图中给出 FDTD(取 $\delta=\lambda/40$)结果，二者一致。

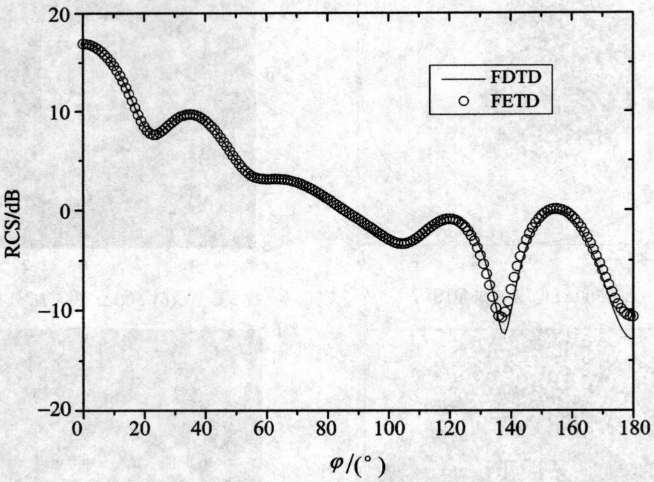

图 18-24　TE 平面波介质圆柱双站 RCS

【算例 18-8】 TE 平面波金属方柱散射的远区特性。计算域设置同上例，只是将图 18-23(a)中散射体改为方柱，方柱边长 $a=2\lambda$，$\lambda=1$ m。离散为 38 848 个三角形，19 614 个结点，58 461 条棱边。散射近场分布如图 18-25 所示，包括电场 $\boldsymbol{E}$ 的矢量图和磁场 H_z 分布，其中(a)和(b)为 500Δt 尚未达到时谐场稳态；(c)和(d)为 1050Δt 已达到稳态。近场-远场外推得到双站 RCS 如图 18-26 所示。作为比较，图中给出 FDTD 计算(取 $\delta=\lambda/40$)结果，二者一致。

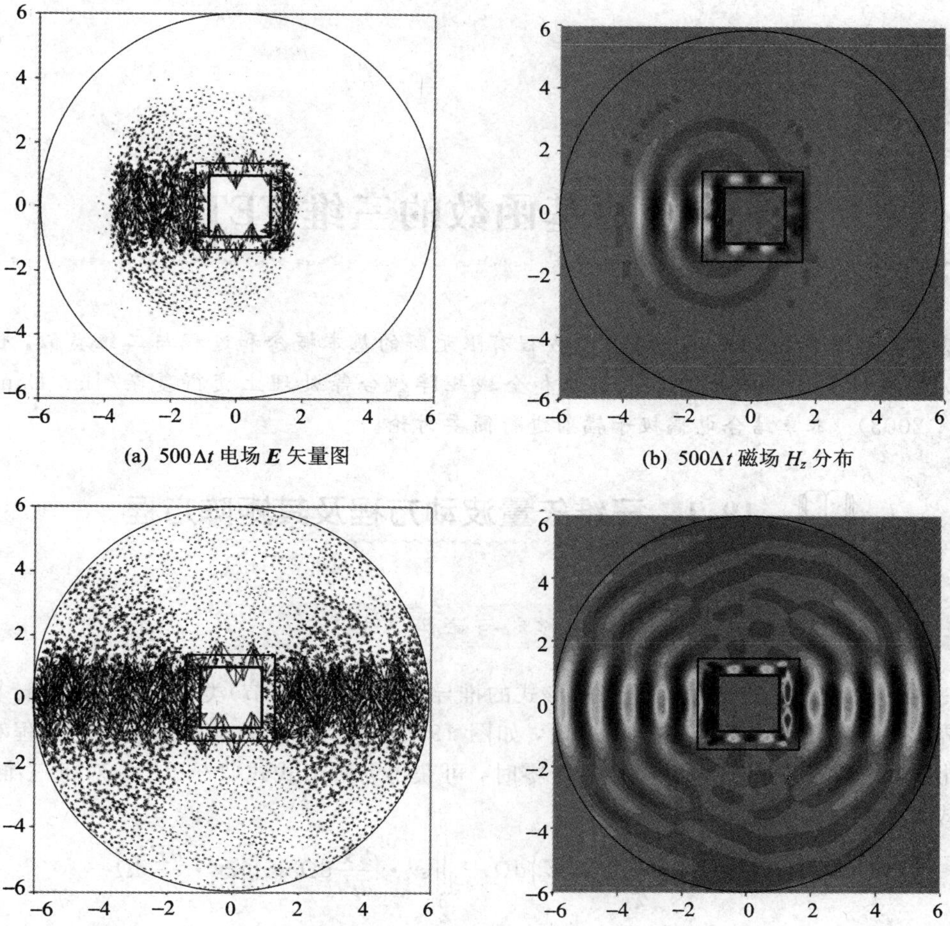

(a) 500Δt 电场 $\boldsymbol{E}$ 矢量图　(b) 500Δt 磁场 H_z 分布

(c) 1050Δt 电场 $\boldsymbol{E}$ 矢量图　(d) 1050Δt 磁场 H_z 分布

图 18－25　TE 平面波金属方柱散射近场分布

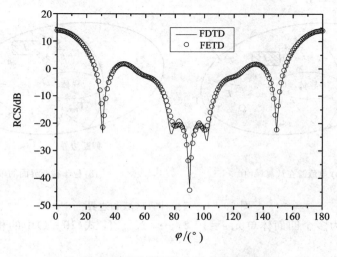

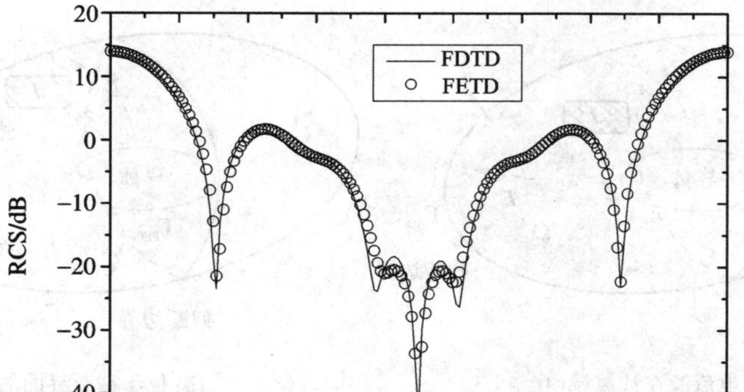

图 18－26　TE 平面波金属方柱双站 RCS

第 19 章

基于棱边基函数的三维 FETD

基于棱边基函数的三维电场波动方程有限元解的基本概念和过程与二维类似，但是三维 FETD 在计算域的四面体单元划分和全域矩阵组合等处理上变得复杂(Jiao Dan，J M Jin 等，2003)。本章结合电偶极子辐射进行简要讨论。

19.1 三维矢量波动方程及其矩阵方程

19.1.1 矢量波动方程及其弱解形式与矩阵方程

三维矢量波动方程边值问题弱解形式的推导和二维(17.1 节)类似，区别只是计算域 Ω 和边界 Γ。假设辐射电流源在计算域内，如图 19－1(a)所示。由电场矢量波动方程和边界条件出发，当加权余量式(17－11)等于零时，可获得弱解形式式(17－12)，对于三维情形，其形式修改为

$$\begin{aligned}&\iiint_{\Omega}(\nabla\times\boldsymbol{v})\cdot\left(\frac{1}{\mu}\nabla\times\boldsymbol{E}\right)\mathrm{d}\Omega+\iiint_{\Omega}\varepsilon\boldsymbol{v}\cdot\frac{\partial^2\boldsymbol{E}}{\partial t^2}\mathrm{d}\Omega+\iiint_{\Omega}\sigma\boldsymbol{v}\cdot\frac{\partial\boldsymbol{E}}{\partial t}\mathrm{d}\Omega\\&\quad+\iiint_{\Omega}\boldsymbol{v}\cdot\frac{\partial\boldsymbol{J}}{\partial t}\mathrm{d}\Omega-\iint_{\Gamma_{\mathrm{ABC}}}\boldsymbol{v}\cdot Y\frac{\partial}{\partial t}\boldsymbol{n}\times(\boldsymbol{n}\times\boldsymbol{E})\mathrm{d}\Gamma\\&=0\end{aligned}\tag{19-1}$$

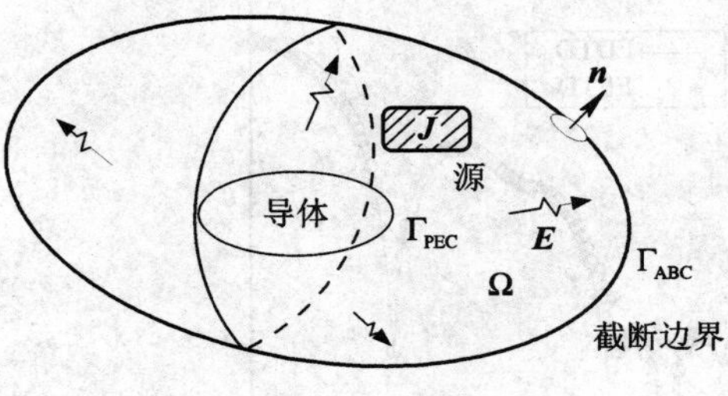

(a) 电流源在计算域内

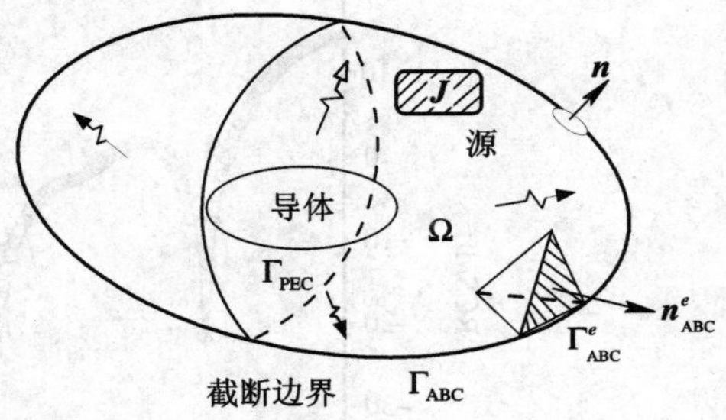

(b) 位于截断界面的单元

图 19－1 三维计算区域和边界

将区域划分为多个四面体单元 $e=1, 2, \cdots, N_{\text{element}}$，式(19－1)中的积分可以写为各个单元积分之和：

$$\sum_e \iiint_{\Omega^e} (\nabla \times \boldsymbol{v}) \cdot \left(\frac{1}{\mu} \nabla \times \boldsymbol{E}\right) \mathrm{d}\Omega + \sum_e \iiint_{\Omega^e} \varepsilon \boldsymbol{v} \cdot \frac{\partial^2 \boldsymbol{E}}{\partial t^2} \mathrm{d}\Omega + \sum_e \iiint_{\Omega^e} \sigma \boldsymbol{v} \cdot \frac{\partial \boldsymbol{E}}{\partial t} \mathrm{d}\Omega$$
$$+ \sum_e \iiint_{\Omega^e} \boldsymbol{v} \cdot \frac{\partial \boldsymbol{J}}{\partial t} \mathrm{d}\Omega - \sum_e \iint_{\Gamma^e_{\mathrm{ABC}}} \boldsymbol{v} \cdot Y \frac{\partial}{\partial t} \boldsymbol{n} \times (\boldsymbol{n} \times \boldsymbol{E}) \mathrm{d}\Gamma$$
$$= 0 \tag{19-2}$$

式中，积分 $\sum_e \iint_{\Gamma^e_{\mathrm{ABC}}} Y \boldsymbol{v} \cdot \frac{\partial [\boldsymbol{n} \times (\boldsymbol{n} \times \boldsymbol{E})]}{\partial t} \mathrm{d}\Gamma$ 为截断边界吸收边界条件式(17－2)，该求和只有单元界面位于 Γ_{ABC} 上才有贡献，参见图 17－2(b)。另外，将电场 $\boldsymbol{E}$ 用三维四面体棱边基函数展开，有

$$\boldsymbol{E}^e(x, y, z, t) = \sum_{j=1}^{6} \boldsymbol{N}_j^e(x, y, z) E_j^e(t) \tag{19-3}$$

其中，E_j^e 是单元 e 棱边 j 的电场平行分量。由式(17－2)，$-\boldsymbol{n} \times (\boldsymbol{n} \times \boldsymbol{E}) = \boldsymbol{E} - \boldsymbol{n}(\boldsymbol{n} \cdot \boldsymbol{E})$，所以式(19－2)中

$$-\boldsymbol{n} \times (\boldsymbol{n} \times \boldsymbol{E}) = \boldsymbol{E} - \boldsymbol{n}^e_{\mathrm{ABC}} (\boldsymbol{n}^e_{\mathrm{ABC}} \cdot \boldsymbol{E})$$
$$= \sum_{j=1}^{6} [\boldsymbol{N}_j^e - \boldsymbol{n}^e_{\mathrm{ABC}} (\boldsymbol{n}^e_{\mathrm{ABC}} \cdot \boldsymbol{N}_j^e)] E_j^e$$
$$= \sum_{j=1}^{3} \boldsymbol{N}_j^e E_j^e \tag{19-4}$$

由于 $\boldsymbol{n} \times \boldsymbol{E}$ 为平行于 Γ^e_{ABC} 的电场分量，以及基函数在非自身棱边围成的三角形面上切向分量等于零，所以求和最后只保留位于 Γ^e_{ABC} 三角形的三条棱边 ja。将式(19－4)代入式(19－2)得到

$$\sum_e \sum_{j=1}^{6} E_j^e \iiint_{\Omega^e} \frac{1}{\mu} (\nabla \times \boldsymbol{v}) \cdot (\nabla \times \boldsymbol{N}_j^e) \mathrm{d}\Omega + \sum_e \sum_{j=1}^{6} \frac{\mathrm{d}^2 E_j^e}{\mathrm{d}t^2} \iiint_{\Omega^e} \varepsilon \boldsymbol{v} \cdot \boldsymbol{N}_j^e \mathrm{d}\Omega$$
$$+ \sum_e \sum_{j=1}^{6} \frac{\mathrm{d}E_j^e}{\mathrm{d}t} \iiint_{\Omega^e} \sigma \boldsymbol{v} \cdot \boldsymbol{N}_j^e \mathrm{d}\Omega + \sum_e \iiint_{\Omega^e} \boldsymbol{v} \cdot \frac{\partial \boldsymbol{J}}{\partial t} \mathrm{d}\Omega$$
$$+ \sum_e \sum_{ja=1}^{3} \frac{\mathrm{d}E_{ja}^e}{\mathrm{d}t} \iint_{\Gamma^e_{\mathrm{ABC}}} Y \boldsymbol{v} \cdot \boldsymbol{N}_{ja}^e \mathrm{d}\Gamma = 0 \tag{19-5}$$

设计算域中棱边总数为 N_{edge}，式(19－5)有 N_{edge} 个待求量 $\phi_1, \phi_2, \cdots, \phi_{N_{\mathrm{edge}}}$。按照伽辽金(Galerkin)方法，取式(19－5)中权函数为基函数，即 $\boldsymbol{v} = \boldsymbol{N}_i^q$。由于基函数只在单元内不为零，上式变为

$$\sum_{j=1}^{6} E_j^e \iiint_{\Omega^e} \frac{1}{\mu} (\nabla \times \boldsymbol{N}_i^e) \cdot (\nabla \times \boldsymbol{N}_j^e) \mathrm{d}\Omega + \sum_{j=1}^{6} \frac{\mathrm{d}^2 E_j^e}{\mathrm{d}t^2} \iiint_{\Omega^e} \varepsilon \boldsymbol{N}_i^e \cdot \boldsymbol{N}_j^e \mathrm{d}\Omega$$
$$+ \sum_{j=1}^{6} \frac{\mathrm{d}E_j^e}{\mathrm{d}t} \iiint_{\Omega^e} \sigma \boldsymbol{N}_i^e \cdot \boldsymbol{N}_j^e \mathrm{d}\Omega + \iiint_{\Omega^e} \boldsymbol{N}_i^e \cdot \frac{\partial \boldsymbol{J}}{\partial t} \mathrm{d}\Omega + \sum_{ja=1}^{3} \frac{\mathrm{d}E_{ja}^e}{\mathrm{d}t} \iint_{\Gamma^e_{\mathrm{ABC}}} Y \boldsymbol{N}_i^e \cdot \boldsymbol{N}_{ja}^e \mathrm{d}\Gamma$$
$$= 0$$

将上式中各个单元积分分别记为

$$\begin{cases} K_{ij}^e = \iiint\limits_{\Omega^e} \dfrac{1}{\mu}(\nabla \times \boldsymbol{N}_i^e) \cdot (\nabla \times \boldsymbol{N}_j^e) \mathrm{d}\Omega \simeq \dfrac{1}{\mu_e} \iiint\limits_{\Omega^e} (\nabla \times \boldsymbol{N}_i^e) \cdot (\nabla \times \boldsymbol{N}_j^e) \mathrm{d}\Omega \\ M_{ij}^e = \iiint\limits_{\Omega^e} \varepsilon \boldsymbol{N}_i^e \cdot \boldsymbol{N}_j^e \mathrm{d}\Omega \simeq \varepsilon_e \iiint\limits_{\Omega^e} \boldsymbol{N}_i^e \cdot \boldsymbol{N}_j^e \mathrm{d}\Omega \\ P_{ij}^e = \iiint\limits_{\Omega^e} \sigma \boldsymbol{N}_i^e \cdot \boldsymbol{N}_j^e \mathrm{d}\Omega \simeq \sigma_e \iiint\limits_{\Omega^e} \boldsymbol{N}_i^e \cdot \boldsymbol{N}_j^e \mathrm{d}\Omega \\ W_{ij}^e = \delta_{j,ja} \iint\limits_{\Gamma_{\mathrm{ABC}}^e} Y \boldsymbol{N}_i^e \cdot \boldsymbol{N}_j^e \mathrm{d}\Gamma \simeq \delta_{j,ja} Y_e \iint\limits_{\Gamma_{\mathrm{ABC}}^e} \boldsymbol{N}_i^e \cdot \boldsymbol{N}_j^e \mathrm{d}\Gamma \\ h_i^e = -\iiint\limits_{\Omega^e} \boldsymbol{N}_i^e \cdot \dfrac{\partial \boldsymbol{J}}{\partial t} \mathrm{d}\Omega \end{cases} \tag{19-6}$$

以上单元积分的计算见 16.4 节。代入后得到单元矩阵方程

$$\sum_{j=1}^{6} M_{ij}^e \frac{\mathrm{d}^2 E_j^e}{\mathrm{d}t^2} + \sum_{j=1}^{6} P_{ij}^e \frac{\mathrm{d}E_j^e}{\mathrm{d}t} + \sum_{ja=1}^{3} W_{i,ja}^e \frac{\mathrm{d}E_{ja}^e}{\mathrm{d}t} + \sum_{j=1}^{6} K_{ij}^e E_j^e - h_i^e = 0 \tag{19-7}$$

由于上式中 $e=1, 2, \cdots, N_{\mathrm{element}}$；$i=1, \cdots, 6$，方程总数 $6 \times N_{\mathrm{element}}$ 大于待求量数目 N_{edge}，所以这是一个冗余方程组，其中各个方程之间并不相互矛盾。

为了除去方程组的冗余性，可以采取组合来减少方程数目。以下记局域和全域棱边对应关系为 $(i, e)=I$ 以及 $(j, e)=J$。通常一个全域棱边可对应于若干个(三维情形可多到 6 个)局域棱边。将 I 相同但 (i, e) 不同的几个方程乘以方向因子 $\hat{\boldsymbol{t}}_I \cdot \hat{\boldsymbol{t}}_i^e$ 相加成为一个方程，并按照棱边全域编号排列方程后式(19-7)变为

$$\sum_{(i,e)=I} (\hat{\boldsymbol{t}}_I \cdot \hat{\boldsymbol{t}}_i^e) \left[\sum_{j=1}^{6} \left(M_{ij}^e \frac{\mathrm{d}^2 E_j^e}{\mathrm{d}t^2} + P_{ij}^e \frac{\mathrm{d}E_j^e}{\mathrm{d}t} + K_{ij}^e E_j^e \right) + \sum_{ja=1}^{3} W_{i,ja}^e \frac{\mathrm{d}E_{ja}^e}{\mathrm{d}t} - h_i^e \right] = 0$$
$$I = 1, \cdots, N_{\mathrm{edge}} \tag{19-8}$$

按照上述方式组合以后，方程的总数目将减少到 N_{edge} 个，成为具有确定解的方程组。

将单元和全域棱边函数对应关系式(17-16)，即 $E_j^e = (\hat{\boldsymbol{t}}_J \cdot \hat{\boldsymbol{t}}_j^e)\phi_J$ 代入上式并将相同 ϕ_J 项合并后，得到

$$\sum_{J=1}^{N_{\mathrm{edge}}} \sum_{(i,e)=I} (\hat{\boldsymbol{t}}_I \cdot \hat{\boldsymbol{t}}_i^e) \sum_{(j,e)=J} \sum_{j=1}^{6} (\hat{\boldsymbol{t}}_J \cdot \hat{\boldsymbol{t}}_j^e) \left(M_{ij}^e \frac{\mathrm{d}^2 \phi_J}{\mathrm{d}t^2} + K_{ij}^e \phi_J + P_{ij}^e \frac{\mathrm{d}\phi_J}{\mathrm{d}t} \right)$$
$$+ \sum_{Ja=1}^{N_{\mathrm{edge}}} \sum_{(i,e)=I} (\hat{\boldsymbol{t}}_I \cdot \hat{\boldsymbol{t}}_i^e) \sum_{(ja,e)=Ja} \sum_{ja=1}^{3} (\hat{\boldsymbol{t}}_{Ja} \cdot \hat{\boldsymbol{t}}_{ja}^e) W_{i,ja}^e \frac{\mathrm{d}\phi_{Ja}}{\mathrm{d}t} - \sum_{(e,i)=I} (\hat{\boldsymbol{t}}_I \cdot \hat{\boldsymbol{t}}_i^e) h_i^e$$
$$= 0 \tag{19-9}$$

记全域矩阵和全域矢量为

$$\begin{cases} M_{IJ} = \sum\limits_{(i,e)=I} (\hat{\boldsymbol{t}}_I \cdot \hat{\boldsymbol{t}}_i^e) \sum\limits_{(j,e)=J} \sum\limits_{j=1}^{6} (\hat{\boldsymbol{t}}_J \cdot \hat{\boldsymbol{t}}_j^e) M_{ij}^e \\ K_{IJ} = \sum\limits_{(i,e)=I} (\hat{\boldsymbol{t}}_I \cdot \hat{\boldsymbol{t}}_i^e) \sum\limits_{(j,e)=J} \sum\limits_{j=1}^{6} (\hat{\boldsymbol{t}}_J \cdot \hat{\boldsymbol{t}}_j^e) K_{ij}^e \\ P_{IJ} = \sum\limits_{(i,e)=I} (\hat{\boldsymbol{t}}_I \cdot \hat{\boldsymbol{t}}_i^e) \sum\limits_{(j,e)=J} \sum\limits_{j=1}^{6} (\hat{\boldsymbol{t}}_J \cdot \hat{\boldsymbol{t}}_j^e) P_{ij}^e \\ W_{I,Ja} = \sum\limits_{(i,e)=I} (\hat{\boldsymbol{t}}_I \cdot \hat{\boldsymbol{t}}_i^e) \sum\limits_{(ja,e)=Ja} \sum\limits_{ja=1}^{3} (\hat{\boldsymbol{t}}_{Ja} \cdot \hat{\boldsymbol{t}}_{ja}^e) W_{i,ja}^e \\ h_I = \sum\limits_{(i,e)=I} (\hat{\boldsymbol{t}}_I \cdot \hat{\boldsymbol{t}}_i^e) h_i^e \end{cases} \tag{19-10}$$

它们由单元矩阵或矢量组合而成。于是式(19-9)可写为全域矩阵方程形式：

$$\sum_{J=1}^{N_{\mathrm{edge}}}\left(M_{IJ}\frac{\mathrm{d}^2\phi_J}{\mathrm{d}t^2}+P_{IJ}\frac{\mathrm{d}\phi_J}{\mathrm{d}t}+K_{IJ}\phi_J\right)+\sum_{Ja=1}^{N_{\mathrm{edge}}}+W_{I,Ja}\frac{\mathrm{d}\phi_{Ja}}{\mathrm{d}t}-h_I=0 \tag{19-11}$$

即

$$[M]\frac{\mathrm{d}^2}{\mathrm{d}t^2}\{\phi\}+[P]\frac{\mathrm{d}}{\mathrm{d}t}\{\phi\}+[W]\frac{\mathrm{d}}{\mathrm{d}t}\{\phi\}+[K]\{\phi\}-\{h\}=0 \tag{19-12}$$

式中，N_{edge} 维全域矢量[ϕ]为电场的棱边平行分量值，N_{edge} 维矢量$\{h\}$是激励源矢量，$N_{\mathrm{edge}}\times N_{\mathrm{edge}}$ 矩阵$[K]$，$[M]$，$[P]$，$[W]$由单元矩阵$[K^e]$，$[M^e]$，$[P^e]$，$[W^e]$组合而成。

三维情形全域矩阵和全域矢量组合的累加填充步骤和 17.3 节所述二维情形相同。需要注意的是，二维情形中一条全域棱边最多只有 2 个相邻单元，如 17.2 节所述。但在三维情形环绕一条全域棱边可有多个相邻单元，示意如图 19-2 所示，图中全域棱边 J 周边有四个四面体单元 PQAB、PQBC、PQCD 和 PQDA。

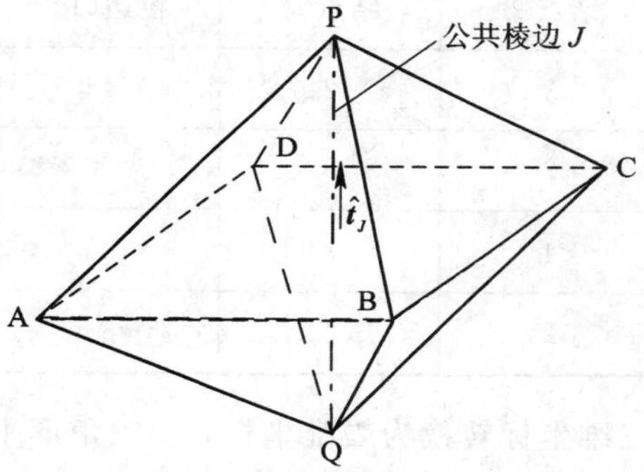

图 19-2　三维全域棱边的周边单元示意

19.1.2　表面三角形单元矩阵分量的计算

式(19-6)所定义积分 W_{ij}^e 涉及位于截断边界 Γ_{ABC} 的表面三角形积分 $\iint_{\Gamma_{\mathrm{ABC}}^e}\boldsymbol{N}_i^e\cdot\boldsymbol{N}_j^e\,\mathrm{d}\Gamma$，该积分计算可见 16.2 节式(16-37)第一式，结果为式(16-51)。这里需要注意两点：其一是如何应用二维三角形积分结果；其二是如何将其组合成三维全域矩阵。

下面考虑如何将四面体表面三角形顶点的三维坐标(x_i，y_i，z_i)转换为式(16-51)中三角形单元顶点的二维坐标(u_i，v_i)。四面体顶点和四个表面三角形如图 19-3 所示，假设其中一个三角形(例如图中 Sa)是截断边界面上的三角形。三角形单元结点①→②→③和外法向为右手规则，表面外法向和四面体表面三角形顶点顺序关系如表 19-1 所示。按照 16.2 节约定，三角形结点①的对边为棱边(1)等，表中也给出三角形三个棱边顺序，其中＋或－号表示三角形棱边(1)、(2)、(3)和四面体棱边之间的方向相同或相反。

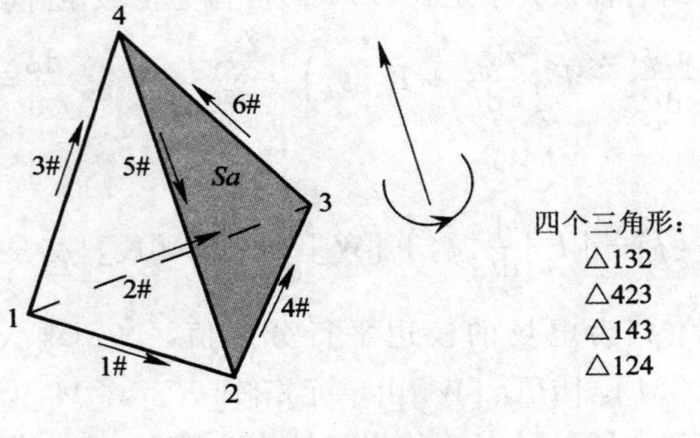

图 19-3　三维四面体单元及其表面三角形

表 19-1　四面体表面外法向和三角形顶点或棱边顺序编号

四面体表面三角形	四面体结点编号			四面体棱边编号		
	结点①	结点②	结点③	棱边(1)	棱边(2)	棱边(3)
△132	1	3	2	−4#	−1#	2#
△423	4	2	3	4#	6#	5#
△143	1	4	3	−6#	−2#	3#
△124	1	2	4	−5#	−3#	1#

为了将三角形顶点的三维坐标转换为二维坐标，在三角形平面建立局域坐标系，如图 19-4 所示。图中表面三角形顶点的局域编号①、②、③和外法向 $\boldsymbol{n}_{Sa}$ 之间满足右手规则，如 16.2 节所述。它们和四面体顶点编号之间对应关系见表 19-1。设表面三角形所在平面为 Sa，在此平面建立局域坐标系 uOv。选择 uOv 原点在顶点①，即结点①的坐标 $u_1=0$，$v_1=0$；由顶点①指向②为 u 轴。这时结点③必然有 $v_3>0$。设顶点①、②、③的全域坐标为 (x_1, y_1, z_1)，(x_2, y_2, z_2)，(x_3, y_3, z_3)，局域坐标为 (u_1, v_1)，(u_2, v_2)，(u_3, v_3)。于是结点②和③的局域坐标可由下式计算：

$$\begin{cases} u_2 = l_{12} = \sqrt{(x_2-x_1)^2+(y_2-y_1)^2+(z_2-z_1)^2} \\ v_2 = 0 \\ u_3 = l_{13}\cos\varphi_1 = \dfrac{\boldsymbol{l}_{13}\cdot\boldsymbol{l}_{12}}{l_{12}} \\ \quad = \dfrac{(x_3-x_1)(x_2-x_1)+(y_3-y_1)(y_2-y_1)+(z_3-z_1)(z_2-z_1)}{\sqrt{(x_2-x_1)^2+(y_2-y_1)^2+(z_2-z_1)^2}} \\ \cos\varphi_1 = \dfrac{u_3}{l_{13}},\ \sin\varphi_1 = \sqrt{1-\cos^2\varphi_1} \\ v_3 = l_{13}\sin\varphi_1 = \sin\varphi_1\sqrt{(x_3-x_1)^2+(y_3-y_1)^2+(z_3-z_1)^2} \end{cases} \tag{19-13}$$

获得表面三角形的二维坐标后就可以用 16.2 节三角形单元积分计算公式，例如由式(16-37)得到 $\iint_{\Omega_e} \boldsymbol{N}_i^e \cdot \boldsymbol{N}_j^e \mathrm{d}S = F_{ij}^e$，这里 e 代表四面体表面三角形单元，i，$j=1, 2, 3$ 是表面三角形单元的棱边编号，F_{ij}^e 是表面三角形单元矩阵。

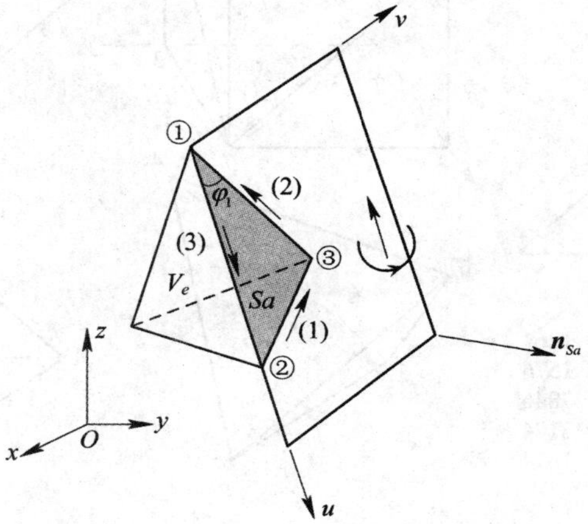

图 19-4　四面体表面三角形的局域坐标系

从表面三角形单元矩阵到全域矩阵的组合方式和 17.2 节相同，只是这里的三角形单元分布在曲面上。设三角形棱边和全域棱边的对应关系为 $(i, e)=I$，$(j, e)=J$，由式(17-22)得到组合的累加填充公式为

$$F_{IJ} = \sum_{(i,e)=I} (\hat{\boldsymbol{t}}_I \cdot \hat{\boldsymbol{t}}_i^e) \sum_{(j,e)=J} \sum_{j=1}^{3} (\hat{\boldsymbol{t}}_J \cdot \hat{\boldsymbol{t}}_j^e) F_{ij}^e \tag{19-14}$$

其中，$\hat{\boldsymbol{t}}_I$，$\hat{\boldsymbol{t}}_i^e$ 分别是全域棱边和表面单元棱边的切向单位矢。

19.1.3　基于矩形块的结构性四面体单元

三维 FETD 中有时用到一类四面体单元，是在矩形块的基础上再划分而成。一个三维矩形块最少可划分成五个四面体，如图 19-5 所示，图中还单独给出五个四面体 1264、1576、7846、3174 和 1674 的形状。对于立方体($l_x=l_y=l_z$)，四面体 1264、1576、7846、3174 有三个面是等腰直角三角形，另一个面是等边三角形；中心四面体 1674 的四个面均为等边三角形(Wang 等，2006)。由于这样划分后两个对角线棱边(例如图中棱边 47 和 61)彼此不平行，在整个 PML 区单元划分时需要适当旋转矩形块才能使相邻四面体相互连接。

三维矩形块也可划分成六个四面体，如图 19-6 所示，分别为 1738、2348、1328、1678、1268 和 1576。对于立方体($l_x=l_y=l_z$)，其中两个四面体 2348、1576 有三个面是等腰直角三角形，另一个面是等边三角形；另外两个四面体 1268 和 1738 有两个面是等腰直角三角形，另两个面是直角三角形；而四面体 1678 和 1328 有一个面是等腰直角三角形，两个面是直角三角形，另一个面为等边三角形。这种矩形块平移后对面两侧对角线棱边(例如图中棱边 16 和 38)彼此重合，便于应用。

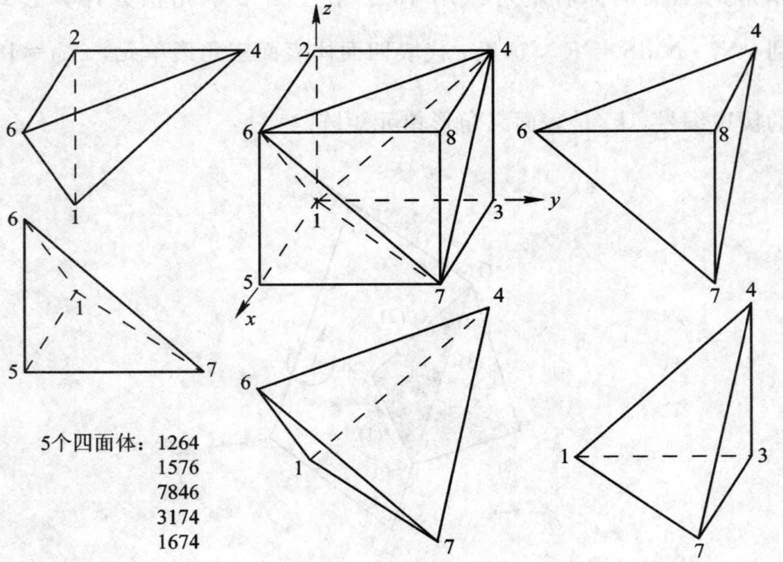

图 19-5 矩形块划分为 5 个四面体单元

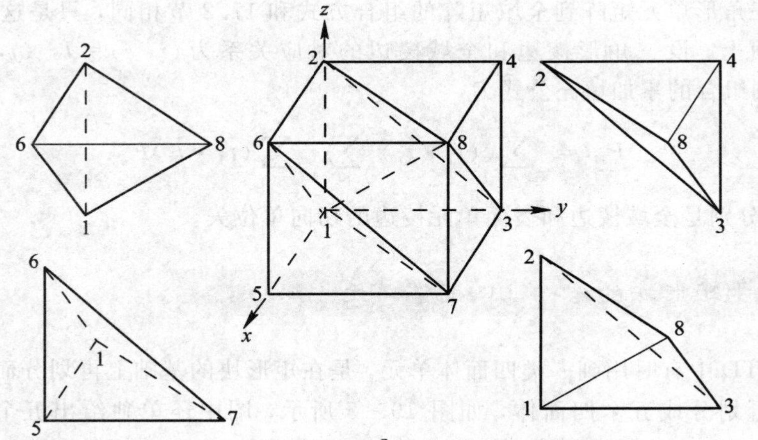

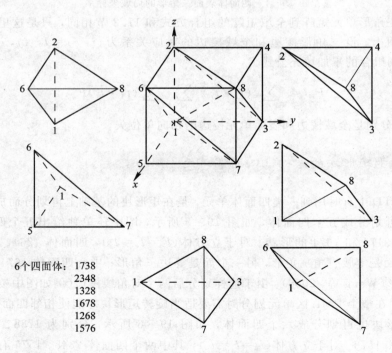

图 19-6 矩形块划分为 6 个四面体单元

19.1.4 电偶极子辐射算例

【算例 19-1】 设电偶极矩为 $p = ql$，采用电流表示时 $I=\mathrm{d}q/\mathrm{d}t=\mathrm{j}\omega q$，于是电流元为

$$\begin{cases} Il = \mathrm{j}\omega p \\ Il = \dfrac{\partial p}{\partial t} \end{cases} \tag{19-15}$$

设电偶极子位于原点且平行于 z 轴，即 $\boldsymbol{p}(\boldsymbol{r}, t)=\hat{\boldsymbol{z}}p(t)\delta(x)\delta(y)\delta(z)$，自由空间中其辐射场的解析解(葛德彪，闫玉波，2011)为

$$\boldsymbol{E}(\boldsymbol{r}, t) = \frac{\mu}{4\pi r}\left\{\hat{\boldsymbol{r}}\left[\frac{c}{r}\frac{\partial}{\partial t}+\frac{c^2}{r^2}\right]2\cos\theta+\hat{\boldsymbol{\theta}}\left[\frac{\partial^2}{\partial t^2}+\frac{c}{r}\frac{\partial}{\partial t}+\frac{c^2}{r^2}\right]\sin\theta\right\}p\left(t-\frac{r}{c}\right) \tag{19-16}$$

上式可以作为 FETD 计算电偶极子辐射的对比和检验。

首先讨论 FETD 中电偶极子源的设置。设电流元 $I(t)l$ 放置在四面体单元 e 棱边 j # 的中点，电流元平行于棱边，即 $\hat{\boldsymbol{l}}=\hat{\boldsymbol{t}}_j^e$，如图 19-7 所示。电偶极子的电流密度为

$$\boldsymbol{J}(\boldsymbol{r}, t) = \hat{\boldsymbol{l}}\, I(t)l\delta(x-x')\delta(y-y')\delta(z-z') \tag{19-17}$$

激励源矢量如式(19-6)，

$$h_i^e = -\iiint_{\Omega^e}\boldsymbol{N}_i^e\cdot\frac{\partial\boldsymbol{J}}{\partial t}\mathrm{d}\Omega \tag{19-18}$$

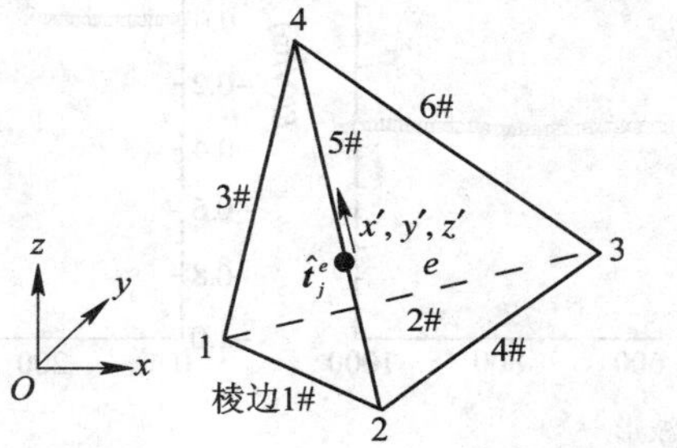

图 19-7　电偶极子位于四面体单元棱边上

由于棱边基函数在自身棱边的平行分量等于 1，在非自身棱边的平行分量为零，式(19-17)代入式(19-18)可得

$$h_j^e = -\iiint_{\Omega^e}\boldsymbol{N}_j^e\cdot\frac{\partial\boldsymbol{J}}{\partial t}\mathrm{d}\Omega = -\boldsymbol{N}_j^e\cdot\hat{\boldsymbol{t}}_j^e l\frac{\mathrm{d}I}{\mathrm{d}t} = -l\frac{\mathrm{d}I}{\mathrm{d}t} \tag{19-19}$$

设单元和全域棱边对应关系为$(e, j)=J$，方向因子为$\hat{\boldsymbol{t}}_j^e\cdot\hat{\boldsymbol{t}}_J$。根据式(19-10)，全域激励源矢量分量(只有一个非零分量)为

$$h_J = (\hat{\boldsymbol{t}}_j^e\cdot\hat{\boldsymbol{t}}_J)h_j^e = -(\hat{\boldsymbol{t}}_j^e\cdot\hat{\boldsymbol{t}}_J)l\frac{\mathrm{d}I}{\mathrm{d}t} \tag{19-20}$$

其它分量均为零。

【算例 19-2】 电偶极子辐射。计算域为 4 m×4 m×4 m，剖分为 273 236 个四面体，49 351 个结点，335 141 条棱边，棱边长约 0.1 m，截断边界采用一阶吸收边界条件，如图 19-8 所示。电偶极子电流为高斯脉冲，$\tau=t_0=200\Delta t$，$\Delta t=2.5\times10^{-11}$ s。电偶极子平行于 z 轴，位于坐标原点(计算域中心)。设置观察点 $V1$ 和 $V2$ 沿 y 轴距离电偶极子分别为 0.4 m 和 0.8 m。两个观察点的归一化远区场波形如图 19-9 所示。作为比较，图中也给出解析解式(19-16)的结果。由图可见二者相符。

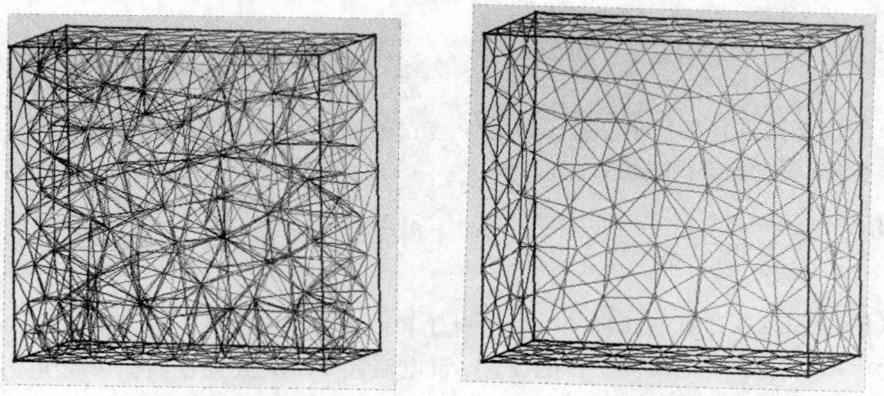

(a) 四面体单元　　(b) 表面三角形单元

图 19-8　计算域单元划分示意图

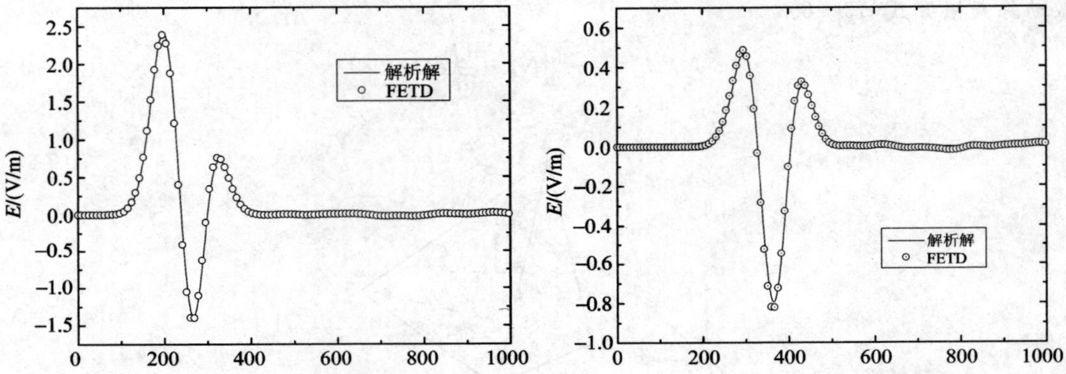

(a) $V1$点波形　　(b) $V2$点波形

图 19-9　电偶极子辐射时域波形

19.2　平面波加入的总场区域加源方法

和二维情形一样，三维平面波的加入也有总场区域加源和总场边界加源两种途径。这里仅讨论总场区域加源方法。

19.2.1　弱解形式和矩阵方程

参照二维平面波加入的弱解形式(18-7)，改写为三维形式，得到

$$
\begin{aligned}
&\iiint_{\Omega} \boldsymbol{v} \cdot \left[\varepsilon \frac{\partial^2 \boldsymbol{E}}{\partial t^2} + \sigma \frac{\partial \boldsymbol{E}}{\partial t}\right] \mathrm{d}\Omega + \iiint_{\Omega} (\nabla \times \boldsymbol{v}) \cdot \left(\frac{1}{\mu} \nabla \times \boldsymbol{E}\right) \mathrm{d}\Omega \\
&\quad + \oiint_{\Gamma_t} \boldsymbol{v} \cdot \left[n_{\Omega_t} \times \left(\frac{1}{\mu_0} \nabla \times \boldsymbol{E}_{\mathrm{inc}}\right)\right] \mathrm{d}\Gamma - \oiint_{\Gamma_{\mathrm{ABC}}} \boldsymbol{v} \cdot \left[Y_0 \frac{\partial}{\partial t} \boldsymbol{n}_{\Omega_s} \times (\boldsymbol{n}_{\Omega_s} \times \boldsymbol{E})\right] \mathrm{d}\Gamma \\
&= 0 \qquad (19-21)
\end{aligned}
$$

由 18.2 节，入射波方程将上式改写为

$$\iiint_{\Omega}\boldsymbol{v}\cdot\left[\varepsilon\frac{\partial^2\boldsymbol{E}}{\partial t^2}+\sigma\frac{\partial\boldsymbol{E}}{\partial t}\right]\mathrm{d}\Omega+\iiint_{\Omega}(\nabla\times\boldsymbol{v})\cdot\left(\frac{1}{\mu}\nabla\times\boldsymbol{E}\right)\mathrm{d}\Omega-\iiint_{\Omega_t}\boldsymbol{v}\cdot\varepsilon_0\frac{\partial^2\boldsymbol{E}_{\mathrm{inc}}}{\partial t^2}\mathrm{d}\Omega$$
$$-\iiint_{\Omega_t}(\nabla\times\boldsymbol{v})\cdot\left(\frac{1}{\mu_0}\nabla\times\boldsymbol{E}_{\mathrm{inc}}\right)\mathrm{d}\Omega-\oiint_{\Gamma_{\mathrm{ABC}}}\boldsymbol{v}\cdot\left[Y_0\frac{\partial}{\partial t}\boldsymbol{n}_{\Omega_s}\times(\boldsymbol{n}_{\Omega_s}\times\boldsymbol{E})\right]\mathrm{d}\Gamma$$
$$=0 \tag{19-22}$$

上式中入射波出现在总场区域 Ω_t，故称为总场区域加源方法。将计算域划分为许多单元，并将待求函数用基函数展开，再取权函数为基函数得到类似式(18-13)的形式，于是上式变为

$$\sum_{j=1}^{6}E_j^e\iiint_{\Omega^e}(\nabla\times\boldsymbol{N}_i^e)\cdot\left(\frac{1}{\mu}\nabla\times\boldsymbol{N}_j^e\right)\mathrm{d}\Omega+\sum_{j=1}^{6}\frac{\mathrm{d}^2E_j^e}{\mathrm{d}t^2}\iiint_{\Omega^e}\varepsilon\boldsymbol{N}_i^e\cdot\boldsymbol{N}_j^e\mathrm{d}\Omega$$
$$+\sum_{j=1}^{6}\frac{\mathrm{d}E_j^e}{\mathrm{d}t}\iiint_{\Omega^e}\sigma\boldsymbol{N}_i^e\cdot\boldsymbol{N}_j^e\mathrm{d}\Omega-\sum_{ja=1}^{3}\frac{\mathrm{d}E_{ja}^e}{\mathrm{d}t}\iint_{\Gamma_{\mathrm{ABC}}^e}\boldsymbol{N}_i^e\cdot[Y_0\boldsymbol{n}_{\Omega_s}\times(\boldsymbol{n}_{\Omega_s}\times\boldsymbol{N}_{ja}^e)]\mathrm{d}\Gamma$$
$$-\sum_{j=1}^{6}E_{\mathrm{inc}}^{\tan}\Big|_j^e\iiint_{\Omega^e}(\nabla\times\boldsymbol{N}_i^e)\cdot\left(\frac{1}{\mu_0}\nabla\times\boldsymbol{N}_j^e\right)\mathrm{d}\Omega-\sum_{j=1}^{6}\frac{\mathrm{d}^2E_{\mathrm{inc}}^{\tan}\big|_j^e}{\mathrm{d}t^2}\iiint_{\Omega^e}\varepsilon_0\boldsymbol{N}_i^e\cdot\boldsymbol{N}_j^e\mathrm{d}\Omega$$
$$=0 \tag{19-23}$$

其中沿 ABC 界面积分 $\iint_{\Gamma_{\mathrm{ABC}}^e}\boldsymbol{N}_i^e\cdot[Y_0\boldsymbol{n}_{\Omega_s}\times(\boldsymbol{n}_{\Omega_s}\times\boldsymbol{N}_{ja}^e)]\mathrm{d}\Gamma$ 可参见 19.1.2 节分析。注意上式中电场 $\boldsymbol{E}$ 在总场区和散射场区具有不同含义，如式(18-6)所示。计算域按单元划分后，特别认定：总场区内包括总场边界上的棱边都属于总场；散射场区内(不含总场边界)棱边属于散射场。电场按照基函数展开时，总场边界 Γ_t 总场区一侧三角形的棱边都属于总场。需要注意：总场边界散射场区一侧的四面体，如图 19-10 所示，图中四面体 $e1$ 只有一条棱边 1#属于总场，四面体 $e2$ 则有 3 条棱边 1#，2#，4#属于总场。参照式(18-15)和式(18-16)，将式(19-23)左端第一和第二两项应当修改为

$$\begin{cases}\displaystyle\sum_{j=1}^{6}E_j^e\iiint_{\Omega^e}\frac{1}{\mu}(\nabla\times\boldsymbol{N}_i^e)\cdot(\nabla\times\boldsymbol{N}_j^e)\mathrm{d}\Omega\Rightarrow\\ \displaystyle\qquad\sum_{j=1}^{6}E_j^e\iiint_{\Omega^e}\frac{1}{\mu}(\nabla\times\boldsymbol{N}_i^e)\cdot(\nabla\times\boldsymbol{N}_j^e)\mathrm{d}\Omega-\sum_{jt=1}^{3}E_{\mathrm{inc}}^{\tan}\Big|_{jt}^{es}\iiint_{\Omega^{es}}\frac{1}{\mu_0}(\nabla\times\boldsymbol{N}_i^{es})\cdot(\nabla\times\boldsymbol{N}_{jt}^{es})\mathrm{d}\Omega\\ \displaystyle\sum_{j=1}^{6}\frac{\mathrm{d}^2E_j^e}{\mathrm{d}t^2}\iiint_{\Omega^e}\varepsilon\boldsymbol{N}_i^e\cdot\boldsymbol{N}_j^e\mathrm{d}\Omega\Rightarrow\sum_{j=1}^{6}\frac{\mathrm{d}^2E_j^e}{\mathrm{d}t^2}\iiint_{\Omega^e}\varepsilon\boldsymbol{N}_i^e\cdot\boldsymbol{N}_j^e\mathrm{d}\Omega-\sum_{jt=1}^{3}\frac{\mathrm{d}^2E_{\mathrm{inc}}^{\tan}\big|_{jt}^{es}}{\mathrm{d}t^2}\iiint_{\Omega^{es}}\varepsilon_0\boldsymbol{N}_i^{es}\cdot\boldsymbol{N}_{jt}^{es}\mathrm{d}\Omega\end{cases} \tag{19-24}$$

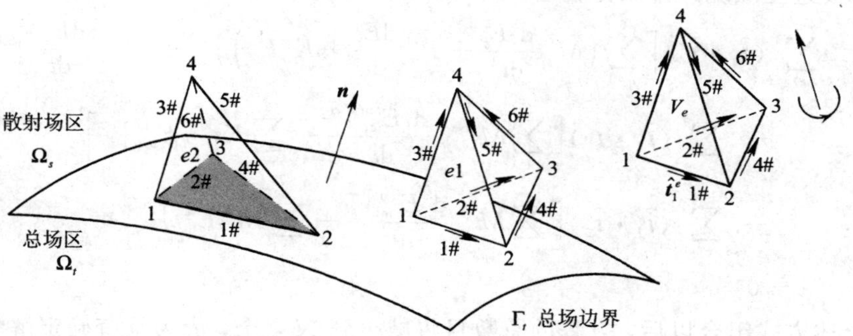

图 19-10　总场边界散射场区一侧的单元

修改后的第一项适用于整个计算域，第二项中 es 代表总场边界散射场区一侧的单元，jt 代表单元 es 位于总场边界 Γ_t 上的棱边，可以是1条或3条，如图 19-10 所示。式(19-23)左端第三项无需改写，因为物体所在单元不会置于总场边界上。参照式(18-18)和式(19-6)定义的单元矩阵

$$\begin{cases} K_{ij}^e = \iiint\limits_{\Omega^e} \dfrac{1}{\mu}(\nabla\times\boldsymbol{N}_i^e)\cdot(\nabla\times\boldsymbol{N}_j^e)\mathrm{d}\Omega \simeq \dfrac{1}{\mu_e}\iiint\limits_{\Omega^e}(\nabla\times\boldsymbol{N}_i^e)\cdot(\nabla\times\boldsymbol{N}_j^e)\mathrm{d}\Omega \\ M_{ij}^e = \iiint\limits_{\Omega^e}\varepsilon\boldsymbol{N}_i^e\cdot\boldsymbol{N}_j^e\mathrm{d}\Omega \simeq \varepsilon_e\iiint\limits_{\Omega^e}\boldsymbol{N}_i^e\cdot\boldsymbol{N}_j^e\mathrm{d}\Omega \\ P_{ij}^e = \iiint\limits_{\Omega^e}\sigma\boldsymbol{N}_i^e\cdot\boldsymbol{N}_j^e\mathrm{d}\Omega \simeq \sigma_e\iiint\limits_{\Omega^e}\boldsymbol{N}_i^e\cdot\boldsymbol{N}_j^e\mathrm{d}\Omega \\ W_{ij}^e = \delta_{j,\,ja}\iint\limits_{\Gamma_{\mathrm{ABC}}^e} Y\boldsymbol{N}_i^e\cdot\boldsymbol{N}_j^e\mathrm{d}\Gamma \simeq \delta_{j,\,ja}Y_e\iint\limits_{\Gamma_{\mathrm{ABC}}^e}\boldsymbol{N}_i^e\cdot\boldsymbol{N}_j^e\mathrm{d}\Gamma \\ Ks_{ij}^e = \delta_{e,\,es}K_{ij}^e,\ Ms_{ij}^e = \delta_{e,\,es}M_{ij}^e,\ \varepsilon=\varepsilon_0,\ \mu=\mu_0,\ j=jt \end{cases} \tag{19-25}$$

以及

$$Kt_{ij}^e = \delta_{e,\,et}K_{ij}^e,\ Mt_{ij}^e = \delta_{e,\,et}M_{ij}^e,\ et\in\Omega_t,\ \varepsilon_e=\varepsilon_0,\ \mu_e=\mu_0 \tag{19-26}$$

其中 et 代表总场区内的单元。于是式(19-23)的单元矩阵方程形式为

$$\sum_{j=1}^{6}K_{ij}^e E_j^e - \sum_{jt=1}^{3}Ks_{i,\,jt}^{es}E_{\mathrm{inc}}^{\tan}\Big|_{jt}^{es} + \sum_{j=1}^{6}M_{ij}^e\frac{\mathrm{d}^2E_j^e}{\mathrm{d}t^2} - \sum_{jt=1}^{3}Ms_{i,\,jt}^{es}\frac{\mathrm{d}^2E_{\mathrm{inc}}^{\tan}\big|_{jt}^{es}}{\mathrm{d}t^2}$$
$$+\sum_{j=1}^{6}P_{ij}^e\frac{\mathrm{d}E_j^e}{\mathrm{d}t} + \sum_{ja=1}^{3}W_{i,\,ja}^e\frac{\mathrm{d}E_{ja}^e}{\mathrm{d}t} - \sum_{j=1}^{6}Mt_{ij}^{et}\frac{\mathrm{d}^2E_{\mathrm{inc}}^{\tan}\big|_j^{et}}{\mathrm{d}t^2} - \sum_{j=1}^{6}Kt_{ij}^{et}E_{\mathrm{inc}}^{\tan}\Big|_j^{et}$$
$$=0 \tag{19-27}$$

其中，ja 代表位于 Γ_{ABC} 上的棱边。以上方程组中方程总数 $6\times N_{\mathrm{element}}$ 大于待求量数目 N_{edge}，所以这是一个冗余方程组。

为了除去方程组的冗余性，可以采取组合来减少方程数目。以下记局域和全域棱边对应关系为 $(i,e)=I$ 以及 $(j,e)=J$。通常一个全域棱边可对应于若干个(三维情形可多到6个)局域棱边。将 I 相同但 (i,e) 不同的几个方程乘以方向因子 $\hat{\boldsymbol{t}}_I\cdot\hat{\boldsymbol{t}}_i^e$ 后相加成为一个方程，并按照棱边全域编号排列方程后，式(19-27)变为

$$\sum_{(i,\,e)=I}(\hat{\boldsymbol{t}}_I\cdot\hat{\boldsymbol{t}}_i^e)\left[\sum_{j=1}^{6}\left(M_{ij}^e\frac{\mathrm{d}^2E_j^e}{\mathrm{d}t^2}+P_{ij}^e\frac{\mathrm{d}E_j^e}{\mathrm{d}t}+K_{ij}^eE_j^e\right)+\sum_{ja=1}^{3}W_{i,\,ja}^e\frac{\mathrm{d}E_{ja}^e}{\mathrm{d}t}\right]$$
$$-\sum_{(i,\,e)=I}(\hat{\boldsymbol{t}}_I\cdot\hat{\boldsymbol{t}}_i^e)\left[\sum_{jt=1}^{3}Ms_{i,\,jt}^{es}\frac{\mathrm{d}^2E_{\mathrm{inc}}^{\tan}\big|_{jt}^{es}}{\mathrm{d}t^2}+\sum_{jt=1}^{3}Ks_{i,\,jt}^{es}E_{\mathrm{inc}}^{\tan}\Big|_{jt}^{es}\right]$$
$$-\sum_{(i,\,e)=I}(\hat{\boldsymbol{t}}_I\cdot\hat{\boldsymbol{t}}_i^e)\left[\sum_{j=1}^{6}Mt_{ij}^{et}\frac{\mathrm{d}^2E_{\mathrm{inc}}^{\tan}\big|_j^{et}}{\mathrm{d}t^2}+\sum_{j=1}^{6}Kt_{ij}^{et}E_{\mathrm{inc}}^{\tan}\Big|_j^{et}\right]$$
$$=0 \tag{19-28}$$

按照上述方式组合以后，方程的总数目将减少到 N_{edge} 个，成为具有确定解的方程组。

将单元和全域棱边函数对应关系式(17-16)，即 $E_j^e=(\hat{\boldsymbol{t}}_J\cdot\hat{\boldsymbol{t}}_j^e)\phi_J$，以及式(18-21)所

示 $E_{inc}^{tan}|_j^e = (\hat{t}_J \cdot \hat{t}_j^e) E_{inc}^{tan}|_J$ 代入上式，并将相同 ϕ_J 项合并后，得到

$$\begin{aligned}
&\sum_{J=1}^{N_{edge}} \sum_{(i,\,e)=I} (\hat{t}_I \cdot \hat{t}_i^e) \left[\sum_{(j,\,e)=J} \sum_{j=1}^{6} (\hat{t}_J \cdot \hat{t}_j^e) \left(M_{ij}^e \frac{d^2 \phi_J}{dt^2} + P_{ij}^e \frac{d\phi_J}{dt} + K_{ij}^e \phi_J \right) \right] \\
&\quad + \sum_{Ja=1}^{N_{edge}} \sum_{(i,\,e)=I} (\hat{t}_I \cdot \hat{t}_i^e) \sum_{(ja,\,e)=Ja} \sum_{ja=1}^{3} (\hat{t}_{Ja} \cdot \hat{t}_{ja}^e) W_{i,\,ja}^e \frac{d\phi_{Ja}}{dt} \\
&\quad - \sum_{Jt=1}^{N_{edge}} \sum_{(i,\,es)=I} (\hat{t}_I \cdot \hat{t}_i^{es}) \sum_{(jt,\,es)=Jt} \sum_{jt=1}^{3} (\hat{t}_{Jt} \cdot \hat{t}_{jt}^{es}) \left[Ms_{i,\,jt}^{es} \frac{d^2 E_{inc}^{tan}|_{Jt}}{dt^2} + Ks_{i,\,jt}^{es} E_{inc}^{tan}|_{Jt} \right] \\
&\quad - \sum_{J=1}^{N_{edge}} \sum_{(i,\,et)=I} (\hat{t}_I \cdot \hat{t}_i^{et}) \sum_{(j,\,et)=J} \sum_{j=1}^{6} (\hat{t}_J \cdot \hat{t}_j^{et}) \left[Mt_{ij}^{et} \frac{d^2 E_{inc}^{tan}|_J}{dt^2} + Kt_{ij}^{et} E_{inc}^{tan}|_J \right] \\
&\quad = 0
\end{aligned} \tag{19-29}$$

记全域矩阵为

$$\left\{\begin{aligned}
M_{IJ} &= \sum_{(i,\,e)=I} (\hat{t}_I \cdot \hat{t}_i^e) \sum_{(j,\,e)=J} \sum_{j=1}^{6} (\hat{t}_J \cdot \hat{t}_j^e) M_{ij}^e \\
K_{IJ} &= \sum_{(i,\,e)=I} (\hat{t}_I \cdot \hat{t}_i^e) \sum_{(j,\,e)=J} \sum_{j=1}^{6} (\hat{t}_J \cdot \hat{t}_j^e) K_{ij}^e \\
P_{IJ} &= \sum_{(i,\,e)=I} (\hat{t}_I \cdot \hat{t}_i^e) \sum_{(j,\,e)=J} \sum_{j=1}^{6} (\hat{t}_J \cdot \hat{t}_j^e) P_{ij}^e \\
W_{I,\,Ja} &= \sum_{(i,\,e)=I} (\hat{t}_I \cdot \hat{t}_i^e) \sum_{(ja,\,e)=Ja} \sum_{ja=1}^{3} (\hat{t}_{Ja} \cdot \hat{t}_{ja}^e) W_{i,\,ja}^e \\
Ms_{I,\,Jt} &= \sum_{(i,\,es)=I} (\hat{t}_I \cdot \hat{t}_i^{es}) \sum_{(jt,\,es)=Jt} \sum_{jt=1}^{3} (\hat{t}_{Jt} \cdot \hat{t}_{jt}^{es}) Ms_{i,\,jt}^{es} \\
Ks_{I,\,Jt} &= \sum_{(i,\,es)=I} (\hat{t}_I \cdot \hat{t}_i^{es}) \sum_{(jt,\,es)=Jt} \sum_{jt=1}^{3} (\hat{t}_{Jt} \cdot \hat{t}_{jt}^{es}) Ms_{i,\,jt}^{es} \\
Mt_{IJ} &= \begin{cases} M_{IJ}, & I,\,J \in \Omega_t,\ \varepsilon = \varepsilon_0,\ \mu = \mu_0 \\ 0, & \text{其它} \end{cases} \\
Kt_{IJ} &= \begin{cases} K_{IJ}, & I,\,J \in \Omega_t,\ \varepsilon = \varepsilon_0,\ \mu = \mu_0 \\ 0, & \text{其它} \end{cases}
\end{aligned}\right. \tag{19-30}$$

以及全域矢量为

$$h_I = \sum_{J=1}^{N_{edge}} \left(Mt_{IJ} \frac{d^2 E_{inc}^{tan}|_J}{dt^2} + Kt_{IJ} E_{inc}^{tan}|_J \right) + \sum_{Jt=1}^{N_{edge}} \left(Ms_{I,\,Jt} \frac{d^2 E_{inc}^{tan}|_{Jt}}{dt^2} + Ks_{I,\,Jt} E_{inc}^{tan}|_{Jt} \right) \tag{19-31}$$

它们由单元矩阵或矢量组合而成。于是式(19－29)可写为全域矩阵方程形式，即

$$\sum_{J=1}^{N_{edge}} \left(M_{IJ} \frac{d^2 \phi_J}{dt^2} + P_{IJ} \frac{d\phi_J}{dt} + K_{IJ} \phi_J \right) + \sum_{Ja=1}^{N_{edge}} + W_{I,\,Ja} \frac{d\phi_{Ja}}{dt} - h_I = 0 \tag{19-32}$$

即

$$[M] \frac{d^2}{dt^2} \{\phi\} + [P] \frac{d}{dt} \{\phi\} + [W] \frac{d}{dt} \{\phi\} + [K] \{\phi\} - \{h\} = 0 \tag{19-33}$$

式(19-31)所示激励源$\{h\}$中第一项求和在总场区范围内，第二项求和在总场区边界上；全域矢量$\{E_{inc}^{tan}\}$的N_{edge}个分量等于入射波在全域棱边的投影值。全域矩阵$[Mt]$，$[Kt]$和$[M]$，$[K]$类似，但仅当I，J为总场区(包含总场边界上)棱边时$Mt_{I,J}$，$Kt_{I,J}$不为零，且介质参数取为真空μ_0，ε_0；$[Ms]$，$[Ks]$由单元矩阵组合讨论见下节。

19.2.2 激励源矢量中矩阵$[Ms]$和$[Ks]$的组合

首先回顾18.2节所述二维情形$[Ms]$，$[Ks]$的组合。二维情形在总场边界散射场区一侧三角形单元只有一条棱边$J=Jt$位于总场边界上。所以$Ms_{I,Jt}$，$Ks_{I,Jt}$当$Jt=$常数时的一列元素只有3个是非零元素。

三维情形$[Ms]$，$[Ks]$的组合方式和18.2节所述二维情形类似，区别在于二维三角形单元在总场边界上的棱边只有一条，而三维四面体单元在总场边界上的棱边可以是1条或3条。换言之，总场边界棱边$J=Jt$周围在散射场区一侧通常有不只一个四面体单元。每一个四面体有6条棱边。因此$Ms_{I,Jt}$，$Ks_{I,Jt}$当$Jt=$常数时的一列元素中非零元素会大于6。例如图19-11中设$J=Jt$周围4个单元中散射场区一侧有2个四面体PQAB和PQAD，另外2个四面体PQCB和PQCD在总场区内。图中总场边界棱边Jt即PQ，四面体PQAB和PQAD中的另外四条棱边PB、QB、PD、QD也在总场边界Γ_t上，而PA、QA、AB、AD四条棱边则属于散射场区一侧单元的棱边。所以，对于图19-11所示情形，$Ms_{I,Jt}$，$Ks_{I,Jt}$当$Jt=$常数时的一列元素中将有9个非零元素；如果总场边界棱边Jt周围在散射场区一侧多于2个四面体，$Ms_{I,Jt}$，$Ks_{I,Jt}$中非零元素会更多。

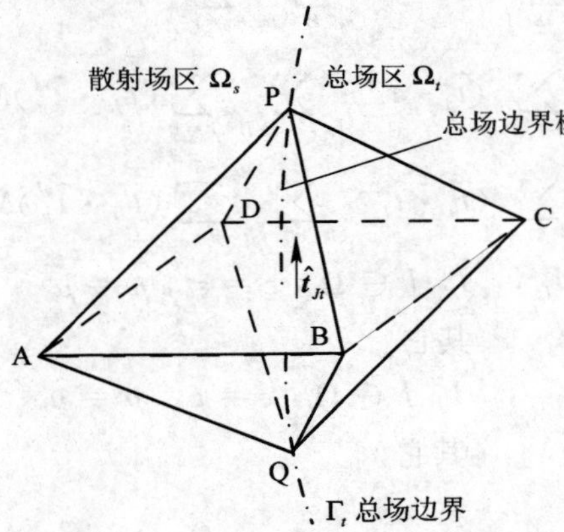

图 19-11 三维总场边界上棱边Jt周边单元示意

和二维情形一样，Ms_{IJ}和M_{IJ}只有少数分量相同，$[Ms]$比$[M]$更为稀疏，且$[Ms]$不是对称矩阵。$[Ms]$累加填充的步骤($[Ks]$相同)归纳如下：

(1) 将所有$[Ms]$分量设为零，即$Ms_{I,J}=0$。

(2) 寻找总场边界上全域棱边Jt。寻找环绕棱边Jt的总场边界散射场区一侧单元es，其中包含单元棱边$(jt, es)=Jt$。将$(\hat{t}_I \cdot \hat{t}_i^{es})(\hat{t}_{Jt} \cdot \hat{t}_{jt}^{es})M_{i,jt}^{es}$累加填充到$Ms_{I,Jt}$，其中棱边$(i, es)=I$，即$Ms_{I,Jt}=Ms_{I,Jt}+(\hat{t}_I \cdot \hat{t}_i^{es})(\hat{t}_{Jt} \cdot \hat{t}_{jt}^{es})M_{i,jt}^{es}$。

(3) 对所有环绕棱边Jt总场边界散射场区一侧单元es完成上述累加填充。

(4) 对所有总场边界棱边Jt完成上述步骤(2)和(3)的累加填充。

在程序实现中可以将上述[Ms]和[M]的累加填充同时进行。在计算得到 M_{ij}^e 后，将符合上述步骤(2)的 $M_{i,jt}^{es}$ 填充到[Ms]。

19.2.3　算例

【算例 19－3】 为了便于近场分布显示，将计算域划分为矩形块(边长为 $\delta=0.01$ m 的立方块)后每个矩形块再划分为 6 个四面体，如图 19－12(a)所示。图 19－12(b)为 $x=0$ 的截面，用来显示近场分布。设计算域为 $8\delta\times20\delta\times20\delta$，总场域为 $4\delta\times12\delta\times12\delta$，计算域离散为 19 200 个四面体单元，共 3969 个结点，24 608 条棱边。入射波为时谐场 $\lambda=1$ m，入射角度为 $\varphi=90°$，$\theta=90°$，$\alpha=0°$，即沿 y 轴正方向入射，电场沿 z 轴极化。时间步长 $\Delta t=2.5\times10^{-11}$ s，平面波的加入采用一维激励源空间方法，取 $dx=\delta$。计算得到电场在 $x=0$ 面的不同时间步电场矢量图如图 19－13 所示。计算耗时约 27 分钟。

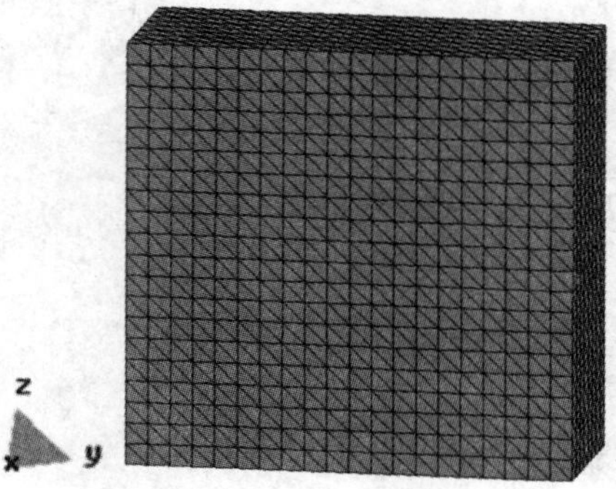

(a) 矩形块计算域

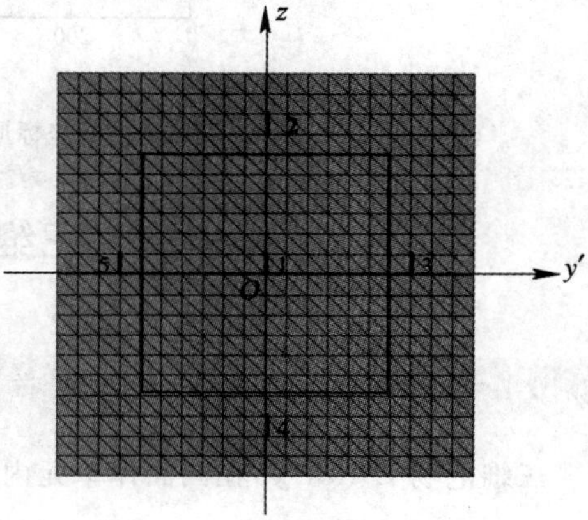

(b) x=0 截面

图 19－12　计算域划分为矩形块，每个矩形块再划分为 6 个四面体

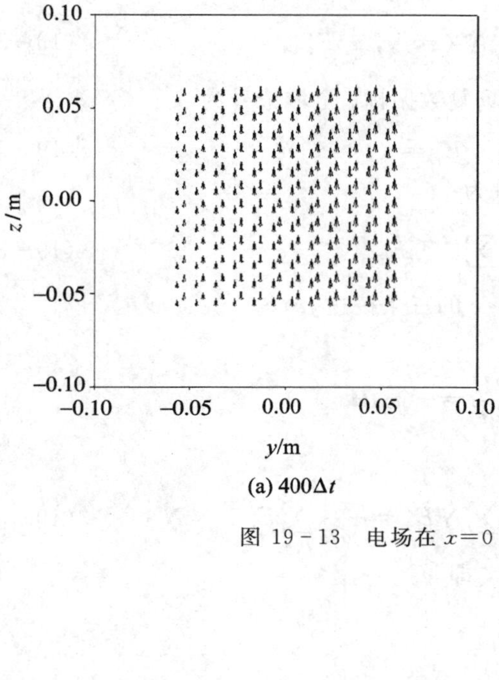

(a) 400Δt

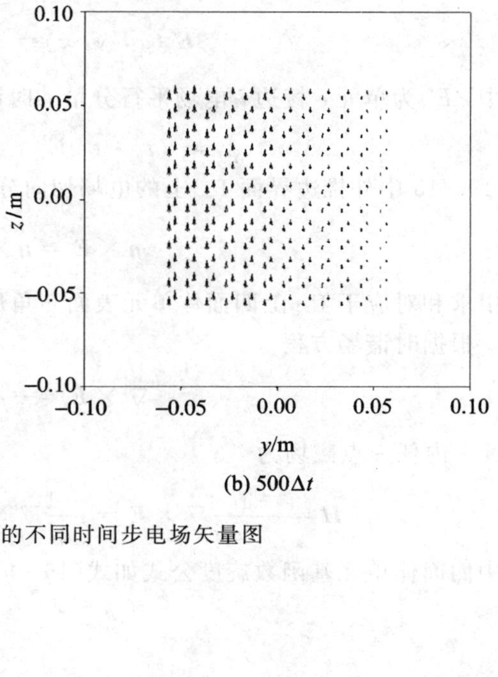

(b) 500Δt

图 19－13　电场在 $x=0$ 面的不同时间步电场矢量图

算例结果表明，平面波在总场区分布均匀，且在散射场区泄露较小。靠近坐标原点平行于 y 轴的棱边(图(b)中棱边 1)电场值随时间的变化如图 19－14 所示。由图可见，入射波场随时间的正弦变化。此外，在图 19－12(b)中，4 条棱边 2＃～5＃所观察到的入射波在散射场区泄露很小。

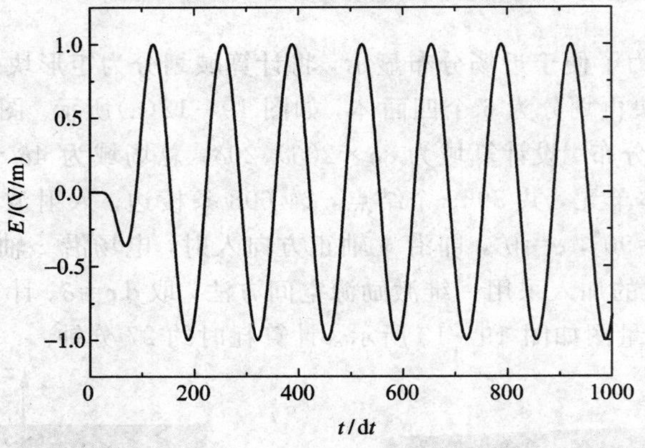

图 19－14　坐标原点附近棱边电场随时间变化

19.3　三维时谐场近场-远场外推

19.3.1　外推边界面上的等效电磁流

三维电场 $\boldsymbol{E}^e(x, y)$在四面体单元内可用棱边基函数展开为

$$\boldsymbol{E}^e(x, y, z, t) = \sum_{i=1}^{6} \boldsymbol{N}_i^e(x, y, z)E_i^e(t) \tag{19-34}$$

当采用时谐场复数表示时，上式改写为复数形式，即

$$\boldsymbol{E}^e(x, y, z) = \sum_{i=1}^{6} \boldsymbol{N}_i^e(x, y, z)\widetilde{E}_i^e \tag{19-35}$$

式中，$\widetilde{E}_i^e$ 为单元 e 棱边 i 电场平行分量的时谐场复数振幅。全域记号为

$$\widetilde{\phi}_J = (\hat{\boldsymbol{t}}_J \cdot \hat{\boldsymbol{t}}_j^e)\widetilde{E}_j^e \quad 或 \quad \widetilde{E}_j^e = (\hat{\boldsymbol{t}}_J \cdot \hat{\boldsymbol{t}}_j^e)\widetilde{\phi}_J \tag{19-36}$$

图 19－15 中外推边界面 Γ_{ext}上的电场切向分量为

$$\boldsymbol{n} \times \boldsymbol{E} = \boldsymbol{n} \times \sum_{jext=1}^{3} \boldsymbol{N}_{jext}^{ex}\widetilde{E}_{jext}^{ex} \tag{19-37}$$

其中求和对应于 Γ_{ext}上四面体单元表面三角形 ex 的三条棱边 $jext$。

根据时谐场方程

$$\nabla \times \boldsymbol{E} = -\mu \frac{\partial \boldsymbol{H}}{\partial t} = -\mathrm{j}\omega\mu \boldsymbol{H}$$

单元 e 内任一点磁场为

$$\boldsymbol{H} = \frac{1}{-\mathrm{j}\omega\mu}\nabla \times \boldsymbol{E} = \frac{-1}{\mathrm{j}\omega\mu}\nabla \times \sum_{i=1}^{6} \boldsymbol{N}_i^e\widetilde{E}_i^e = \frac{-1}{\mathrm{j}\omega\mu}\sum_{i=1}^{6} \widetilde{E}_i^e \nabla \times \boldsymbol{N}_i^e \tag{19-38}$$

其中四面体单元基函数旋度公式如式(16－91)，即

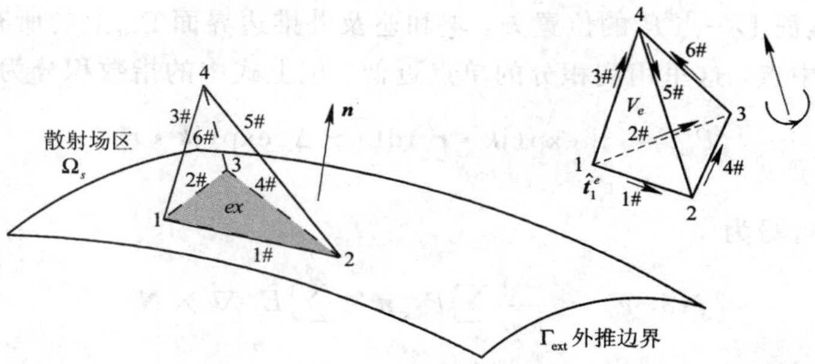

图 19-15　外推边界的外侧单元及边界棱边

$$\nabla \times \boldsymbol{N}_i^e = \frac{2l_i^e}{(6V_e)^2}\left[\hat{\boldsymbol{x}}(c_{i1}^e d_{i2}^e - c_{i2}^e d_{i1}^e) + \hat{\boldsymbol{y}}(b_{i2}^e d_{i1}^e - b_{i1}^e d_{i2}^e) + \hat{\boldsymbol{z}}(b_{i1}^e c_{i2}^e - b_{i2}^e c_{i1}^e)\right] \tag{19-39}$$

式中，$i1$ 和 $i2$ 代表棱边 i＃的两个端点，如表 16-4 所示。上式表明，单元 e 中磁场为常量。外推边界面 Γ_{ext}上的磁场切向分量为

$$\boldsymbol{n} \times \boldsymbol{H} = \frac{-1}{\mathrm{j}\omega\mu}\boldsymbol{n} \times \sum_{i=1}^{6} \widetilde{E}_i^e \nabla \times \boldsymbol{N}_i^e \tag{19-40}$$

式中，法向 $\boldsymbol{n}$ 可以由表面三角形的三个顶点确定。

外推边界处等效面磁流为

$$\boldsymbol{J}_m\big|_{\Gamma_{\text{ext}}} = -\boldsymbol{n} \times \boldsymbol{E}\big|_{\Gamma_{\text{ext}}} = -\boldsymbol{n} \times \sum_{jext=1}^{3} \widetilde{E}_{jext}^{ex} \boldsymbol{N}_{jext}^{ex} \tag{19-41}$$

上式中求和对应于表面三角形的三条棱边，例如图 19-15 所示四面体棱边 1＃、2＃和 4＃。利用式(18-48)，等效面电流为

$$\boldsymbol{J}\big|_{\Gamma_{\text{ext}}} = \boldsymbol{n} \times \boldsymbol{H}\big|_{\Gamma_{\text{ext}}} = \frac{-1}{\mathrm{j}\omega\mu}\boldsymbol{n} \times \sum_{i=1}^{6} \widetilde{E}_i^{ex} \nabla \times \boldsymbol{N}_i^{ex} \tag{19-42}$$

代入到 15.4 节电流矩和磁流矩公式(15-65)，得到

$$\begin{cases} \boldsymbol{f}(\theta, \varphi) = \oiint\limits_{\Gamma_{\text{ext}}} \boldsymbol{J}(\boldsymbol{r}')\exp(\mathrm{j}\boldsymbol{k}\cdot\boldsymbol{r}')\,\mathrm{d}\Gamma \\ \quad = \dfrac{-1}{\mathrm{j}\omega\mu}\sum\limits_{ex}\boldsymbol{n} \times \iint\limits_{\Gamma_{\text{ext}}^{ex}} \left(\sum\limits_{i=1}^{6}\widetilde{E}_i^{ex}\nabla\times\boldsymbol{N}_i^{ex}\right)\exp(\mathrm{j}\boldsymbol{k}\cdot\boldsymbol{r}')\,\mathrm{d}\Gamma \\ \quad = \dfrac{-1}{\mathrm{j}\omega\mu}\sum\limits_{ex}\boldsymbol{n} \times \sum\limits_{i=1}^{6}\widetilde{E}_i^{ex}\nabla\times\boldsymbol{N}_i^{ex}\iint\limits_{\Gamma_{\text{ext}}^{ex}}\exp(\mathrm{j}\boldsymbol{k}\cdot\boldsymbol{r}')\,\mathrm{d}\Gamma \\ \boldsymbol{f}_m(\theta, \varphi) = \oiint\limits_{\Gamma_{\text{ext}}} \boldsymbol{J}_m(\boldsymbol{r}')\exp(\mathrm{j}\boldsymbol{k}\cdot\boldsymbol{r}')\,\mathrm{d}\Gamma \\ \quad = -\sum\limits_{ex}\boldsymbol{n} \times \iint\limits_{\Gamma_{\text{ext}}^{ex}}\sum\limits_{jext=1}^{3}\boldsymbol{N}_{jext}^{ex}(\boldsymbol{r}')\widetilde{E}_{jext}^{ex}\exp(\mathrm{j}\boldsymbol{k}\cdot\boldsymbol{r}')\,\mathrm{d}\Gamma \\ \quad = -\sum\limits_{ex}\boldsymbol{n} \times \sum\limits_{jext=1}^{3}\widetilde{E}_{jext}^{ex}\iint\limits_{\Gamma_{\text{ext}}^{ex}}\boldsymbol{N}_{jext}^{ex}(\boldsymbol{r}')\exp(\mathrm{j}\boldsymbol{k}\cdot\boldsymbol{r}')\,\mathrm{d}\Gamma \\ \quad \simeq -\sum\limits_{ex}\boldsymbol{n} \times \sum\limits_{jext=1}^{3}\widetilde{E}_{jext}^{ex}\boldsymbol{N}_{jext}^{ex}(\boldsymbol{r}_c^{ex})\iint\limits_{\Gamma_{\text{ext}}^{ex}}\exp(\mathrm{j}\boldsymbol{k}\cdot\boldsymbol{r}')\,\mathrm{d}\Gamma \end{cases} \tag{19-43}$$

其中，$\boldsymbol{r}'$代表外推面上一点P的位置矢，求和遍及外推边界面Γ_{ext}上的所有三角形；$\boldsymbol{r}_c^{ex}$代表外推面上三角形中点，这里用到积分的单点近似。记上式中的指数积分为

$$P_{\text{ext}}^{ex}=\iint\limits_{\Gamma_{\text{ext}}^{ex}}\exp(\mathrm{j}\boldsymbol{k}\cdot\boldsymbol{r}')\mathrm{d}\Gamma\simeq\Delta_{ex}\exp(\mathrm{j}\boldsymbol{k}\cdot\boldsymbol{r}_c^{ex})\tag{19-44}$$

于是式(19-43)可写为

$$\begin{aligned}\boldsymbol{f}(\theta,\varphi)&=\frac{-1}{\mathrm{j}\omega\mu}\sum_{ex}P_{\text{ext}}^{ex}\boldsymbol{n}\times\sum_{i=1}^{6}\widetilde{E}_i^{ex}\nabla\times\boldsymbol{N}_i^{ex}\\\boldsymbol{f}_m(\theta,\varphi)&=-\sum_{ex}P_{\text{ext}}^{ex}\boldsymbol{n}\times\sum_{jext=1}^{3}\widetilde{E}_{jext}^{ex}\boldsymbol{N}_{jext}^{ex}(\boldsymbol{r}_c^{ex})\end{aligned}\tag{19-45}$$

19.3.2 远区电磁场

根据8.3节，三维情形远区电场为

$$\begin{cases}E_\theta=\dfrac{\exp(-\mathrm{j}kr)}{4\pi r}(-\mathrm{j}k)(Zf_\theta+f_{m\phi})\\E_\phi=\dfrac{\exp(-\mathrm{j}kr)}{4\pi r}(\mathrm{j}k)(-Zf_\phi+f_{m\theta})\end{cases}\tag{19-46}$$

以及

$$\begin{cases}f_\theta=f_x\cos\theta\cos\varphi+f_y\cos\theta\sin\varphi-f_z\sin\theta\\f_\varphi=-f_x\sin\varphi+f_y\cos\varphi\end{cases}\tag{19-47}$$

代入可得

$$\begin{cases}E_\theta=-\mathrm{j}k\dfrac{\exp(-\mathrm{j}kr)}{4\pi r}[Z(f_x\cos\theta\cos\varphi+f_y\cos\theta\sin\varphi-f_z\sin\theta)+(-f_{mx}\sin\varphi+f_{my}\cos\varphi)]\\E_\phi=jk\dfrac{\exp(-\mathrm{j}kr)}{4\pi r}[Z(f_x\sin\varphi-f_y\cos\varphi)+(f_{mx}\cos\theta\cos\varphi+f_{my}\cos\theta\sin\varphi-f_{mz}\sin\theta)]\end{cases}\tag{19-48}$$

19.3.3 电流矩和磁流矩的直角分量

为了获得式(19-48)中电磁流矩$\boldsymbol{f}$，$\boldsymbol{f}_m$的直角分量，需要计算式(19-45)中的$\boldsymbol{N}_{jext}^{ex}$、$\nabla\times\boldsymbol{N}_i^e$和法向单位矢$\boldsymbol{n}$的直角分量。四面体基函数旋度$\nabla\times\boldsymbol{N}_i^e$的直角分量形式如式(19-39)；四面体基函数$\boldsymbol{N}_{jext}^{ex}$的表示式如式(16-88)，即

$$\boldsymbol{N}_i^e=\boldsymbol{W}_{i1,i2}l_i^e=(L_{i1}^e\nabla L_{i2}^e-L_{i2}^e\nabla L_{i1}^e)l_i^e\tag{19-49}$$

其中，$i1$和$i2$代表棱边$i\#$的两个端点，如表16-4所示，以及

$$\begin{cases}L_j^e(x,y,z)=\dfrac{1}{6V_e}(a_j^e+b_j^ex+c_j^ey+d_j^ez)\\\nabla L_j^e(x,y,z)=\dfrac{1}{6V_e}(\hat{\boldsymbol{x}}b_j^e+\hat{\boldsymbol{y}}c_j^e+\hat{\boldsymbol{z}}d_j^e)\end{cases}\tag{19-50}$$

式中，系数a_j^e，b_j^e，c_j^e，d_j^e参见11.5节。注意：以上基函数的下标是四面体中的棱边编号，参见表19-1。

式(19-45)中表面三角形单元法向$\boldsymbol{n}$可以由表面三角形的三个顶点确定。参照19.1.2

节，设四面体位于外推界面的表面三角形三个顶点(以下采用 1，2，3 编号，实际上它们是四面体 6 个顶点中的 3 个)的全域坐标为(x_1, y_1, z_1)，(x_2, y_2, z_2)，(x_3, y_3, z_3)，如图 19－4 所示，则该三角形的法向单位矢为

$$\boldsymbol{n}=\frac{\boldsymbol{l}_{12}\times\boldsymbol{l}_{13}}{|\boldsymbol{l}_{12}\times\boldsymbol{l}_{13}|}=\frac{\boldsymbol{l}_{12}\times\boldsymbol{l}_{13}}{2\Delta_{ex}}=\frac{1}{2\Delta_{ex}}\begin{vmatrix}\hat{\boldsymbol{x}} & \hat{\boldsymbol{y}} & \hat{\boldsymbol{z}}\\ x_2-x_1 & y_2-y_1 & z_2-z_1\\ x_3-x_1 & y_3-y_1 & z_3-z_1\end{vmatrix}$$

$$\begin{aligned}&=\frac{1}{2\Delta_{ex}}[\hat{\boldsymbol{x}}(y_2-y_1)(z_3-z_1)-(z_2-z_1)(y_3-y_1)\\&\quad+\hat{\boldsymbol{y}}(z_2-z_1)(x_3-x_1)-(x_2-x_1)(z_3-z_1)\\&\quad+\hat{\boldsymbol{z}}(x_2-x_1)(y_3-y_1)-(y_2-y_1)(x_3-x_1)]\end{aligned}\tag{19-51}$$

其中，Δ_{ex}为表面三角形的面积。注意：上式中三角形顶点编号 1、2、3 和四面体表面三角形结点编号对应关系如表 19－1 所示。以上式(19－49)～式(19－51)代入式(19－45)便可得到电流矩和磁流矩的直角分量，再代入式(19－48)可得远区电场。

注意：以上公式中采用时谐场的复数表示，但是 FETD 计算得到的是全域棱边时域波形 $\phi_J(t)$；按照外推公式(19－45)，先计算得到单元棱边时域波形 $E_j^e(t)=(\hat{\boldsymbol{t}}_J\cdot\hat{\boldsymbol{t}}_j^e)\phi_J(t)$。将 $E_j^e(t)$转换为复数表示 $\tilde{E}_j^e$有两种途径：其一，若输入为时谐场(正弦波)，可以用 8.2 节所述的相位滞后法；其二，若输入为高斯脉冲，可以用 8.5 节所述的离散 Fourier 方法。

19.3.4　算例

【算例 19－4】　三维矩形块计算域的几个边界如图 19－16 所示，图中计算域为 2 m×2 m×2 m，外推边界为 1.4 m×1.4 m×1.4 m，总场域为 0.8 m×0.8 m×0.8 m，散射体为金属球，半径 $a=0.2$ m，离散尺度 $\delta=0.05$ m，计算域离散为 271 767 个四面体，共 49 397 个结点，333 958 条棱边。入射平面波为时谐场 $\lambda=1.5$ m，$dt=2.5\times10^{-11}$ s，入射角度为 $\varphi=90°$，$\theta=90°$，$\alpha=0°$，即沿 y 轴正方向入射，电场沿 z 轴极化。FETD 计算近场后外推得到远区双站 RCS，如图 19－17 所示，计算耗时约 4541 分钟。图(a)为 E 面(即 yOz 面)双站 RCS，取散射方向为 $\varphi=90°$，$\theta=0°\sim360°$，应当说明的是，图中 $\varphi=90°$，$\theta=180°\sim360°$的范围相当于 $\varphi=270°$，$\theta=0°\sim180°$(已作计算验证)；图(b)为 H 面(即 xOy 面)双站

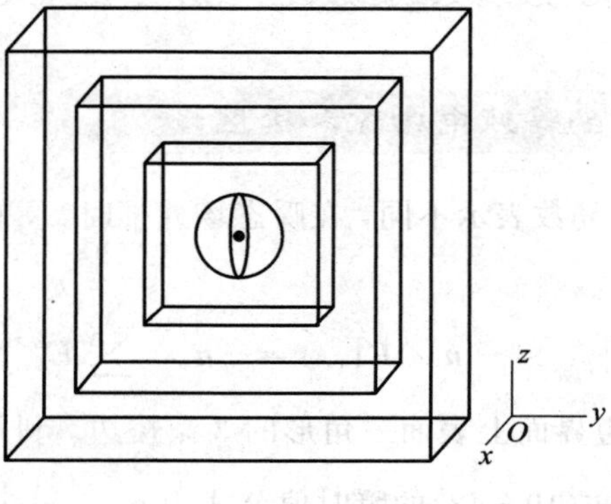

图 19－16　计算域及其中总场边界和外推边界

RCS，取散射方向为$\theta=90°$，$\varphi=0°\sim360°$；图(c)为 xOz 面双站 RCS，取散射方向为$\varphi=0°$，$\theta=0°\sim360°$，图中 $\varphi=0°$，$\theta=180°\sim360°$的范围相当于 $\varphi=180°$，$\theta=0°\sim180°$(已作计算验证)。

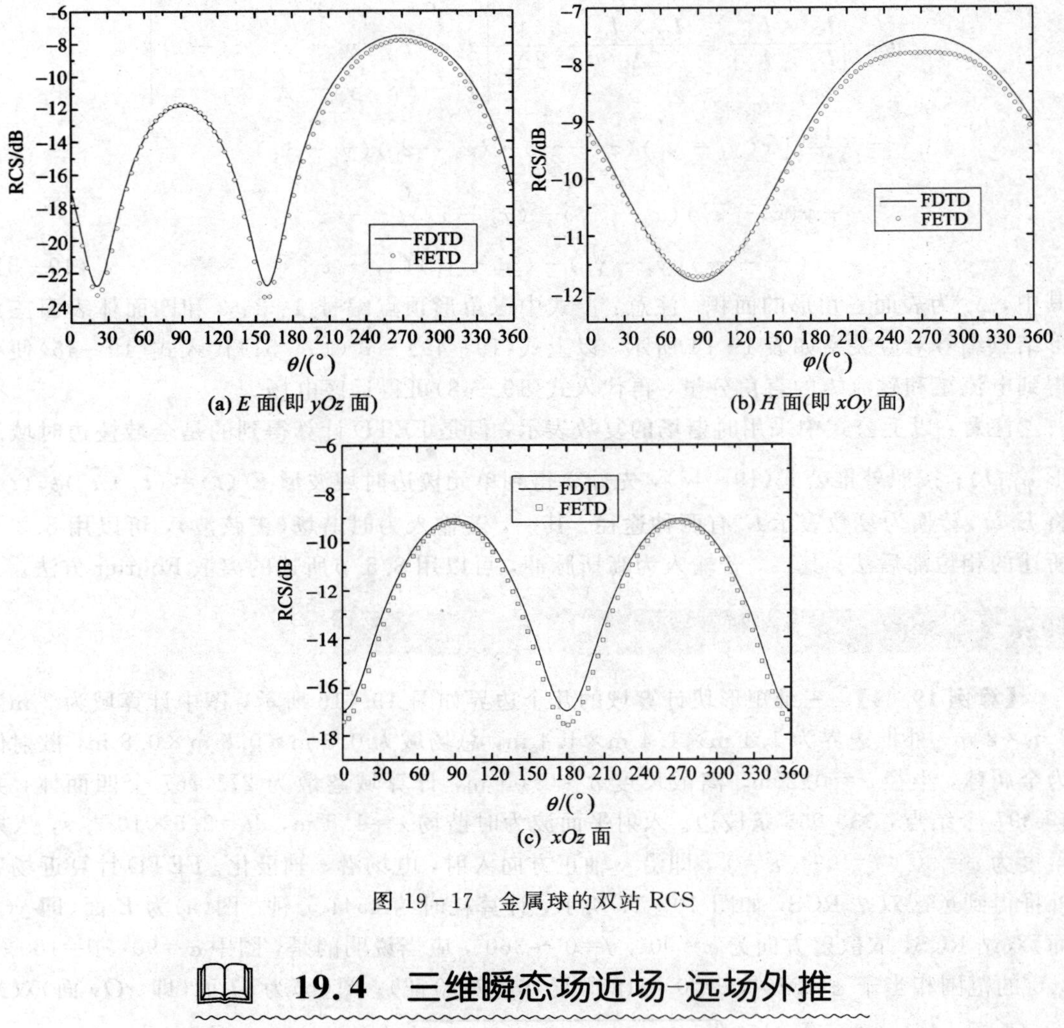

(c) xOz 面

图 19-17　金属球的双站 RCS

19.4　三维瞬态场近场-远场外推

19.4.1　外推边界面上的等效电磁流和远区场

和 19.3 节采用时谐场复数表示不同，在瞬态场外推时，等效面磁流式(19-41)需用瞬时值，即

$$\boldsymbol{j}_m\big|_{\Gamma_{\text{ext}}}=-\boldsymbol{n}\times\boldsymbol{E}\big|_{\Gamma_{\text{ext}}}=-\boldsymbol{n}\times\sum_{jext=1}^{3}E_{jext}^{ex}\boldsymbol{N}_{jext}^{ex}\tag{19-52}$$

式中，求和是四面体外推边界面上表面三角形的 3 条棱边。利用频域到时域算子过渡公式 $1/\mathrm{j}\omega\rightarrow\int^{t}\mathrm{d}t'$，等效面电流式(19-42)的瞬时值公式为

$$\boldsymbol{j}\big|_{\Gamma_{\mathrm{ext}}} = \boldsymbol{n}\times\boldsymbol{H}\big|_{\Gamma_{\mathrm{ext}}} = \frac{-1}{\mu}\boldsymbol{n}\times\sum_{i=1}^{6}\left(\int^{t} E_i^{ex}\,\mathrm{d}t'\right)\nabla\times\boldsymbol{N}_i^{ex} \tag{19-53}$$

式中，求和是四面体的 6 条棱边。注意：上式中包含电场的积分。为了计算远区场，需要考虑推迟势公式，即

$$\begin{cases} \boldsymbol{w}(t) = \dfrac{1}{4\pi rc}\dfrac{\partial}{\partial t}\displaystyle\iint_{\Gamma_{\mathrm{ext}}}\boldsymbol{j}\left(\boldsymbol{r}',\ t+\dfrac{\hat{\boldsymbol{r}}\cdot\boldsymbol{r}'}{c}-\dfrac{r}{c}\right)\mathrm{d}\Gamma \\ \boldsymbol{u}(t) = \dfrac{1}{4\pi rc}\dfrac{\partial}{\partial t}\displaystyle\iint_{\Gamma_{\mathrm{ext}}}\boldsymbol{j}_m\left(\boldsymbol{r}',\ t+\dfrac{\hat{\boldsymbol{r}}\cdot\boldsymbol{r}'}{c}-\dfrac{r}{c}\right)\mathrm{d}\Gamma \end{cases} \tag{19-54}$$

式中，r 代表计算域中心到远区观察点的距离，$\boldsymbol{r}'$ 为计算域中心到积分点的位置矢，如图 19－18 所示。远区电场的时域计算式为

$$e_\theta(t) = -u_\phi(t) - Zw_\theta(t)$$

$$e_\varphi(t) = u_\theta(t) - Zw_\varphi(t)$$

上式右端也可以写成直角分量形式：

$$\begin{cases} e_\theta(t) = (u_x\sin\varphi - u_y\cos\varphi) - Z(w_x\cos\theta\cos\varphi + w_y\cos\theta\sin\varphi - w_z\sin\theta) \\ e_\varphi(t) = (u_x\cos\theta\cos\varphi + u_y\cos\theta\sin\varphi - u_z\sin\theta) + Z(w_x\sin\varphi - w_y\cos\varphi) \end{cases} \tag{19-55}$$

对于远区场通常除去球面波因子，即计算 $re_\theta(t)$，$re_\varphi(t)$。

19.4.2　推迟势公式的直角分量和投盒子方法

式(19－54)所示推迟势公式 $\boldsymbol{w}(t)$ 和 $\boldsymbol{u}(t)$ 也可以用投盒子方法(参见 8.4 节)计算。由等效面电流式(19－53)可得

$$\frac{\partial\boldsymbol{j}}{\partial t}\bigg|_{\Gamma_{\mathrm{ext}}} = \boldsymbol{n}\times\boldsymbol{H}\big|_{\Gamma_{\mathrm{ext}}} = \frac{-1}{\mu}\boldsymbol{n}\times\sum_{i=1}^{6}E_i^{ex}(t)\nabla\times\boldsymbol{N}_i^{ex}$$

代入推迟势公式(19－54)得到

$$\begin{aligned} \boldsymbol{w}(t) &= \frac{1}{4\pi rc}\frac{\partial}{\partial t}\iint_{\Gamma_{\mathrm{ext}}}\boldsymbol{j}\left(\boldsymbol{r}',\ t+\frac{\hat{\boldsymbol{r}}\cdot\boldsymbol{r}'}{c}-\frac{r}{c}\right)\mathrm{d}\Gamma \\ &= \frac{-1}{4\pi\mu rc}\sum_{ex}\sum_{i=1}^{6}\boldsymbol{n}\times(\nabla\times\boldsymbol{N}_i^{ex})\iint_{\Gamma_{\mathrm{ext}}^{ex}}E_i^{ex}\left(\boldsymbol{r}',\ t+\frac{\hat{\boldsymbol{r}}\cdot\boldsymbol{r}'}{c}-\frac{r}{c}\right)\mathrm{d}\Gamma \end{aligned} \tag{19-56}$$

式中，$E_i^{ex}(\boldsymbol{r}',\ t')$ 代表四面体单元 ex 棱边 i 的电场平行分量，积分点 $\boldsymbol{r}'$ 在外推边界面上三角形范围 $\Gamma_{\mathrm{ext}}^{ex}$ 内变化，$t'=t-(r-\hat{\boldsymbol{r}}\cdot\boldsymbol{r}')/c$ 为推迟时间。基函数旋度 $\nabla\times\boldsymbol{N}_i^{ex}$ 如式(19－39)所示，在四面体范围内等于常量。将上式中积分取单点近似，$\boldsymbol{r}'\simeq\boldsymbol{r}_c^{ex}$，这里 $\boldsymbol{r}_c^{ex}$ 代表外推面上三角形中点位置矢，在图 19－18 中表面三角形顶点记为 1、2、3(实际上也可以是四面体结点 1～6 中的某三个结点，如 19.1.2 节)，则

$$\boldsymbol{r}_c^{ex} = \frac{\boldsymbol{r}_1^{ex}+\boldsymbol{r}_2^{ex}+\boldsymbol{r}_3^{ex}}{3}$$

于是

$$E_i^{ex}(\boldsymbol{r}',\ t') \simeq E_i^{ex}\left(t-\frac{r-\hat{\boldsymbol{r}}\cdot\boldsymbol{r}_c^{ex}}{c}\right)$$

代入积分后得到

$$\iint_{\Gamma_{\rm ext}^{ex}} E_i^{ex}(\boldsymbol{r}', t')\mathrm{d}\Gamma \simeq E_i^{ex}\left(t - \frac{r - \hat{\boldsymbol{r}} \cdot \boldsymbol{r}_c^{ex}}{c}\right)\iint_{\Gamma_{\rm ext}^{ex}} \mathrm{d}\Gamma = \Delta_{ex} E_i^{ex}\left(t - \frac{r - \hat{\boldsymbol{r}} \cdot \boldsymbol{r}_c^{ex}}{c}\right) \tag{19-57}$$

令推迟时间为

$$\tau_c^{ex} = \frac{r - \hat{\boldsymbol{r}} \cdot \boldsymbol{r}_c^{ex}}{c} \tag{19-58}$$

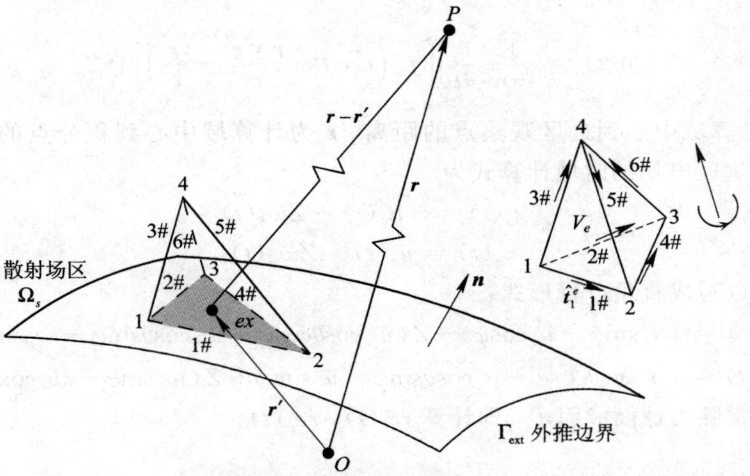

图 19-18　外推边界和远区场几何图示

将式(19-57)代入式(19-56)得到

$$\boldsymbol{w}(t) = \frac{-1}{4\pi\mu rc}\sum_{ex}\sum_{i=1}^{6} \boldsymbol{n} \times \nabla \times \boldsymbol{N}_i^{ex} \iint_{\Gamma_{\rm ext}^{ex}} E_i^{ex}\left(\boldsymbol{r}', t - \frac{r - \hat{\boldsymbol{r}} \cdot \boldsymbol{r}'}{c}\right)\mathrm{d}\Gamma$$

$$\simeq \frac{-1}{4\pi\mu rc}\sum_{ex}\Delta_{ex}\sum_{i=1}^{6} \boldsymbol{n} \times \nabla \times \boldsymbol{N}_i^{ex} E_i^{ex}(t - \tau_c^{ex}) \tag{19-59}$$

同样，将等效面磁流式(19-52)代入式(19-54)得到

$$\boldsymbol{u}(t) = \frac{1}{4\pi rc}\frac{\partial}{\partial t}\iint_{\Gamma_{\rm ext}} \boldsymbol{j}_m\left(\boldsymbol{r}', t - \frac{r - \hat{\boldsymbol{r}} \cdot \boldsymbol{r}'}{c}\right)\mathrm{d}\Gamma$$

$$\simeq \frac{-1}{4\pi rc}\sum_{ex}\Delta_{ex}\sum_{jext=1}^{3} \boldsymbol{n} \times N_{jext}^{ex}(\boldsymbol{r}_c^{ex})\frac{\mathrm{d}E_{jext}^{ex}(t - \tau_c^{ex})}{\mathrm{d}t} \tag{19-60}$$

式中，$\boldsymbol{N}_{jext}^{ex}(\boldsymbol{r}_c^{ex})$为基函数在外推面上三角形$ex$中心点的值。式(19-59)和式(19-60)中每一条棱边的贡献为

$$\begin{cases} \boldsymbol{w}_i^{ex}(t) = \dfrac{-\Delta_{ex}}{4\pi\mu rc}\boldsymbol{n} \times \nabla \times \boldsymbol{N}_i^{ex} E_i^{ex}(t - \tau_c^{ex}) \\ \boldsymbol{u}_{jext}^{ex}(t) = \dfrac{-\Delta_{ex}}{4\pi rc}\boldsymbol{n} \times \boldsymbol{N}_{jext}^{ex}(\boldsymbol{r}_c^{ex})\dfrac{\mathrm{d}E_{jext}^{ex}(t - \tau_c^{ex})}{\mathrm{d}t} \end{cases} \tag{19-61}$$

式中包含有推迟时间 $\tau_c^{ex} = (r - \hat{\boldsymbol{r}} \cdot r_c^{ex})/c$。注意：式(19-59)中涉及外推边界面上四面体的6条棱边，而式(19-60)中仅涉及外推边界面上表面三角形的3条棱边。

按照三维瞬态场外推投盒子方法(参见8.4节)，首先在FETD的每一时间步t_n计算各条棱边的作用量，然后再计入推迟时间将这些作用量分别投入到观察点远区场时间序列的

相应“小盒子”中。按照式(19-60)，各条棱边在时间步 t_n 的作用量为

$$\begin{cases} \boldsymbol{w}_\alpha(t_n)=\dfrac{-\Delta_{ex}}{4\pi r\mu c}[\boldsymbol{n}\times\nabla\times\boldsymbol{N}_i^{ex}]_\alpha E_i^{ex}(t_n) \\ \boldsymbol{u}_\alpha(t_n)=\dfrac{-\Delta_{ex}}{4\pi rc}[\boldsymbol{n}\times\boldsymbol{N}_{jext}^{ex}(\boldsymbol{r}_c^{ex})]_\alpha\dfrac{\mathrm{d}E_i^{ex}(t_n)}{\mathrm{d}t} \end{cases} \tag{19-62}$$

其中，下标 $\alpha=x, y, z$ 代表直角分量。上式需要计算 $\boldsymbol{N}_{jext}^{ex}(\boldsymbol{r}_c^{ex})$，$\nabla\times\boldsymbol{N}_i^{ex}$ 和法向单位矢 $\boldsymbol{n}$ 的直角分量，有关讨论可参考 19.3 节。将式(19-62)所得各条棱边在时间步 t_n 的作用量按照式(19-58)所示推迟时间，并根据远区场公式式(19-55)乘以和观察方向有关的权重因子后，分别投入到远区场时间序列的相应“小盒子”$e_\theta(t_n)$，$e_\varphi(t_n)$中。对于外推边界面所有单元和棱边循环并对所有时间步累加，即可得到远区电场 $e_\theta(t)$，$e_\varphi(t)$。

19.4.3　算例

【算例 19-5】　三维矩形块计算域为 $8\delta\times16\delta\times16\delta$，$\delta=0.05$ m，参见图 19-12，外推边界面为 $4\delta\times10\delta\times10\delta$。电偶极子所在棱边位于计算域中心，且平行于 z 轴，高斯脉冲参数 $\tau=100\mathrm{d}t$，$t_0=300\mathrm{d}t$，$\mathrm{d}t=2.5\times10^{-11}$ s。在观察方向(θ, φ)外推得到归一化远区场时域波形，如图 19-19 所示，作为比较，图中也给出电偶极子辐射的解析解结果，由图可见二者一致。

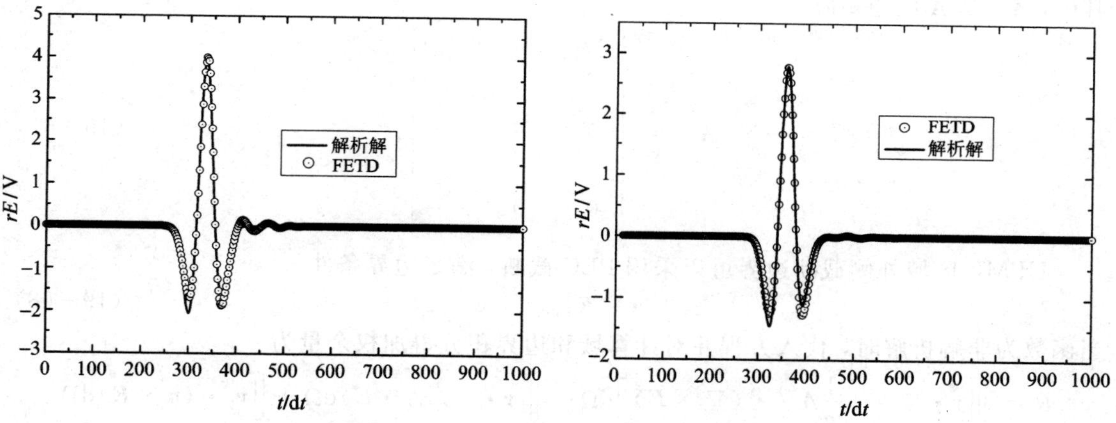

(a) $\varphi=90°$，$\theta=90°$　　(b) $\varphi=90°$，$\theta=45°$

图 19-19　归一化远区场时域波形

19.5　PML

完全匹配层(PML)的基本理论见本书第二部分 FDTD 的讨论，通常有场分量分裂 PML、单轴介质 PML 和坐标伸缩 PML 三种表述方式。为了改善截断边界处吸收效果，PML 已应用于三维 FETD 辐射散射问题(Jiao Dan，J M Jin 等，2003；Rylander and J M Jin，2004)。以下讨论采用单轴介质 PML(UPML)。

19.5.1 UPML 频域波动方程及其弱解形式与矩阵方程

设 UPML 包围在三维矩形块计算域外侧。角顶区 UPML 的频域波动方程为

$$\begin{cases} \nabla \times \boldsymbol{E} = -\mathrm{j}\omega\mu\boldsymbol{\Lambda} \cdot \boldsymbol{H} \\ \nabla \times \boldsymbol{H} = \mathrm{j}\omega\varepsilon\boldsymbol{\Lambda} \cdot \boldsymbol{E} \end{cases} \tag{19-63}$$

其中，$\mu_0\mu_r$，$\varepsilon_0\varepsilon_r$ 为入射波一侧介质参数，$\boldsymbol{\Lambda}$ 为 UPML 角顶区域的匹配矩阵：

$$\boldsymbol{\Lambda} = \begin{bmatrix} \dfrac{s_y s_z}{s_x} & 0 & 0 \\ 0 & \dfrac{s_z s_x}{s_y} & 0 \\ 0 & 0 & \dfrac{s_x s_y}{s_z} \end{bmatrix} = \hat{\boldsymbol{x}}\hat{\boldsymbol{x}}\frac{s_y s_z}{s_x} + \hat{\boldsymbol{y}}\hat{\boldsymbol{y}}\frac{s_z s_x}{s_y} + \hat{\boldsymbol{z}}\hat{\boldsymbol{z}}\frac{s_x s_y}{s_z} \tag{19-64}$$

其中，参数

$$s_x = \kappa_x + \frac{\sigma_x}{\mathrm{j}\omega\varepsilon_0},\quad s_y = \kappa_y + \frac{\sigma_y}{\mathrm{j}\omega\varepsilon_0},\quad s_z = \kappa_z + \frac{\sigma_z}{\mathrm{j}\omega\varepsilon_0} \tag{19-65}$$

由式(19-63)可得电场波动方程(频域)为

$$\nabla \times \left[\frac{1}{\mu}\boldsymbol{\Lambda}^{-1} \cdot (\nabla \times \boldsymbol{E})\right] - \omega^2\varepsilon\boldsymbol{\Lambda} \cdot \boldsymbol{E} = 0 \tag{19-66}$$

其中，$\boldsymbol{\Lambda}^{-1}$ 是 $\boldsymbol{\Lambda}$ 的逆矩阵

$$\boldsymbol{\Lambda}^{-1} = \begin{bmatrix} \dfrac{s_x}{s_y s_z} & 0 & 0 \\ 0 & \dfrac{s_y}{s_z s_x} & 0 \\ 0 & 0 & \dfrac{s_z}{s_x s_y} \end{bmatrix} \tag{19-67}$$

UPML 区域外侧截断边界可以采用 PEC 截断，满足边界条件

$$\boldsymbol{n} \times \boldsymbol{E}\big|_{\mathrm{PEC}} = 0 \tag{19-68}$$

当函数为非解析解时，代入方程并对计算域和边界积分得加权余量为

$$R = \iiint_{\Omega} \boldsymbol{v} \cdot \nabla \times \left[\frac{1}{\mu}\boldsymbol{\Lambda}^{-1} \cdot (\nabla \times \boldsymbol{E})\right]\mathrm{d}\Omega - \iiint_{\Omega} \boldsymbol{v} \cdot (\omega^2\varepsilon\boldsymbol{\Lambda} \cdot E)\,\mathrm{d}\Omega + \iint_{\Gamma} \boldsymbol{v}_1 \cdot (\boldsymbol{n} \times \boldsymbol{E})\,\mathrm{d}\boldsymbol{\Gamma} \tag{19-69}$$

其中，$\boldsymbol{v}$，$\boldsymbol{v}_1$ 为权函数。利用高斯定理改写上式中积分，并令上述加权余量等于零就得到 UPML 电场波动方程弱解形式为

$$\iiint_{\Omega} (\nabla \times \boldsymbol{v}) \cdot \left[\frac{1}{\mu}\boldsymbol{\Lambda}^{-1} \cdot (\nabla \times \boldsymbol{E})\right]\mathrm{d}\Omega - \iiint_{\Omega} \boldsymbol{v} \cdot (\omega^2\varepsilon\boldsymbol{\Lambda} \cdot E)\,\mathrm{d}\Omega = 0 \tag{19-70}$$

将区域划分为多个单元 $e=1, 2, \cdots, N_{\text{element}}$，将电场 $\boldsymbol{E}$ 用棱边基函数展开，$\boldsymbol{E}^e = \sum_{j=1}^{6} \boldsymbol{N}_j^e E_j^e$，再取权函数为基函数(Galerkin 方法，参见 12.2.2 节)，即令 $\boldsymbol{v} = \boldsymbol{N}_i^e$，根据基函数性质得到

$$\sum_{j=1}^{6} E_j^e \iiint_{\Omega^e} \frac{1}{\mu}(\nabla \times \boldsymbol{N}_i^e) \cdot [\boldsymbol{\Lambda}^{-1} \cdot (\nabla \times \boldsymbol{N}_j^e)]\,\mathrm{d}\Omega - \sum_{j=1}^{6} \omega^2 E_j^e \iiint_{\Omega^e} \varepsilon\boldsymbol{N}_i^e \cdot (\boldsymbol{\Lambda} \cdot \boldsymbol{N}_j^e)\,\mathrm{d}\Omega = 0 \tag{19-71}$$

其中，$e=1, \cdots, N_{\text{element}}$；$i=1, \cdots, 6$。以上方程总数 $6\times N_{\text{element}}>N_{\text{edge}}$，为冗余方程组。为了除去冗余性，可通过组合来减少方程数目。设局域和全域棱边对应关系为 $(i, e)=I$，将 I 相同但 (i, e) 不同的方程乘以方向因子后相加，并按照棱边全域编号排列方程后，式(19-71)变为

$$\sum_{(i,e)=I}(\hat{\boldsymbol{t}}_I\cdot\hat{\boldsymbol{t}}_i^e)\sum_{j=1}^{6}E_j^e\iiint_{\Omega^e}\frac{1}{\mu}(\nabla\times\boldsymbol{N}_i^e)\cdot[\boldsymbol{\Lambda}^{-1}\cdot(\nabla\times\boldsymbol{N}_j^e)]\mathrm{d}\Omega$$
$$-\sum_{(i,e)=I}(\hat{\boldsymbol{t}}_I\cdot\hat{\boldsymbol{t}}_i^e)\sum_{j=1}^{6}\omega^2E_j^e\iiint_{\Omega^e}\varepsilon\boldsymbol{N}_i^e\cdot(\boldsymbol{\Lambda}\cdot\boldsymbol{N}_j^e)\mathrm{d}\Omega=0$$
$$I=1, \cdots, N_{\text{edge}} \tag{19-72}$$

按照上述方式组合以后，方程的总数目将减少到 N_{edge} 个，成为具有确定解的方程组。

将单元和全域棱边函数对应关系式(17-16)，即 $E_j^e=(\hat{\boldsymbol{t}}_J\cdot\hat{\boldsymbol{t}}_j^e)\phi_J$ 代入上式并将相同项 ϕ_J 合并后得到

$$\sum_{J=1}^{N_{\text{edge}}}\sum_{(i,e)=I}(\hat{\boldsymbol{t}}_I\cdot\hat{\boldsymbol{t}}_i^e)\sum_{(j,e)=J}\sum_{j=1}^{6}(\hat{\boldsymbol{t}}_J\cdot\hat{\boldsymbol{t}}_j^e)\phi_J\iiint_{\Omega^e}\frac{1}{\mu}(\nabla\times\boldsymbol{N}_i^e)\cdot[\boldsymbol{\Lambda}^{-1}\cdot(\nabla\times\boldsymbol{N}_j^e)]\mathrm{d}\Omega$$
$$-\sum_{J=1}^{N_{\text{edge}}}\sum_{(i,e)=I}(\hat{\boldsymbol{t}}_I\cdot\hat{\boldsymbol{t}}_i^e)\sum_{(j,e)=J}\sum_{j=1}^{6}\omega^2(\hat{\boldsymbol{t}}_J\cdot\hat{\boldsymbol{t}}_j^e)\phi_J\iiint_{\Omega^e}\varepsilon\boldsymbol{N}_i^e\cdot(\boldsymbol{\Lambda}\cdot\boldsymbol{N}_j^e)\mathrm{d}\Omega$$
$$=0 \tag{19-73}$$

为了便于将频域方程转换为时域形式，根据式(19-64)、式(19-65)和式(19-67)可将 $\boldsymbol{\Lambda}$ 与 $\boldsymbol{\Lambda}^{-1}$ 改写为

$$\begin{cases}\boldsymbol{\Lambda}=\dfrac{1}{s_xs_ys_z}\left\{\boldsymbol{I}+\dfrac{2}{(\mathrm{j}\omega\varepsilon_0)}\boldsymbol{J}+\dfrac{1}{(\mathrm{j}\omega\varepsilon_0)^2}(\boldsymbol{J}^2+2\boldsymbol{K})+\dfrac{2}{(\mathrm{j}\omega\varepsilon_0)^3}\boldsymbol{L}+\dfrac{1}{(\mathrm{j}\omega\varepsilon_0)^4}\boldsymbol{K}^2\right\}\\ \boldsymbol{\Lambda}^{-1}=\dfrac{1}{s_xs_ys_z}\left\{\boldsymbol{I}+\dfrac{2}{\mathrm{j}\omega\varepsilon_0}\boldsymbol{D}+\dfrac{1}{(\mathrm{j}\omega\varepsilon_0)^2}\boldsymbol{D}^2\right\}\end{cases} \tag{19-74}$$

其中，$\boldsymbol{I}$ 为单位张量，以及张量矩阵

$$\boldsymbol{D}=\begin{bmatrix}\sigma_x & 0 & 0\\ 0 & \sigma_y & 0\\ 0 & 0 & \sigma_z\end{bmatrix}$$

$$\boldsymbol{J}=\begin{bmatrix}\sigma_y+\sigma_z & 0 & 0\\ 0 & \sigma_z+\sigma_x & 0\\ 0 & 0 & \sigma_x+\sigma_y\end{bmatrix}$$

$$\boldsymbol{K}=\begin{bmatrix}\sigma_y\sigma_z & 0 & 0\\ 0 & \sigma_z\sigma_x & 0\\ 0 & 0 & \sigma_x\sigma_y\end{bmatrix}$$

$$\boldsymbol{L}=\begin{bmatrix}\sigma_y+\sigma_z & 0 & 0\\ 0 & \sigma_z+\sigma_x & 0\\ 0 & 0 & \sigma_x+\sigma_y\end{bmatrix}\begin{bmatrix}\sigma_y\sigma_z & 0 & 0\\ 0 & \sigma_z\sigma_x & 0\\ 0 & 0 & \sigma_x\sigma_y\end{bmatrix}=\boldsymbol{J}\cdot\boldsymbol{K} \tag{19-75}$$

以上几个辅助张量矩阵均与频率无关。定义单元积分

$$\begin{cases}K_{ij}^{e'}=\iiint\limits_{\Omega^e}\dfrac{1}{\mu}(\nabla\times\boldsymbol{N}_i^e)\cdot(\nabla\times\boldsymbol{N}_j^e)\mathrm{d}\Omega, \quad M_{ij}^e=\iiint\limits_{\Omega^e}\varepsilon\boldsymbol{N}_i^e\cdot\boldsymbol{N}_j^e\mathrm{d}\Omega\\ B_{ij}^e=\dfrac{2}{{\varepsilon_0}^3}\iiint\limits_{\Omega^e}\varepsilon\boldsymbol{N}_i^e\cdot(\boldsymbol{L}\cdot\boldsymbol{N}_j^e)\mathrm{d}\Omega, \quad B_{ij}^{e'}=\dfrac{2}{\varepsilon_0}\iiint\limits_{\Omega^e}\varepsilon\boldsymbol{N}_i^e\cdot(\boldsymbol{J}\cdot\boldsymbol{N}_j^e)\mathrm{d}\Omega\\ B_{ij}^{e''}=\dfrac{1}{{\varepsilon_0}^2}\iiint\limits_{\Omega^e}\varepsilon\boldsymbol{N}_i^e\cdot[(\boldsymbol{J}^2+2\boldsymbol{K})\cdot\boldsymbol{N}_j^e]\mathrm{d}\Omega, B_{ij}^{e'''}=\dfrac{1}{{\varepsilon_0}^4}\iiint\limits_{\Omega^e}\varepsilon\boldsymbol{N}_i^e\cdot(\boldsymbol{K}^2\cdot\boldsymbol{N}_j^e)\mathrm{d}\Omega\\ T_{ij}^e=\dfrac{2}{\varepsilon_0}\iiint\limits_{\Omega_e}\dfrac{1}{\mu}(\nabla\times\boldsymbol{N}_i^e)\cdot[\boldsymbol{D}\cdot(\nabla\times\boldsymbol{N}_j^e)]\mathrm{d}\Omega\\ T_{ij}^{e'}=\dfrac{1}{{\varepsilon_0}^2}\iiint\limits_{\Omega_e}\dfrac{1}{\mu}(\nabla\times\boldsymbol{N}_i^e)\cdot[\boldsymbol{D}^2\cdot(\nabla\times\boldsymbol{N}_j^e)]\mathrm{d}\Omega\end{cases} \tag{19-76}$$

代入式(19-73)得到

$$\begin{aligned}&\sum_{J=1}^{N_{\mathrm{edge}}}\sum_{(i,\,e)=I}(\hat{\boldsymbol{t}}_I\cdot\hat{\boldsymbol{t}}_i^e)\sum_{(j,\,e)=J}\sum_{j=1}^{6}(\hat{\boldsymbol{t}}_J\cdot\hat{\boldsymbol{t}}_j^e)\phi_J\left\{K_{ij}^{e'}+\frac{1}{\mathrm{j}\omega}T_{ij}^e+\frac{1}{(\mathrm{j}\omega)^2}T_{ij}^{e'}\right\}\\ &-\sum_{J=1}^{N_{\mathrm{edge}}}\sum_{(i,\,e)=I}(\hat{\boldsymbol{t}}_I\cdot\hat{\boldsymbol{t}}_i^e)\sum_{(j,\,e)=J}\sum_{j=1}^{6}\omega^2(\hat{\boldsymbol{t}}_J\cdot\hat{\boldsymbol{t}}_j^e)\phi_J\\ &\times\left\{M_{ij}^e+\frac{1}{(\mathrm{j}\omega)}B_{ij}^{e'}+\frac{1}{(\mathrm{j}\omega)^2}B_{ij}^{e''}+\frac{1}{(\mathrm{j}\omega)^3}B_{ij}^{e}+\frac{1}{(\mathrm{j}\omega)^4}B_{ij}^{e'''}\right\}\\ &=0\end{aligned} \tag{19-77}$$

定义全域矩阵

$$\begin{cases}M_{IJ}=\sum\limits_{(i,\,e)=I}(\hat{\boldsymbol{t}}_I\cdot\hat{\boldsymbol{t}}_i^e)\sum\limits_{(j,\,e)=J}\sum\limits_{j=1}^{6}(\hat{\boldsymbol{t}}_J\cdot\hat{\boldsymbol{t}}_j^e)M_{ij}^e\\ B_{IJ}=\sum\limits_{(i,\,e)=I}(\hat{\boldsymbol{t}}_I\cdot\hat{\boldsymbol{t}}_i^e)\sum\limits_{(j,\,e)=J}\sum\limits_{j=1}^{6}(\hat{\boldsymbol{t}}_J\cdot\hat{\boldsymbol{t}}_j^e)B_{ij}^e\\ \quad\vdots\end{cases} \tag{19-78}$$

式(19-77)可写为

$$\begin{aligned}&\sum_{J=1}^{N_{\mathrm{edge}}}\left\{K'_{IJ}+\frac{1}{\mathrm{j}\omega}T_{IJ}+\frac{1}{(\mathrm{j}\omega)^2}T'_{IJ}\right\}\phi_J\\ &\quad-\sum_{J=1}^{N_{\mathrm{edge}}}\omega^2\left\{M_{IJ}+\frac{1}{(\mathrm{j}\omega)}B'_{IJ}+\frac{1}{(\mathrm{j}\omega)^2}B''_{IJ}+\frac{1}{(\mathrm{j}\omega)^3}B_{IJ}+\frac{1}{(\mathrm{j}\omega)^4}B'''_{IJ}\right\}\phi_J\\ &=0\end{aligned} \tag{19-79}$$

其中，T_{IJ}，T_{IJ}，B'_{IJ} 等和式(19-78)类似。

19.5.2　时域矩阵方程

为了将频域方程过渡到时域，可采用以下算子对应关系：

$$\mathrm{j}\omega \to \frac{\partial}{\partial t},\ (\mathrm{j}\omega)^2 \to \frac{\partial^2}{\partial t^2},\ \frac{1}{\mathrm{j}\omega} \to \int_0^t \mathrm{d}t',\ \frac{1}{(\mathrm{j}\omega)^2} \to \int_0^t \mathrm{d}t' \int_0^{t'} \mathrm{d}t'' \tag{19-80}$$

由此可得式(19－79)的时域矩阵方程为

$$[M]\frac{\mathrm{d}^2\{\phi\}}{\mathrm{d}t^2} + [C]\frac{\mathrm{d}\{\phi\}}{\mathrm{d}t} + [K]\{\phi\} + [U]\int_0^t \{\phi(t')\}\mathrm{d}t' + [V]\int_0^t \mathrm{d}t' \int_0^{t'} \{\phi(t'')\}\mathrm{d}t'' = 0 \tag{19-81}$$

式中

$$[C] = [B'],\ [K] = [K'] + [B''],\ [U] = [B] + [T],\ [V] = [B'''] + [T'] \tag{19-82}$$

和通常 FETD 方程比较可见，上述 UPML 时域矩阵方程多了两个待求函数的积分项，

$$\begin{cases} \{h(t)\} = \displaystyle\int_0^t \{\phi(t')\}\mathrm{d}t' \\ \{g(t)\} = \displaystyle\int_0^t \mathrm{d}t' \int_0^{t'} \{\phi(t'')\}\mathrm{d}t'' = \int_0^t \{h(t')\}\mathrm{d}t' \end{cases} \tag{19-83}$$

利用式(19－83)所定义符号，式(19－81)可写为

$$[M]\frac{\mathrm{d}^2\{\phi\}}{\mathrm{d}t^2} + [C]\frac{\mathrm{d}\{\phi\}}{\mathrm{d}t} + [K]\{\phi\} + [U]\{h\} + [V]\{g\} = 0 \tag{19-84}$$

由式(19－83)可得中间变量矩阵$\{h\}$，$\{g\}$的步进计算公式为

$$\begin{cases} \{h^n\} = \displaystyle\int_0^{n\Delta t} \{\phi(t')\}\mathrm{d}t' = \int_0^{(n-1)\Delta t} \{\phi(t')\}\mathrm{d}t' + \int_{(n-1)\Delta t}^{n\Delta t} \{\phi(t')\}\mathrm{d}t' \\ \qquad \simeq \{h^{n-1}\} + \{\phi^{n-1}\}\Delta t \\ \{g^n\} \simeq \{g^{n-1}\} + \{h^{n-1}\}\Delta t \end{cases} \tag{19-85}$$

矩阵方程式(19－84)可以采用 Newmark－β 方法(第 13 章)步进计算，

$$[P]\{\phi^{n+1}\} + [Q]\{\phi^n\} + [R]\{\phi^{n-1}\} + [U]\{h^n\} + [V]\{g^n\} = 0 \tag{19-86}$$

其中，矩阵$[P]$，$[Q]$，$[R]$含义见 13.3 节。

附录 C

分部积分公式和 Green 定理

1. 分部积分公式

考虑含有对 x 偏导数的二维积分(Zienkiewicz 等, 2005):

$$\iint_{\Omega} \phi \frac{\partial \psi}{\partial x} \mathrm{d}x\mathrm{d}y \tag{C-1}$$

其中, 积分区域 Ω 如图 C-1 所示。应用以下分部积分法则:

$$\int_{x_L}^{x_R} u\mathrm{d}v = -\int_{x_L}^{x_R} v\mathrm{d}u + (uv)_{x=x_R} - (uv)_{x=x_L} \tag{C-2}$$

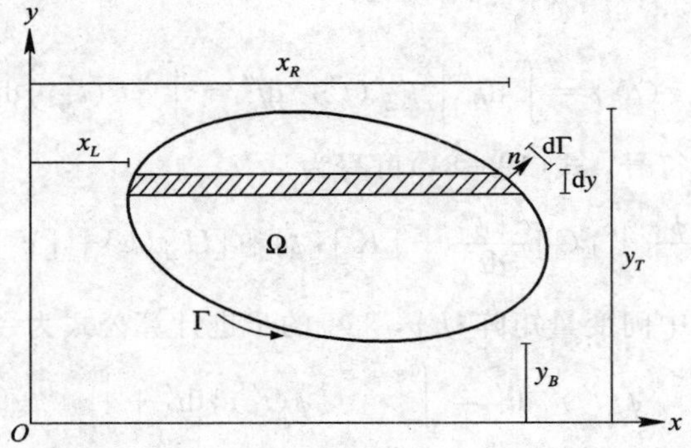

图 C-1 二维积分区域及其边界

积分式(C-1)可写为

$$\iint_{\Omega} \phi \frac{\partial \psi}{\partial x} \mathrm{d}x\mathrm{d}y = -\iint_{\Omega} \frac{\partial \phi}{\partial x} \psi \mathrm{d}x\mathrm{d}y + \int_{y_B}^{y_T} [(\phi\psi)_{x=x_R} - (\phi\psi)_{x=x_L}]\mathrm{d}y \tag{C-3}$$

注意图 C-2 中阴影区域右端 dy 可以写为

$$(\mathrm{d}y)_{x=x_R} = n_x \mathrm{d}\Gamma \tag{C-4}$$

其中, n_x 代表外法向和 x 轴的方向余弦。同样, 阴影区域左端 dy 可以写为

$$(\mathrm{d}y)_{x=x_L} = -n_x \mathrm{d}\Gamma \tag{C-5}$$

所以式(C-3)第二项右端积分可以写为

$$\int_{y_B}^{y_T} [(\phi\psi)_{x=x_R} - (\phi\psi)_{x=x_L}]\mathrm{d}y = \oint_{\Gamma} \phi\psi n_x \mathrm{d}\Gamma \tag{C-6}$$

其中, 回路积分方向按照顺时针方向。于是积分式(C-1)可写为

$$\iint_{\Omega} \phi \frac{\partial \psi}{\partial x} \mathrm{d}x\mathrm{d}y = -\iint_{\Omega} \frac{\partial \phi}{\partial x} \psi \mathrm{d}x\mathrm{d}y + \oint_{\Gamma} \phi\psi n_x \mathrm{d}\Gamma \tag{C-7}$$

其中回路积分沿积分区域边界。如果积分区域为多通区域, 即有多个边界, 如图 C-2 所

示，规定沿边界 Γ 正方向前进时其左侧为积分区域 Ω。

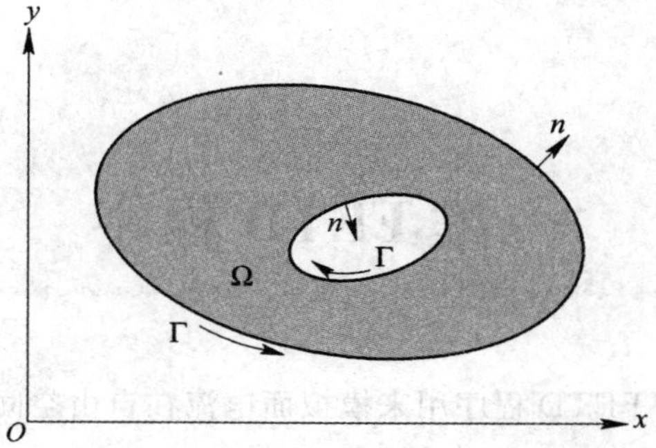

图 C-2　二维积分区域的多通情形

同样，含有对 y 偏导的二维积分也有以下等式：

$$\iint_{\Omega}\varphi\frac{\partial\psi}{\partial y}\mathrm{d}x\mathrm{d}y=-\iint_{\Omega}\frac{\partial\varphi}{\partial y}\psi\mathrm{d}x\mathrm{d}y+\oint_{\Gamma}\phi\psi n_y\mathrm{d}\Gamma \tag{C-8}$$

其中，n_y 代表区域 Ω 界面 Γ 外法向和 y 轴的方向余弦。

对于三维积分，上式改为以下形式：

$$\iiint_{\Omega}\phi\frac{\partial\psi}{\partial y}\mathrm{d}x\mathrm{d}y\mathrm{d}z=-\iiint_{\Omega}\frac{\partial\phi}{\partial y}\psi\mathrm{d}x\mathrm{d}y\mathrm{d}z+\oiint_{\Gamma}\phi\psi n_y\mathrm{d}\Gamma \tag{C-9}$$

对于 x 和 z 方向有类似形式。

2. Green 定理

三维标量 Green 定理形式为

$$\begin{cases}\iiint_{\Omega}(\varphi\nabla^2\psi+\nabla\varphi\cdot\nabla\psi)\mathrm{d}V=\oiint_{\Gamma}\varphi(\mathrm{d}\boldsymbol{S}\cdot\nabla\psi)\\ \iiint_{\Omega}(\varphi\nabla^2\psi-\psi\nabla^2\varphi)\mathrm{d}V=\oiint_{\Gamma}\mathrm{d}\boldsymbol{S}\cdot(\varphi\nabla\psi-\psi\nabla\varphi)\end{cases} \tag{C-10}$$

三维矢量 Green 定理形式为

$$\begin{cases}\iiint_{\Omega}[(\nabla\times\boldsymbol{Q})\cdot(\nabla\times\boldsymbol{P})-\boldsymbol{P}\cdot(\nabla\times\nabla\times\boldsymbol{Q})]\mathrm{d}V=\oiint_{\Gamma}(\boldsymbol{P}\times\nabla\times\boldsymbol{Q})\cdot\mathrm{d}\boldsymbol{S}\\ \iiint_{\Omega}[\boldsymbol{Q}\cdot(\nabla\times\nabla\times\boldsymbol{P})-\boldsymbol{P}\cdot(\nabla\times\nabla\times\boldsymbol{Q})]\mathrm{d}V=\oiint_{\Gamma}(\boldsymbol{P}\times\nabla\times\boldsymbol{Q}-\boldsymbol{Q}\times\nabla\times\boldsymbol{P})\cdot\mathrm{d}\boldsymbol{S}\end{cases} \tag{C-11}$$

附录 D

一维 FETD 程序

以下结点基函数一维 FETD 程序用来模拟面电流在自由空间中的辐射。

```
!!!!!!!!!!!!!!!!!!!!!!!!!!!!!!!!!!!!!!!!!!!!!!!!!!!!!!!!!!!!!!!!!!!!!!!!!!!!!!!
!一维 FETD 电流源向两边辐射主程序
!调用的子程序有：
!    1. assembly 通过单元矩阵组合形成时域有限元迭代方程的系数矩阵。
!    2. dlinrg 调用库函数对 p 矩阵求逆。
!    3. newmark 用 Newmark 方法求解有限元矩阵方程。
!!!!!!!!!!!!!!!!!!!!!!!!!!!!!!!!!!!!!!!!!!!!!!!!!!!!!!!!!!!!!!!!!!!!!!!!!!!!!!!
program fetd1d
    use imsl
    implicit none
    real(kind=8) gama              !newmark 差分的系数
    real(kind=8) beta              !newmark 差分的系数
    real(kind=8) dx                !空间间隔
    real(kind=8) tao               !脉冲宽度
    real(kind=8) dt                !时间间隔
    real(kind=8) pi                !圆周率
    real(kind=8) eps0              !真空介电系数
    real(kind=8) miu0              !真空磁导系数
    real(kind=8) c0

    integer imin, imax, inode      !计算域起始结点编号、终止结点编号、总结点数
    integer i, j, e, k             !循环变量
    integer timestep               !时间步

    real(kind=8), allocatable::pos(:)                       !结点编号的坐标
    real(kind=8), allocatable::p(:, :), invp(:, :)          !方程系数矩阵及其逆矩阵
    real(kind=8), allocatable::q(:, :), r(:, :)             !方程系数矩阵
    real(kind=8), allocatable::h1(:), h2(:)                 !分别为 n-1 时刻、n 时刻的激励
                                                            源矢量
    real(kind=8), allocatable::ez1(:), ez2(:), ez3(:)       !分别为 n-1 时刻、n 时刻和 n+1
                                                            时刻的电场矢量
```

```
    imin=-250
    imax=250
    inode=imax-imin+1
    gama=0.5
    beta=0.25
    pi=3.14159
    eps0=8.85e-12
    miu0=pi*4.e-7

    dt=2.5e-11
    dx=0.01

    allocate(pos(imin:imax), p(imin:imax, imin:imax), invp(imin:imax, imin:imax))
    allocate(q(imin:imax, imin:imax), r(imin:imax, imin:imax))
    allocate(ez1(imin:imax), ez2(imin:imax), ez3(imin:imax))
    allocate(h1(imin:imax), h2(imin:imax))

    call assembly(dx, imin, imax, eps0, miu0, gama, beta, dt, c0, p, q, r, pos)

    call dlinrg(inode, p, inode, invp, inode)

    do i=imin, imax
      h1(i)=0.
      h2(i)=0.
      ez1(i)=0.
      ez2(i)=0.
    end do

    open(10, file='10.dat')

    do timestep=0, 400

      call newmark(pi, c0, imin, imax, h1, h2, ez1, ez2, dt, beta, gama, q, r, timestep, invp, ez3)

      write(10, *) timestep, ez3(-20), ez3(20)! 写入观测点场值随时间变化的数据文件

    end do

end program
```

```
!!!!!!!!!!!!!!!!!!!!!!!!!!!!!!!!!!!!!!!!!!!!!!!!!!!!!!!!!!!!!!!!!!!!!!!!!!!!!!!!
!
!本子程序的作用是通过单元矩阵组合形成时域有限元迭代方程的系数矩阵
!
!!!!!!!!!!!!!!!!!!!!!!!!!!!!!!!!!!!!!!!!!!!!!!!!!!!!!!!!!!!!!!!!!!!!!!!!!!!!!!!!
subroutine assembly(dx, imin, imax, eps0, miu0, gama, beta, dt, c0, p, q, r, pos)
    implicit none

    real(kind=8) gama              ! newmark 差分的系数
    real(kind=8) beta              ! newmark 差分的系数
    real(kind=8) dx                ! 空间间隔
    real(kind=8) dt                ! 时间间隔
    real(kind=8) c0                ! 波传播速度
    real(kind=8) eps0              ! 真空介电系数
    real(kind=8) miu0              ! 真空磁导系数

    integer imin, imax             ! 计算域起始结点、终止结点
    integer i, j, e                ! 循环变量
    integer n                      !

    real(kind=8) pos(imin:imax)                      ! 存放结点编号坐标的数组
    real(kind=8) me(2, 2)                            ! 单元质量矩阵
    real(kind=8) ke(2, 2)                            ! 单元刚度矩阵
    real(kind=8) tao1(2, 2)                          ! 狄拉克函数
    real(kind=8) k(imin:imax, imin:imax)             ! 刚度矩阵
    real(kind=8) m(imin:imax, imin:imax)             ! 质量矩阵
    real(kind=8) c(imin:imax, imin:imax)             ! 通量矩阵(吸收边界矩阵)
    real(kind=8) p(imin:imax, imin:imax)             ! 系数矩阵
    real(kind=8) q(imin:imax, imin:imax)             ! 系数矩阵
    real(kind=8) r(imin:imax, imin:imax)             ! 系数矩阵
    real(kind=8), allocatable::ls(:)                 ! 存放单元长度的数组

    integer t(imax-imin, 2)                          ! 行表示单元,列表示单元中的第一个或第二个
                                                     结点编号

    c0=1./dsqrt(eps0 * miu0)

    do i=imin, imax
       pos(i)=i * dx
    end do
```

```
n=0
do i=imin, imax-1
  n=n+1
  t(n, 1)=i
  t(n, 2)=i+1
end do

allocate(ls(n+1))

do e=1, n
  ls(e)=pos(t(e, 2))-pos(t(e, 1))
end do

do i=1, 2
  do j=1, 2
    ke(i, j)=0.
    me(i, j)=0.
  end do
end do

do i=imin, imax
  do j=imin, imax
    k(i, j)=0.
    m(i, j)=0.
    c(i, j)=0.
  end do
end do

c(t(1, 1), t(1, 1))=dsqrt(eps0/miu0)
c(t(n, 2), t(n, 2))=dsqrt(eps0/miu0)

do e=1, n
  do i=1, 2
    do j=1, 2
      if(i==j)then
        tao1(i, j)=1.
      else
        tao1(i, j)=0.
      end if
      ke(i, j)=1./miu0*(-1)**(i+j)/ls(e)
      me(i, j)=eps0*ls(e)*(1+tao1(i, j))/6.
```

```
            k(t(e, i), t(e, j))=k(t(e, i), t(e, j))+ke(i, j)
            m(t(e, i), t(e, j))=m(t(e, i), t(e, j))+me(i, j)
          end do
        end do
      end do

      do i=imin, imax
        do j=imin, imax
          P(i, j)=m(i, j)+gama * dt * c(i, j)+beta * dt * dt * k(i, j)
          q(i, j)=-2 * m(i, j)+(1-2 * gama) * dt * c(i, j)+(0.5+gama-2 * beta) * dt * dt
* k(i, j)
          r(i, j)=m(i, j)+(gama-1) * dt * c(i, j)+(0.5-gama+beta) * dt * dt * k(i, j)
        end do
      end do

end subroutine

!!!!!!!!!!!!!!!!!!!!!!!!!!!!!!!!!!!!!!!!!!!!!!!!!!!!!!!!!!!!!!!!!!!!!!!!!!!!!
!
!本子程序用 Newmark 方法求解有限元矩阵方程
!
!!!!!!!!!!!!!!!!!!!!!!!!!!!!!!!!!!!!!!!!!!!!!!!!!!!!!!!!!!!!!!!!!!!!!!!!!!!!!
subroutine newmark(pi, c0, imin, imax, h1, h2, ez1, ez2, dt, beta, gama, q, r, timestep, in-
vp, ez3)
      implicit none
      real(kind=8) dt            !时间间隔
      real(kind=8) pi            !圆周率
      real(kind=8) c0            !真空光速
      real(kind=8) beta          !newmark 差分常数
      real(kind=8) gama          !newmark 差分常数
      real(kind=8) f             !电磁波频率
      real(kind=8) omega         !电磁波角频率

      integer i, j               !循环变量
      integer imin, imax         !计算域的起始和终止结点编号
      integer timestep           !时间步
      integer source             !加源结点编号

      real(kind=8) h1(imin:imax), h2(imin:imax), h3(imin:imax)     !n-1、n 和 n+1 时刻
                                                                    激励源矢量
```

```
real(kind=8) ez1(imin:imax), ez2(imin:imax), ez3(imin:imax)  ! n-1、n 和 n+1 时刻
                                                                电场矢量
real(kind=8) q(imin:imax, imin:imax), r(imin:imax, imin:imax)
real(kind=8) invp(imin:imax, imin:imax)                       ! p 矩阵的逆矩阵
real(kind=8) hh(imin:imax)
real(kind=8) qez(imin:imax)
real(kind=8) rez(imin:imax)
real(kind=8) hhqr(imin:imax)

source=0
f=0.6e9
omega=2 * pi * f
do i=imin, imax
  h3(i)=0.
  if(i==source)then
    h3(i)=omega * dcos(omega * timestep * dt)
  end if
end do

hh=0.
do i=imin, imax
  hh(i)=(dt * dt) * (beta * h3(i)+(0.5+gama-2 * beta) * h2(i)+(0.5-gama+beta)
* h1(i))
  h1(i)=h2(i)
  h2(i)=h3(i)
end do

do i=imin, imax
  qez(i)=0.0
  rez(i)=0.0
  do j=imin, imax
    qez(i)=qez(i)+q(i, j) * ez2(j)
    rez(i)=rez(i)+r(i, j) * ez1(j)
  end do
  hhqr(i)=hh(i)-qez(i)-rez(i)
end do

do i=imin, imax
  ez3(i)=0.
  do j=imin, imax
    ez3(i)=ez3(i)+invp(i, j) * hhqr(j)
```

```
        end do
    end do

    do i=imin, imax
        ez1(i)=ez2(i)
        ez2(i)=ez3(i)
    end do

end subroutine
```

FETD参考文献

（按照作者姓名汉语拼音或英文字母顺序排列）

[1] Caorsi S and G Cevini. Assessment of the performances of first- and second-order time-domain ABC's for the truncation of finite element grids. Microwave and Optical Technology Letters, 2003, 38(1): 11-16.

[2] Chatterjee A, J M Jin and J L Volakis. Application of edge-based finite elements and vector ABCs in 3-D scattering. IEEE Trans. Antennas Propagat., 1993, AP-41(2): 221-226.

[3] 杜磊. 时域有限元电磁数值计算方法的研究. 博士学位论文，南京理工大学. 2009.

[4] 葛德彪，闫玉波. 电磁波时域有限差分方法. 3版. 西安：西安电子科技大学出版社，2011.

[5] Gedney S D and U Navsariwala. An unconditionally stable finite element time-domain solution of the vector wave equation. IEEE Microwave and Guided Wave Letters, 1995, 50(10): 332-334.

[6] Harrington R F. Field Computation by Moment Method. New York: MacMillan Company. 1968.

[7] Jiao Dan. Advanced time domain finite-element method for electromagnetic analysis. PhD Thesis of the University of Illinois at Urbana-Champaign. 2001.

[8] Jiao Dan and Jian-Ming Jin. A general approach for the stability analysis of the time-domain finite element method for electromagnetic simulations. IEEE Trans. Antennas Propagat., 2002. AP-50(11): 1624-1632.

[9] Jiao Dan, Jian-Ming Jin, E Michielssen and D J Riley. Time-domain finite-element simulation of three-dimensional scattering and radiation problems using perfectly matched layers. IEEE Trans. Antennas Propagat., 2003, 51(2): 296-305.

[10] 金建铭(Jin J M)，王建国译. 电磁场有限元方法. 西安：西安电子科技大学出版社，1998.

[11] Jin Jianming. The Finite Element Method in Electromagnetics. Second Editon. New York: John Wiley & Sons, 2002.

[12] Jin Jian-Ming and D J. Riley. Finite Element Analysis of Antennas and Arrays. Hoboken, New Jersey: John Wiley & Sons, 2009.

[13] Lee Jin-Fa, R Lee, and A Cangellaris. Time-domain finite-element methods. IEEE Trans. Antennas Propagat., 1997, 45(3): 30-442.

[14] Lee Jin-Fa and R Mittra. A note on the application of edge-elements for modeling three-dimensional inhomogeneously-filled cavities. IEEE Trans. Microwave Theory

Tech., 1992, MTT-40(9): 1767-1773.

[15] Lipinskii A Y, A N Rudiakova and V V Danilov. Time-domain finite element modeling of weak acousto-optic interaction. 11 Int. Conf. on Mathematical Methods in Electromagnetic Theory, 2006, June 26-29, Kharkiv, Ukraine.

[16] Rao S M (Ed.). Time Domain Electromagneties. San Diego: Academic Press, 1999.

[17] Riley D J, Jian-Ming Jin, Zheng Lou and L E Rickard Petersson. Total-and scattered-field decomposition technique for the finite-element time-domain method. IEEE Trans. Antennas Propagat., 2006, AP-54(1): 35-41.

[18] Rylander T and Jian-Ming Jin. Perfectly matched layer for the time domain finite element method. Journal of Computational Physics. 2004, 200: 238-250.

[19] Sakiyama K, H Kotera and A Ahagon. 3-D electromagnetic field mode analysis using finite element method by edge element. IEEE Trans. Magnetics, 1990, 26(5): 1759-1761.

[20] 数学手册编写组. 数学手册. 北京:人民教育出版社,1979.

[21] Silvester P P and R L Ferrari. Finite Element for Electrical Engineers. Cambridge University Press, 1983.

[22] Volakis J L, A Chatterjee and L C Kempel. Review of the finite-element method for three-dimensional electromagnetic scattering. J. Opt. Soc. Am. 1994, A/11(4): 1422-1432.

[23] Webb J P. Hierarchal vector basis functions of arbitrary order for triangular and tetrahedral finite elements. IEEE Trans. Antennas Propagat., 1999, AP-47(8): 1244-1253.

[24] Wood W L. A further look at Newmark, Houbolt, etc., time-stepping formulae. International Journal for Numerical Methods in Engineering. 1984, 20: 1009-1017.

[25] 尹家贤,谭怀英,刘克成. FDTD 微带线激励源设置的新方法. 电波科学学报,2000,15(2):204-207.

[26] 张双文. 时域有限元法及其截断边界条件的研究. 博士学位论文. 成都:西南交通大学,2008.

[27] Zienkiewich O C. A new look at the Newmark, Houboult and other time stepping formulas. A weighted residual approach. Earthquate Engineering and Structure Dynamics. 1997, 5: 413-418.

[28] Zienkiewicz O C, R L Taylor and J Z Zhu. The Finite Element Method: Its Basis and Fundamentals. Amsterdam: Elsevier, 2005.(世界图书出版公司,2008)

索 引

B

C

D

E

F

J

L

M

N

P

Q

R

S

T

W

X

Y

Z

下 册 附 彩 图

【彩图 7】 结点基函数 FETD 方法。TM 波，线电流辐射，200Δt 电场 E_z 分布。（矩形计算域为 2 m×2 m，划分为 2144 个三角形，1123 个结点。高斯脉冲为 $\exp\left[-4\pi(t-t_0)/\tau^2\right]$，$\tau=t_0=100\Delta t$，$\Delta t=0.025$ ns。）

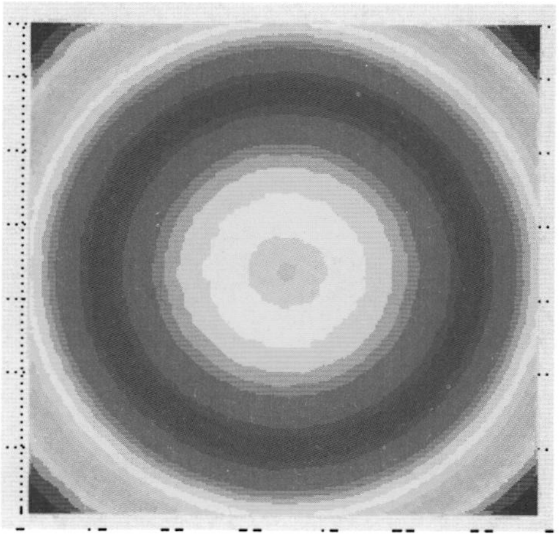

【彩图 8】 结点基函数 FETD 方法。TM 平面波，电场 E_z 分布。（矩形计算域为 2 m×2 m，离散为 21 728 个三角形，11 025 结点；圆形总场边界半径为 0.8 m。时谐场 $f=2/\pi$ GHz=0.637 GHz。）

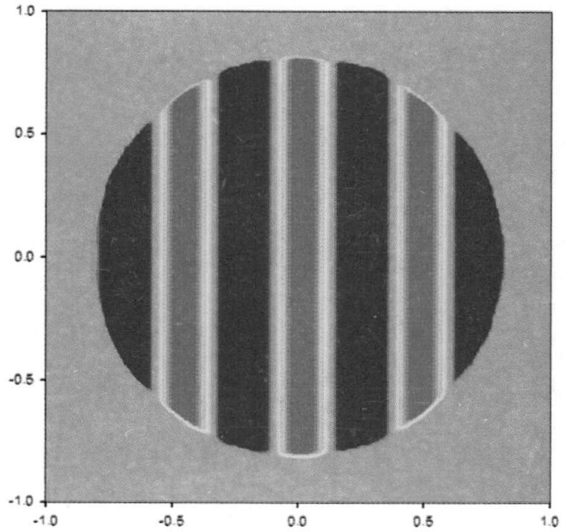

【彩图 9】 结点基函数 FETD 方法。TM 平面波金属圆柱散射，240Δt 电场 E_z 分布。（圆形计算域半径为 2.5 m，离散为 76 544 个三角形，38 596 个结点。圆形总场边界半径为 1.5 m，金属圆柱半径为 1 m。时谐场 λ=1 m，Δt=4.16×10^{-11} s。）

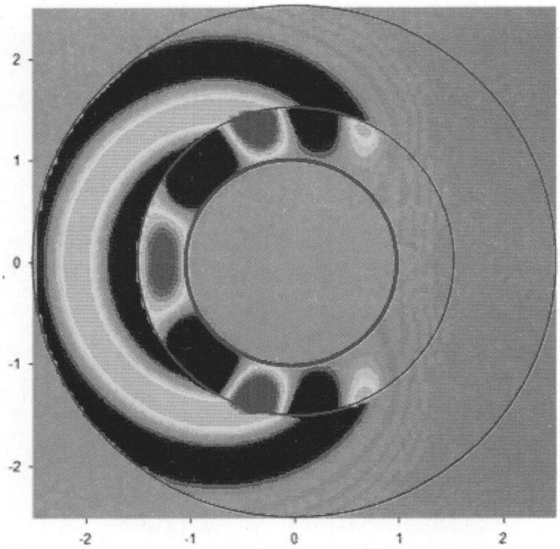

【彩图 10】 结点基函数 FETD 方法。TM 平面波介质圆柱散射，400Δt 电场 E_z 分布。（圆形计算域半径为 2.5 m，离散为 76 544 个三角形，38 596 个结点。圆形总场边界半径为 1.5 m，介质圆柱半径为 1 m，ε_r=2。时谐场 λ=1 m，Δt=4.16×10^{-11} s。）

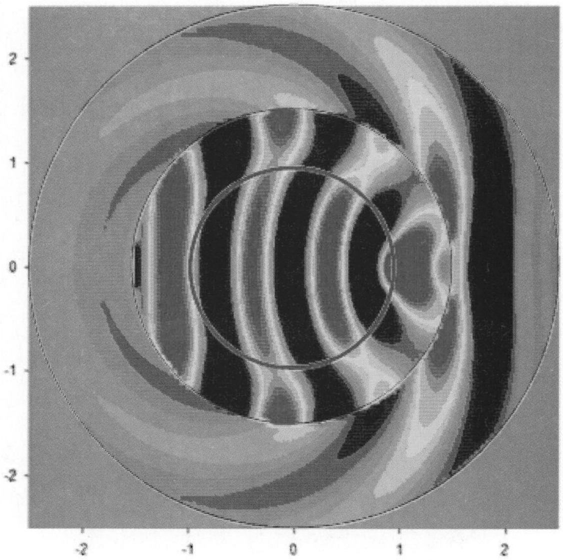

【彩图 11】 棱边基函数 FETD 方法。TE 波，线磁流照射金属圆柱散射，$250\Delta t$ 磁场 H_z 分布。（矩形计算域为 4 m×4 m，离散为 5458 个三角形，2810 个结点，8267 条棱边。微分高斯脉冲。）

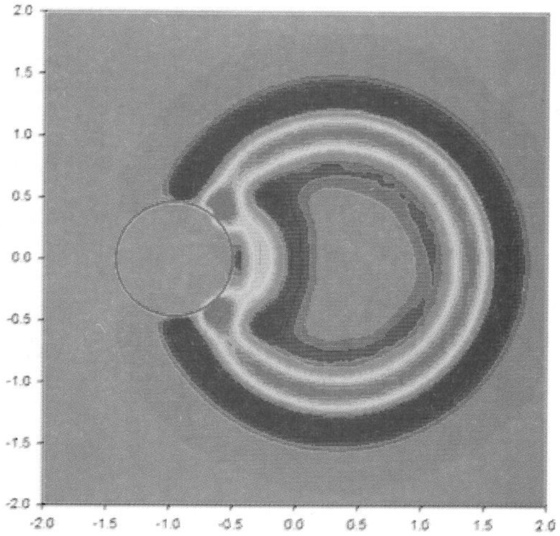

【彩图 12】 棱边基函数 FETD 方法。TE 平面波，$200\Delta t$ 磁场 H_z 分布。（矩形计算域为 2 m×2 m，离散为 21 760 个三角形，11 041 个结点，32 800 条棱边。圆形总场边界半径为 0.8 m。高斯脉冲 $\tau=t_0=100\Delta t$, $\Delta t=2.5\times10^{-11}$ s。）

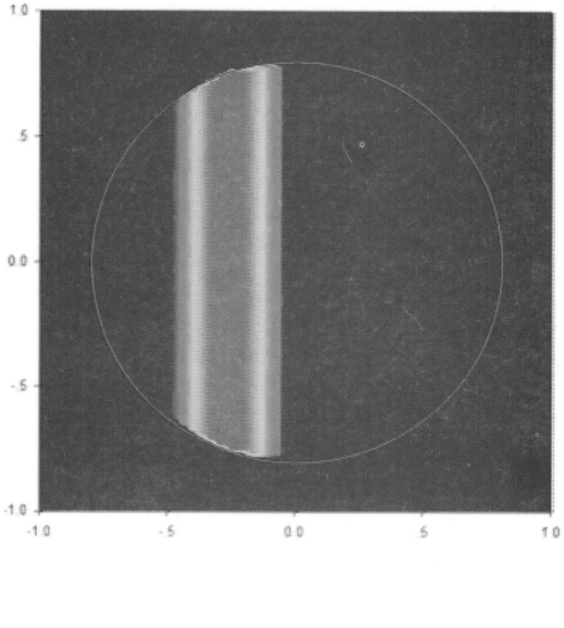

【彩图 13】 棱边基函数 FETD 方法。TE 平面波方柱散射，磁场 H_z 分布。（矩形计算域为 2 m×2 m，离散为 20 416 个三角形，10 369 个结点，30784 条棱边。矩形总场区域为 1.6 m×1.6 m，方柱为 0.6 m×0.6 m。时谐场 λ=0.3 m，Δt=2.5×10^{-11}s。）

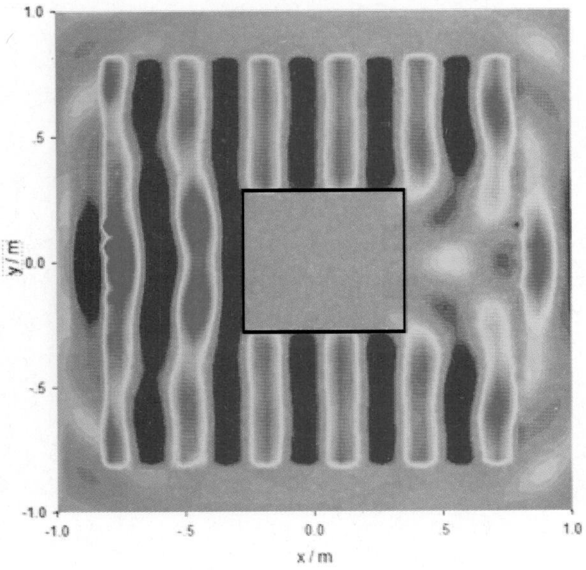

(a) 金属方柱，400Δt

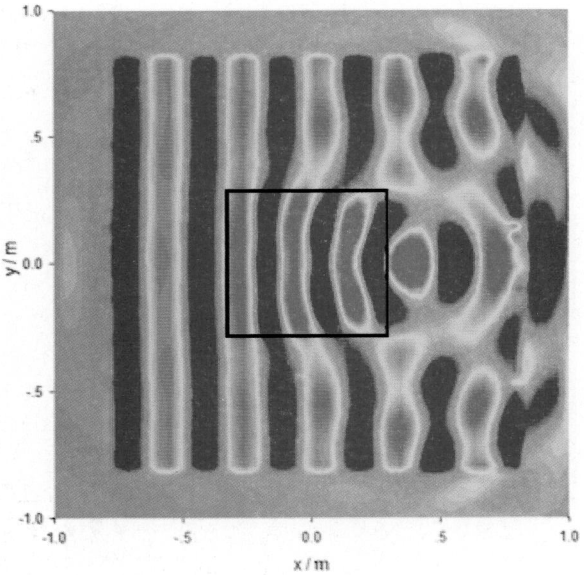

(b) 介质方柱，ε_r=2，400Δt